普通高等教育"十二五"规划教材

环保设备设计与应用

潘琼　李欢　主编
杨昕　副主编

化学工业出版社

·北京·

内 容 提 要

环保设备是用于环境污染防治、环境质量改善的机械设备和构筑物及其系统。本书共分为五章,第一章为"环保设备设计基础",主要介绍环保设备设计基础知识和基本材料;第二章为"污水处理典型设备设计",主要介绍水处理的各种工艺设备的结构、选型和设计计算,并以实例加以说明;第三章为"大气污染控制设备设计",主要介绍常用的除尘设备、主要的净化设备和输送设备与管材;第四章为"隔声污染控制工程设计",主要介绍主要的噪声控制设备、方法、原理和设计过程;第五章为"固体废物处理设备设计",主要介绍固体废物处理处置的方法、原理、设备设计与选型等。

本书内容极为丰富,包括了目前广泛使用的水处理系统、除尘系统、噪声控制系统、固体废物处理系统设备及其配套部件。对各类处理系统的型式、布置、性能、选型和计算均有详细的介绍。本书力求资料先进、翔实、可靠,文、图、表并茂,内容深度可满足工程设计的需要,对企业的工程设计提供了极大的方便。

本书主要可作为高职高专院校、应用型本科院校环境类专业教学用书及学生课程设计参考用书,也可作为企事业单位环境管理、环境工程设计、环保设备选型、环境工程施工等设计人员的参考用书。

图书在版编目(CIP)数据

环保设备设计与应用/潘琼,李欢主编. —北京:
化学工业出版社,2014.5(2022.4 重印)
普通高等教育"十二五"规划教材
ISBN 978-7-122-20915-3

Ⅰ.①环… Ⅱ.①潘… ②李… Ⅲ.①环境保护-设备-教材 Ⅳ.①X505

中国版本图书馆 CIP 数据核字(2014)第 124376 号

责任编辑:蔡洪伟 王文峡   装帧设计:王晓宇
责任校对:陶燕华

出版发行:化学工业出版社(北京市东城区青年湖南街 13 号 邮政编码 100011)
印   装:北京七彩京通数码快印有限公司
787mm×1092mm 1/16 印张 23¼ 字数 620 千字 2022 年 4 月北京第 1 版第 6 次印刷

购书咨询:010-64518888   售后服务:010-64518899
网   址:http://www.cip.com.cn
凡购买本书,如有缺损质量问题,本社销售中心负责调换。

定   价:55.00 元

前 言 FOREWORD

环保设备在环境保护工程开发、设计、制造等方面起着关键的作用。环保设备的设计与选型关系到环境污染治理的效果、处理系统的投资和运行费用等。目前我国环保事业迅速发展，促进了环保装备国产化进程的加速。

本书是校企合作编写的教材。是部分教师和环保企业人员根据近年来环境污染治理工程设计的经验和要求，对各类环保设备的设计理论基础、设计计算方法和应用进行系统的阐述，并选择目前应用较广泛的典型污染治理设施设备的实例进行设计和选型。选取的内容既考虑到实用的要求，又兼顾了目前新技术、新设备的推广应用，力求成为相关从业人员实际工作中的工具书和答疑书。

全书将环保设备设计与应用分为五章：环保设备设计基础、污水处理典型设备设计、大气污染控制设备设计、隔声污染控制工程设计、固体废物处理设备设计。由长沙环境保护职业技术学院潘琼、李欢任主编，哈尔滨石油学院杨昕任副主编。参加编写的人员有：长沙环境保护职业技术学院潘琼（第3章的3.1、3.2）；李欢（第2章的2.2～2.4和2.5.1）；杨健（第1章和第2章的2.6～2.8及2.5.2～2.5.4）；方丽（第4章的4.1～4.5）；谢武（第5章的5.1～5.3及5.4.1）；湖南清之源环保科技有限公司马涛（第2章的2.1、2.9）；湖南麓南脱硫脱硝科技有限公司梁晓宇和哈尔滨石油学院的杨昕（第3章的3.3、3.4）；湖南省建筑科学研究院张勇明（第5章的5.4.2）。

在本书编写过程中，得到许多企业和环境科学研究院所给予的大力支持，在此一并致以衷心的感谢。由于编者水平有限，实践经验不足，书中难免出现缺点和错误，热诚欢迎读者批评指正。

编者
2014 年 4 月

目 录 CONTENTS

第1章
环保设备设计基础

1.1 设备设计概述

随着工业化进程、世界经济的发展和人们生活水平的提高，出现了全球性的三大问题，即人口增长过快、资源耗竭、环境恶化。环境保护和环境污染治理越来越受到人们的重视。

我国为实现可持续发展战略的目标，经济与环境保护必须协同发展，才能在经济持续、快速、健康发展的同时，创造一个清洁安静，舒适优美的生存环境。环境保护的要求催生了环境保护产业。环保产业在我国还处于发展初期阶段，随着环保产业的发展，在环保工作的一线岗位上，亟需环保设备的操作、管理、维护和设计的高等技术实用人才，积极探索环保设备专业已是当务之急。

环境设备与环境及环境保护之间的关系，如图 1-1-1 所示。

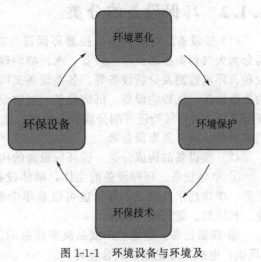

图 1-1-1 环境设备与环境及
环境保护之间的关系图

1.1.1 环保设备、环保工业、环保产业的概念

(1) 环保设备 环保设备是指用于控制环境污染，改善环境质量而由工业生产部门或建筑安装部门制造或建造出来的机械产品、构筑物、系统；也有人认为，环保设备是指治理环境污染的机械加工产品，蜂窝状活性炭如除尘器、焊烟净化器、单体水处理设备、噪声控制器等。这种认识是不全面的。环保设备还应包括输送含污染物流体物质的动力设备，如水泵、风机、输送机等；同时还包括保证污染防治设施正常运行的监测控制仪表仪器，如检测仪器、压力表、流量监测装置等。环境治理已经是刻不容缓的事情了，我们应该更注重环保。环保设备应该包括成套设备，如空气净化机、污水处理设备、臭氧发生器、工业制氧机等可以在工业或者家庭都能对环境进行治理的设备。

(2) 环保工业 环保工业是环境保护事业与各类工业事业的结合，是指从事环境保护工业产品的科研、设计、研制、生产和销售的完整体系。

(3) 环保产业 环保产业在国际上有狭义和广义的两种理解。对环保产业的狭义理解是终端控制，即在环境污染控制与减排、污染清理以及废物处理等方面提供产品和服务；广义

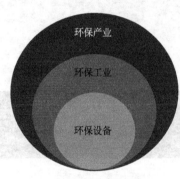

图 1-1-2 环保设备、环保工业、
环保产业的关系图

的理解则包括生产中的清洁技术、节能技术，以及产品的回收、安全处置与再利用等，是对产品从"生"到"死"的绿色全程呵护。我们国家对环保产业的定义是指以防治污染、改善生态环境、保护自然资源为目的所进行的技术开发、产品生产、商品流通、资源利用、信息服务、工程承包等各项事业的总称。主要包括环保设备制造、自然保护开发经营、环境工程建设、环境保护服务等方面。环保产业是一个跨产业、跨领域、跨地域，与其他经济部门相互交叉、相互渗透的综合性新兴产业。因此，有专家提出应列为继"知识产业"之后的"第五产业"。

（4）环保设备、环保工业、环保产业的关系　环保设备、环保工业、环保产业三者之间的关系如图 1-1-2 所示。

1.1.2　环保设备的分类

（1）按设备的功能分类　按照环保设备功能进行分类可分为大气污染控制及除尘设备、水污染治理设备、噪声与振动控制设备、固体废弃物处理设备、环境监测及分析设备等。各类设备又可以分为若干小类，如水污染治理设备又可以分为格栅设备、沉砂池设备、沉淀设备、过滤设备、混凝及加药设备、消毒设备、深度处理设备等类型，其中每类还可细分成若干小类。比如，消毒设备又可以分为加氯消毒设备、臭氧消毒设备、紫外消毒设备等。

（2）按设备的构成分类　按环保设备的构成分类可分为单体设备、成套设备、生产线。

① 单体设备。环保设备的主体，单体设备既可以是单个机械设备，如各种格栅机、除尘器、单体污水处理设备等；也可以是单个混凝土或者是其他材料建造的构筑物，如沉砂池、初沉池、曝气池等设备。

② 成套设备。是指生产成品或半成品的工业联合装置。主要由单体设备及其附属设备（风机、电机）等组成的联合整体。

③ 生产线。即从待处理物质进入处理现场开始，经过多级处理、运送、化验分析、排放等一系列生产活动所构成的路线。由一台或多台单体设备、各类附属设备、管线、控制系统（自动、手动控制）构成。

（3）按设备的性质分类

① 机械设备。指各种用于治理污染和改善环境质量的由工业部门生产的机械产品，比如，各类除尘器、水泵、风机等。机械设备是环保设备中种类型号最多、应用最为广泛、使用最为方便的环保设备。

② 仪器设备。指各种用于环境质量检测和环境工程实验的仪器，如各种分析仪器（分光光度计、GC-MS、液相色谱、原子吸收仪等）、各种采样仪器、各种在线控制监测仪器等。

③ 构筑物。指采用钢筋混凝土、砖石结构或者钢体结构等做成结构单元，如用于污水处理过程的各种沉淀池、反应池等。常用材料还有玻璃钢、合成塑料等。

1.1.3　环保产业发展现状及特点

1.1.3.1　发达国家环保产业的现状及特点

发达国家的环保产业起于 20 世纪 70 年代，由于环境状况的恶化、人们环境意识的提高及政府对环境管制的严格化，环保产业获得了高速的发展。经过数十年的努力，环境状况明显改善，环保产业进入技术成熟期，成为国民经济的支柱产业之一。发达国家环保产业具有以下特点。

（1）环保产业规模大、发展迅速　经过 30 多年的快速发展，发达国家环保产业的产值已占到了国内生产总值 10%～20%，环保业在国民经济中所占的份额不断上升。从环保企业发展规模看，正向着国际性跨国公司、大型垄断企业中的环保设备分部或子公司、从事专项技术的公司等综合化、大型化、集团化方向发展。

（2）环保技术与产品高科技化　发达国家的环保技术正向深度化、尖端化方面发展，产品不断向普及化、标准化、成套化、系列化方向发展。目前，新材料技术、新能源技术、生物工程技术正源源不断地被引进环保产业。大气污染控制技术主要可以分为除尘技术、脱硫脱氮技术、废弃有害物质去除及脱臭技术等几个方面；水处理设备已具备成套化、标准化、自动化的优势。固体废弃物集中于减量化、资源化和无害化的处理设备等。

（3）环保市场竞争激烈　目前世界上环保产业发展最具有代表性的是美国、日本、加拿大和欧洲。美国是当今环保市场最大国家，占全球环保产业总值的 1/3。日本环保产业在洁净产品设计和生产方面发展迅速，如绿色汽车和运输设备生产居世界前列，节能产品和生物技术也是日本环保产业集中发展的对象。环保设备产业的重点企业有：通用电气公司、东芝、三菱重工、川崎重工、西门子 AG 发电公司、弗洛特威务环保有限公司等。

（4）环保产业发展的特点
① 高新技术快速渗入环保产业。
② 绿色产品和清洁生产成为时代的潮流。
③ 不断加大环保投入。
④ 严格立法和政策扶持。

1.1.3.2　我国环保产业的现状及特点

环保设备是环保产业的一个重要内容，其市场十分巨大。中国环保设备产品共分为空气污染治理设备、水污染治理设备、固体废弃物处理和综合利用设备、噪声与振动控制设备、环境监测仪器仪表等 7 大类、523 个类别、10409 种产品。其中，空气和水污染治理设备为主要产品，分别占环保产品年总值的 40% 以上。

目前环保机械产品的国际贸易市场基本仍为发达国家所占领，中国市场重要领域也被国外技术产品所垄断。虽然国产设备优势较多，但进口设备仍占据中国大量市场份额。

未来我国环保设备市场需求旺盛，发展潜力大。国民经济和社会发展第十二个五年规划纲要对环境保护提出了新的要求，节能降耗、减排治污的新任务为环保设备产业发展提供了新的驱动力；且国家对环境保护的投资力度也将进一步加大，必将推动环保设备产业的发展。

（1）环保科研与生产一体化　环保科研与生产一体化有利于我国环保设备制造业技术水平的提高，加速科研成果的产业化进程，为企业规模的增长和国际竞争力的提高提供雄厚的技术基础。

（2）企业组织集团化　发挥 1+1＞2 的优势，形成规模生产力，降低成本，提高质量，形成较强的竞争力。如中国环保之乡江苏宜兴的水处理设备企业集团。

（3）专业技术高新化　科学技术是第一生产力，新技术、新材料的运用，促进了环保设备的研制和开发。如兵科院宁波分院开发出了全新的污水处理技术，应用先进的纳米级纳滤膜和反渗透膜。

（4）设备产品标准化　建立和完善产品的标准体系，逐步减少和淘汰非标准和非定型产品，尽可能采用国际通用标准，与世界经济接轨。

1.2 力学基础

1.2.1 基本概念

1.2.1.1 力及力的效应

力是物体之间的相互机械作用。在生产和生活中人们对力是很熟悉的。例如，人拉动雪地上的雪橇见图 1-2-1 (a)，人通过绳子对雪橇用力，使雪橇由静止状态到运动状态；置于弹簧上的重物见图 1-2-1 (b)，重物对弹簧作用，使弹簧压缩，产生形变。通过力的作用，前者使物体的运动状态发生变化，称之为力的运动效应，也称外效应；后者使物体的形状产生变化，称之为力的变形效应，也称内效应。

(a) 人拉动雪地上的雪橇　　　　　(b) 置于弹簧上的重物

图 1-2-1　力是物体之间的相互机械作用

1.2.1.2 力的要素

力对物体的作用是由力的大小、力的方向及力的作用点三个因素决定的。

力的大小表示物体间机械作用的强弱，它可以通过力的运动效应或者变形效应来度量，以牛顿（N）或者千牛顿（kN）为单位；力的方向表示物体间的机械作用具有方向性；力的作用点表示力作用在物体上的部位。

1.2.1.3 牛顿运动定律

（1）牛顿第一定律　任何物体都保持静止或匀速直线运动的状态，直到其他物体所作用的力迫使它改变这种状态为止。

第一定律给出了力的科学定义，没有外力的作用，物体将保持运动状态不变（静止或匀速直线运动状态）。物体要改变这种运动状态，必须要有力作用在物体上，并且产生加速度。因此，力是物体产生加速度的原因。

第一定律说明了物体具有保持原有运动状态不变的特性，物体具有的这种特性我们称之为惯性。故第一定律也称惯性定律：物体的惯性表现在，在没有外力作用或者外力合力为零时，物体保持运动速度不变。

（2）牛顿第二定律　物体受到外力作用时，物体所获得的加速度的大小与合力大小成正比，并与物体的质量成反比；加速度的方向与合力的方向相同。用公式表示：

$$\sum f_i = ma \tag{1-2-1}$$

式中，a 为加速度，m/s^2。

（3）牛顿第三定律　当物体 A 以力 F_{21} 作用在物体 B 上时，物体 B 也必定同时以力 F_{12} 作用在物体 A 上；F_{21} 与 F_{12} 作用在同一条直线上，大小相等而方向相反，用公式表示：

$$F_{21} = - F_{12} \tag{1-2-2}$$

关于第三定律应当指出：

① 力是两个物体之间的相互作用；

② 作用力与反作用力没有主从之分，同时产生、同时存在、同时消失；

③ 作用力与反作用力是同时作用在不同物体上的，作用效果不会抵消。

1.2.2　力的基本规律

静力学公理是静力学中最基本的规律，这些规律是人类对经长期的观察和实验所积累的经验加以总结和概括而得到的结论。它的正确性也在实践中得到验证。静力学公理概括了力的一些基本性质，是静力学全部理论的基础。

公理 1　二力平衡公理　受两力作用的刚体，其平衡的充分必要条件是：这两个力大小相等，方向相反，且作用在同一直线上，如图 1-2-2 所示。矢量式表示为：

$$F_1 = -F_2 \qquad\qquad (1\text{-}2\text{-}3)$$

上述条件对于刚体来说，既是必要又是充分的；但是对于变形体来说，仅仅是必要条件。例如绳索受两个等值反向的拉力作用时可以平衡，而受两个等值反向的压力作用时就不能平衡。

工程上将只受两个力作用而平衡的构件称为二力构件。当构件呈杆状时，则称为二力杆。二力构件的受力特点是：这两个力的作用线必定沿着两个力作用点的连线，且大小相等，方向相反，如图 1-2-3 所示的构件 BC，在不计自重时，也可以看作是二力构件。

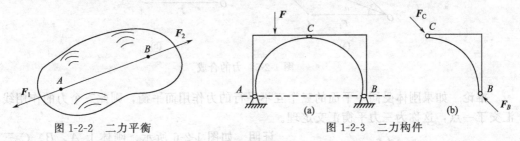

图 1-2-2　二力平衡　　　　　　　　图 1-2-3　二力构件

公理 2　加减平衡力系公理　在刚体的原有力系中，加上或减去任意的平衡力系，并不改变原力系对刚体的作用效果。

这个公理常被用来简化已知力系，后面许多定理的推导都要用到。作为**公理 2** 的应用，给出下面的推论。

推论　力的可传性原理　作用于刚体上的力可以沿其作用线移至刚体内任一点，而不改变原力对刚体的作用效应。这称为力的可传性原理。

证明　设有力 F 作用于小车上的 A 点，如图 1-2-4（a）所示。在力 F 的作用线上任取另一点 B，并在 B 点加一平衡力系 F_1 与 F_2，使 $F_1 = -F_2 = F$，如图 1-2-4（b）。根据**公理 2** 可知，力系 F、F_1、F_2 对刚体的作用，与力 F 单独作用的效果相同。由于 F_2 与 F 等值、反向、共线，组成一平衡力系，据**公理 2**，可以将它们从刚体上去掉，如图 1-2-4（c），于是，刚体上就只剩下力 F_1，F_2 的大小、方向和 F 相同，这就相当于把力 F 沿其作用线移到了 B 点。经验也告诉我们，用力 F 在 A 点推小车，与用力 F 在 B 点拉小车，两者的作用效果是相同的。应注意，这个推论只适用于刚体，而不适用于变形体。

公理 3　力的平行四边形公理　作用于物体上的同一点的两个力，可以合成一个合力，合力也作用于该点。合力的大小和方向，用这两个分力为边所构成的平行四边形的对角线表示。

设在刚体 O 点处作用有 F_1、F_2 两个力，如图 1-2-5（a），以这两个力为边作平行四边形 $OACB$，则对角线 OC 即为 F_1 与 F_2 的合力 R，或者说，合力矢量 R 等于原来两个力矢

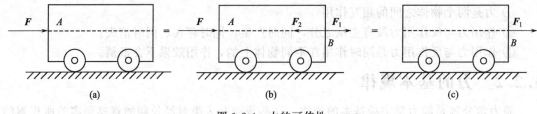

图 1-2-4　力的可传性

F_1 与 F_2 的矢量和，可用矢量式来表示：

$$R = F_1 + F_2 \qquad (1\text{-}2\text{-}4)$$

为了便于求两个汇交力的合力，也可不画整个平行四边形，而从 O 点作一个与 F_1 大小相等方向相同的矢线 $\overrightarrow{OA}$，再过 A 点作一个与 F_2 大小相等方向相同的矢线 $\overrightarrow{AC}$，则矢线 $\overrightarrow{OC}$ 即表示合力 R 的大小和方向，如图 1-2-5（b）所示，这种求合力的方法称为力的三角形法则。必须注意，力三角形中的每一力矢只具有大小、方向意义，而不表示力的作用点或力的作用线位置。

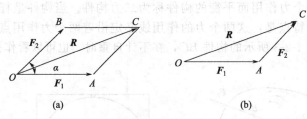

图 1-2-5　力的合成

推论　如果刚体受同一平面的三个互不平行的力作用而平衡，则此三个力的作用线必定汇交于一点，这称为三力平衡汇交定理。

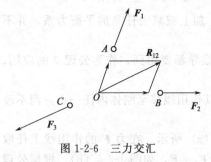

图 1-2-6　三力交汇

证明　如图 1-2-6 所示，刚体上 A、B、C 三点上的作用力分别为 F_1、F_2、F_3，其中 F_1 与 F_2 的作用线相交于 O 点，刚体在此三力作用下处于平衡状态，据力的可传性原理，将力 F_1 和 F_2 合成得合力 R_{12}，则力 F_3 应与 R_{12} 平衡，因而 F_3 必与 R_{12} 共线，即 F_3 作用线也通过 O 点，即 F_1、F_2、F_3 汇交于 O 点。

公理 4　作用与反作用公理　两个物体间的作用力与反作用力，总是大小相等、方向相反，沿同一直线分别作用在两个物体上。

作用力与反作用力同时出现，同时消失，但必须注意，作用力与反作用力不能互相抵消，它们不是一对平衡力，因为它们分别作用在两个物体上。

1.2.3　约束与约束反力

在机械及工程结构中，各构件都以一定的方式互相连接，形成一个承受外力的整体。如图 1-2-7 所示的悬臂吊车，横梁 AB 被铰链 B 与拉杆 BC 固定，拉杆 BC 由销钉与铰链 C 固定，小车只能沿梁 AB 运动。它们之间互相连接的方式不同，相互间的作用力也不同。

在工程力学中，通常根据物体在力的作用下的运动情况，把物体分成两大类。凡是可以沿空间任何方向运动的物体称为自由体，如飞行中的飞机。凡是受周围物体的限制而不能沿某些方向运动的物体称为非自由体，如有钢索悬吊的重物受到钢索限制，不能下落；列车受钢轨限制，只能沿轨道运动等。一个物体的运动受到周围物体的限制时，这些周围物体就称为该物体的约束，而这个受到约束的物体称为被约束物体。

既然约束限制着物体的运动，所以约束必然对物体有力的作用，这种力称为约束反力。约束反力是阻碍物体运动的力，所以属于被动力，促使物体运动的力称为主动力，如地球的引力、拉力等，其大小和方向通常是已知的。

约束反力作用点位置和方向一般是已知的，其确定准则如下。

① 约束反力的作用点就是约束与被约束物体的相互接触点。

② 约束反力的方向总是与约束所能限制的被约束物体的运动方向相反。

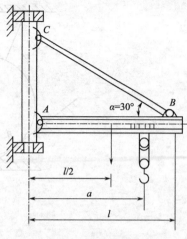

图 1-2-7　悬臂吊车示意

至于约束力的大小，一般是未知的。在静力学问题中，主动力与约束反力组成平衡力系，因此可以利用平衡条件来求得约束反力。

1.2.4　物体的受力分析与受力图

为了清楚地表示物体的受力情况，需要把所研究的物体（称为研究对象）从周围的约束中分离出来，单独画出研究对象，然后画出所受的主动力和约束反力。解除约束后的物体，称为分离体。画出分离体上所有作用力（包括主动力和约束反力）的图，称为物体的受力图。画物体的受力图是解决平衡问题的第一步，也是学好静力学的关键。

对物体进行受力分析和画受力图时应注意以下几点。

① 明确研究对象，并分析哪些物体（约束）对它有力的作用。

② 取分离体，画受力图。解除了约束的分离体受主动力和约束反力的作用。画出主动力相对容易一些，分析受力的关键在于确定约束反力的方向，因此要特别注意约束反力的作用点、作用线方向和力的指向。着重做到以下三点。

a. 每画一力应有依据，不能多画，也不能少画。对于多个物体组成的研究对象，物体之间的相互作用力是系统内力，系统内力和研究对象作用于周围物体的力不能画出。

b. 画同一系统内几个研究对象的受力图时，要注意相互协调与统一。不同图上的同一个力的方向和符号一定要相同。一对作用力与反作用力要用同一字母，在其中一个力的字母右上角加"以示区别。作用力的方向确定了，反作用力的方向就不能随便假设，一定要符合作用力与反作用力的关系。

c. 若机构中有二力构件，应先分析二力构件的受力，然后再分析其他作用力。

[例 1-1] 重量为 G 的小球放置在光滑的斜面上，并用一绳拉住，如图 1-2-8（a）所示，试画小球的受力图。

[解] ① 取小球为研究对象，解除斜面和绳索的约束，画出分离体。

② 作用在小球上的主动力有作用点在球心、方向铅垂向下的重力 G。作用在小球上的约束力有绳索和斜面的约束力。绳索为柔索约束，对小球的约束力为过 O 点沿绳索的拉力 F_T。斜面为光滑接触面约束，对小球的约束力为过球与斜面接触点 B、垂直于斜面并指向小球的压力 F_N。

③ 根据以上分析，在分离体相应位置上画出主动力 G，约束反力 F_T 和 F_N，图 1-2-8（b）所示。

[例 1-2] 简支梁 AB 两端用固定铰支座支撑，如图 1-2-9 所示，在梁的 C 点处受集中载

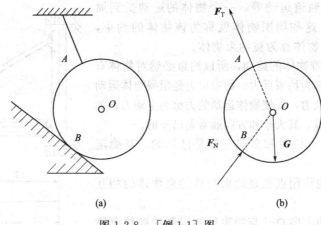

图 1-2-8　[例 1-1] 图

荷 F，梁自重不计，画出梁 AB 的受力图。

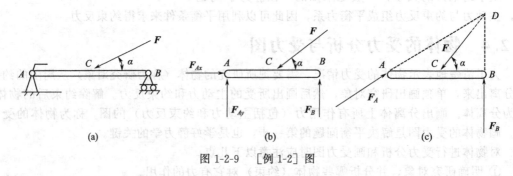

图 1-2-9　[例 1-2] 图

[**解**] 取 AB 梁为研究对象，画出其分离体。作用于梁上的主动力有集中载荷 F，A 端约束为固定铰支座，用一对正交力 F_{AR}、F_{AY} 表示约束反力，B 端约束是支撑于平面上的可动铰支座，约束反力为垂直于支撑面的一个力 F_B。受力图如图 1-2-9（b）所示。

梁 AB 的受力图还可以画成图 1-2-9（c）所示。根据三力平衡汇交定理，已知力 F 与 F_B 相交于 D 点，则第三个力 F_A 也必交于 D 点，从而确定约束反力 F_A 沿 A、D 两点连线。

[**例 1-3**] 三根直杆用铰链连接成图 1-2-10（a）所示的梯子，主动力 F 作用在 AB 杆上，各杆件的重量不计。要求画出整个梯子、AB 杆和 AC 杆的受力图。

[**解**] 整体受力分析：主动力 F。约束力是地面对梯子的支撑力，因为梯子没有运动的趋势，摩擦力等于零。B、C 两处相当于光滑接触面约束，反力 F_{NB}、F_{NC}，如图 1-2-10（b）所示。

AB 杆受力分析：主动力 F。由于各杆重量均不计，可以判断 DE 杆是二力杆。AB 杆在 D 铰链处所受的约束反力 F_D 的方向为沿 DE 杆方向；铰链 A 处为固定铰链，有两个分力 F_x、F_y；B 处为光滑接触面约束，约束反力是法向力 F_{NB}。该力与整体中 B 处所受的力是同一个力。

AC 杆受力分析：没有主动力。铰链 A 处为固定铰链，两个分力分别为 F_x、F_y 的反作用力，用 F'_x、F'_y 表示；铰链 E 处受到二力杆 DE 的作用力 F'_E；C 处为光滑约束，约束反力是法向力 F_{NC}。

[**例 1-4**] 液压夹具如图 1-2-11（a）所示，已知油缸中油压合力为 P，沿活塞杆 AD 的轴线作用于活塞。机构通过活塞杆 AD 和连杆 AB 使杠杆 BOC 压紧工作。设 A、B 均为圆柱形销钉连接，O 为铰链连接，C、E 为光滑接触面。不计各零件的重量，试画出夹具工作

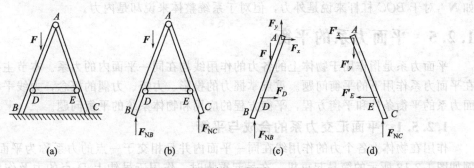

图 1-2-10 【例 1-3】图

时各零件的受力图。

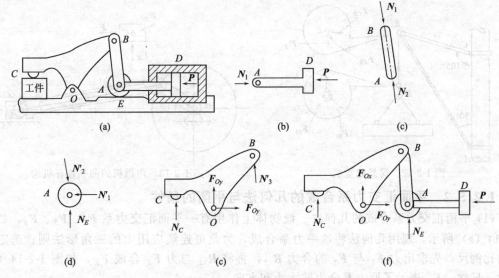

图 1-2-11 【例 1-4】图

[解] 活塞杆 AD 受主动力 P，在另一端 A 与圆柱销钉连接，受到销钉对它的作用力 N_1，因不计 AD 杆的自重，故杆只在 A、D 两点受力，即杆 AD 是二力杆。因此，力 N_1 一定与 P 等值、反向、共线，如图 1-2-11（b）所示。

连杆 AB 两端分别同圆柱销钉 A、B 连接，受到这两个销钉的反力。因不计自重，所以 AB 杆也是二力杆。A、B 两端受力的反力 N_2、N_3 一定等值、反向、共线，这样就决定了这两个力的方位，如图 1-2-11（c）所示。

滚轮（连同销钉 A）受到 AD 杆给它的力 N'_1（N'_1 与 N_1 互为作用力与反作用力），杆 AB 给它的力 N'_2（N'_2 与 N_2 互为作用力与反作用力），固定支撑面的反力 N_E。滚轮与支撑面 E 为光滑面接触，所以 N_E 应垂直于支撑面，如图 1-2-11（d）所示。

杠杆 BOC 受到的力有：杆 AB 给它的力 N'_3（N_3 与 N'_3 互为作用力和反作用力）；工件给它的反力 N_C（N_C 的反作用力就是夹紧力，作用在工件上），因接触面是光滑的，故 N_C 垂直于工件表面；固定铰链支座 O 的反力用两个正交力 N_{ox}、N_{oy} 表示，如图 1-2-11（e）所示。

以杠杆 BOC、连杆 AB、活塞杆 AD 组成的整体作为研究对象，整体受主动力 P，滚轮 E 处反力 N_E，固定铰链支座 O 处的正交力 F_{ox}、F_{oy}，C 处工件反力 N_C。在 A、B 两处的力为系统内力，不要画出，如图 1-2-11（f）所示。当然内力与外力的区分不是绝对的，比

如 N'_3 对于 BOC 杠杆来说是外力，但对于系统整体来说却是内力。

1.2.5　平面力系的平衡

平面力系是指作用于物体上的各力的作用线均在同一平面内的力系。本节主要讨论物体在平面力系作用下的平衡问题。重点掌握力的投影、力矩、力偶的概念，力线平移定理及平面力系的平衡条件和平衡方程，平衡方程的应用和物体系统的平衡问题。

1.2.5.1　平面汇交力系的合成与平衡

作用在物体上各个力的作用线在同一平面内并且相交于一点的力系称为平面汇交力系。例如图 1-2-12 所示的简易起重机，在吊起重物时。作用于吊钩上 D 点的力及作用于连接点 B 的力；图 1-2-13 所示内燃机的曲柄连杆机构，连杆与活塞铰接点 C 所受的力，都是平面汇交力系。

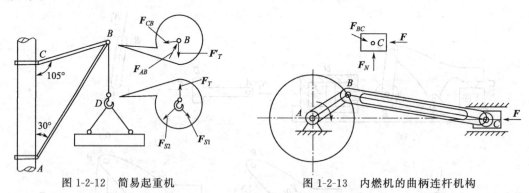

图 1-2-12　简易起重机　　　　图 1-2-13　内燃机的曲柄连杆机构

1.2.5.2　平面汇交力系合成的几何法与平衡的条件

（1）平衡汇交力系合成的几何法　设物体上作用有一平面汇交力系 F_1、F_2、F_3，如图 1-2-14（a）所示，现用几何法将这一力系合成，为此可连续应用力的三角形法则；选定适当的比例尺，先求出力 F_1 与 F_2 的合力 R_{12}，再将 R_{12} 与力 F_3 合成 F_R，如图 1-2-14（b）所示。显然，F_R 表示了原力系合力的大小和方向。

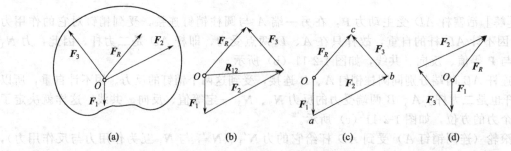

(a)　　　　　(b)　　　　　(c)　　　　　(d)

图 1-2-14　平面汇交力系的合成

由图 1-2-14（c）可以看出，求合力 F_R 时，表示力 R_{12} 的线可以不必画出，只要将各已知力矩依次首尾相接，连成折线 $Oabc$，然后连接折线首末两点 $\overrightarrow{Oc}$（矢量），就可以得到合力 F_R。

封闭的折线 $Oabc$ 称为力多边形，表示合力 F_R 的有向线段 $\overrightarrow{Oc}$ 称为力多边形的封闭边用力多边形求合力 F_R 的作图规则称为力多边形法则。

应该指出，由于力系中各力的大小和方向已经给定，画力多边形时，改变力的次序，只改变力多边形的形状，而不影响所得合力的大小和方向。但应注意，各分力矢量必须首尾相接，它们的指向顺着力多边形周边的同一方向，而合力矢量应从第一个分力矢量的起点指向最后一个分力矢量的重点，即合力沿相反的方向封闭力多边形的缺口，如图 1-2-14（d）所示。

上述方法可以推广到若干个汇交力的合成。由此可知，平面汇交力系合成的结构是一个合力，它等于原力系中各力的矢量和，合力的作用线通过各力的汇交点。这种关系可用矢量表达式写成式（1-2-5）。

$$F_R = F_1 + F_2 + F_3 + \cdots + F_N = \sum F_i \tag{1-2-5}$$

由此可见，汇交力系简化结果是一个力。

（2）平面汇交力系平衡的几何条件　平面汇交力系用几何法合成时，如果力多边形中最后一个力的终点与第一个力的起点正好重合，构成一个自行封闭的力多边形，则该力系的合力 F_R 等于零。此力系为平衡力系，受到这种力系作用的物体将处于平衡状态。由此，可得如下结论：平面汇交力系平衡的必要与充分条件是力系中各力构成的力多边形自行封闭。用矢量式表示如下：

$$F_R = F_1 + F_2 + F_3 + \cdots + F_N = \sum F_i = 0 \tag{1-2-6}$$

[例 1-5] 起重机吊起一重量 $G = 300N$ 的减速箱盖，如图 1-2-15（a）所示。求钢丝绳 AB 和 AC 的拉力。

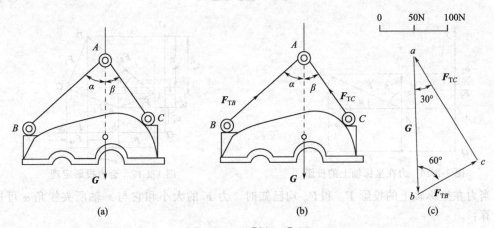

图 1-2-15　[例 1-5] 图

[解] 以箱盖为研究对象，其受的力有：重力 G、钢丝绳的拉力 F_{TB} 和 F_{TC}。根据三力平衡定理，三力的作用线汇交于 A 点，组成一平面汇交力系，如图 1-2-15（b）所示。

根据平面汇交力系平衡的集合条件，这三个力 G、F_{TB}、F_{TC} 应组成一个封闭的力三角形、作力的三角形的步骤如下：选取适当的比例尺，先作 ab 代表 G，再从点 b 和点 a 其分别作平行于力 F_{TB} 和 F_{TC} 矢量的平行线 bc 和 ca，它们相交于点 c。于是 bc 和 ca 两线段的长度分别表示力矢量 F_{TB} 和 F_{TC} 的模。根据力三角形封闭时首尾相接的规则，可由已知力 G 的大小和方向以及 F_{TB} 和 F_{TC} 的指向作出力三角形。如图 1-2-15（c）所示即为封闭的力三角形。

应用三角公式可算出：

$$F_{TB} = G\cos 60° = 150N$$
$$F_{TC} = G\cos 30° \approx 260N$$

也可按所选的比例尺量得：

$$F_{TB} = bc = 150N$$
$$F_{TC} = ac = 260N$$

通过以上例题，可总结几何法解题的主要步骤如下。

① 选取适当的物体作为研究对象，画出其受力图。

② 作力的多边形，作图时应选适当的比例尺，并从已知力开始，根据矢序规则和特点作图，就可确定未知力的指向。

③ 在图上量出或用三角公式计算出未知力。

1.2.5.3 平面汇交力系合成的解析法

平面汇交力系合成与平衡的几何法虽然比较简单，但作图要十分准确，否则将会引起较大误差，工程中应用较多的是解析法。

(1) 力在坐标轴上的投影 如图 1-2-16 所示，设立 F 作用于物体的 A 点。在力 F 作用线所在的平面内取直角坐标系 Oxy，从力 F 的两端 A 和 B 分别向 x 轴作垂线，得到垂足 a_1 和 b_1。线段 a_1b_1 是力 F 在 x 轴上的投影，用 F_x 表示。力在坐标轴的投影式代数量，其正负号规定如下：若由 a_1 到 b_1 的方向与 x 轴的正方向一致时，力的投影取正值；反之，取负值。同样，从 A 点到 B 点分别向 y 轴作垂线，得到力 F 在 y 轴上的投影 F_y，即线段 a_2b_2。显然，式中，α 为力 F 与 x 轴所夹的锐角。

$$F_x = \pm F\cos\alpha$$
$$F_y = \pm F\sin\alpha \tag{1-2-7}$$

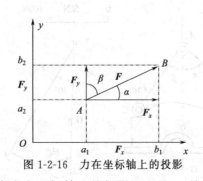

图 1-2-16　力在坐标轴上的投影

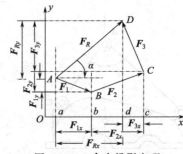

图 1-2-17　合力投影定理

当力在坐标轴上的投影 F_x 和 F_y 均已知时，力 F 的大小和它与 x 轴所夹锐角 α 可按下式计算：

$$F = \sqrt{F_x^2 + F_y^2}$$
$$\tan\alpha = |F_y/F_x| \tag{1-2-8}$$

力 F 的指向可根据其投影 F_x 和 F_y 的正负号决定。

(2) 合力投影定理 设有作用于刚体上的平面汇交力系 F_1、F_2、F_3，如图 1-2-17 所示，用力多边形法则求出其合力为 F_R。在力多边形 $ABCD$ 所在平面内，取直角坐标系 Oxy，将力系中各力 F_1、F_2、F_3 及其合力 F_R 向 x 轴投影，得

$$F_{1x} = ab; \quad F_{2x} = bc; \quad F_{3x} = -cd; \quad F_{Rx} = ad$$

由图 1-2-17 可以看出

$$ad = ab + bc - cd$$

所以

$$F_{Rx} = F_{1x} + F_{2x} + F_{3x} = \sum F_{ix}$$

同理，将各力向 y 轴投影，可得：

$$F_{Ry} = F_{1y} + F_{2y} + F_{3y} = \sum F_{iy}$$

以上两式说明，合力在任一轴上投影，等于各分力在同一轴上投影的代数和。这就是合力投影定理。

（3）平衡汇交力系合成的解析法　利用合力投影定理可以很方便地计算平面汇交力系的合成，设有平面汇交力系 F_1，F_2，$\cdots F_n$，各力在直角坐标系 x，y 上的投影分别为 F_{1x}，F_{2x}，$\cdots$，F_{nx} 及 F_{1y}，F_{2y}，$\cdots$，F_{ny}，合力 F_R 在 x，y 轴上投影分别为 F_{Rx}，F_{Ry}，根据合力投影定理有：

$$F_{Rx} = F_{1x} + F_{2x} + \cdots + F_{nx} = \Sigma F_{ix}$$
$$F_{Ry} = F_{1y} + F_{2y} + \cdots + F_{ny} = \Sigma F_{iy} \tag{1-2-9}$$

因此，合力 F_R 的大小为：

$$F_R = \sqrt{F_{Rx}^2 + F_{Ry}^2} = \sqrt{(\Sigma F_{ix})^2 + (\Sigma F_{iy})^2} \tag{1-2-10}$$

合力的方向为

$$\tan\alpha = \left| \frac{F_{Ry}}{F_{Rx}} \right| = \left| \frac{\Sigma F_{iy}}{\Sigma F_{ix}} \right| \tag{1-2-11}$$

式中，α 为合力 F_R 与 x 轴所夹锐角；F_R 的指向要根据 ΣF_{ix} 和 ΣF_{iy} 的正负号决定。合力的作用线仍通过汇交点。

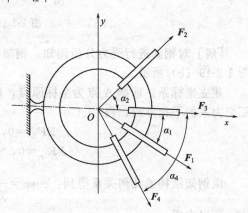

图 1-2-18　　[例 1-6] 图

[例 1-6] 如图 1-2-18 所示，固定圆环上作用有四根绳索，其拉力分别为 $F_1 = 0.2\text{kN}$，$F_2 = 0.3\text{kN}$，$F_3 = 0.5\text{kN}$，$F_4 = 0.4\text{kN}$，它们与轴的夹角分别为 $\alpha_1 = 30°$，$\alpha_2 = 45°$，$\alpha_3 = 0°$，$\alpha_4 = 60°$。试求它们的合力大小和方向。

[解] 以力系汇交点 O 为坐标原点，取直角坐标系 Oxy，并令 x 轴与力 F_3 重合。分别求出各已知力在 x 轴和 y 轴上的投影的代数和。

$$\begin{aligned} F_{Rx} &= \Sigma F_{ix} \\ &= F_1 \cos\alpha_1 + F_2 \cos\alpha_2 + F_3 + F_4 \cos\alpha_4 \\ &= 200 \times \cos30° + 300 \times \cos45° + 500 + 400 \times \cos60° = 1084 \ (\text{N}) \end{aligned}$$

$$\begin{aligned} F_{Ry} &= \Sigma F_{iy} = -F_1 \sin\alpha_1 + F_2 \sin\alpha_2 - F_4 \sin\alpha_4 \\ &= -200 \times \sin30° + 300 \times \sin45° - 400 \times \sin60° = -234 \ (\text{N}) \end{aligned}$$

由式（1-2-8）求出合力的大小：

$$F_R = \sqrt{F_{Rx}^2 + F_{Ry}^2} = \sqrt{(1084)^2 + (-234)^2} = 1109 \ (\text{N})$$

由式（1-2-8）确定合力的方向：

$$\tan\alpha = \left| \frac{F_{Ry}}{F_{Rx}} \right| = \left| -\frac{234}{1084} \right| = 0.2159$$

所以　　　　　　　　　　　　　　　　　$\alpha = 12°11'$

因为 F_{Rx} 为正值，F_{Ry} 为负值，所以合力 F_R 在第四象限，其作用线通过四个分力的汇交点 O。

1.2.5.4　平面汇交力系的平衡方程

平面汇交力系平衡的充分与必要条件是力系的合力等于零，从式（1-2-10）可知，要使合力 $F_R = 0$，必须满足下式：

$$\Sigma F_{ix} = 0$$
$$\Sigma F_{iy} = 0 \tag{1-2-12}$$

式（1-2-12）说明，平面汇交力系中所有分力在每个坐标轴上投影的代数和等于零。这就是平面汇交力系平衡的解析条件。式（1-2-12）称为平面汇交力系的平衡方程。两个独立的方程，可以求解两个未知量。

[**例 1-7**] 钢架如图 1-2-19（a）所示，已知水平力 **P**，不计钢架自重，试用解析法求 A、B 处支座反力。

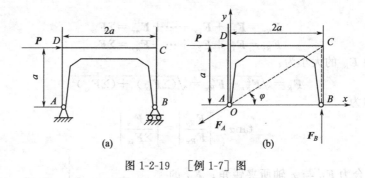

图 1-2-19　[例 1-7] 图

[**解**] 对钢架进行受力分析得知，钢架受到平面汇交力系的作用，三力汇交于 C 点，如图 1-2-19（b）所示。

建立坐标系：选择 A 点为坐标原点，建立直角坐标系如图 1-2-19（b）所示，根据平面汇交力系的平衡方程，得

$$\Sigma F_{ix}=0 ，\ P-F_A\cos\varphi=0$$
$$\Sigma F_{iy}=0 ，\ -F_A\sin\varphi+F_B=0$$

由钢架结构的几何关系得到：$\cos\varphi=\dfrac{2a}{\sqrt{5a^2}}=\dfrac{2\sqrt5}{5}$，$\sin\varphi=\dfrac{a}{\sqrt{5a^2}}=\dfrac{\sqrt5}{5}$。

所以求得：

$$F_A=\frac{\sqrt5}{2}P ；\ F_B=\frac{1}{2}P$$

[**例 1-8**] 重物 **G**=20kN，用绳子挂在支架的滑轮 B 上，绳子的另一端接在绞车 D 上，转动绞车，重物便能升起，如图 1-2-20（a）所示。若所有杆的重量不计，滑轮中的摩擦及滑轮大小不计，求当重物处于平衡状态时拉杆 AB 及支杆 CB 所受的力。

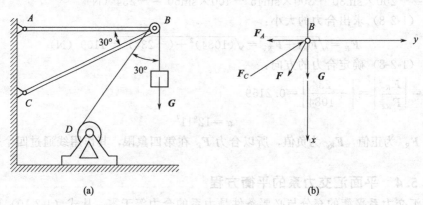

图 1-2-20　[例 1-8] 图

[**解**] 因 AB 和 CB 是不计重量的直杆，仅在杆的两端受力，均为二力杆，故它们所受的力的作用线必沿直杆的轴线。

为了求出这两杆所受的力，选取滑轮 B 作为研究对象。分析 B 点受力，如图 1-2-20（b）所示。其上作用四个力：重物的重力 **G**，绞车绳子的拉力 **F**（与 **G** 等值），支杆 CB 作用于

B 点的力 $\boldsymbol{F}_C$ 和拉杆 AB 作用于 B 点的力 $\boldsymbol{F}_A$。

以 B 点为坐标原点，建立直角坐标系 Bxy，列出平衡方程：

$$\Sigma \boldsymbol{F}_{ix} = 0, \quad -\boldsymbol{F}_C \cos 60° + \boldsymbol{F} \cos 30° + \boldsymbol{G} = 0$$

$$\Sigma \boldsymbol{F}_{iy} = 0, \quad \boldsymbol{F}_C \sin 60° - \boldsymbol{F} \sin 30° - \boldsymbol{F}_A = 0$$

将已知条件 $\boldsymbol{G} = \boldsymbol{F} = 20\text{kN}$ 代入上述方程，解方程得：

$$\boldsymbol{F}_A = 54.6\text{kN}, \quad \boldsymbol{F}_C = 74.6\text{kN}$$

1.3　常用环保材料

1.3.1　材料的力学性能

金属材料具有良好的使用性能和工艺性能，被广泛用来制造机械零件和工程结构。

材料的力学性能是指材料在各种载荷（外力）作用下表现出来的抵抗能力，它是机械零件设计和选材的主要依据。常用的力学性能有强度、塑性、硬度、冲击韧度和疲劳强度等。

1.3.1.1　拉伸实验与拉伸曲线

拉伸试验是指在承受轴向拉伸载荷下测定材料特性的试验方法。拉伸实验机如图 1-3-1 所示。利用拉伸试验得到的数据可以确定材料的弹性极限、伸长率、弹性模量、比例极限、面积缩减量、拉伸强度、屈服点、屈服强度和其他拉伸性能指标。

图 1-3-1　拉伸实验机

（1）拉伸试样　GB 6397—1980 规定《金属拉伸试样》有圆形、矩形、异型及全截面。常用标准圆截面试样（图 1-3-2）。根据标距长度 L 与直径 d 之间的关系，将拉伸试样分为长试样和短试样两种。长试样，$L_0 = 10d_0$；短试样，$L_0 = 5d_0$。

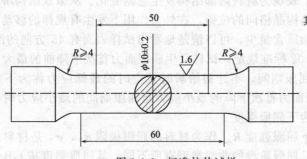

图 1-3-2　标准拉伸试样

（2）拉伸过程　低碳钢是指含碳量在 0.3% 以下的碳素钢。这类钢材在工程中使用较广，在拉伸时表现出的力学性能也最为典型。

试验时，将被测试样固定在拉伸试验机上，通过在试样两端缓缓的施加试验力，使试样标距部分受轴向拉力而伸长。若将试样从开始加载直至断裂前所受的载荷 $\boldsymbol{F}$ 与其所对应的试样原始标距长度的伸长量 ΔL 的关系绘成曲线，即可得到拉伸曲线，如图 1-3-3 所示。

（3）拉伸曲线　以轴向力 $\boldsymbol{F}$ 为纵坐标，标距段伸长量 ΔL 为横坐标，所绘出的试验曲线图称为拉伸图，即 $\boldsymbol{F}\text{-}\Delta L$ 曲线。低碳钢的拉伸图如图 1-3-3 所示，$\boldsymbol{F}_{eL}$ 为下屈服强度对应的轴向力，$\boldsymbol{F}_{eH}$ 为上屈服强度对应的轴向力，$\boldsymbol{F}_m$ 为最大轴向力。

$\boldsymbol{F}\text{-}\Delta L$ 曲线与试样的尺寸有关。为了消除试样尺寸的影响，把轴向力 $\boldsymbol{F}$ 除以试样横截面的原始面积 S_0 就得到了名义应力，也叫工程应力，用 $\boldsymbol{\sigma}$ 表示。同样，试样在标距段的伸长

ΔL 除以试样的原始标距 L_0 得到名义应变，也叫工程应变，用 ε 表示。σ-ε 曲线与 F-ΔL 曲线形状相似，但单位不同，消除了几何尺寸的影响，因此代表了材料本质属性，即材料的本构关系。

典型低碳钢的拉伸 σ-ε 曲线，如图 1-3-4 所示，可明显分为四个阶段。

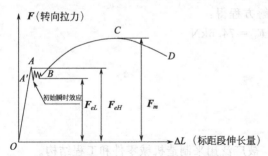

图 1-3-3　低碳钢拉伸图（F-ΔL 曲线）

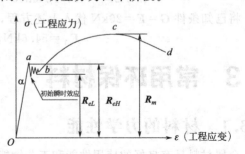

图 1-3-4　低碳钢应力-应变图（σ-ε 曲线）

① 弹性阶段 oa'。在此阶段试样的变形是弹性的，如果在这一阶段终止拉伸并卸载，试样仍恢复到原先的尺寸，试验曲线将沿着拉伸曲线回到初始点，表明试样没有任何残余变形。习惯上认为材料在弹性范围内服从虎克定律，其应力、应变为正比关系，即

$$\sigma = E\varepsilon \tag{1-3-1}$$

式中比例系数 E 代表直线的斜率，称为材料的弹性模量，其常用单位为 GPa。它是代表材料发生弹性变形的主要性能参数。E 的大小反映材料抵抗弹性变形的一种能力，代表了材料的刚度。此外，材料在发生杆的轴向伸长的同时还发生横向收缩。反映横向变形的横向应变 ε' 与 ε 之比的绝对值 μ 称为材料的泊松比。它是代表材料弹性变形的另一个性能参数。

② 屈服阶段 ab。在超过弹性阶段后出现明显的屈服过程，即曲线沿一水平段上下波动，即应力增加很少，变形快速增加。这表明材料在此载荷作用下，宏观上表现为暂时丧失抵抗继续变形的能力，微观上表现为材料内部结构发生急剧变化。从微观结构解释这一现象，是由于构成金属晶体材料结构晶格间的位错，在外力作用下发生有规律的移动造成的。如果试样表面足够光滑、材料杂质含量少，可以清楚地看出试样表面有 45°方向的滑移线。

根据 GB/T 228—2002 标准规定，试样发生屈服而力首次下降前的最大应力称为上屈服强度，记为 "R_{eH}"；在屈服期间，不计初始瞬时效应时的最低应力称为下屈服强度，记为 "R_{eL}"，若试样发生屈服而力首次下降的最小应力是屈服期间的最小应力时，该最小应力称为初始瞬时效应，不作为下屈服强度。

通常把试验测定的下屈服强度 R_{eL} 作为材料的屈服极限 σ_S，σ_S 是材料开始进入塑性的标志。不同的塑性材料其屈服阶段的曲线类型有所不同，其屈服强度按 GB/T 228—2002 规定确定。结构、零件的外加载荷一旦超过这个应力，就可以认为这一结构或零件会因为过量变形而失效。因此，强度设计中常以屈服极限 σ_S 作为确定许可应力的基础。由于材料在这一阶段已经发生过量变形，必然残留不可恢复的变形（塑性变形）。因此，从屈服阶段开始，材料的变形就包含弹性和塑性两部分。

③ 强化阶段 bc。屈服阶段结束后，σ-ε 曲线又出现上升现象，说明材料恢复了对继续变形的抵抗能力，材料若要继续变形必须施加足够的载荷。如果在这一阶段卸载，弹性变形将随之消失，而塑性变形将永远保留。强化阶段的卸载路径与弹性阶段平行。卸载后若重新加载，材料的弹性阶段线将加长、屈服强度明显提高，塑性将降低。这种现象称作应变强化或冷作硬化。冷作硬化是金属材料极为宝贵的性质之一。塑性变形与应变强化二者结合，是工厂强化金属的重要手段。例如：喷丸、挤压，冷拔等工艺，就是利用材料的冷作硬化来提高材料的强度。强化阶段的塑性变形是沿轴向均匀分布的。随塑性变形的增长，试样表面的

滑移线亦愈趋明显。σ-ε 曲线的应力峰值 R_m 为材料的强度极限 σ_b。对低碳钢来说 σ_b 是材料均匀塑性变形的最大抵抗能力，也是材料进入颈缩阶段的标志。

④ 颈缩阶段 cd。应力到达强度极限后，开始在试样最薄弱处出现局部变形，从而导致试样局部截面急剧颈缩，承载面积迅速减少，试样承受的载荷很快下降，直至断裂。断裂时，试样的弹性变形消失，塑性变形则遗留在断裂的试样上。

塑性材料拉伸曲线和脆性材料拉伸曲线（图 1-3-5）存在很大差异。低碳钢和铸铁是工程材料中最具典型意义的两种材料，前者为塑性材料，后者为脆性材料。观察它们在拉伸过程中的变形和破坏特征有助于正确、合理地认识和选用材料。

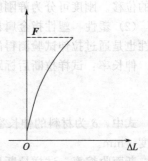

图 1-3-5　脆性材料拉伸曲线

1.3.1.2　强度

强度是指材料在外力作用下抵抗塑性变形和断裂的能力。若将断裂看成变形的极限，则可将强度称为变形的抵抗能力。

（1）比例强度　在弹性形变阶段，应力和应变关系完全符合虎克定律，极限应力即为比例强度，亦称比例极限。

（2）屈服强度 R_{eL}　材料产生屈服现象时的最小应力值即为屈服强度。

$$R_{eL} = \frac{F_{eL}}{S_0} \tag{1-3-2}$$

式中，R_{eL} 为试样的屈服强度，MPa；F_{eL} 为试样屈服时的最小载荷，N；S_0 为试样的原始横截面积，mm^2。

对于屈服现象明显的材料，屈服强度就是在屈服点在应力（屈服值）；而对于屈服现象不明显的材料，与应力-应变的直线关系的极限偏差达到规定值（通常为 0.2% 的永久形变）时的应力。通常用作固体材料力学性能的评价指标，是材料的实际使用极限。因为材料屈服后产生颈缩，应变增大，使材料失去了原有功能。

当应力超过弹性极限后，变形增加较快，此时除了产生弹性变形外，还产生部分塑性变形。当应力达到 B 点后，塑性应变急剧增加，曲线出现一个波动的小平台，这种现象称为屈服。这一阶段的最大、最小应力分别称为上屈服点和下屈服点。由于下屈服点的数值较为稳定，因此以它作为材料抗力的指标，称为屈服点或屈服强度（σ_S 或 $\sigma_{0.2}$）。

有些钢材（如高碳钢）无明显的屈服现象，通常以发生微量的塑性变形（0.2%）时的应力作为该钢材的屈服强度，称为条件屈服强度。

（3）抗拉强度 R_m　抗拉强度反映了材料最大均匀变形的抗力，又称抗拉极限。

$$R_m = \frac{F_m}{S_0} \tag{1-3-3}$$

式中，R_m 为试样的抗拉强度，MPa；F_m 为试样在屈服阶段之后所能抵抗的最大载荷，N；S_0 为试样的原始横截面积，mm^2。

当钢材屈服到一定程度后，由于内部晶粒重新排列，其抵抗变形能力又重新提高，此时变形虽然发展很快，但却只能随着应力的提高而提高，直至应力达最大值。此后，钢材抵抗变形的能力明显降低，并在最薄弱处发生较大的塑性变形，此处试件截面迅速缩小，出现颈缩现象，直至断裂破坏。

1.3.1.3　刚度和塑性

（1）刚度　刚度是指受外力作用的材料、构件或结构抵抗变形的能力，是材料弹性变形难易程度的一个象征。材料的刚度通常用弹性模量 E 来衡量。在弹性范围内，刚度是零件荷载与位移成正比的比例系数，即引起单位位移所需的力。它的倒数称为柔度，即单位力引起的位移。刚度可分为静刚度和动刚度。

（2）塑性　塑性指金属材料在载荷作用下，产生塑性变形而不破坏的能力。金属材料的塑性也是通过拉伸试验测得的。常用的塑性指标有伸长率和断面收缩率。

伸长率：试样拉断后标距长度的伸长量与原始标距长度的百分比，用符号 δ 表示：

$$\delta = \frac{L_u - L_0}{L_0} \times 100 \%$$ (1-3-4)

式中，δ 为材料的伸长率；L_0 为试样的原始标距长度，mm；L_u 为试样拉断后的标距长度，mm。

断面收缩率：试样拉断后，缩颈处横截面积的缩减量与原始横截面积的百分比，用符号 ψ 表示

$$\psi = \frac{s_0 - s_1}{s_0} \times 100 \%$$ (1-3-5)

式中，ψ 为材料的断面收缩率；s_0 为试样的原始横截面积，mm^2；s_1 为试样拉断后缩颈处的横截面积，mm^2。

1.3.1.4 硬度

硬度是指材料抵抗其他硬物体压入其表面的能力。主要有布氏硬度 HBW；洛氏硬度 HR（A/B/C）；维氏硬度 HV；肖氏硬度 HS；邵尔硬度 HA。其中，布氏硬度、洛氏硬度、维氏硬度、肖氏硬度用于金属材料；邵尔硬度用于非金属材料。

（1）布氏硬度　布氏硬度的测定原理是用一定大小的试验力 F（N），把直径为 D（mm）的淬火钢球或硬质合金球压入被测金属的表面，保持规定的时间后卸除试验力，用读数显微镜测出压痕平均直径 d（mm），然后按公式（1-3-6）求出布氏硬度 HBW 值，或者根据 d 从已备好的布氏硬度表中查出 HBW 值。

$$HBW = 0.102 \times \frac{F}{S}$$ (1-3-6)

式中，F 为试验压力，N；S 为压痕表面积，mm^2。

国家标准（GB 231—1984）规定布氏硬度试验时，常用的 $0.102F/D^2$ 的比例为 30、10、2.5 三种，根据金属材料种类、试样硬度范围和厚度的不同，按照表 1-3-1 的规范选择试验压头（钢球）直径 D、试验力 F 及保持时间。

表 1-3-1　布氏硬度试验规范

材料种类	布氏硬度使用范围（HBS）	球直径 D/mm	$0.102F/D^2$	试验力 F/N	试验力保持时间/s	备注
钢铸铁	≥140	10 5 2.5	30	29420 7355 1839	10	压痕中心距试样边缘距离不应小于压痕平均直径的2.5倍。 两相邻压痕中心距不应小于压痕平均直径的4倍。 试样厚度至少应为压痕深度的10倍。试验后，试样支撑面应无可见变形痕迹
	<140	10 5 2.5	10	9807 2452 613	10～15	
非铁金属材料	≥130	10 5 2.5	30	29420 7355 1839	30	
	35～130	10 5 2.5	10	9807 2452 613	30	
	<35	10 5 2.5	2.5	2452 613 153	60	

淬火钢球作压头测得的硬度值以符号 HBS 表示，用硬质合金球作压头测得的硬度以符号 HBW 表示。符号 HBS 和 HBW 之前的数字为硬度值，符号后面依次用相应数值注明压头直径（mm）、试验力（0.102N）、试验力保持时间（s）　（10～15 s 不标注）。例如：500HBW5/750，表示用直径 5mm 硬质合金球在 7355N 试验力作用下保持 10～15s 测得的布氏硬度值为 500；120HBS10/1000/30，表示用直径 10mm 的钢球压头在 9807N 试验力作用下保持 30s 测得的布氏硬度值为 120。

布氏硬度指金属材料抵抗比它更硬物体压入其表面的能力，是衡量材料软硬程度的指标，它表示材料在外力作用下抵抗变形或破裂的能力。它是金属材料的重要力学性能之一。主要用于铸铁、有色金属及退火、正火和调质处理的钢材。

（2）洛氏硬度　洛氏硬度试验是目前应用最广的性能试验方法，洛氏硬度是在洛氏硬度机上进行测量的，采用一定规格的压头，在一定荷载作用下压入试样表面，然后通过直接测量压痕深度来确定硬度值的。

为了能用一种硬度计测定从软到硬的材料硬度，采用了不同的压头和总负荷组成几种不同的洛氏硬度标度，每一个标度用一个字母在洛氏硬度符号 HR 后加以注明，我国常用的是 HRA、HEB、HRC 三种，试验条件（GB 230—1991）及应用范围见表 1-3-2。洛氏硬度值标注方法为硬度符号前面注明硬度数值，例如 52HRC、70HRA 等。

表 1-3-2　洛氏硬度试验条件及范围

硬度符号	压头类型	总实验力 F/kN	硬度值有效范围	应用举例
HRA	120°金刚石圆锥体	0.5884	70～85HRA	硬质合金，表面淬硬层，渗碳层
HRB	ϕ1.588mm 钢球	0.9807	25～100HRB	非铁合金，退火、正火钢等
HRC	120°金刚石圆锥体	1.4711	20～67HRC	淬火钢，调质钢

洛氏硬度试验操作简便迅速，可直接从硬度机表盘上读出硬度值。压痕小，不损伤工作面，可直接测量成品或较薄工件的硬度。但由于压痕较小，测得的数据不够准确，通常应在试样不同部位测定三点取其算术平均值。常用来测定高硬度表面、淬火钢、工具、模具等。

（3）维氏硬度　用一个相对面夹角为 136°的正四棱锥体金刚石压头，以相应的实验载荷压入试样表面，保持规定时间，卸载后测量试样表面的压痕表面积，进而得到所承受的平均应力值，即为维氏硬度值，符号为 HV。维氏硬度适用于薄而小的零件表面硬层的测量。

维氏硬度适用范围宽（5～1000 HV），可以测从极软到极硬材料的硬度，尤其适用于极薄工件及表面薄硬层的硬度测量（如化学热处理的渗碳层、渗氮层等），其结果精确可靠。缺点是测量较麻烦，工作效率不如洛氏硬度高。

1.3.1.5　冲击韧性

材料的韧性是指材料在塑性变形和断裂的全过程中吸收能量的能力，是材料强度和塑性的综合表现。韧性不足可用其反义词脆性表示。材料在冲击载荷作用下抵抗破坏的能力称为冲击韧性。冲击试验是在摆锤式冲击试验机上进行的（图 1-3-6）。

冲击韧性用标准试样断裂后单位横截面积所吸收的功来表示，符号位 a_k，单位为 J/cm^2。a_k 值越大，表示材料的韧性越好，抵抗冲击载荷的能力越强。

$$a_k = \frac{K}{S}$$

(1-3-7)

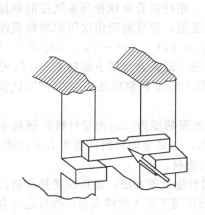

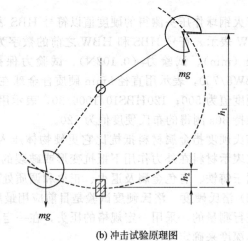

(a) 试样安放位置　　　　　　　　(b) 冲击试验原理图

图 1-3-6　冲击试验原理

式中，K 表示冲击吸收功，J；S 表示试样缺口处的横截面积，cm^2。

冲击韧度值是在大能量一次冲断试样条件下测得的性能指标。但实际生产中许多机械零件很少是受到大能量一次冲击而断裂，多数是在工作时承受小能量多次冲击后才断裂。材料在多次冲击下的破坏过程是裂纹产生和扩展的过程，是每次冲击损伤积累发展的结果，它与一次冲击有着本质的区别。

1.3.1.6　疲劳强度

许多机械零件（如齿轮、弹簧、连杆、主轴等）都是在交变应力（即应力的大小、方向随时间作周期性变化）下工作。虽然应力通常低于材料的屈服强度，但零件在交变应力作用下长时间工作，也会发生断裂，这种现象称为疲劳断裂。

疲劳强度指材料经无数次交变载荷作用而不致引起断裂的最大应力值，用符号 R-1 表示。

通过疲劳试验可测得材料所承受的交变应力 σ 与断裂前的应力循环次数 N 之间的关系曲线，称为疲劳曲线。应力值愈低，断裂前应力循环次数愈多，当应力低于某一数值时，曲线与横坐标平行，表明材料可经受无数次应力循环而不断裂。

1.3.2　常用金属材料

金属材料是目前应用最为广泛的工程材料，包括钢、铸铁和有色金属。有色金属中的铝、铜、钛及其合金的应用十分广泛。

1.3.2.1　钢

钢是指含碳量 w_c 小于 2% 并含有某些其他元素的铁碳合金。合金是由两种或两种以上的金属与非金属经一定方法所合成的具有金属特性的物质。一般通过熔合成均匀液体和凝固而得。非合金钢中除了铁、碳两种基本元素外，还存在少量其他的元素，如硅、硫、磷、氧、氢等，它们是冶炼过程中不可避免的杂质元素。为了提高钢的某些性能，在非合金钢的基础上有目的地加入一些元素，就成了合金钢，加入的元素称为合金元素。钢具有强度高、韧性好、易于加工成形、原材料资源丰富、冶炼容易、价格便宜等优点，是应用最广泛的一种金属材料。

钢的分类方法有很多种，常用的分类方法有以下几种（如图 1-3-7）：

（1）结构钢　结构钢是指符合特定强度和可成形性等级的钢。可成形性以抗拉试验中断后伸长率表示。结构钢一般用于承载等用途，在这些用途中钢的强度是一个重要设计标准。结构钢是品种最多、用途最广、使用量最大的一类钢。结构钢包括碳素结构钢、合金结构钢、低合金结构钢、耐热结构钢等。

① 碳素结构钢。碳素结构钢是碳素钢的一种。是指碳含量低于 2%，并有少量硅、锰以及磷、硫等杂质的铁碳合金。工业上常指含碳小于 1.35%，除铁、碳和限量以内的硅、锰、磷、硫等杂质外，不含其他合金元素的钢。

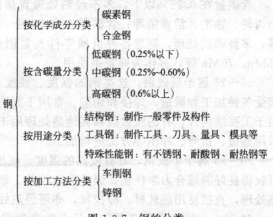

图 1-3-7　钢的分类

碳素钢的性能主要取决于含碳量。含碳量增加，钢的强度、硬度升高，塑性、韧性和可焊性降低。与其他钢类相比，碳素钢使用最早，成本低，性能范围宽，用量最大。

a. 普通碳素结构钢。简称普通碳素钢，这种钢含有害杂质（P、S 等）和非金属夹杂物较多，但价格便宜，用途很多，用量很大，主要用于铁道、桥梁、各类建筑工程，制造承受静载荷的各种金属构件及不重要不需要热处理的机械零件和一般焊接件。它的含碳量多数在 0.30% 以下，含锰量不超过 0.80%，强度较低，但塑性、韧性、冷变形性能好。除少数情况外，一般不作热处理，直接使用。多制成条钢、异型钢材、钢板等。

这类钢主要保证力学性能，故其牌号体现其力学性能。碳素结构钢的牌号，由代表屈服点的汉语拼音字母"Q"、屈服点数值、质量等级符号和脱氧方法四个部分按顺序组成。质量等级符号用 A、B、C、D 表示，质量等级不同，含 S、P 的量依次降低，钢材质量依次提高。其中 A 级的硫、磷含量最高，D 级的硫、磷含量最低，脱氧方法符号用 F、b、Z、TZ 表示，F 是沸腾钢，b 是半镇静钢，Z 是镇静钢，TZ 是特殊镇静钢。Z 与 TZ 符号在钢号组成表示方法中予以省略。

例如，Q235-A·F 表示屈服点为 235MPa 的 A 级沸腾钢，Q235-C 表示屈服点为 235MPa 的 C 级镇静钢。

碳素结构钢一般情况下都不经热处理，而在供应状态下直接使用。通常 Q195、Q215、Q235 钢碳的含量低，焊接性能好，塑性、韧性好，有一定强度，常轧制成薄板、钢筋、焊接钢管等，用于桥梁、建筑等结构和制造普通螺钉、螺母等零件。Q255 和 Q275 钢碳的质量分数稍高，强度较高，塑性、韧性较好，可进行焊接，通常轧制成型钢、条钢和钢板作结构件以及制造简单机械的连杆、齿轮、联轴器、销等零件。

b. 优质碳素结构钢。优质碳素结构钢含有害杂质（P、S 等）和非金属夹杂物较少，机械性能比较均匀和优良，力学性能好，可经热处理后使用。

优质碳素结构钢牌号用两位数字表示，这两位数字表示该钢的平均含碳量万分数。例如：45 表示平均含碳为 0.45% 的优质碳素结构钢；08 表示平均含碳量为 0.08% 的优质碳素结构钢；

根据含锰量分为普通含锰量（小于 0.80%）和较高含锰量（0.80%～1.20%）两组。较高含锰量钢在牌号后面标出元素符号"Mn"，例如 50Mn。

若为沸腾钢或专用钢，则在牌号后面标出规定的符号。如：10F 系平均含碳量为 0.10% 的优质碳素结构钢，沸腾钢；20g 系平均含碳量为 0.20% 的优质碳素结构钢，锅炉用钢。

含碳量在 0.25％以下，多不经热处理直接使用，或经渗碳、碳氮共渗等处理，制造中小齿轮、轴类、活塞销等；含碳量在 0.25％～0.60％，典型钢号有 40，45，40Mn，45Mn 等，多经调质处理，制造各种机械零件及紧固件等；含碳量超过 0.60％，如 65，70，85，65Mn，70Mn 等，多作为弹簧钢使用。

08～25 属于低碳钢，这类钢的强度、硬度、塑性、韧性及焊接性良好，主要用于易于接受各种加工如锻造，焊接和切削。常用于制造链条，铆钉，螺栓，轴等。大多不经热处理用于工程结构件，有的经渗碳和其他热处理用于要求耐磨的机械零件。其冷成形性良好，可采用卷边、折弯、冲压等方法进行加工。

30～55 属于中碳钢，具有较高的强度、硬度，热加工及切削性能良好，经调质处理后，可获得良好的综合力学性能。焊接性能较差。塑性和韧性随着含碳量的增加而降低。可不经热处理，直接使用热轧材、冷拉材，亦可经热处理后使用。

60 钢以上的牌号属高碳钢，具有较高的强度、硬度和弹性，焊接性不好，切削性差，冷变形塑性差，主要用于制造弹簧及耐磨件。

② 合金结构钢。用于制造重要工程结构和机器零件的钢称为合金结构钢。合金结构钢要求具有较高的屈服强度、抗拉强度和疲劳强度，还有足够的塑性和韧性。合金结构钢广泛用于船舶、车辆、飞机、导弹、兵器、铁路、桥梁、压力容器、机床等结构上。

a. 低合金结构钢，又称工程用钢。这类钢是含少量合金元素的低碳结构钢，故又名普通低合金结构钢。主要用于各种工程结构，如建筑钢架、桥梁、船舶、车辆、锅炉、高压容器、输油输气管道、大型钢结构等。

由于低合金钢对韧性、焊接性和冷成形性能的要求高，所以其碳含量不超过 0.20％。并加入以锰为主的合金元素。此外，加入铌、钛或钒等辅加元素，少量的铌、钛或钒在钢中形成细碳化物或碳氮化物，有利于获得细小的铁素体晶粒和提高钢的强度和韧性。加入少量铜（≤0.4％）和磷（0.1％左右）等，可提高抗腐蚀性能。加入少量稀土元素，可以脱硫、去气，使钢材净化，改善韧性和工艺性能，合金元素含量不大于 5％。

低合金高强度结构钢的主要牌号有 Q295、Q345、Q390、Q420、Q460。

ⓐ 钢号开头的两位数字表示钢的碳含量，以平均碳含量的万分之几表示，如 40Cr。

ⓑ 钢中主要合金元素，除个别微合金元素外，一般以百分之几表示。当平均合金含量＜1.5％时，钢号中一般只标出元素符号，而不标明含量。当合金元素平均含量≥1.5％、≥2.5％、≥3.5％…时，在元素符号后面应标明含量，可相应表示为 2、3、4…等，例如 18Cr2Ni4。

ⓒ 钢中的钒 V、钛 Ti、铝 AL、硼 B、稀土 RE 等合金元素，均属微合金元素，虽然含量很低，仍应在钢号中标出。例如 20MnVB 钢中，钒为 0.07％～0.12％，硼为 0.001％～0.005％。

ⓓ 高级优质钢应在钢号最后加 "A"，以区别于一般优质钢。

ⓔ 专门用途的合金结构钢，钢号冠以（或后缀）代表该钢种用途的符号。例如铆螺专用的 30CrMnSi 钢，钢号表示为 ML30CrMnSi。

按其用途及热处理特点可分为渗碳钢、调质钢、弹簧钢、滚动轴承钢、超高强度钢等。

此类钢同碳素结构钢比，具有强度高、综合性能好、使用寿命长、应用范围广、比较经济等优点。该钢多轧制成板材、型材、无缝钢管等。

b. 合金结构钢。合金结构钢主要用于制造各种机械零件，其质量等级都属于特殊质量等级，大多需要经过热处理后才能使用，按照其用途及热处理特点可分为渗透钢、调质钢、弹簧钢、滚轴钢、超高强度钢等。

ⓐ 合金渗碳钢。合金渗碳钢是用来制造既有优良的耐磨性、耐疲劳性，还有能承受冲

击载荷的作用的零件，如：汽车、拖拉机中的变速齿轮，内燃机上的凸轮轴、活塞销等机器零件。这类零件在工作中遭受强烈的摩擦磨损，同时又承受较大的交变载荷，特别是冲击载荷。

合金渗碳钢碳含量一般为 $0.10\%\sim0.25\%$，使零件心部有足够的塑性和韧性。加入 Cr、Ni、Mn、B 等，提高淬透性；加入 Ti、V、W、Mo 等元素，阻碍奥氏体晶粒的长大，形成稳定的合金碳化物。表面渗碳层硬度高，以保证优异的耐磨性和接触疲劳抗力，同时具有适当的塑性和韧性。

ⓑ 合金调质钢。合金调质钢用于制造一些受力复杂的承受多种工作载荷的重要零件。要求高的综合力学性能，即具有高的强度和良好的塑性、韧性。含碳量过低，硬度不足；含碳量过高，则韧性不足。

合金调质钢中加入 Cr、Mn、Ni、Si 元素等，不但提高淬透性，还能形成合金铁素体，提高钢的强度。加入少量 Ti、V、W、Mo 等碳化形成元素，可阻碍奥氏体晶粒的长大，提高钢的回火稳定性，以进一步改善钢的性能。调质处理后的 40Cr 钢的性能，其强度比 40 钢提高了 20%。

合金调质钢主要用于制造汽车、拖拉机、机床和其他机器上的各种重要零件，如齿轮、轴类件、连杆、螺栓等。

ⓒ 合金弹簧钢。合金弹簧钢是在碳素钢的基础上，通过适当加入一种或几种合金元素来提高钢的力学性能、淬透性和其他性能，如力学性能（特别是弹性极限、强度极限、屈强比）、抗弹减性能（即抗弹性减退性能，又称抗松弛性能）、疲劳性能、淬透性、物理化学性能（耐热、耐低温、抗氧化、耐腐蚀等）。以满足制造各种弹簧所需性能的钢。

合金弹簧钢含碳量 $0.45\%\sim0.7\%$。加入锰、硅提高钢的淬透性，同时也提高钢的弹性极限，加入铬、钒和钨等它们不仅使钢材有更高的淬透性，不易过热，而且有更高的高温强度和韧性。

合金弹簧钢的基本组成系列有硅锰弹簧钢、硅铬弹簧钢、铬锰弹簧钢、铬钒弹簧钢、钨铬钒弹簧钢等。在这些系列的基础上，有一些牌号为了提高其某些方面的性能而加入了钼、钒或硼等合金元素。

ⓓ 滚动轴承钢。用于制造滚动轴承的滚动体和内外套圈的钢，也用来制造各种工具和耐磨零件。滚动轴承在工作中需承受很高的交变载荷，滚动体与内外圈之间产生强烈摩擦，同时又工作在润滑剂介质中。因此，滚动轴承钢具有高的硬度和耐磨性、高的弹性极限和接触疲劳强度、足够的韧性和一定的耐蚀性。

轴承的尺寸精度高，因此也要求滚动轴承钢的内部组织、成分均匀，热处理后有良好的尺寸稳定性。

常用的滚动轴承钢是含碳 $0.95\%\sim1.15\%$、含铬 $0.40\%\sim1.65\%$ 的高碳低铬轴承钢，如加入合金元素铬是为了提高淬透性，并在热处理后形成细小均匀分布的碳化物，以提高钢的硬度、接触疲劳强度和耐磨性。

为了满足轴承在不同工作情况下的使用要求，还发展了特殊用途的轴承钢，如制造轧钢机轴承用的耐冲击渗碳轴承钢、航空发动机轴承用的高温轴承钢和在腐蚀介质中工作的不锈轴承钢等。

（2）工具钢　工具钢是用以制造各种加工工具的钢种。根据用途不同。工具钢可分为刃具用钢、模具用钢和量具用钢。按化学成分不同。工具钢又可分为碳素工具钢、合金工具钢和高速钢。

各类工具钢在使用性能及工艺性能上有许多共同的要求。如高硬度、高磨性是工具里最重要的使用性能之一；高耐磨性则是保证和提高工具寿命的必要条件等。除了上述共性之外，不同用途的工具钢也有各自的特殊性能要求。例如，刃具钢除要求高硬度、高耐磨性外，还要求红硬性及一定的强度和韧性；冷模具钢要求高硬度、高耐磨性、较高的强度和一定的动化；热模具钢则要求高的韧性和耐热疲劳性及一定的硬度和耐磨性；对于量具钢，除要求具有高硬度、高耐磨性外，还要求高的尺寸稳定性。

① 碳素工具钢。碳素工具钢的碳质量分数较高，在 $0.65\%\sim1.35\%$ 之间。其牌号用"碳"字汉语拼音的第一个字母 T 及数字表示，数字代表碳的平均质量分数为千分之几。例如，T8 表示平均碳含量为 0.8% 的碳素工具钢。碳素工具钢热处理后表面可得到较高的硬度和耐磨性，心部有较好的韧性，退火硬度低（不大于 HB207），加工性能良好。

用碳素工具钢制造的工具，其工作条件不同要求也不同。刃具钢要求高的硬度、耐磨性和红硬性；量具钢除要求高的硬度、耐磨性外，还要求高的尺寸稳定性和足够的韧性；冷作模具钢除要求高的硬度、耐磨性外，还要求高的强度、足够的韧性和良好的工艺性能。常用作制造日常工具，手钳、大锤、锥子等。

② 合金工具钢。合金工具钢的牌号由一位数字（或不标数字）＋元素符号＋数字三部分组成；当钢中含碳量 $W_C < 1.0\%$ 时，一位数字表示钢中含碳的千分数，当钢中含碳量 $W_C \geq 1.0\%$ 时，为避免与合金结构钢相混淆，牌号前不标数字，后面的元素符号机数字表示合金元素的平均质量分数。

合金工具钢的淬硬性、淬透性、耐磨性和韧性均比碳素工具钢高，按用途大致可分为刃具、模具和量具用钢三大类。其中碳含量高的钢（碳质量分数大于 0.80%）多用于制造刃具、量具和冷作模具，这类钢淬火后的硬度在 HRC60 以上，且具有足够的耐磨性；碳含量中等的钢（碳质量分数 $0.35\%\sim0.70\%$）多用于制造热作模具，这类钢淬火后的硬度稍低，为 HRC50～HRC55，但韧性良好。

a. 刃具、量具合金工具钢。刃具用钢刃具在工作条件下产生强烈的磨损并发热，还能够承受振动和一定的冲击负荷。刃具用钢应具有高的硬度、耐磨性、红硬性和良好的韧性。为了保证其具有高的硬度，满足形成合金碳化物的需要，钢中碳质量分数一般在 $0.80\%\sim1.45\%$。铬是这类钢的主要合金元素，质量分数一般在 $0.50\%\sim1.70\%$，有的钢还含有钨，以提高切削金属的性能。这类工具钢因含有合金元素，因此淬透性比碳素工具钢好，热处理产生的变形小，具有高的硬度和耐磨性。常用的钢类有铬钢、硅铬钢和铬钨锰钢等。

b. 模具用合金工具钢。模具大致可分为冷作模具、热作模具和塑料模具三类，用于锻造、冲压、切料、压型、压铸等，由于各种模具用途不同，工作条件复杂，因此对模具用钢的性能要求也不同。冷作模具包括冷冲模、拉丝模、拉延模、压印模、搓丝板、滚丝板、冷镦模和冷挤压模等。冷作模具用钢，按其所制造模具的工作条件，应具有高的硬度、强度、耐磨性，足够的韧性以及高的淬透性、淬硬性和其他工艺性能。用于这类用途的合金工具钢一般属于高碳合金钢，碳质量分数在 0.80% 以上，铬是这类钢的重要合金元素，其质量分数通常不大于 5%。热变形模具用于使热态金属或液态金属获得所需要的形状，制成所需要的产品。这种模具在工作中除要承受巨大的机械应力外，还要承受反复预热和冷却的作用，而引起很大的热应力。热作模具钢除应具有高的硬度、强度、红硬性、耐磨性的韧性外，还应具有良好的高温强度、热疲劳稳定性、导热性和耐蚀性，此外还要求具有较高的淬透性，以保证整个截面具有一致的力学性能。

c. 高速工具钢。高速工具钢主要用于制造高效率的切削刀具，由于其具有红硬性高、耐磨性好、强度高等特性，也用于制造性能要求高的模具、轧辊、高温轴和高温弹簧等。高速工具钢经热处理后的使用硬度可达 HRC63 以上，在 600℃左右的工作温度下仍能保持高的硬度，而且其韧性、耐磨性和耐热性均较好。高速工具钢的主要合金元素有钨、钼、铬、钒，还有一些高速工具钢中加入了钴、铝等元素。常用的牌号有 W18Cr4V、W6Mo5Cr4V2、

WΛMo5Cr4V2Al 等。

主要用于制造较高速度切削的刀具，如车刀、刨刀钻头等。

（3）不锈钢 不锈钢是指在腐蚀介质中具有很高的抗腐蚀能力的钢。实际上一部分不锈钢，既有不锈性，又有耐酸性（耐蚀性）。在空气中的年腐蚀量为 0.01mm 以内的钢，称为在空气中使用的不锈钢。同样在强酸、强碱介质中的年腐蚀量为 0.1mm 以内的钢，称为在强酸、强碱介质中使用的不锈钢。不锈钢的不锈性和耐蚀性是由于其表面上富铬氧化膜（钝化膜）的形成。这种不锈性和耐蚀性是相对的。

不锈钢的牌号与合金工具钢基本相同，当碳的质量分数小于 0.08％及小于 0.03％时在牌号前分别冠以 "0" 及 "00"。例如，0Cr18Ni12MoTi，表示含碳量小于 0.08％，铬元素平均质量 1.8％，镍元素平均 1.2％并含有钼、钛元素的不锈钢。铬是不锈钢中最基本的合金元素，主要作用是提高钢的耐蚀性。不锈钢的含量均在 13％以上。

不锈钢的分类方法很多。按室温下的组织结构分类，有马氏体型、奥氏体型、铁素体和双相不锈钢；按主要化学成分分类，基本上可分为铬不锈钢和铬镍不锈钢两大系统；按用途分则有耐硝酸不锈钢、耐硫酸不锈钢、耐海水不锈钢等；按耐蚀类型分可分为耐点蚀不锈钢、耐应力腐蚀不锈钢、耐晶间腐蚀不锈钢等；按功能特点分类又可分为无磁不锈钢、易切削不锈钢、低温不锈钢、高强度不锈钢等。由于不锈钢材具有优异的耐蚀性、成型性、相容性以及在很宽温度范围内的强韧性等系列特点，所以在重工业、轻工业、生活用品行业以及建筑装饰等行业中获得广泛的应用。

（4）铸造碳钢 铸造碳钢的牌号表示为：ZG（铸钢汉语拼音）＋数字（屈服强度最低值）＋数字（抗拉强度最低值）。例如，ZG230-450，表示屈服强度大于 230MPa、抗拉强度大于 450 MPa。

1.3.2.2 铸铁

铸铁是含碳大于 2.1％的铁碳合金，它是将铸造生铁（部分炼钢生铁）在炉中重新熔化，并加进铁合金、废钢、回炉铁调整成分而得到。与生铁区别是铸铁是二次加工，大都加工成铸铁件。

铸铁是应用最为广泛的铁碳合金材料，基本上以铸件形式使用。当铸铁中的碳主要以 Fe_3C 存在时，铸铁断口呈现银白色，称为白口铸铁。白口铸铁具有很大的硬度和脆性。不能承受冷加工，也不能承受热加工，只能直接用于铸造状态。当碳主要以石墨形式存在时，铸铁断口呈现暗灰色，故称为灰口铸铁。它包括一般灰口铸铁（简称灰铸铁）、球墨铸铁、麻口铸铁、孕育铸铁、稀土灰口铸铁等。灰口铸铁其断口的外貌呈浅灰色，故称为灰口铸铁（灰铁）。此价格便宜，应用广泛，灰口铸铁占铸铁的总产量80％以上。

（1）灰铸铁 灰铸铁的化学成分一般为：$w_C = 2.7\% \sim 4.0\%$，$w_{Si} = 1.0\% \sim 3.0\%$，$w_{Mn} = 0.25\% \sim 1.0\%$，$w_S \leqslant 0.2\%$，$w_P \leqslant 0.5\%$。

灰铸铁有一定的强度，但塑性和韧性很低，这种性能特点与石墨本身的性能及其在铸铁组织中的存在形态有关。有良好的减震性，用灰铸铁制作机器设备上的底座或机架等零件时，能有效地吸收机器震动的能量；有良好的润滑性能；还有良好的导热性能，这是因石墨是热的良好导体；此外其熔炼也比较方便，并且还有良好的铸造性能。其流动性能良好，线收缩率和体收缩率较小，铸件不易产生开裂，因此适宜于铸造结构复杂的铸件和薄壁铸件，如汽车的汽缸体、汽缸盖等。

灰铸铁的牌号用 HT 和其后的一组数字表示，HT 表示"灰铸"两字的汉语拼音，后面的数字为最低抗拉强度，单位为MPa。灰铸铁有六种：HT100、HT150、HT200、HT250、HT300、HT350。HT100 主要用于制造低载荷和不重要的部件，如盖、外罩、支架、重锤等；HT150 主要用来制作中等荷载的零件，如支柱、底座、齿轮箱阀体等；HT200、

HT250 主要用来制造较大载荷和重要零件，如汽缸体、齿轮、活塞、联轴器等；HT300、HT350 适用于制造承受高载荷的重要零件，如齿轮、凸轮、高压油缸等。

（2）球墨铸铁　是 20 世纪 50 年代发展起来的一种新型铸铁，它是经过球化处理后得到的。球化处理的方法是在铁液出炉后、浇注前加入一定量的球化剂（稀土镁合金等）和孕育剂，使石墨呈球状析出。球墨铸铁的化学成分是：$w_C = 3.6\% \sim 3.9\%$，$w_{Si} = 2.0\% \sim 2.8\%$，$w_{Mn} = 0.6\% \sim 0.8\%$，$w_S < 0.07\%$，$w_P \leqslant 0.1\%$，$w_{Mg} = 0.03\% \sim 0.05\%$。

由于球状石墨对铸铁基体的割裂作用影响很小，因此球墨铸铁的力学性能得到了很大改善，球墨铸铁具有很高的抗拉强度和疲劳强度，特别是提高了塑性和韧性，综合性能接近于铸钢，此外球墨铸铁的铸造性能、耐磨性、切削加工性都优于钢。同时，它还具有灰铸铁的减震性、减磨性和小的缺口敏感性等优良性能。球墨铸铁中的石墨球的圆整度越好，球径越小，分布越均匀，则球墨铸铁的力学性能就越好。球墨铸铁的牌号及引用见表 1-3-3。

表 1-3-3　球墨铸铁的牌号及引用

基体类型	牌　号	用途举例
铁素体	QT400-15 QT400-18	阀体，汽车、内燃机车零件，机床零件，农机具零件
铁素体＋珠光体	QT500-7	机油泵齿轮，机车、车辆轴瓦
珠光体	QT700-2 QT800-2	柴油机曲轴，凸轮轴．汽缸体、缸套，活塞环，部分磨床、铣床、车床的主轴等
下贝氏体	QT900-2	汽车的螺旋锥齿轮，拖拉机减速齿轮．柴油机凸轮轴

球墨铸铁牌号由 QT 加上两组数字组成，QT 表示"球铁"两字的汉语拼音，其后两组数字分别表示最低抗拉强度和最低断后伸长率。如 QT400-15 表示抗拉强度为 400MPa，伸长率为 15％的球墨铸铁。

1.3.2.3　有色金属及其合金

工业上一般将钢铁称为黑色金属，而将铁以外的金属称为非铁金属，或称有色金属。有色金属及其合金具有钢铁材料所没有的许多特殊的机械、物理和化学性能，如良好的导电性、导热性，密度小、熔点高，有低温韧性，在空气、海水以及一些酸、碱介质中耐腐蚀等。但有色金属价格比较昂贵。

（1）铝及其合金　纯铝是一种银白色的金属，熔点（与其纯度有关，99.996％时）为 660.24℃，具有面心立方晶格，无同素异构转变。纯铝中含有 Fe、Si、Gu、Zn 等杂质元素，使性能略微降低。纯铝材料按纯度可分为以下三类。

① 高纯铝。纯度为 99.93％～99.99％，牌号有 L01、L02、L03、L04 四种，编号越大，纯度越高。高纯铝主要用于科学研究及制作电容器等。

② 工业高纯铝。纯度为 98.85％～99.9％，牌号有 L0、L00 等，用于制作铝箔、包铝及冶炼铝合金的原料。

③ 工业纯铝。纯度为 98.0％～99.0％，牌号有 L1、L2、L3、L4、L5 五种，编号越大，纯度越低。工业纯铝可制作电线、电缆、器皿及配制合金。

工业纯铝的抗拉强度和硬度很低，不能作为结构材料使用。但其塑性极高，延伸率（退火）为 32％～40％，断面收缩率（退火）为 70％～90％。能通过各种压力加工制成型材。

根据成分及工艺特点，铝合金分变形铝合金和铸造铝合金两类。

根据化学成分和性能的不同，变形铝合金可分为防锈铝合金、硬铝合金、超硬铝合金、锻铝合金四类，详见表 1-3-4。变形铝合金代号以汉语拼音字首＋顺序号表示，如 LF、LY、LC、LD 分别代表防锈铝、硬铝、超硬铝和锻铝。

表 1-3-4　变形铝合金主要牌号及用途

类别	牌号	用途	类别	牌号	用途
锈铝合金	LF5	中载零件、铆钉、焊接油箱、油管等	超硬铝合金	LC4	主要受力构件及高载荷零件，如飞机大梁，加强框、起落架
	LF11	同上		LC6	同上
	LF21	管道、容器、铆钉及轻载零件及制品	锻铝合金	LD5	形状复杂和中等强度的锻件及模锻件
硬铝合金	LY1	中等强度、工作温度不超过 100℃ 的铆钉		LD7	高温工作的复杂锻件和结构件、内燃机活塞
	LY11	中等强度构件和零件、如骨架、螺旋桨叶片铆钉		LD10	高载荷锻件和模锻件
	LY12	高强度的构件及 150℃ 以下工作的零件，如骨架、梁、铆钉			

① 防锈铝合金。主加合金元素是 Mn 和 Mg，锻造退火后得到单相固溶体组织，塑性、耐蚀性良好。Mn 的主要作用是提高耐蚀能力，还有固溶强化作用。Mg 在固溶强化的同时能降低合金的密度，减轻零件的结构重量。防锈铝合金不能通过热处理来强化，只能采用冷变形产生加工硬化。常用的防锈铝合金有 LF5、LF21 等，广泛应用于航空工业，也可用于经压延、焊接加工的耐蚀零件，如管道、油箱、铆钉等。

② 硬铝合金。主要合金元素是 Cu 和 Mg，并加入少量的 Mn 构成 Al-Cu-Mg-Mn 多元合金系。Cu 和 Mg 在时效过程中可形成强化相 $CuAl_2$（θ相）和 $CuMgAl_2$（S 相），S 相可以提高合金的耐热性。Mn 主要是提高耐蚀性，也有一定的固溶强化和增进耐热性的作用，常用的硬铝合金有 LY1、LY11、LY12、LY13 等。

③ 超硬铝合金。是 Al-Cu-Mg-Zn 系合金。时效过程除了析出θ相和 S 相外，还能析出强化作用更大的 MgZn（η相）相和 $Al_2Mg_3Zn_3$（T 相）。经时效处理后，可得到铝合金中的最高强度。超硬铝合金热塑性较好，但是耐蚀性较差，也可以通过包铝的方法加以改善。

常用的超硬铝有 LC4、LC6 等，主要用作要求质量轻、受力大的重要构件，如飞机大梁、起落架、隔板等。

④ 锻铝合金。有 Al-Cu-Mg-Si 系普通锻铝合金及 Al-Cu-Mg-Ni-Fe 系耐热锻铝合金，共同的特点是热塑性、耐蚀性较好，经锻造后可制造形状复杂的大型锻件和模锻件。

普通锻铝合金包括 LD2、LD5、LD6、LD10 等，主要强化相为 Mg_2Si。LD2 的抗蚀性接近防锈铝，LD10 的强度与硬铝相近。普通锻铝合金可用于离心压缩机叶轮、导风轮等。

耐热锻铝合金包括 LD7、LD8、LD9 等，顺序号越大，耐热性越差。主要耐热强化相为 Al_9FeNi，适于制作工作在 150～225℃ 的叶片、叶轮等。

(2) 铜及其合金　纯铜呈玫瑰红色，因其表面在空气中氧化形成一层紫红色的氧化物而常称紫铜，密度 8.94g/cm^3，熔点为 1083℃，具有面心立方晶格，没有同素异构转变。纯铜是人类最早使用的金属，也是迄今为止得到最广泛应用的金属材料之一。纯铜强度较低，在各种冷热加工条件下有很好的变形能力，不能通过热处理强化，但是能通过冷变形加工硬化。

微量杂质 Bi、Pb、S 等会与 Cu 形成低熔点共晶组织导致"热脆"，如形成熔点为 270℃ 的（Cu＋Bi）和熔点为 326℃ 的（Cu＋Pb）共晶体，并且分布在晶界上，在正常的热加工温度 820～860℃ 下，晶界早期熔化，发生晶间断裂。硫和氧则易与铜形成脆性化合物 Cu_2S 和 Cu_2O，冷加工时破裂断开，导致"冷脆"。

工业纯铜中铜的含量为 99.5%～99.95%，其牌号以"铜"的汉语拼音字首"T"＋顺序号表示，如 T1、T2、T3、T4，顺序数字越大，纯度越低，见表 1-3-5。

表 1-3-5　工业纯铜的牌号、成分及用途

牌号	代号	纯度/%	杂质/%		杂质总量/%	用　　途
			Bi	Pb		
一号铜	T1	99.95	0.002	0.005	0.05	导电材料和配制高纯度合金
二号铜	T2	99.90	0.002	0.005	0.1	导电材料，制作电线、电缆等
三号铜	T3	99.70	0.002	0.01	0.3	铜材、电气开关、垫圈、铆钉、油管等
四号铜	T4	99.50	0.003	0.05	0.5	铜材、电气开关、垫圈、铆钉、油管等

根据合金元素的不同，铜合金可分为黄铜、青铜、白铜三大类。

① 黄铜。黄铜是以 Zn 为主加元素的铜合金，黄铜具有较高的强度和塑性，良好的导电性、导热性和铸造工艺性能，耐蚀性与纯铜相近。黄铜价格低廉，色泽明亮美丽。

按化学成分可分为普通黄铜及特殊黄铜（或复杂黄铜）；按生产方式可分为压力加工黄铜及铸造黄铜。

普通黄铜的牌号以"黄"的汉语拼音字首"H"＋数字表示，数字表示铜的含量，如 H62 表示含 Cu 量为 62%，其余为 Zn 的普通黄铜。

特殊黄铜的代号表示形式是"H＋第一合金元素符号＋铜含量-第一合金元素含量＋第二合金元素含量"，数字之间用"-"分开，如 HAl59-3-2，表示含 Cu 59%，含 Al 3%，含 Ni 2%，余量为 Zn 的特殊黄铜。

铸造黄铜的牌号则以"铸"字汉语拼音字首"Z"＋铜锌元素符号"ZCuZn"表示，具体为"ZCuZn＋锌含量＋第二合金元素符号＋第二合金元素含量"，如 ZCuZn40Pb2 表示含 Zn 40%，含 Pb 2%，余量为 Cu 的铸造黄铜。常用普通黄铜牌号及用途见表 1-3-6。

表 1-3-6　普通黄铜牌号及用途

牌　号	用　　途
H96	冷凝管、散热器及导电零件等
H90	奖章、供水及排水管等
H80	薄壁管、造纸网、波纹管、装饰品、建筑用品等
H70	弹壳、造纸、机械及电气零件
H68	形状复杂的冷、深冲压件、散热器外壳及导管等
H62、H59	机械、电气零件，铆钉、螺母、垫圈、散热器及焊接件、冲压件

② 青铜。青铜是以除 Zn 和 Ni 以外合金元素为主加元素的铜合金。青铜具有良好的耐蚀性、耐磨性、导电性、切削加工性、导热性能、较小的体积收缩率。

按主加合金元素的不同可分为锡青铜、铝青铜、铍青铜等；按生产方式的不同可分为压力加工青铜、铸造青铜。

压力加工青铜牌号以"青"字汉语拼音字首"Q"开头，后面是主加元素符号及含量，其后是其他元素的含量，数字间以"-"隔开，如 QAl10-3-1.5 表示主加元素为 Al 且含 Fe 为 3%，含 Mn 1.5%，余量为 Cu 的铝青铜。

铸造青铜表示方法是"ZCu＋第一主加元素符号＋含量＋合金元素＋含量＋……"如 ZCuSn5Pb5Zn5 表示主加元素为 Sn 且含 Sn 5%、Pb 5%、Zn 5%，余量为 Cu 的铸造锡青铜。常用青铜的牌号及用途见表 1-3-7。

表 1-3-7　常用青铜的牌号及用途

类　　别	代号（或牌号）	用　　途
压力加工锡青铜	QSn4-3	弹性元件、化工机械耐磨零件和抗磁零件
	QSn6.5-0.1	精密仪器中的耐磨零件和抗磁元件，弹簧
	QSn4-4-2.5	飞机、汽车、拖拉机用轴承和轴套的衬垫
铸造锡青铜	ZCuSn10Zn2	在中等及较高载荷下工作的重要管配件，阀、泵体等
	ZCuSn10P1	重要的轴瓦、齿轮、连杆和轴套等
特殊无青锡铜青铜	ZCuAl10Fe3	重要的耐磨、耐蚀重型铸件，如轴套、蜗轮等
	ZCuAl9Mn2	形状简单的大型铸件，如衬套、齿轮、轴承
	QBe2	重要仪表的弹簧、齿轮等
	ZCuPb30	高速双金属轴瓦、减摩零件等

③ 白铜。白铜是以 Ni 为主加元素的铜合金。白铜具有较高的强度和塑性，可进行冷、热变形加工，具有很好的耐蚀性、电阻率较高。根据性能和应用分为耐蚀用白铜和电工用白铜；根据化学成分和组元数目可分普通白铜（或简单白铜）和特殊白铜（或复杂白铜）；特殊白铜又根据加入 Zn、Mn、Al 等不同合金元素，分为锌白铜、锰白铜和铝白铜等。

普通白铜的牌号以"白"字汉语拼音字首"B+数字"表示，数字代表 Ni 的含量，如 B30 表示含 Ni 30％的普通白铜。

特殊白铜的代号表示形式是"B+第二合金元素符号＋镍的含量＋第二合金元素含量"，数字之间以"－"隔开，如 BMn3-12 表示含 Ni 3％、Mn 12％、Cu85％的锰白铜。

（3）钛及钛合金　纯 Ti 是灰白色轻金属，钛的密度小，为 $4.54g/cm^3$，熔点高，约为 1668℃，热膨胀系数小，导热性差。纯 Ti 塑性好、强度低，容易加工成形，可制成细丝和薄片。Ti 在大气和海水中有优良的耐蚀性，在硫酸、盐酸、硝酸、氢氧化钠等介质中都很稳定。Ti 的抗氧化能力优于大多数奥氏体不锈钢。

Ti 在固态下有同素异构转变：882.5℃以下为密排六方晶格，称 α-Ti；882.5℃以上直到熔点为体心立方晶格，称β-Ti。在 882.5℃时发生同素异构转变α-Ti ⟶⟵ β-Ti，它对强化有很重要的意义。

工业纯 Ti 中含有 H、C、O、Fe、Mg 等杂质元素，少量杂质可使钛的强度和硬度显著升高，塑性和韧性明显降低。工业纯钛按杂质含量不同分为 TA1、TA2、TA3 三种，编号越大杂质越多，可制作在 350℃以下工作的、强度要求不高的零件。

合金元素溶入α-Ti 中，形成α固溶体，溶入β-Ti 中形成β固溶体。Al、C、N、O、B 等使α-Ti ⟶⟵ β-Ti 转变温度升高，称为α稳定化元素。Fe、Mo、Mg、Cr、Mn、等同素异构转变温度下降称为β稳定化元素。Sn、Zr 等对转变温度的影响不明显，称为中性元素。

根据使用状态的组织，钛合金可分为三类：α钛合金、β钛合金和（α＋β）钛合金。牌号分别以 TA、TB、TC 加上编号来表示。

钛及其合金具有密度小、比强度高、耐高温、耐腐蚀以及低温韧性良好等优点；且资源丰富，所以在军工、航空、石油、化工、农药、染料、轻工、海洋工程及环保领域有着广泛应用前景。其中耐腐蚀钛合金主要用于各种强腐蚀环境的反应器、换热器、离心机、分离机、泵、阀、管道、管件、电解槽等。

（4）镍及其合金　镍的密度为 $8.9g/cm^3$，熔点高（1455℃），在干燥或潮湿的空气中有很好的热稳定性，高于 600℃时才被氧化。镍及镍合金具有特别高的耐蚀性。镍在氯化物、硫酸盐、硝酸盐的溶液中，在大多数有机酸中以及染料、皂液、糖等介质中也相当稳定。但在盐酸和硫酸中，当温度升高或溶液中充气时，镍的腐蚀速率大大加大。镍在醋酸中也不稳定。磷酸可与镍发生强烈的反应。在含硫气体、浓氨水和强烈充气氨溶液、含氧酸如硝酸等介质中，镍的耐腐蚀性很差。

镍具有高强度、高塑性和冷韧的特性，能压延成很薄的板和拉成细丝。

1.3.2.4 金属材料的腐蚀与防护

(1) 金属腐蚀及其分类 金属腐蚀是指金属表面与周围环境发生化学或电化学作用而引起金属破坏或变质的现象。环境一般指材料所处的介质、温度和压力等。电厂的热力设备在制造、运输、安装、运行和停运期间，会发生各种形态的腐蚀。

腐蚀给人类社会带来的直接损失是巨大的。有资料记载，美国 1975 年的腐蚀损失为 820 亿美元，占国民经济总产值的 4.9%；1995 年为 3000 亿美元，占国民经济总产值的 4.21%。我国的金属腐蚀情况也是很严重的，特别是我国对金属腐蚀的保护工作与发达的工业国家相比还有一段距离。据 2003 年出版的《中国腐蚀调查报告》中分析，中国石油工业的金属腐蚀损失每年约 100 亿元人民币，汽车工业的金属腐蚀损失约为 300 亿元人民币，化学工业的金属腐蚀损失也约为 300 亿元人民币，这些数据只是与腐蚀有关的直接损失数据，间接损失数据有时是难以统计的。

金属腐蚀在造成经济损失的同时，也造成了资源和能源的浪费，由于所报废的设备或构件有少部分是不能再生的，可以重新也冶炼再生的部分在冶炼过程中也会耗费大量的能源。目前世界上的资源和能源日益紧张，因此由腐蚀所带来的问题不仅仅只是一个经济损失的问题了。腐蚀对金属的破坏，有时也会引发灾难性的后果，此方面的例子太多了，所以对金属腐蚀的研究是利国利民的选择。由于世界各国对于腐蚀的危害有了深刻的认识，因此利用各种技术开展了金属腐蚀学的研究，经过几十年代努力已经取得了显著的成绩。

由于金属材料、环境因素及受力状况等差异，金属的腐蚀形式和特征千差万别，因此腐蚀的分类也是多种多样。金属腐蚀按其腐蚀机理的不同可分为化学腐蚀和电化学腐蚀两类；按照腐蚀形态分类，腐蚀可以分为全面腐蚀和局部腐蚀；按照腐蚀环境的类型分类，腐蚀可以分为大气腐蚀、海水腐蚀、土壤腐蚀、燃气腐蚀、微生物腐蚀等；按照腐蚀温度分类，腐蚀可以分为高温腐蚀和常温腐蚀；按照腐蚀环境的湿润程度分类，腐蚀可分为干腐蚀和湿腐蚀。

(2) 化学腐蚀 金属的表面与其周围介质直接进行化学反应，在不产生电流的情况下使金属遭到变质和破坏的现象称为化学腐蚀。化学腐蚀是一种氧化-还原反应过程，也就是腐蚀介质中的氧化剂直接同金属表面的原子相互作用而形成腐蚀产物，在腐蚀过程中，电子的传递是在金属和介质中直接进行的。例如炉管的外表面受高温炉烟的氧化，在过热蒸汽中形成的汽水腐蚀，不含水的润滑油对金属的腐蚀等，均属于化学腐蚀类。

常见的金属材料化学腐蚀是金属的侠义氧化，即发生以下反应。

$$m\text{M} + n\text{O}_2 \longrightarrow \text{M}_m\text{O}_{2n} \qquad (1\text{-}3\text{-}8)$$

金属的氧化和氧化剂的还原是同时发生的，电子从金属原子直接转移到接受体，而不是在时间或空间上分开独立进行的共轭电化学反应。

金属的化学腐蚀主要发生在如下四种介质中。

① 金属在干燥大气体中的腐蚀。这种腐蚀进行的速度较慢，造成的危害较小。

② 金属在高温气体中的腐蚀。这是危害最为严重的化学腐蚀，如金属的高温氧化，在高温条件下，仅属于环境中的氧或氧化物质化合生成金属化合物，温度越高，金属的氧化速度就越快；在高温气体作用下，钢中的碳元素与高温气体中的氧气、水、二氧化硫等氧化物质反应，是钢的含碳量下降，使金属的强度和抗疲劳强度下降，造成钢性能的变化。

③ 其他氧化剂引起的化学腐蚀。在腐蚀反应中，夺走金属电子的物质不是氧，而是硫、卤素元素或其他氧化性原子或原子团。这种情况下腐蚀的速度和危害程度取决于金属及氧化

物的性质。

④ 金属在非电解质溶液中的腐蚀。金属在不含水，不电离的有机溶剂中，与有机物直接反应而受化学腐蚀，如 Al 在 CCl_4、Mg 和 Ti 在甲醇中的腐蚀。这类腐蚀比较轻微。

（3）电化学腐蚀　电化学腐蚀是最常见的腐蚀，金属腐蚀中的绝大部分均属于电化学腐蚀。在金属遭到破坏的过程中，伴有电流产生的腐蚀称为电化学腐蚀。其特点是在腐蚀过程中有电流产生。金属在水溶液中或在潮湿空气中的腐蚀，属于电化学腐蚀，如在电厂，原水、补给水、给水、锅炉水、冷却水以及与湿蒸汽接触的设备所遭受的腐蚀等。

① 电极电位。将一块金属插入电解质溶液中时所构成的体系，称为电极。电厂中所有与水相接触的热力设备均可看作为这样的电极。金属是以金属晶体的形式存在的，在金属晶体中，金属的原子和金属的阳离子构成晶体的晶格结点，自由电子在晶格间的孔隙中做无规则运动，通过静电引力使各晶格结点的金属原子或金属阳离子紧密联系起来，也使各晶格结点在金属原子和金属离子之间不断相互转化。当金属与水溶液接触时，由于极性水分子的水合作用，使金属阳离子脱离其表面形成水合离子溶入水溶液中，反应如下：

$$Fe + nH_2O \Longrightarrow Fe^{2+} \cdot nH_2O + 2e^- \tag{1-3-9}$$

由于金属阳离子脱离金属表面，而自由电子仍留在金属上，因此金属带负电，水溶液带正电。通过静电引力，溶液中的过剩阳离子紧紧靠近金属表面，与金属上的多余负电荷形成双电层。随着金属的不断溶解，金属中的负电荷越来越多，其对于金属阳离子的束缚作用越来越强，金属的溶解速度逐渐降低。另一方面，水溶液中的金属阳离子可以摆脱水分子的水合作用而返回到金属的表面发生沉积，同样随着金属的不断溶

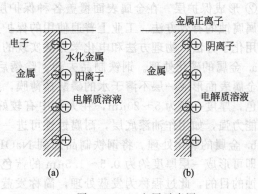

图 1-3-8　双电层示意图

解，这种沉积的趋势将越来越强，即金属离子的沉积速度逐渐增大。当金属与溶液之间发生的这种溶解和沉积的速度相等时，则电极反应达到动态平衡。此时，形成了由金属表面带负电，与金属相接触的水带正电的双电层，双电层示意图如图 1-3-8 所示。双电层中正负电荷的数量相对稳定，溶液中的过剩离子数量亦稳定。

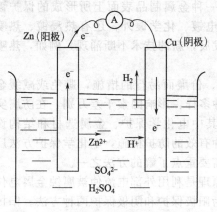

图 1-3-9　金属锌和金属铜组成的腐蚀电极

② 腐蚀电池。当电极过程达到平衡时，金属与溶液间形成的双电层亦处于一种动态平衡，它将阻碍金属继续溶解。若将金属上的自由电子引出则平衡将被破坏，金属将继续溶解。不同电极的电极电位不同，如果将两个不同电极连接起来，形成闭合回路即组成原电池。如由铜电极与锌电极组成的铜-锌原电池（图 1-3-9）。由于铜电极的电极电位高于锌电极的电极电位，即铜的溶解能力弱于锌，故锌电极上有更多的剩余自由电子，这些自由电子在两电极间的电位差的作用下，通过导线到达铜电极，在外电路形成电流。此时铜电极上的自由电子过剩，溶液中的铜离子沉积到铜电极板上中和过剩的自由

电子，而在锌电极上，由于自由电子数量减少，平衡被破坏，锌将继续溶解。该过程一直持续到锌极板完全溶解为止，这种能将化学能转变为电能的装置称为原电池。金属与水溶液接触时，由于各种原因，金属内部的不同部分产生不同的电极电位而组成原电池。这是金属发生电化学腐蚀的根本原因，这种原电池称为腐蚀电池。金属各部位形成不同电位的原因很多，如金属中含有杂质又处于介质（潮湿空气、水或电解质溶液）中时，金属晶粒与晶界之间的能量差别，金属加工时所产生的变形和内应力不同而造成的金属的物理不均匀性，金属所接触的溶液组成和浓度的差异，金属表面的温度不同等。实际上，腐蚀电池是由于各种原因在金属的某些部分形成的许多肉眼看不见的小型微原电池。在原电池中，失去电子的金属电极上发生氧化反应，该金属溶解（即腐蚀），此电极称为阳极（如锌电极），另一个得到电子发生还原反应的电极称为阴极（如铜电极），阴极得到保护。

（4）金属腐蚀的防护措施

① 改善金属的性能。根据不同的用途选择不同的材料组成耐蚀合金，或在金属中添加合金元素，提高其耐腐蚀性，可以防止或减缓金属的腐蚀。例如，在钢中加入镍制成不锈钢，可以增强防腐蚀能力。

② 形成保护层。在金属表面覆盖各种保护层，把被保护金属与腐蚀性介质隔开，是防止金属腐蚀的有效方法。工业上普遍使用的保护层有非金属保护层和金属保护层两大类。它们是用化学方法、物理方法和电化学方法实现的。

a. 金属的磷化处理。钢铁制品去油、除锈后，放入特定组成的磷酸盐溶液中浸泡，即可在金属表面形成一层不溶于水的磷酸盐薄膜，这种过程叫做磷化处理。磷化膜呈暗灰色至黑灰色，厚度一般为 $5 \sim 20 \mu m$，在大气中有较好的耐腐蚀性。膜是微孔结构，对油漆等的吸附能力强，如用作油漆底层，耐腐蚀性可进一步提高。

b. 金属的氧化处理。将钢铁制品加到 $NaOH$ 和 $NaNO_2$ 的混合溶液中，加热处理，其表面即可形成一层厚度约为 $0.5 \sim 1.5 \mu m$ 的蓝色氧化膜（主要成分为 Fe_3O_4），以达到钢铁防腐蚀的目的，此过程称为发蓝处理，简称发蓝。这种氧化膜具有较大的弹性和润滑性，不影响零件的精度，故精密仪器和光学仪器的部件，弹簧钢、薄钢片、细钢丝等常用发蓝处理。

c. 非金属涂层。用非金属物质如油漆、塑料、搪瓷、矿物性油脂等涂覆在金属表面上形成保护层，称为非金属涂层，也可达到防腐蚀的目的。例如，船身、车厢、水桶等常涂油漆，汽车外壳常喷漆，枪炮、机器常涂矿物性油脂等。用塑料（如聚乙烯、聚氯乙烯、聚氨酯等）喷涂金属表面，比喷漆效果更佳。塑料这种覆盖层致密光洁、色泽艳丽，兼具防腐蚀与装饰的双重功能。

d. 金属保护层。它是以一种金属镀在被保护的另一种金属制品表面上所形成的保护镀层。前一金属常称为镀层金属。金属镀层的形成，除电镀、化学镀外，还有热浸镀、热喷镀、渗镀、真空镀等方法。目前，随着科学的进步和发展，新的技术不断涌现，例如，热喷涂防腐技术的发展和应用更加丰富了防腐的方法。

③ 电化学保护。研究金属腐蚀的目的是提出高效、价廉而易行的措施，避免或减缓金属的腐蚀。由于金属电化学腐蚀的机理复杂，形式多种多样，影响因素千差万别，在防腐实践中，人们研究了多种应对金属腐蚀的措施和方法，其中电化学保护、金属选材和结构设计、覆盖层保护和缓蚀剂是用得最多的几种。作为一种有效的防护措施，电化学保护方法广泛地应用于船舶、海洋工程、石油、化工等领域，是需要重点了解的方法之一。

电化学保护是金属腐蚀防护的重要方法之一，其原理是利用外部电流使被腐蚀金属电位发生变化从而减缓或抑制金属腐蚀。电化学保护可分为阳极保护和阴极保护两种方法。阳极保护是向金属表面通入足够的阳极电流，使金属发生阳极极化即电位变正并处于钝化状态，金属溶解大为减缓。阴极保护是向腐蚀金属表面通入足够的阴极电流，使金属发生阴极极化，即电位变负以阻止金属溶解。阴极保护根据电流来源不同分为牺牲阳极法和外加电流法两种方法。

牺牲阳极法是将被保护金属与电位更负的牺牲阳极直接相连，构成电流回路，从而使金属发生阴极极化。此法是用电极电势比被保护金属更低的金属或合金做阳极，固定在被保护金属上，形成腐蚀电池，被保护金属作为阴极而得到保护。外加电流法则是利用外加电源，将被保护金属与电源负极相连，通过辅助阳极构成电流回路，使金属发生阴极极化。此法主要用于防止土壤、海水及河水中金属设备的腐蚀。

牺牲阳极一般常用的材料有铝、锌及其合金。此法常用于保护海轮外壳，海水中的各种金属设备、构件和防止巨型设备（如储油罐）以及石油管路的腐蚀。

④ 缓蚀剂法。缓蚀剂法是一种常用的防腐蚀措施，在腐蚀环境中加入少量缓蚀剂就能和金属表面发生物理化学作用，从而显著降低金属材料的腐蚀。由于缓蚀剂在使用过程中无需专门设备，无需改变金属构件的性质，因而具有经济、适应性强等优点，广泛应用于酸洗冷却水系统、油田注水、金属制品的储运等工业过程中。

缓蚀剂分为无机盐（如硅酸盐、正磷酸盐、亚硝酸盐、铬酸盐等）和有机物（一般是含 N、S、O 的化合物如胺类、吡啶类、硫脲类、甲醛、丙炔醇等）。缓蚀剂的作用是通过吸附与腐蚀产物生成沉淀而覆盖在金属电极表面形成保护膜，从而减缓电极过程的速度，达到缓蚀的目的。缓蚀剂也可分为阳极缓蚀剂和阴极缓蚀剂。阳极缓蚀剂是直接阻止阳极表面的金属进入溶液，或在金属表面上形成保护膜，使阳极免于腐蚀。如果加入缓蚀剂的量不足，阳极表面覆盖不完全，则导致阳极的电流密度增大而使腐蚀加快，故有时也将阳极缓蚀剂称为危险性缓蚀剂。阴极缓蚀剂主要抑制阴极过程的进行，增大阴极极化，有时也可在阴极上形成保护膜。阴极缓蚀剂则不具有"危险性"。随着社会进步和人类环保意识的增强，缓蚀剂的开发和运用越来越重视环境保护的要求。绿色化学及其技术将广泛应用于腐蚀防护领域。

1.3.2.5　常用非金属材料

非金属材料是指除金属材料以外的几乎所有的材料，自 19 世纪以来，随着生产和科学技术的进步，尤其是无机化学和有机化学工业的发展，人类以天然的矿物、植物、石油等为原料，制造和合成了许多新型非金属材料，主要有各类高分子材料（塑料、橡胶、合成纤维、部分胶黏剂等）、陶瓷材料（各种陶器、瓷器、耐火材料、玻璃、水泥及近代无机非金属材料等）和各种复合材料等。这些非金属材料因具有各种优异的性能，为天然的非金属材料和某些金属材料所不及，从而在近代工业中的用途不断扩大，并迅速发展。

(1) 橡胶　橡胶是一种高分子材料，同塑料、纤维并称为三大合成材料，是唯一具有高度伸缩性与极好弹性的高分子材料。首先，橡胶具有高弹性，在较小外力作用下，能产生很大变形，当外去除后能迅速恢复到近似原来的状态。还有良好的耐磨性、隔音性和阻尼性。橡胶的最大特征首先是弹性模量非常小，而伸长率很高。其次，是它具有相当好的耐透气性以及耐各种化学介质和电绝缘的性能。某些特种合成橡胶更具备良好的耐油性及耐温性，能抵抗脂肪油、润滑油、液压油、燃料油以及溶剂油的溶胀；耐寒可低到 $-80 \sim -60\,^\circ\!C$；耐热可高到 $180 \sim 350\,^\circ\!C$。橡胶还耐各种曲挠、弯曲变形，因为滞后损失小。橡胶的第三个特征在于它能与多种材料进行并用、共混、复合，由此进行改性，以得到良好的综合性能。橡胶的这些基本性能，使它成为工业上极好的减震、密封、屈挠、耐磨、防腐、绝缘以及粘接等材料。但橡胶容易老化，即在使用和储存过程中也会出现变色、发黏、发脆及龟裂等现象，弹性、强度变差，为了防止橡胶的老化，可加入防老剂。

橡胶分为天然橡胶和合成橡胶。在全世界，橡胶（包括塑料改性的弹性体）的种类已超过 100 种。如果按牌号估算，实际上已超过 1000 种。几种常用的合成橡胶如下。

① 丁苯橡胶。丁苯橡胶具有良好的耐磨性、耐热性和耐老化性能，价格低，但生胶强

度差，黏结性不好，成形困难，硫化速度慢，制成的轮胎使用时发热量大、弹性差。使用时常与天然橡胶一定比例混合使用，相互取长补短。常用于制造轮胎、胶板、胶管、胶布及通用制品。

② 氯丁橡胶。氯丁橡胶具有耐油、而溶剂、耐氧化、耐碱、耐热、耐燃烧、耐挠曲和透气性好等优良性能，被誉为万能橡胶，但密度大（1.25）、成本高、耐寒性较差。主要用于制造电线和电缆的包皮，输送油类和腐蚀性物质的胶管、输送带以及轮胎胎侧等。

③ 硅橡胶。硅橡胶能耐高温和低温，还具有良好的耐臭气性和电绝缘性；主要用于制造各种耐高、低温的橡胶制品，如管接头、垫圈、衬垫、密封件及各种耐高温电线、电缆的绝热层等。

④ 氟橡胶。氟橡胶耐腐蚀性强，其耐酸、碱及耐强氧化剂的能力高于其他橡胶，耐热性也较好；但成本高、耐寒性差、加工性能不好。氟橡胶主要用于制造耐化学腐蚀制品、高级密封件和高真空橡胶件等。

（2）塑料　塑料是指以树脂（或在加工过程中用单体直接聚合）为主要成分，以增塑剂、填充剂、润滑剂、着色剂等添加剂为辅助成分，在加工过程中能流动成型的材料，是合成的高分子化合物，可以自由改变形体样式。塑料具有质轻、比强度高；电绝缘性能好；化学稳定性能优良；减摩、耐磨性能好；透光及防护性能；减震、消音性能优良等优点。同时又具有耐热性比金属等材料差；塑料的热膨胀系数要比金属大 3～10 倍；在载荷作用下，塑料会缓慢地产生黏性流动或变形等缺点，此外，塑料在大气、阳光、长期的压力或某些质作用下会发生老化。

按塑料的塑料受热时的性能分为热塑性塑料和热固性塑料。热塑性塑料是指在特定温度范围内能反复加热软化和冷却硬化的塑料，如聚乙烯塑料、聚氯乙烯塑料；热固性塑料是指因受热或其他条件能固化成不熔不溶性物料的塑料，不可再生，如酚醛塑料、环氧塑料等。按照功能和用途可分为通用塑料、工程塑料和特种塑料。通用塑料是指产量大、用途广、价格低的塑料，主要包括聚乙烯、聚苯乙烯、聚丙烯、酚醛塑料、氨基塑料等；工程塑料是指具有较高性能，能代替金属用于制造机械零件盒工程构件的塑料，主要有聚酰胺、ABS、聚甲醛、聚四氟乙烯、环氧树脂等；特种塑料是指具有特殊性能的塑料，如导电塑料、导磁塑料等。

① 聚乙烯（PE）。聚乙烯是塑料工业中产量最高的品种。聚乙烯是不透明或半透明、质轻的结晶性塑料，具有优良的耐低温性能（最低使用温度可达 $-100\sim-70℃$），电绝缘性、化学稳定性好，能耐大多数酸碱的侵蚀，但不耐热。聚乙烯适宜采用注塑、吹塑、挤塑等方法加工。

② 聚丙烯（PP）。聚丙烯是由丙烯聚合而得的热塑性塑料，通常为无色、半透明固体，无嗅无毒，密度为 $0.90\sim0.919g/cm^3$，是最轻的通用塑料，其突出优点是具有在水中耐蒸煮的特性，耐腐蚀，强度、刚性和透明性都比聚乙烯好，缺点是耐低温冲击性差，易老化，但可分别通过改性和添加助剂来加以改进。聚丙烯的生产方法有淤浆法、液相本体法和气相法 3 种。

③ 聚氯乙烯（PVC）。聚氯乙烯是由氯乙烯聚合而得的塑料，通过加入增塑剂，其硬度可大幅度改变。它制成的硬制品以至软制品都有广泛的用途。聚氯乙烯的生产方法有悬浮聚合法、乳液聚合法和本体聚合法，以悬浮聚合法为主。

④ 聚酰胺（PA）。聚酰胺又称尼龙，包括尼龙 6、尼龙 66、尼龙 11、尼龙 12、芳香族尼龙等品种，常用的是尼龙 6 和尼龙 66。它们都是尼龙纤维的原料，但也是重要的塑料。尼龙 6 和尼龙 66 都是乳白色、半透明的结晶性塑料，具有耐热性、耐磨性，同时耐油性优良。但有吸水性是其缺点，其力学性质随吸湿的程度有很大变化，而且制品的尺寸也改变。

⑤ 聚碳酸酯（PC）。聚碳酸酯是透明、强度高，具有耐热性的塑料。尤其是冲击强度大，在塑料中属于佼佼者，而且抗蠕变性能好，甚至在 120℃下仍保持其强度。因此，作为工业用塑料而被广泛应用。但是，耐化学药品性稍低，不耐碱、强酸和芳香烃。聚碳酸酯适于注塑、挤塑、吹塑等加工。

⑥ 聚砜（PSF）。聚砜是 20 世纪 60 年代中期出现的一种热塑性高强度工程塑料。聚砜的特点是耐温性好，介电性能优良，在水和湿气或 190℃的环境下，仍保持高的介电性能。此外，耐辐照也是它的优点。由于这些独特的性能，它可以用来制作汽车、飞机等要求耐热而有刚性的机械零件，也被用来作尺寸精密的耐热和电器性能稳定的电器零件，如线圈骨架、电位器部件等。

⑦ 环氧树脂（EP）。环氧树脂是用固化剂固化的热固性塑料。它的粘接性极好，电学性质优良，力学性质也良好。环氧树脂的主要用途是作金属防蚀涂料和粘接剂，常用于印刷线路板和电子元件的封铸。

⑧ 酚醛树脂（PF）。酚醛树脂是历史上最长的塑料品种之一，俗称胶木或电木，外观呈黄褐色或黑色，是热固性塑料的典型代表。酚醛树脂成型时常使用各种填充材料，根据所用填充材料的不同，成品性能也有所不同，酚醛树脂作为成型材料，主要用在需要耐热性的领域，但也作为粘接剂用于胶合板、砂轮和刹车片。

（3）陶瓷　陶瓷材料是用天然或合成化合物经过成形和高温烧结制成的一类无机非金属材料。它具有高熔点、高硬度、高耐磨性、耐氧化等优点。可用作结构材料、刀具材料，由于陶瓷还具有某些特殊的性能，又可作为功能材料。陶瓷材料是工程材料中刚度最好、硬度最高的材料，其硬度大多在 1500HV 以上。陶瓷的抗压强度较高，但抗拉强度较低，塑性和韧性很差。一般具有高的熔点（大多在 2000℃以上），且在高温下具有极好的化学稳定性，并对酸、碱、盐具有良好的抗腐蚀能力；陶瓷的导热性低于金属材料，陶瓷还是良好的隔热材料。同时陶瓷的线膨胀系数比金属低，当温度发生变化时，陶瓷具有良好的尺寸稳定性。陶瓷材料还有独特的光学性能，可用作固体激光器材料、光导纤维材料、光储存器等，透明陶瓷可用于高压钠灯管等。磁性陶瓷在录音磁带、唱片、变压器铁芯、大型计算机记忆元件方面的应用有着广泛的前途。大多数陶瓷具有良好的电绝缘性，因此大量用于制作各种电压（1～110kV）的绝缘器件。尽管陶瓷材料有如此优异的特殊性能．但由于其致命的缺点——脆性，因而限制了其特性的发挥和实际应用。因此，陶瓷的韧化使成为世界瞩目的陶瓷材料研究领域的核心课题。

随着生产与科学技术的发展，陶瓷材料及产品种类日益增多，为了便于掌握各种材料或产品的特征，通常以不同的角度加以分类。

① 按化学成分分类，主要有如下几种。

a. 氧化铝陶瓷。氧化铝陶瓷主要组成物为 Al_2O_3，一般含量大于 45%。氧化铝陶瓷具有各种优良的性能。耐高温，一般可要 1600℃长期使用，耐腐蚀，高强度，其强度为普通陶瓷的 2～3 倍，高者可达 5～6 倍。其缺点是脆性大，不能接受突然的环境温度变化。用途极为广泛，可用作坩埚、发动机火花塞、高温耐火材料、热电偶套管、密封环等，也可作刀具和模具。

b. 氮化硅陶瓷。氮化硅陶瓷主要组成物是 Si_3N_4，这是一种高温强度高、高硬度、耐磨、耐腐蚀并能自润滑的高温陶瓷，线胀系数在各种陶瓷中最小，使用温度高达 1400℃，具有极好的耐腐蚀性，除氢氟酸外，能耐其他各种酸的腐蚀，并能耐碱、各种金属的腐蚀，并具有优良的电绝缘性和耐辐射性。可用作高温轴承、在腐蚀介质中使用的密封环、热电偶套管、也可用作金属切削刀具。

c. 碳化硅陶瓷。碳化硅陶瓷主要组成物是 SiC，这是一种高强度、高硬度的耐高温陶瓷，在 1200～1400℃ 使用仍能保持高的抗弯强度，是目前高温强度最高的陶瓷，碳化硅陶瓷还具有良好的导热性、抗氧化性、导电性和高的冲击韧度。碳化硅陶瓷是良好的高温结构材料，可用于火箭尾喷管喷嘴、热电偶套管、炉管等高温下工作的部件；利用它的导热性可制作高温下的热交换器材料；利用它的高硬度和耐磨性制作砂轮、磨料等。

d. 六方氮化硼陶瓷。六方氮化硼陶瓷主要成分为 BN，晶体结构为六方晶系，六方氮化硼的结构和性能与石墨相似，故有"白石墨"之称；硬度较低，可以进行切削加工具有自润滑性，可制成自润滑高温轴承、玻璃成形模具等。

② 按性能和用途分类，主要有如下几种。

a. 结构陶瓷。结构陶瓷作为结构材料用来制造结构零部件. 主要使用其力学性能。加强度、韧性、硬度、模量、耐磨性、耐高温性能（高温强度、抗热震性、耐烧蚀性）等。上面讲到的核化学成分分类的四种陶瓷大多数均为结构陶瓷。如 Al_2O_3、Si_3N_4、ZrO_2 都是力学性能优越的代表性结构陶瓷材料。

b. 功能陶瓷。功能陶瓷作为功能材料用来制造功能器件，主要使用其物理性队如电磁性能、热性能、光性能、生物性能等。例如铁氧体、铁电陶瓷主要使用其电磁性能，用来制造电磁元件；介电陶瓷用来制造电容器；压电陶瓷用来制作位移或压力传感器；固体电解质陶瓷利用其离子传身特性可以制作氧探测器；生物陶瓷用来制造人工骨骼和人工牙齿等。超导材料和光导纤维也属于功能陶瓷的范畴。

（4）复合材料　复合材料是由两种或两种以上的不同材料组合而成的机械工程材料。各种组成材料在性能上能互相取长补短，产生协同效应，使复合材料的综合性能优于原组成材料，从而满足各种不同的要求。

复合材料的组成包括基体和增强材料两个部分。非金属基体主要有合成树脂、碳、石墨、橡胶、陶瓷；金属基体主要有铝、镁、铜和它们的合金；增强材料主要有玻璃纤维、碳纤维、硼纤维、芳纶纤维等有机纤维和碳化硅纤维、石棉纤维、晶须、金属丝及硬质细粒等。

复合材料根据其组成可分为金属与金属复合材料，金属与非金属复合材料，非金属与非金属复合材料三种。根据结构特点又可分为纤维复合材料、层叠复合材料、细粒复合材料和骨架复合材料。

第2章

污水处理典型设备设计

2.1 格栅与调节池设计

2.1.1 格栅池设计

格栅是一种最简单的过滤设备,通常是由一组或多组平行金属栅条制成的框架,倾斜甚至直立放置在污水流经的渠道中,或设置在进水泵站集水井的进口处,用于拦截污水中粗大的悬浮物及杂质,如草木、垃圾或纤维状物质,以保护水泵叶轮及减轻后续工序的处理负荷。被截留的物质称为栅渣,栅渣的含水率约为 $70\%\sim80\%$,相对密度约为 $750kg/m^3$。在水处理流程中,格栅是一种对后续处理设施具有保护作用的设备,尽管格栅并非废水处理的主体设备,但因其位处咽喉,故显得相当重要。

2.1.1.1 格栅的分类

① 按形状分,格栅可分为平面格栅和曲面格栅。平面格栅由栅条与框架组成。基本形式见图 2-1-1。图中 A 型是栅条布置在框架的外侧,适用于机械清渣或人工清渣;B 型是栅条布置在框架的内侧,在格栅的顶部设有起吊架,可将格栅吊起,进行人工清渣。

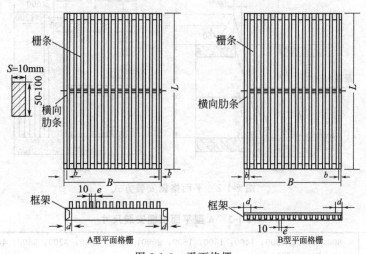

图 2-1-1 平面格栅

平面格栅的基本参数与尺寸包括宽度 B、长度 L、间隙净空隙 e、栅条至外边框的距离 b。可根据污水渠道、泵房集水井进口罐大小选用不同数值。格栅的基本参数与尺寸见表 2-1-1。

表 2-1-1　平面格栅的基本参数及尺寸　　　　　　　　　单位：mm

名　称	数　值	
格栅宽度 B	600，800，1000，1200，1400，1600，1800，2000，2200，2400，2600，2800，3000，3200，3400，3600，3800，4000，用移动除渣机时，B＞4000	
格栅长度 L	600，800，1000，1200，…，以 200 为一级增长，上限值决定于水深	
间隙净宽 e	10，15，20，25，30，40，50，60，80，100	
栅条至外边框距离 b	b 值按下式计算：$$b=\frac{B-10n-(n-1)}{2}；\ b\leqslant d$$	式中，B 为格栅宽度；n 为栅条根数；e 为间隙净宽；d 为框架周边宽度

　　平面格栅的框架用型钢焊接。当平面格栅的长度 L＞1000mm 时，框架应增加横向肋条。栅条用 A3 钢制。机械清除栅渣时，栅条的直线度偏差不应超过长度的 1/1000，且不大于 2mm。平面格栅型号表示方法，例如：

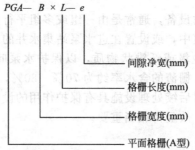

PGA— B × L— e

- 间隙净宽(mm)
- 格栅长度(mm)
- 格栅宽度(mm)
- 平面格栅(A型)

　　平面格栅的安装方式见图 2-1-2，安装尺寸见表 2-1-2。

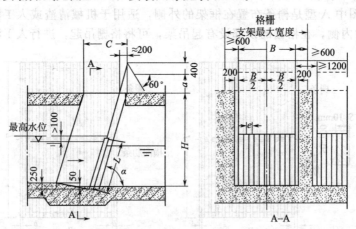

图 2-1-2　平面格栅安装方式

表 2-1-2　A 型平面格栅安装尺寸　　　　　　　　　单位：mm

池深 H	800，1000，1200，1400，1600，1800，2000，2400，2800，3200，3600，4000，4400，4800，5200，5600，6000		
格栅倾斜角 α	60°，75°，90°		
清除高度 a	0	800，1000	1200，1600，2000，2400
运输装置	水槽	容器、传送带、运输车	汽车
开口尺寸 c	≥1600		

曲面格栅又可分为固定曲面格栅（栅条用不锈钢制）与旋转鼓筒式格栅两种，见图2-1-3，图（a）为固定曲面格栅，利用渠道水流速度推动除渣浆板。图（b）为旋转鼓筒式格栅，污水从鼓筒内向鼓筒外流动，被格除的栅渣，由冲洗水管2冲入渣槽（带网眼）内排出。

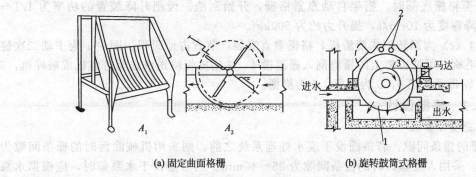

(a) 固定曲面格栅　　　　　　　　(b) 旋转鼓筒式格栅

图 2-1-3　曲面格栅安装方式

A_1—格栅；A_2—清渣浆板；1—鼓筒；2—冲洗水管；3—渣槽

② 按格栅栅条的净间隙，可分为粗格栅（50～100mm）、中格栅（10～40mm）、细格栅（3～10mm）3种。

上述平极格栅与曲面格栅，都可做成粗、中、细3种。由于格栅是物理处理的重要构筑物，故新设计的污水处理厂一般采用粗、中两道格栅，甚至采用粗、中、细3道格栅。

③ 按清渣方式，可分为人工清渣和机械清渣两种。

人工清渣格栅：适用于小型活水处理厂。为了使工人易于清渣作业，避免清渣过程中的栅渣掉回水中，格栅安装角度 α 以 30°～45°为宜。

机械清渣格栅：当栅渣量大于 0.2m³/d 时，为改善劳动与卫生条件，都应使用机械清渣格栅。常用的机械清渣格栅见图 2-1-4。

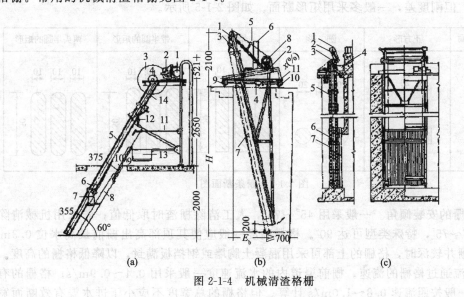

图 2-1-4　机械清渣格栅

图 2-1-4（a）为固定清渣机，清渣机的宽度与格栅宽度相等。电机1通过变速箱2，3带动轱辘4，牵动钢丝绳14，滑块6及齿耙7，使沿导轨5上下滑动清渣。被刮的栅渣沿溜板9，经刮板11刮入渣箱13，用粉碎机破碎后，回落入污水中一起处理，8为栅条，10为导板，12为挡板。

图 2-1-4（b）为活动清渣机，当格栅的宽度大时，可采用活动清渣机，沿格栅宽度方向左右移动进行清渣。清渣机由平台及桁架 1，行走车架 2，齿耙 3，桁架的移动装置（6，9，10，11），齿耙升降装置（3，5，8）以及栅条 7 组成。在齿耙下降时，桁架会自动转离格栅，齿耙降至格栅底部时，桁架自动靠紧格栅，开始刮渣。齿耙升降装置的功率为 1.1～l.5kW，升降速度为 10cm/s，提升力约为 500kgf。

图 2-1-4（c）为回转耙式清渣机，格栅垂直安装，节省占地面积。图中 1 为主动二次链轮，2 为圆毛刷，可把齿耙上的栅渣刮入栅渣槽 4，并用皮带输送机送至打包机或破碎机，3 为主动大链轮带动齿耙 6，5 为链条，7 为格栅。

2.1.1.2 格栅设计

（1）格栅设计参数

① 格栅的栅条间隙。若格栅设于废水处理系统之前，则采用机械除污时的栅条间隙为 10～25mm，采用人工除污时的栅条间隙为 25～40mm。当格栅设于水泵前时，应根据水泵要求参照表 2-1-3 确定；如泵前的格栅间隙不大于 25mm 时，污水处理系统前可不再设置格栅。当不分设粗、细格栅时，可选用较小的栅条间距。

表 2-1-3 水泵口径与栅条间距列表

水泵口径/mm	栅条间距/mm
<200	15～20
200～450	20～40
500～900	40～50
1000～3500	50～75

② 格栅栅条断面形状。常见的栅条断面有圆形和矩形两种，圆形断面水力条件好、水流阻力小，但刚度差，一般多采用矩形断面。如图 2-1-5 所示。

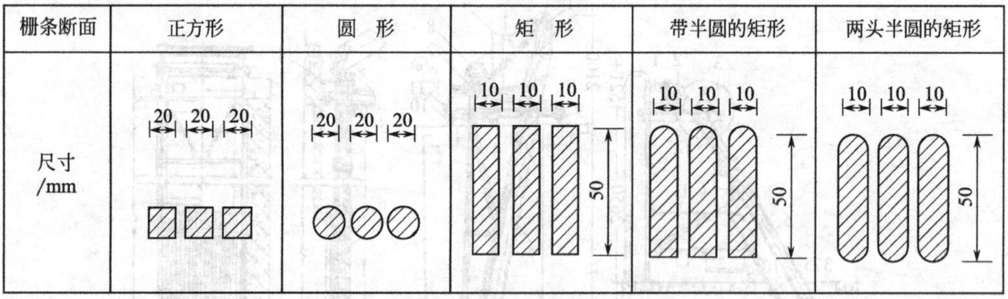

栅条断面	正方形	圆 形	矩 形	带半圆的矩形	两头半圆的矩形
尺寸/mm	20 20 20	20 20 20	10 10 10 50	10 10 10 50	10 10 10 50

图 2-1-5 栅条断面图

③ 格栅的安装倾角。一般采用 45°～75°，人工清除栅渣时取低值；若采用机械清除一般采用 60°～75°，特殊类型可达 90°。格栅高度一般应使其顶部高出栅前最高水位 0.3m 以上；当格栅井较深时，格栅的上部可采用混凝土胸墙或钢挡板满封，以降低格栅的高度。

④ 水流通过格栅的流速。栅前渠道内的水流速度一般采用 0.4～0.9m/s；格栅的有效进水面积一般按照流速 0.8～1.0m/s 计算。但格栅的总宽度不应小于进水渠有效断面宽度的 1.2 倍；如与滤网串联使用，则可按 1.8 倍左右考虑。

⑤ 格栅拦截的栅渣量。栅渣量与栅条间隙、当地废水特征、废水流量以及下水道系统的类型等因素有关。栅渣的含水量一般为 80%，表观密度约 960kg/m³；有机质高达 85%，极易腐烂、污染环境。栅渣的收集、装卸设备，应以其体积为考虑依据。废水处理厂内储存

栅渣的容器，不应小于一天截留的栅渣量。

⑥ 清渣方式。栅渣的清除方法一般按所需的清渣量而定，一般选用人工除污格栅；当栅渣量大于 0.2m³/d 时应采用机械格栅除污机；一些小型废水处理厂目前为了改善劳动条件，也采用机械格栅除污机。若采用机械格栅除污机时齿耙移动速度为 5～17m/min，则其动力装置（除水力传动外）一般宜设在室内，或采用其他保护设施；台数不宜少于 2 台，如为 1 台时则应设人工除污格栅以供备用。

⑦ 工作台。格栅必须设置工作台，台面应高出栅前最高水位 0.5m，台上应设安全和冲洗设施。工作台两侧过道宽度不应小于 0.7m。台正面宽度，当采用人工清渣时，不应小于1.2m，当采用机械清渣时，不应小于 1.5m。

⑧ 格栅间通风。格栅间应设置机器通风设施，常用的有轴流排风扇。如果污水中含有有毒气体则格栅间应设置有毒有害气体的检测与报警系统。大中型格栅间应安装吊运设备，便于设备检修和栅渣的日常清除。

⑨ 材质。格栅的耙齿、链节长时间浸泡在水中，为了防止腐蚀生锈，一般选用高强度塑料或不锈钢制成，其链轴也采用不锈钢。

（2）格栅设计计算　格栅水利计算图如图 2-1-6 所示。

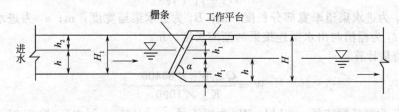

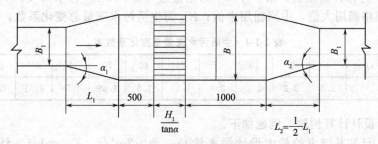

图 2-1-6　格栅水力计算图

① 栅槽宽度。公式如下：

$$B = S(n-1) + en \tag{2-1-1}$$

$$n = \frac{Q_{max}\sqrt{\sin\alpha}}{ehv} \tag{2-1-2}$$

式中，B 为栅槽宽度，m；S 为格条宽度，m；e 为栅条净间隙，粗格栅 $e=50\sim$100mm，中格栅 $e=10\sim40$mm，细格栅 $e=3\sim10$mm；n 为格栅间距数；Q_{max} 为最大设计流量，m³/s；α 为格栅倾角，度；h 为栅前水深，m；v 为过栅流速，m/s，最大设计流量时为 0.8～1.0m/s，平均设计流量时为 0.3m/s；$\sqrt{\sin\alpha}$ 为经验系数。

② 过栅的水头损失。公式如下：

$$h_1 = kh_0 \tag{2-1-3}$$

$$h_0 = \xi \frac{v^2}{2g}\sin\alpha \tag{2-1-4}$$

式中，h_1 为过栅水头损失，m；h_0 为计算水头损失，m；g 为重力加速度，9.81m/s²；

k 为系数，格栅受污物堵塞后，水头损失增大的倍数，一般 $k=3$；ξ 为阻力系数，与栅条断面形状有关，$\xi=\beta\left(\dfrac{s}{e}\right)^{4/3}$，当为矩形断面时，$\beta=2.42$，为避免造成栅前涌水，故将栅后槽底下降 h_1 作为补偿。

③ 栅槽总高度。公式如下：

$$H=h+h_1+h_2 \tag{2-1-5}$$

式中，H 为栅槽总高度，m；h 为栅前水深，m；h_2 为栅前渠道超高，m，一般用 0.3m。

④ 栅槽总长度。公式如下：

$$L=l_1+l_2+1.0+0.5+\frac{H_1}{\tan\alpha} \tag{2-1-6}$$

$$l_1=\frac{B-B_1}{2\tan\alpha_1} \tag{2-1-7}$$

$$l_2=\frac{l_1}{2} \tag{2-1-8}$$

$$H_1=l_1+l_2 \tag{2-1-9}$$

式中，l_1 为进水渠道渐宽部分长度，m；B_1 为进水渠道宽度，m；α_1 为进水渠道开角，一般用 20°；l_2 为栅槽与出水渠连接渠的渐缩长度，m。

每日栅渣量计算：

$$W=\frac{Q_{max}W_1\times 86400}{K_\text{总}\times 1000} \tag{2-1-10}$$

式中，W 为每日栅渣量，m^3/d；W_1 为栅渣量（$m^3/10^3 m^3$ 污水），取 $0.01\sim0.1$，粗格栅用小值，细格栅用大值，中格栅用中值；$K_\text{总}$ 为生活污水流量总变化系数，见表 2-1-4。

表 2-1-4　生活污水流量总变化系数 $K_\text{总}$

平均日流量/(L/s)	4	6	10	15	25	40	70	120	200	400	750	1600
$K_\text{总}$	2.3	2.2	2.1	2.0	1.89	1.8	1.69	1.59	1.51	1.40	1.30	1.20

（3）格栅设计计算例题　例题如下。

[例 2-1] 已知某城市的最大设计污水量 $Q_{max}=0.2m^3/s$，$K_\text{总}=1.5$，计算格栅各部分尺寸。

[解] 设栅前在深 $h=0.4m$，过栅流速取 $v=0.9m/s$，用中格栅，栅条间隙 $e=20mm$，格栅安装倾角 $\alpha=60°$。栅条的间隙数：

$$n=\frac{Q_{max}\sqrt{\sin\alpha}}{ehv}=\frac{0.2\times\sqrt{\sin60°}}{0.02\times0.4\times0.9}\approx26$$

栅槽宽度：取栅条宽度 $S=0.01m$，

$$B=S(n-1)+en=0.01\times(26-1)+0.02\times26\approx0.8m$$

进水渠道渐宽部分长度：

若进水渠道 $B=0.65m$，渐宽部分展开角 $\alpha=20°$。此时进水渠道内的流速为 0.77m/s，

$$l_1=\frac{B-B_1}{2\tan\alpha_1}=\frac{0.8-0.65}{2\tan20°}\approx0.22m$$

栅槽与出水渠道连接处的渐窄部分长度：

$$l_2=\frac{l_1}{2}=\frac{0.22}{2}=0.11m$$

过栅水头损失：因栅条直矩形截面，取 $k=3$。

$$h_1 = kh_0 = k\xi \frac{v^2}{2g}\sin\alpha = 2.42 \times \left(\frac{0.01}{0.02}\right)^{4/3} \times \frac{0.9^2}{2 \times 9.81} \times \sin 60° \times 3 = 0.097\text{m}$$

栅后槽总高度：取栅前渠道超高 $h_2 = 0.3\text{m}$，栅前槽高 $H_1 = h + h_1 = 0.7\text{m}$

$$H = h + h_1 + h_2 = 0.4 + 0.097 + 0.3 = 0.8\text{m}$$

栅槽总长度：

$$L = l_1 + l_2 + 1.0 + 0.5 + \frac{H_1}{\tan\alpha} = 0.22 + 0.1 + 1.0 + 0.5 + \frac{0.7}{\tan 60°} = 2.24$$

每日栅渣量：取 $W_1 = 0.07\text{m}^3/10^3\text{m}^3$

$$W = \frac{Q_{max}W_1 \times 86400}{K_总 \times 1000} = \frac{0.2 \times 0.07 \times 86400}{1.5 \times 1000} = 0.8\text{m}^3/\text{d}$$

$0.8\text{m}^3/\text{d} > 0.2\text{m}^3/\text{d}$，采用机械清渣。

2.1.1.3　常见机械格栅选型及应用

（1）常见机械格栅分类、功能及特点、适用范围　格栅种类及分类方式很多，总体可分为格栅机和筛网（条）两大类。格栅机适用于较高悬浮物浓度污水，筛网适用于低悬浮物浓度污水。机械格栅也称格栅清污机，是污水处理专用的物化处理机械设备，主要是去除污水中悬浮物或颗粒物。应用于污水处理中的预处理工序。格栅清污机的工作目的：用机械方法将拦截到格栅上的垃圾捞出水面。常用格栅机类型有：臂式格栅机、链式格栅机、钢绳式格栅机、回转式格栅机等。其适用范围与特点见表 2-1-5。

表 2-1-5　常用格栅机适用范围及特点

类　型	适　用　范　围	优　　点	缺　　点
臂式格栅机	中等深度的宽大格栅	维护方便、寿命长	构造较复杂、耙齿与栅条对位较难
链式格栅机	深度不大的中小型格栅，主要清除长纤维、带状物	构造简单、占地小	杂物可能卡住链条和链轮
钢绳式格栅机	固定式适用于深度范围大的中小型格栅，移动式适用于宽大格栅	适用范围广、检修方便	防腐要求高、检修时需停水
回转式格栅机	深度较小的中小型格栅	结构简单、动作可靠、检修容易、重量轻	制造要求高、占地较大

（2）常用格栅机及主要技术性能

① 臂式格栅机。臂式格栅除污机，可在固定的轨道上移动清捞污物，主要适用于大、中型雨、污水泵站及城市防汛防洪泵站，可适合于池深在 10m 左右（图 2-1-7）。格栅用扁钢加工制作，栅条净间隙一般为 $50 \sim 100\text{mm}$，总宽度可在 $5 \sim 30\text{m}$ 范围内根据进水流量选择。工作时，机架在格栅槽一端先行工作，驱动卷扬机构带动耙斗沿水下列组合的栅条自动定位，并下行至槽底，当第一宽度完成捞污处理后，行走机构将机架移至第二工作点，进行捞污，直至完成整个槽宽。

② 高链式格栅除污机。高链式格栅除污机（图 2-1-8）由传动装置、框架、除污耙、撇渣机构、同步链条、栅条等组成。机内两侧各有一圈链条作同步运转，当链条由除污机上部的驱动装置带动后，耙架受链条铰结点和导轨的约束作平面运动，当耙板运动到除渣口部位时，除渣装置在重力作用下，把耙板上的污物铲刮到除渣口。

该机适用于污水或雨水等水深不超过 2m 的泵站，以及污水处理厂，以去除污水中粗大漂浮物，对后续工序起保护作用和减轻负荷作用。该除污机为链传动固定式结构，所有传动件全部在水上，防腐性好，便于维护保养。

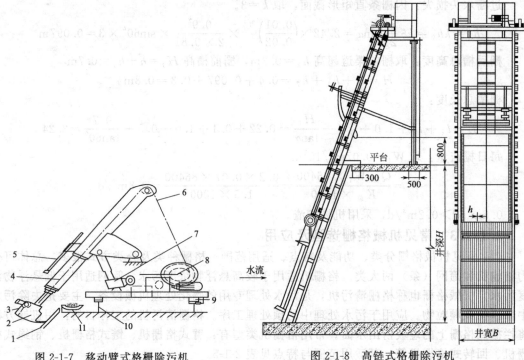

图 2-1-7 移动臂式格栅除污机

1—格栅；2—耙斗；3—卸污板；4—伸缩臂；5—卸污调
整杆；6—钢丝绳；7—臂角调整机构；8—卷扬机构；
9—行走轮；10—轨道；11—皮带输送机

图 2-1-8 高链式格栅除污机

③ 钢丝绳式格栅除污机。此类格栅适用于雨水及污水处理站或污水处理厂内，用于去除水中粗大悬浮物或漂浮物，最适合于较深的除污井。如图 2-1-9 所示。

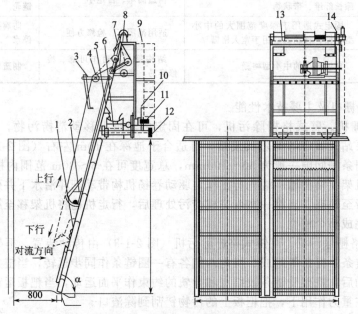

图 2-1-9 钢丝绳式格栅除污机

1—格栅栅片；2—清污机构；3—刮污机构；4—导向滑轮；5—门形架；6—皮带输送机；7—钢丝绳防松装置；8—开耙装置；
9—栏杆；10—电气控制箱；11—行走驱动装置；12—从动轮机构；13—钢丝绳牵引装置；14—过载保护装置

④ 回转式格栅除污机。此类格栅是目前污水处理行业试用最普遍的一种格栅。如图 2-1-10 所示。

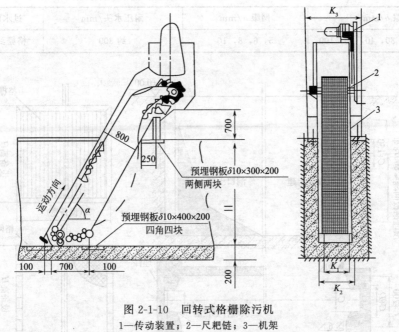

图 2-1-10　回转式格栅除污机
1—传动装置；2—尺耙链；3—机架

回转式机械格栅是集拦污栅和清污机于一体的连续清污装置。以拦污栅为基础，通过绕栅回转链条将清污齿耙驱动，实现拦污及清污目的。

组成部分：拦污栅体、回转齿耙、驱动传动机机构、过载保护机构和不锈钢牵引链条等。

性能特点：可实现连续清污，全过水断面清污。栅体过梁支撑于混凝土基础之上，使清污机整机运行平稳，工作可靠。齿耙插入栅条一定深度，把附着在栅条上的污物带到清污机顶部，完成翻转卸污动作，保持过水断面清洁无污物。牵引链条一般为全不锈钢材质，以保证水下工作无锈蚀，免维护。

（3）常见机械格栅选型

① 人工格栅。主要有如下几种人工格栅。

a. PLS、PLW 型平板格栅、格网。PLS、PLW 型平板格栅、格网主要用于给水工程中的取水口处，拦截较大漂浮物，保护后续处理构筑物正常运行。水下渣物采用"T"形耙人工清渣。若前部加设渣斗并配备吊具，则可进行水上清理。当配备电动式自动化控制系统时，可实现自动化切换捞渣及冲刷功能。多台格栅（网）互用一个吊具时应配备抓落机构，吊耳形状与所用吊具有关。洞口使用与渠道使用的区别主要由承压水头确定。渠（洞）较深场合可考虑叠加组合形式。PLS、PLW 型平板格栅、格网结构简单，使用寿命长，适用性广；操作容易，检修更换方便；规格齐全，材料任选。

型号说明：

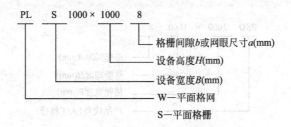

主要技术参数见表 2-1-6。外形及安装尺寸见图 2-1-11 和表 2-1-7。

表 2-1-6 PLS、PLW 型平板格栅、格网技术参数

栅隙 b/mm	网眼 a/mm	耐压水头/mm	过水面有效率/%
15，20，25，30，40，50，100	5，6，8，10	约 300	格栅≥70 格网≥80

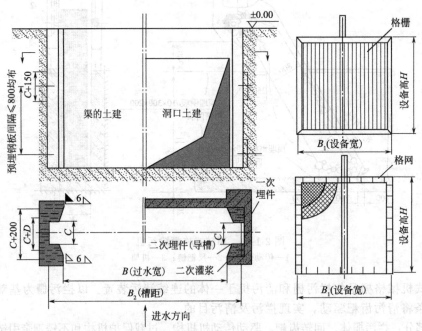

图 2-1-11 PLS、PLW 型平板格栅、格网外形及安装尺寸

表 2-1-7 PLS、PLW 型平板格栅、格网外形尺寸

型 号	规 格	B/mm	B_1/mm	B_2/mm	C/mm	D/mm	H/mm
PLS PLW	B 和 H 尺寸 每 100mm 一个档	700～1200	$B+100$	$B+130$	100	50	不注明表示 与 B 相同
		1300～1600		$B+130$	140		
		1700～2000		$B+150$	180	80	

b. RSD 型人工格栅。RSD 人工格栅是污水处理中的一道前级拦污设备。栅隙在 50mm 以上的用于给水工程中的取水口处，或污水处理中的最前端，拦截大的漂浮物，保护后续处理设备正常运行；栅缝在 50mm 以下的用于备用沟渠，作为自动机械粗、细格栅维护时的备用拦污设备。RSD 型人工格栅常用于给排水泵站、污水处理厂、自来水厂的最前端拦污，当用于二级拦污时，常常安装于备用格栅渠。

RSD 型人工格栅构造简单，寿命长；制造容易，价格便宜。

型号说明：

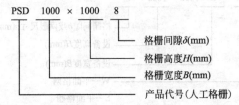

　　RSD 型人工格栅的格栅缝隙 δ 的选择范围在 $1 \sim 100$mm，一般可取 1mm、3mm、5mm、8mm、10mm、15mm、20mm、50mm、100mm。

　　外形及安装尺寸见图 2-1-12、图 2-1-13 和表 2-1-8。

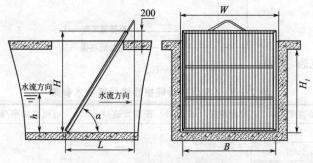

图 2-1-12　RSD 型人工格栅结构

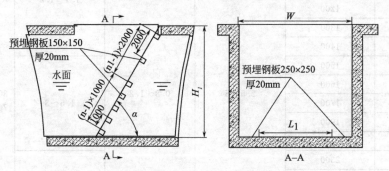

图 2-1-13　RSD 型人工格栅基础

注：1. 水面下的预埋钢板间距为 1000mm，水面上的预埋钢板间距为 2000mm；

　　2. L_1 不大于 1000mm，大于 1000mm 时则增加预埋钢板，并均匀分布。

表 2-1-8　RSD 型人工格栅外形尺寸及安装尺寸

项　目	尺寸名称	代　号	数值范围和计算方法
外形尺寸	格栅宽度	B/mm	$300 \sim 4000$
	格栅高度	H/mm	$500 \sim 15000$
	格栅倾角	α/(°)	通常为 70°，根据需要可在 60°～90° 范围内选择
基础和安装尺寸	渠沟宽度	W/mm	$400 \sim 4100$，计算方法：$B+100$
	渠沟高度	H_1/mm	$300 \sim 14800$，计算方法：$H-200$
	安装后总投影长	L/mm	计算方法：$H\cot\alpha+100$
	过流水深	h/mm	$100 \sim 14600$，比 H_1 低 200 以上

　　② 机械格栅。机械格栅有以下几种。

　　a. GS 型钢丝绳格栅除污机。GS 型钢丝绳格栅除污机常应用于污水处理厂、雨水提升泵站、给排水泵站和水质净化厂进水口，拦截漂浮的粗大杂物和较重的沉积物（砂、小石块等），一般作为中、粗格栅使用，尤其适用于安装角度较大的场合（如 90°）。

　　GS 型钢丝绳格栅除污机由池下栅架、齿耙、齿耙启闭器、齿耙升降机构、撒渣机构、电气控制系统等组成，具有运行稳定、安全可靠、构造简单、维护方便、能耗低等特点。齿耙处于张开位置沿导轨向下滑移，到达池底后在齿耙启闭器机构的控制下，完成齿耙闭合，拦截杂物，然后在齿耙升降机构控制下，沿导轨上移，到达排渣口处后由撒渣机构运动实现排渣，最后在控制部件作用下齿耙张开，沿导轨向下滑移，继续下一个动作循环。

型号说明：

主要技术参数见表 2-1-9。

表 2-1-9　GS 型钢丝绳格栅除污机技术参数

设备型号	设备宽度/mm	耙污速度/(m/min)	栅前流速/(m/s)	电机总功率/kW	栅条间隙/mm
GS-900	900				
GS-1000	1000				
GS-1100	1100			1.1～1.2	
GS-1200	1200				
GS-1300	1300				
GS-1400	1400				
GS-1500	1500				
GS-1600	1600	2.5～5	0.8～1.2		15，20，25，30，40，50，60，70，80，90，100
GS-1700	1700			1.5～3	
GS-1900	1900				
GS-2100	2100				
GS-2300	2300				
GS-2500	2500				
GS-2700	2700			2.2～4	
GS-2900	2900				
GS-3100	3100				

外形及安装尺寸见图 2-1-14 和表 2-1-10。

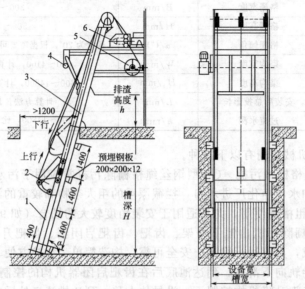

图 2-1-14　GS 型钢丝绳格栅除污机安装示意（单位：mm）
1—池下栅架；2—齿耙；3—门形架；4—撇渣机构；5—齿耙升降机构；6—齿耙启闭机构

表 2-1-10　GS 型钢丝绳格栅除污机安装尺寸

设 备 型 号	水槽宽度/mm	安装角度 α	水槽长度/mm	水槽深度 H/mm	排渣高度 h/mm
GS-900	1000				
GS-1000	1100				
GS-1100	1200			$\geqslant 500$	
GS-1200	1300				
GS-1300	1400				
GS-1400	1500				
GS-1500	1600				
GS-1600	1700	60°、65°、	$\geqslant$ 槽 深 $\times$		1000
GS-1700	1800	70°、75°、80°、	$\cot\alpha + 500$	$1.5 \sim 3$	
GS-1900	2000	90°（常规 75°）			
GS-2100	2200				
GS-2300	2400				
GS-2500	2600				
GS-2700	2800			$2.2 \sim 4$	
GS-2900	3000				
GS-3100	3200				

b. GH 回转式格栅除污机。GH 回转式格栅除污机常应用于废水处理厂，雨水提升泵站、给排水泵站和水质净化厂进水口，拦截漂浮的粗大杂物。

GH 回转式格栅除污机由驱动、栅条、传动装置、齿耙、撇渣机构、电气控制等组成，具有结构紧凑、占地面积小、安装维护方便、运行稳定、安全可靠等特点。全封闭式传动链，无缠绕，污物去除率高，减速机驱动链轮使链粗牵引系统旋转运行，带动牵引链间的齿耙随同运行，由于每个齿耙都插入栅条中，能有效地将拦截的污物粗送至机架上部极限位置，齿耙在链条回转换向的过程中，污物靠自重脱落，粘在齿耙上的少量污物，由设置的清污机构清理干净。

型号说明：

　　　　　　　　　　　　　　　　GH-1000

　　　　　　　　　　　　　　　　　　　　　格栅宽度 B(mm)

　　　　　　　　　　　　　　　　　　　　　回转式格栅

主要技术参数见表 2-1-11。

表 2-1-11　GH 回转式格栅除污机技术参数

设 备 型 号	设备宽度/mm	耙污速度/(m/min)	栅前流速/(m/s)	电机总功率/kW	栅条间隙/mm
GH-1000	1000				15，20，25，
GH-1200	1200	< 3	$0.8 \sim 1.2$	$1.1 \sim 1.2$	30，40，50，60，
GH-1400	1400				70，80，90，100

续表

设备型号	设备宽度/mm	耙污速度/(m/min)	栅前流速/(m/s)	电机总功率/kW	栅条间隙/mm
GH-1600	1600			1.1~1.2	
GH-1800	1800				
GH-2000	2000				
GH-2200	2200				
GH-2400	2400	<3	0.8~1.2	1.5~3	15，20，25，30，40，50，60，70，80，90，100
GH-2600	2600				
GH-2800	2800				
GH-3000	3000				
GH-3200	3200			2.2~4	
GH-3400	3400				
GH-3600	3600				

外形及安装尺寸见图 2-1-15 和表 2-1-12。

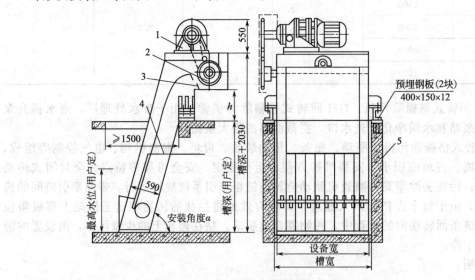

图 2-1-15　GH 回转式格栅除污机安装示意（单位：mm）
1—减速机；2—链轮；3—清污机构；4—机架；5—齿耙

表 2-1-12　GH 回转式格栅除污机安装尺寸

设备型号	水槽宽度/mm	安装角度 α	水槽长度/mm	排渣高度 h/mm
GH-1000	1100			
GH-1200	1300			
GH-1400	1500	60°、65°、70°、75°、80°、90°（常规 75°）	$\geqslant 300 + 槽深 \times \cot\alpha + 700/\sin\alpha$	1000
GH-1600	1700			
GH-1800	1900			
GH-2000	2100			

续表

设备型号	水槽宽度/mm	安装角度 α	水槽长度/mm	排渣高度 h/mm
GH-2200	2300			
GH-2400	2500			
GH-2600	2700			
GH-2800	2900	60°、65°、70°、75°、80°、90°（常规75°）	≥300＋槽深×cotα＋700/sinα	1000
GH-3000	3100			
GH-3200	3300			
GH-3400	3500			
GH-3600	3700			

c. FH 型旋转式格栅除污机。FH 型旋转式格栅除污机常应用于泵站进水口和城市污水处理厂拦截并清除漂浮污物，以及在工业废水处理中进行固液分离等。

FH 型旋转式格栅除精机由驱动、机架、传动、筛网、清污机、电气控制等组成，格栅是由一组独特的齿耙组装而成的回转筛网，由减速机驱动链轮使齿耙筛网作连续回转运行，齿耙筛网下部浸在水中，回转过程中将废水中的漂浮污物把到筛网上，带出水面，到达顶部时，由于弯轨的导向作用，相邻齿耙产生相对折向运行，大部分污物靠自重脱落，粘在耙齿上的部分污物由特有的尼龙刷清污机构反向运动清理干净。

型号说明：

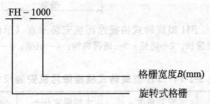

主要技术参数见表 2-1-13。

表 2-1-13　FH 型旋转式格栅除污机性能参数

设 备 型 号	设备宽度/mm	耙污速度/(m/min)	栅前流速/(m/s)	电机总功率/kW	栅条间隙/mm
FH-500	500				
FH-600	600				
FH-700	700				
FH-800	800				
FH-900	900				
FH-1000	1000	<3	0.8~1.2	0.75~3	1、3、5、8、10、15、20、25、30、40、50
FH-1100	1100				
FH-1200	1200				
FH-1300	1300				
FH-1400	1400				
FH-1500	1500				
FH-1800	1800				

设 备 型 号	设备宽度/mm	耙污速度/(m/min)	栅前流速/(m/s)	电机总功率/kW	栅条间隙/mm
FH-2000	2000				1，3，5，8，
FH-2500	2500	＜3	0.8～1.2	0.75～3	10，15，20，25，
FH-3000	3000				30，40，50

外形及安装尺寸见图 2-1-16 和表 2-1-14。

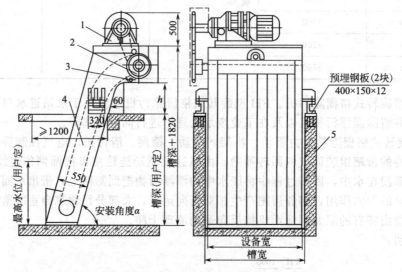

图 2-1-16　FH 型旋转式格栅除污机安装示意（单位：mm）
1—减速机；2—链轮；3—清污机构；4—机架；5—筛网

表 2-1-14　FH 型旋转式格栅除污机安装尺寸

设 备 型 号	水槽宽度/mm	安装角度 α	水槽深度/mm	水槽长度/mm	排渣高度 h/mm
FH-500	600				
FH-600	700				
FH-700	800				
FH-800	900				
FH-900	1000				
FH-1000	1100				
FH-1100	1200				
FH-1200	1300	60°、65°、70°、75°、80°	≤9000	≥300＋槽深×cotα＋500/sinα	1000
FH-1300	1400				
FH-1400	1500				
FH-1500	1600				
FH-1800	1900				
FH-2000	2100				
FH-2500	2600				
FH-3000	3100				

d. GSZG 型转毂式格栅除污机。GSZG 型转毂式格栅除污机是集传统的回转格栅机、传输机和压榨机三种功能于一体的设备，可以安装在箱体内，也可以安装在沟渠中。这种格栅除污机主要应用于各种工业废水、市政污水、粪便处理。

GSZG 型转毂式格栅除污机由于设计独特，安装与众不同，废水流向呈"Z"字形，能够截留如毛发状的细纤维，固体回收率可高达 97％。由于具有压榨功能，固体含水率仅为 55％～65％。GSZG 型转毂式格栅除污机的安装角与水平面成 35°，废水从圆筒形格栅端头流入栅内，通过侧面栅缝流出，而废水中的垃圾杂物等被圆形格栅条截住，齿形刮板以一定的转速将栅渣刮到筒内的集渣槽内，并通过上方的尼龙刷和冲洗水喷出，被清除的栅渣通过螺旋输送、挤压、脱水、运至上端排渣斗排出。冲洗装置（两排）采用独特的喷嘴设计，将冲洗水由原来柱状水体改为线型水体喷出，使整个格栅面无冲洗死角，确保有效卸污及表面清洗。

GSZG 型转毂式格栅除污机转速低、噪声低、功率小、无振动；可以实现全封闭运行，无异味外溢。但是该除污机为卧式安装，因此来水水位不能太深，构筑物也不能太深，否则有淹没的危险。GSZG 型转毂式格栅除污机的最大直径为 1.5m 左右，最深水位为 1.5m 左右，对于大型污水处理厂处理量大的情况，必须增大构筑物的尺寸，因而会增加土建费用。GSZG 型转毂式格栅除污机的间隙在 2～6mm 时，在使用过程中一些长纤维挂在栅网上不能自动清除，出现板结现象时，需加大清洗水压。

型号说明：

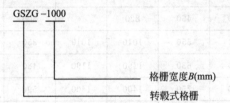

主要技术参数见表 2-1-15。

表 2-1-15　GSZG 型转毂式格栅除污机性能参数

型　号	$e=6$；$Q_{max}/(L/s)$	$e=10$；$Q_{max}/(L/s)$	电机功率/kW
GSZG-600	83	90	
GSZG-800	130	150	1.1
GSZG-1000	200	240	
GSZG-1200	300	340	
GSZG-1400	420	480	1.5
GSZG-1600	850	630	
GSZG-1800	—	8720	
GSZG-2000	—	1060	
GSZG-2200	—	1320	1.5
GSZG-2400	—	1750	
GSZG-2600	—	2150	

注：e 为格栅间隙净宽，单位为 mm。

外形及安装尺寸见图 2-1-17 和表 2-1-16。

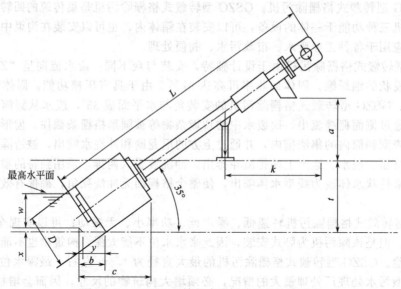

图 2-1-17　GSZG 型转毂式格栅除污机安装示意

表 2-1-16　GSZG 型转毂式格栅除污机安装尺寸

型　　号	构筑物宽度	b (e=6)	b (e=10)	c (e=6)	c (e=10)	ω	x	y	k
GSZG-600	620	430	460	820		300	50	500	1230
GSZG-800	820	540	550	1010	1010	350	50	650	1420
GSZG-1000	1020	620	630	1190	1190	480	70	700	1420
GSZG-1200	1220	740	750	1400	1400	590	80	800	1310
GSZG-1400	1420	840	850	1660	1660	750	80	900	1590
GSZG-1600	1620	900	950	1870	1880	850	80	100	1590
GSZG-1800	1820	1260	1260	2280	2280	950	80	1100	1590
GSZG-2000	2020	1300	1300	2490	2490	1150	100	1200	1520
GSZG-2200	2220	1340	1340	2670	2670	1250	100	1300	1520
GSZG-2400	2420	1370	1370	2990	2990	1400	100	1400	1520
GSZG-2600	2620	1490	1490	3050	3050	1490	100	1600	1520

注：1. e 为格栅间隙净宽，单位为 mm。

2. $t=\omega+(300\sim500)$。

3. α 值排法离度由用户确定。

　　e. SGY 移动式格栅除污机。SGY 移动式格栅除污机适用于多台平面格栅或宽平面格栅，一般用作中、粗格栅使用。通常布置在同一直线或弧线上，在轨道（分侧双轨和跨双轨）上移动并定位，以一机代替多机，依次有序地逐一除污。

　　SGY 移动式格栅除污机清污面积大，捞渣彻底，降速后甚至可抓积泥或砂；移动及停位准确可靠，效率高，投资省；水下无传动件，整机使用寿命长；设备有过极限及过力矩保护，使用安全；格栅的运行可按设定的时间间隔运行，也可根据格栅前后水位差自动控制。

　　型号说明：

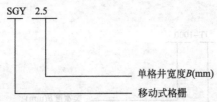

主要技术参数见表 2-1-17。

表 2-1-17　SGY 移动式格栅除污机性能参数

设备型号	井宽 B/m	设备宽 W/mm	栅条间隙 b/mm	提升功率 /kW	张耙功率 /kW	行走功率 /kW	行走速度 /(m/min)	耙斗运动速度/ m/min	过栅流速 /(m/s)	卸料高度 /mm
SGY2.0	2.0	1930	40，50，60，70，80，90，100，110，120，130，140，150	2.2~3.0	0.55~1.1	0.75	约 1.5	≤6	1	750
SGY2.5	2.5	2430								
SGY3.0	3.0	2930								
SGY3.5	3.5	3430								
SGY4.0	4.0	3930		3.0~4.0	1.5~2.2	1.1				

外形及安装尺寸见图 2-1-18。

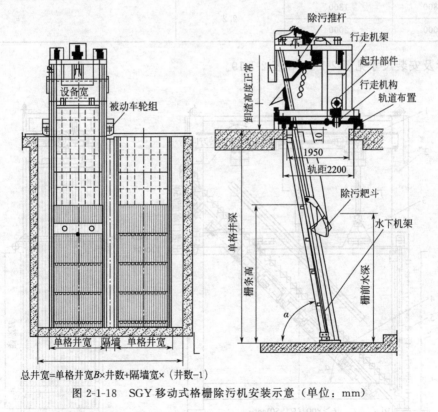

总井宽=单格井宽B×井数+隔墙宽×（井数-1）

图 2-1-18　SGY 移动式格栅除污机安装示意（单位：mm）

f. JT 型阶梯式格栅除污机。JT 型阶梯式格栅除污机适用于井深较浅，宽度不大于 2m，漂浮物中有许多杂长丝，易缠绕或吸附在栅上难以清理的场合。

JT 型阶梯式格栅除污机由动、静栅片作自动交替运动，使拦截的漂浮物由动、静栅片交替传送，犹如上楼梯一般，逐步上移至卸料口，是典型的细格栅。

型号说明：

```
JT-1000
        渠宽度B(mm)
        阶梯式格栅除污机
```

主要技术参数见表 2-1-18。

表 2-1-18 JT 型阶梯式格栅除污机性能参数

设备型号	渠宽 B/mm	电机功率/kW	过水面有效率/%（栅条间隙，mm）
JT-600	600	0.75	
JT-800	800		
JT-1000	1000	1.1	
JT-1200	1200		50（3），60（5），65（10），70（15），75（20）
JT-1400	1400	1.5	
JT-1600	1600		
JT-1800	1800	2.2	
JT-2000	2000		

外形及安装尺寸见图 2-1-19 和表 2-1-19。

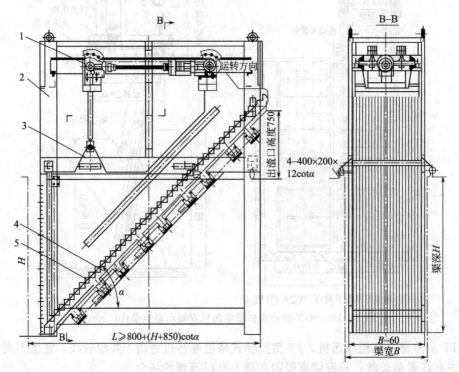

图 2-1-19 JT 型阶梯式格栅除污机安装示意（单位：mm）
1—驱动装置；2—机架总成；3—连动板组合装置；4—动栅组；5—静栅组

表 2-1-19　JT 型阶梯式格栅除污机外形尺寸

型　号	B（mm）	设备宽/mm	H/m	卸料高度/mm	D/mm	α
JT-600	600					
JT-800	800					
JT-1000	1000					
JT-1200	1200		2.5			
JT-1400	1400	B-60	(1.5～3.0)	750	$L\geqslant800+(H+850)\cot\alpha$	45°、50°、55°、60°
JT-1600	1600					
JT-1800	1800					
JT-2000	2000					

g. HGZ 型弧形格栅除污机。HGZ 型弧形格栅除污机广泛应用于中小型污水处理厂或泵站水位较浅的水槽，拦截和清除污水中较小的垃圾和漂浮物。

HGZ 型弧形格栅除污机由机架、驱动装置、圆弧形栅条、卸料机构、齿耙、电气控制等部分构成，能耗低、噪声小，运行稳定可靠，结构紧凑、占地小，安装维护方便，易于集中控制。其动力减速驱动齿耙作 360°旋转运动，将栅条拦截下的污物送到栅条的上端时，卸料机构自动卸料。

型号说明：

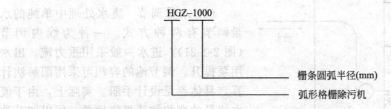

主要技术参数见表 2-1-20。

表 2-1-20　HGZ 型弧形格栅除污机技术参数

型　号	栅条圆弧半径/mm	水槽宽度/mm	设备宽度/mm	电机功率/kW	栅条净间距/mm	运转速度/(r/min)	栅前流速/(m/s)
HGZ-300	300						
HGZ-500	400						
HGZ-1000	1000	<2	<2	0.37～0.75	10～30	2	0.8～1.0
HGZ-1500	1500						
HGZ-2000	2000						

外形及安装尺寸见图 2-1-20。

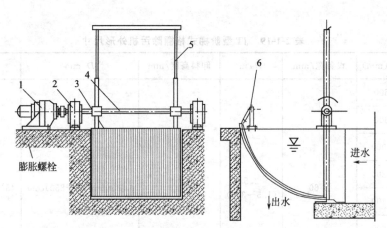

图 2-1-20 HGZ型弧形格栅除污机安装示意（单位：mm）

1—驱动装置；2—轴承座；3—栅条；4—主轴；5—齿耙；6—卸料机构

2.1.2 调节池设计

2.1.2.1 调节池的功能和分类

废水的水量和水质并不总是恒定、均匀的，往往随着时间的推移而变化。生活污水随生活作息规律而变化，工业废水的水量水质随生产过程而变化。水量和水质的变化使得处理设备不能在最佳的工艺条件下运行，严重时甚至使设备无法工作，为此需要设置调节池，对水量和水质进行调节。

（1）水量调节 废水处理中单纯的水量调节有两种方式。一种为线内调节（图 2-1-21），进水一般采用重力流，出水用泵提升。调节池的容积可采用图解法计算，具体参见设计手册。实际上，由于废水流量的变化往往规律性差，所以调节池容积的设计一般凭经验确定。

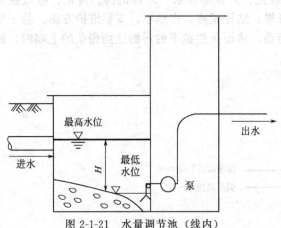

图 2-1-21 水量调节池（线内）

另一种为线外调节（图 2-1-22）。调节池设在旁路上，当废水流量过高时，多余废水用泵打入调节池，当流量低于设计流量时，再从调节池流至集水井，并送去后续处理。

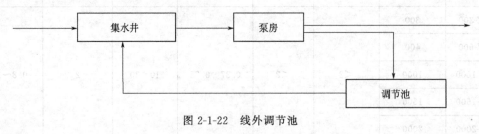

图 2-1-22 线外调节池

线外调节与线内调节相比，其调节池不受进管高度限制，但被调节水量需要两次提升，消耗动力大。

（2）水质调节 水质调节的任务是对不同时间或不同来源的废水进行混合，使流出水质比较均匀，调节池也称均和池或匀质池。水质调节的基本方法有两种。

① 利用外加动力（如叶轮搅拌、空气搅拌、水泵循环）而进行的强制调节，设备简单，效果较好，但运行费用高。

② 利用差流方式使不同时间和不同浓度的废水进行自身水力混合，基本没有运行费用，但设备结构较复杂。

图 2-1-23 为一种外加动力的水质调节池，采用压缩空气搅拌。在池底设有曝气管，在空气搅拌作用下，使不同时间进入池内的废水得以混合。这种调节池构造简单，效果较好，并可防止悬浮物沉积于池内；最适宜在废水流量不大、处理工艺中需要预曝气以及有现成压缩空气的情况下使用。如废水中存在易挥发的有害物质，则不宜使用该类调节池，此时可使用叶轮搅拌。

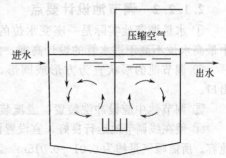

图 2-1-23　压缩空气搅拌水质调节池

差流方式的调节池类型很多。如图 2-1-24 所示为一种折流调节池。配水槽设在调节池上部，池内设有许多折流板，废水通过配水槽上的孔口溢流至调节池的不同折流板间，从而使某一时刻的出水中包含不同时刻流入的废水，也即其水质达到了某种程度的调节。

图 2-1-24　折流水质调节池

另外，如图 2-1-25 为一种构造较简单的差流式调节池。对角线上的出水槽所接纳的废水来自不同的时间，也即浓度各不相同，这样就达到了水质调节的目的。为防止调节池内废水短路，可在池内设置一些纵向挡板，以增强调节效果。

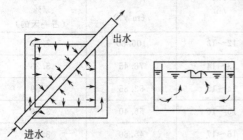

图 2-1-25　差流式水质调节池

调节池的容积可根据废水浓度和流量变化的规律以及要求的调节均和程度来确定废水经过一定调节时间后平均浓度为：

$$c = \sum q_i c_i t_i / \sum q_i t_i \qquad (2\text{-}1\text{-}11)$$

式中，q_i 为 t_i 时段内的废水流量；c_i 为 t_i 时段内的废水平均浓度。

调节池所需体积 $V = \sum q_i t_i$，它决定采用的调节时间 $\sum t_i$。当废水水质变化具有周期性时，采用的调节时间应等于变化周期，如一工作班排浓液，一工作班排稀液，调节时间应为两个工作班。如需控制出流废水在某一合适的浓度以内，可以根据废水浓度的变化曲线用试算的方法确定所需的调节时间。

设备时段的流量和浓度分别为 q_1 和 c_1，q_2 和 c_2，……，等。则各相邻 2 时段内的平均浓度分别为 $(q_1 c_1 + q_2 c_2)/(q_1 + q_2)$，$(q_2 c_2 + q_3 c_3)/(q_2 + q_3)$，依次类推。如果设计要求达到的均和浓度 c' 与任意相邻 2 时段内的平均浓度相比，均大于各平均值，则需要的调节时间

即为 $2t_i$；反之，则再比较 c' 与任意相邻 3 时段的平均浓度，若 c' 均大于各平均值，则调节时间为 $3t_i$；依次类推，直至符合要求为止。

最后，还应考虑把调节池放在废水处理流程的哪个位置。在某些情况下，将调节池设置在一级处理之后二级处理之前可能是适宜的，这样污泥和浮渣的问题就会少一些。假如将调节池设置在一级处理之前，在设计中就必须考虑设置足够的混合设备以防止悬浮物沉淀和废水浓度的变化，有时还应曝气以防止产生气味。

2.1.2.2　调节池设计要点

① 水量调节池实际是一座变水位的储水池，进水一般为重力流，出水用水泵提升。池中最高水位不高于进水管的设计高度，水深一般为 2m 左右，最低水位为死水位。

② 调节池的形状宜为方形或圆形，以利形成完全混合状态。长形池宜设多个进口和出口。

③ 调节池中应设冲洗装置、溢流装置、排除漂浮物和泡沫置，以及洒水消泡装置。

④ 使在线调节池运行良好，宜设置混合曝气装置。混合所需功率为 $0.004\sim0.008\text{kW/m}^3$ 池容。所需曝气量约为 $0.01\sim0.015\text{m}^3$ 空气 $/(\text{min}\cdot\text{m}^2$ 池表面积)。

⑤ 调节池出口宜设测流装置，以监控所调节的流量。

2.1.2.3　调节池设计计算例题

[例 2-2] 按逐时流量曲线计算水量调节池。

（1）已知条件　某风景旅游区的一个服务区设计污水量为 $1500\text{m}^3/\text{d}$，最大流量 $120.6\text{m}^3/\text{h}$。最小流量 $10.5\text{m}^3/\text{h}$。该服务区建座污水处理站，提升泵房按平均流量提升，求处理站调节池尺寸。

（2）设计计算　调节池的计算内容要是确定其容积尺寸，根据污水在高低峰时的区间，调节池的容积用图解法进行计算。

① 计算调节池的容积。该污水处理站的进水量变化资料见表 2-1-21。

表 2-1-21　处理站进水量时变化表

时间 /h	流量 /(m³/h)	流量 /% （占一天的）	时间 /h	流量 /(m³/h)	流量 /% （占一天的）
0～1	16.5	1.10	12～13	106.80	7.12
1～2	10.5	0.70	13～14	78.45	5.23
2～3	13.5	0.90	14～15	53.85	3.59
3～4	16.5	1.10	15～16	56.40	3.76
4～5	19.5	1.30	16～17	48.60	3.24
5～6	43.65	2.91	17～18	82.35	5.19
6～7	99.15	6.61	18～19	104.55	6.97
7～8	102.6	6.84	19～20	84.30	5.66
8～9	120.6	8.04	20～21	38.25	2.55
9～10	107.85	7.19	21～22	30.15	2.91
10～11	115.05	7.67	22～23	21.30	1.42
11～12	117.15	7.81	23～24	11.85	0.79

该服务区污水在一个周期 T（24h）内，污水流量变化曲线（由 24 条短线连成的折线 a）如图 2-1-26 所示。该曲线下在 T（24h）内所围成的面积，等于一天 [24h 的污水量 W_T（m^3）]。

$$W_T = \sum_{t=1}^{24} q_i t_i \qquad (2\text{-}1\text{-}12)$$

式中，q_i 为在 t_i 时段内污水的平均流量，m^3/h；t_i 为时段，h。

在周期 T 内污水平均流量为：

$$Q = \frac{W_T}{T} = \frac{\sum\limits_{t=1}^{24} q_i t_i}{T} = \frac{1500}{24} = 62.5 \mathrm{m^3/h}$$

根据污水量的变化，可绘制出一天（24h）的污水流量〈进水量〉变化曲线 a；另外还可绘制出平均污水流量（提升流量）的曲线 b（图 2-1-26）。

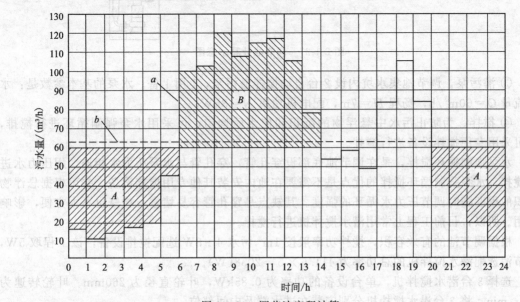

图 2-1-26　调节池容积计算

从图 2-1-26 可以看到曲线 a 可分且两段（指连续的两大段），其中一段进水量低于平均流量，即 20：00～次日 6：00，相连续的 10h 的污水进水量均低于平均污水进水量，该时段累积进水流量为 221.7m^3（占 14.78%），而提升流量累积值为 625m^3（占 41.67%），进水量与提升量相差 403.3m^3（图中面积 A），另一段进水量高于平均流量，即 6：00～14：00，相连续的 8h 的进水量均高于平均污水进水量，该时段累积进水流量为 847.65m^3（占 56.51%），而提升流量累积值为 500m^3（33.33%），进水量比提升量多 347.65m^3（图中面积 B）。

当进水量大于水泵提升量时，余量在调节池中储存，当进水量小于提升量时，需取用调节池中的存水。由此可见，调节池需调节容积等于图 2-1-26 中面积 A 和面积 B 中的大者，即调节池的理论调节容积为 403.3m^3，设计中采用的调节池容积，一般宜考虑增加理论调节容积的 10%～20%，故本例调节池的容积 V 应按 $V = 403.3 \times 1.2 = 404$（m^3）来设计。

② 调节池的尺寸。该污水处理站进水管标高为地坪下 1.80m，取调节地内有效水深 H 为 2.1m，调节池出水为水泵提升。根据计算的调节容积，考虑到进水管的标高，采用方形池，池长 L 与池宽 B 相等，确定调节池的尺寸为：

则池表面积 $A = \dfrac{V}{h} = \dfrac{404}{2.1} = 192$（m^3）

所以，$L=B=\sqrt{A}=\sqrt{192}=13.8(\text{m})$。取整 14m。

在池底设集水坑，水池底以 $i=0.01$ 的坡度向集水坑，调节池的基本尺寸如图 2-1-27 所示。

图 2-1-27　调节池计算示意图

③ 潜污泵。调节池集水坑内设 2 台自动搅拌潜污泵，1 用 1 备。水泵的基本参数是：水泵流量 $Q=60\text{m}^3/\text{h}$，扬程 $H=7\text{m}$，配电机功率 $N=3\text{kW}$。

④ 搅拌。为防止污水中悬浮物的沉积和使水质均匀，可采用水泵强制循环进行搅排，也可采用专用搅拌设备进行搅拌。

水泵强制循环搅拌，是在调节池底部设穿孔管，穿孔管与水泵压力水相连，用压力水进行搅拌，水泵强制循环搅拌的优点是不需要在池内安装其他专用搅拌设备，并可根据悬浮物沉积的程度随时调节压力水循环的强度。其缺点是穿孔管容易堵塞，检修也不太方便，影响使用。所以，目前工程上常用潜水搅拌机进行搅拌。

根据调节池的有效容积，搅拌功率般按 1m^3 污水 4～8W 选配搅排设备，该工程取 5W，调节池选配潜水搅拌机的总功率为 $411.6\times5=2058(\text{W})$。

选择 3 台潜水搅拌机，单台设备的功率为 0.85kW，叶轮直径为 260mm。叶轮转速为 740r/min。将 3 台潜水搅拌机分别安装在进水端及中间部位。

[例 2-3] 按累计流量曲线计算调节池各参数。

(1) 已知条件　某小城镇设计污水量为 $1464\text{m}^3/\text{d}$，最大流量 $150\text{m}^3/\text{h}$，最小施量 $20\text{m}^3/\text{h}$。原水流量的逐时变化曲线见图 2-1-28，该城镇建一座污水处理站，提升泵房按平均流量提升，求处理站调节池尺寸。

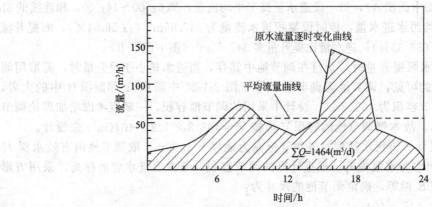

图 2-1-28　某污水厂的原水流量逐时变化曲线

(2) 设计计算

① 绘制进水量累计曲线。根据流量逐时变化曲线绘制出进水量累计曲线如图 2-1-29 所示。

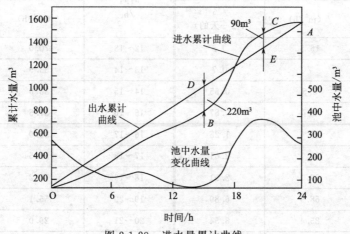

图 2-1-29　进水量累计曲线

② 水泵的提升量。以直线连接 O、A 两点，则 OA 为调节池均匀出水量的累计曲线，其斜率即为调节池的控制出水流量，即水泵的提升量。由图 2-1-29 可知：A 点的累计水量为 1464 时，相应的累计时间为 24h。故可算得 OA 的斜率（即水泵的提升量）：

$$1464 \div 24 = 61(\text{m}^3/\text{h})$$

③ 调节池的理论调节容积。通过进水量累计曲线的最高点与最低点作平行于 OA 的两盘切线，得切点 B、C。分别自 B、C 两点作平行于纵轴的直线，与出水累计曲线分别相交于 D、E 点。

线段 BD 所代表的水量为 220m^3，线段 CE 所代表的水量为 90m^3，

$$BD + CE = 220 + 90 = 310(\text{m}^3)$$

即为调节池所需的理论调节容积。由图 2-1-29 可知，约在 14：00 时调节池全部放空，约在 21：00 时调节池全部充满。

④ 设计调节池容积。设计中采用的调节池容积，一般宜考虑增加理论调节容积的 10%～20%，故本例调节池的容积为：

$$310 \times 1.2 = 372(\text{m}^3)$$

⑤ 调节池的尺寸。各尺寸如下。

a. 调节池表面积 A。调节池的面积 $V = 372\text{m}^3$，取水深 $h = 2.2\text{m}$，则池表面积：

$$A = \frac{V}{h} = \frac{372}{2.2} = 169(\text{m}^2)$$

b. 池长 L。采用方形池，池长 L 与池宽 B 相等：

$$L = B = \sqrt{A} = \sqrt{169} = 13\text{m}$$

[例 2-4] SRR 工艺调节池设计计算。

(1) 已知条件　某小城镇近期最高日污水量为 $10000\text{m}^3/\text{d}$。最大流量 $79.4\text{m}^3/\text{h}$，最小流量 $6.5\text{m}^3/\text{h}$。该城镇建一座二级污水处理站，生物处理为 SBR 工艺，近期先建一座 SBR 反应池。为满足该工艺间歇运行的要求，污水处理站需建设一座调节池。求调节池的尺寸。

(2) 设计计算　该调节池的计算内容主要是确定其容积和尺寸，其计算方法与前例基本类同，不同之处是调节池的出水是间歇的。

① 调节池的容积。该城镇污水处理站的进水量变化资料见表 2-1-22。

表 2-1-22　处理站进水量时变化表

时间/h	流量		时间/h	流量	
	/(m³/h)	/%（占一天的）		/(m³/h)	/%（占一天的）
0～1	16.5	0.8	12～13	70.0	7.0
1～2	7	0.7	13～14	53.5	5.35
2～3	6.5	0.65	14～15	36.0	3.6
3～4	8.7	0.87	15～16	37.5	3.75
4～5	12.5	1.25	16～17	35.0	3.5
5～6	26.1	2.61	17～18	57.5	5.75
6～7	69.1	2.91	18～19	71.2	7.12
7～8	68.9	6.89	19～20	55.1	5.51
8～9	85.4	8.54	20～21	29.0	2.90
9～10	66.9	6.69	21～22	16.6	1.66
10～11	78.0	7.8	22～23	14.0	1.40
11～12	79.4	7.94	23～24	8.1	0.81

该城镇污水在一个周期 T（24h）内，污水流量变化曲线（由 24 条短线连成的折线 a），如图 2-1-30 所示。曲线下在 T（24h）内所围成的面积，等于一天 [24h 的污水量 $W_T(\text{m}^3)$]。

$$W_T = \sum_{t=1}^{24} q_i t_i$$

式中，q_i 为在 t_i 时段内污水的平均流量，m^3/h；t_i 为时段，h。

在周期 T 内污水平均流量为：

$$Q = \frac{W_T}{T} = \frac{\sum\limits_{t=1}^{24} q_i t_i}{T} = \frac{1000}{24} = 41.67 \text{m}^3/\text{h}$$

根据污水量的变化，可绘制出一天（24h）的污水流量〈进水量〉变化曲线 a；另外还可绘制出平均污水流量（提升流量）的曲线 b（图 2-1-30），

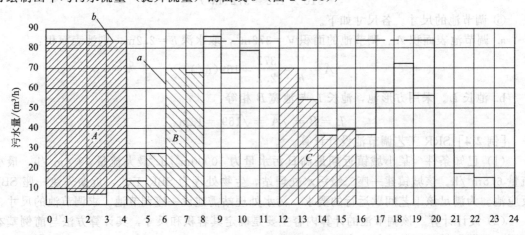

图 2-1-30　调节池容积计算

同样，根据 SBR 的运行时段，可绘制出调节池出水流量的变化曲线 b（见图 2-1-30。已知 SBR 反应池为低负荷间歇进水，每天 3 个周期，每个周期 8h。其中，进水 4h，曝气 4h，沉淀 1h，排出 2h，进水流量为 83.3m^3/h。该 SBR 反应池 0：00 时开始第一周期的进水，依次运行 3 个周期。

从图 2-1-30 可以看到在 0～4、4～8、12～16 三个时段曲线 a 与曲线 b 围合成 A，B，C 三块相对较大的面积，其面积值（水量）分别为 303m^3、262m^3、197m^3。由此时见，当进水量小于出水量时，需取用调节池中的存水。当调节池停止进水时进水量储存在调节池中；所以，调节池所需调节容积等于图 2-1-30 中面积 A，B，C 中的大者，即调节池的理论调节容积为 303m^3。

设计中采用的调节池容积，一般宜考虑增加理论调节容积的 10%～20%，本调节池的容积是：

$$V = 303 \times 1.2 \approx 360(m^3)$$

② 调节池的尺寸。该污水处理站进水管标高为地坪下 -2.00m，设调节池内有效水深为 2.5m，调节池出水为水泵提升。根据计算的调节容积，考虑到进水管的标高，调节池表面积：

$$A = \frac{V}{h} = \frac{360}{2.5} = 144(m^2)。$$

采用方形池，池长 L 与池宽 B 相等，确定调节池的尺寸为：

$$L = B = \sqrt{A} = \sqrt{144} = 12m$$

在池底设集水坑，水池底以 $i = 0.01$ 的坡度向集水坑，调节池的基本尺寸如图 2-1-31 所示。

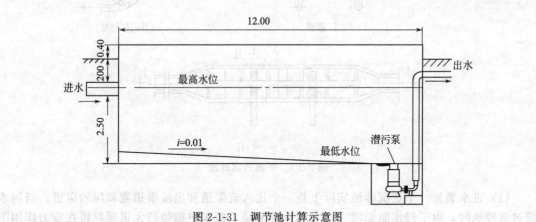

图 2-1-31　调节池计算示意图

2.2　沉砂池设计

沉砂池的目的是在城市污水处理中去除砂粒等粒径较大的重质颗粒物，例如砂、煤渣、果核等。它一般设在泵站或初沉池之前。

砂是指城市污水中相对密度较大，易沉淀分离的一些颗粒物质。主要包括无机性的砂粒、砾石和有机性的颗粒，如骨条、种子等，其表面还可能附着有机黏性物质。污水中的砂，如果不加以去除，进入后续处理单元，在渠管内或构筑物内沉积，将影响后续处理单元的运行，也会造成输送泵以及污泥脱水设备的过度磨损，引起如下危害：

① 砂粒会加速污泥刮板的磨损，缩短使用寿命；

② 管道中砂粒的沉积易导致管道的堵塞，进入泵后会加剧叶轮磨损；

③ 对于氧化沟等进水负荷较低的工艺，大量砂粒将直接进入生化池沉积（形成"死区"），导致生化池有效容积的减少，同时还会对曝气装置产生不利影响；

④ 污泥中含砂量的增加会大大影响污泥脱水设备的运行。砂粒进入带式脱水机会加剧滤布的磨损，缩短更换周期，同时会影响絮凝效果，降低污泥成饼率。

由此可知，沉砂池在整个污水处理工艺中具有十分重要的预处理作用。目前，沉砂池的常见类型有平流式沉砂池、曝气沉砂池、涡流沉砂池。

2.2.1 平流式沉砂池设计

2.2.1.1 平流式沉砂池构造与工作原理

平流沉砂池结构简单，是早期采用的沉砂池形式，如图 2-2-1 所示。池型采用渠道式，平面为长方形，横断面多为矩形，两端设有闸板，以控制水流，池底设 1～2 个储砂斗，定期排砂。可利用重力排砂，也可用射流泵或螺旋泵排砂。平流沉砂池由进水装置、出水装置、沉淀区和排泥装置组成，详见图 2-2-1。

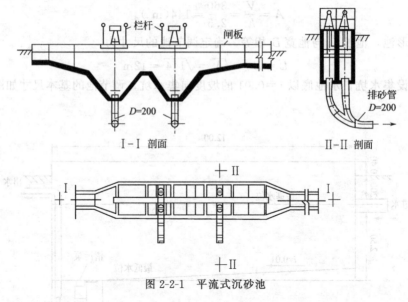

图 2-2-1 平流式沉砂池

（1）进水装置 平流沉砂池实际上是一个比入流渠道和出流渠道宽和深的渠道。当污水流过沉砂池时，由于过水断面增大，水流速度下降，污水中携带的无机颗粒将在重力作用下而下沉，而比重较小的有机物则仍处于悬浮状态，并随水流走，从而达到从水中分离无机颗粒的目的。

（2）出水装置 出水装置采用自由堰出流，使沉砂池的污水断面不随流量变化而变化过大，出水堰还可以控制池内水位，不使池内水位频繁变化，保证水位恒定。

（3）沉淀区 在平流沉砂池的沉淀区内，流速既不宜过快，也不宜过慢。为使沉砂池运行正常，流速不随流量变化而有太大的变化。一般在设计时，采用两座或两座以上，断面为矩形的沉砂池（或分格数），按并联设计。运行时有可能采用不同的池（格）数工作，使流速符合流量的变化。此外，也可采用改变沉砂池的断面形状，使沉砂池的流速不随流量而变化。

（4）排泥装置 沉砂池沉淀的沉渣多数为砂粒，当采用重力排砂时，沉砂池与储砂池应尽量靠近，以缩短排砂管的长度，排砂闸门宜选用快开闸门，避免砂粒堵塞闸门，机械排砂应设置晒砂场，避免排砂时的水分溢出。

平流式沉砂池（图 2-2-1）的沉砂效果不稳定，往往不适应城市污水水量波动较大的特性。水量大时，流速过快，许多砂粒未来得及沉下；水量小时，流速过慢，有机悬浮物也沉下来，沉砂易腐败。平流式沉砂池目前只在个别小厂或老厂中使用。

2.2.1.2　平流式沉砂池设计计算

（1）设计要求

① 砂粒（密度 265g/cm²）的去除粒径为 0.2mm，并要求外运沉砂中尽量少含附着与夹带的有机物，以免在沉砂池废渣的处置过程中产生过度腐败问题。

② 沉砂池座数或分格数不应少于 2 个，按并联设计，当污水量较少时，可考虑一格工作，一格备用。

③ 对于合流制处理系统，应按降雨时设计最大流量计算。

④ 当污水用泵抽送入池内时，应按工作水泵的最大组合流量计算。

（2）设计参数

① 池内最大流速为 0.3m/s，最小流速为 0.15m/s。

② 水在池内停留时间一般为 30～60s。

③ 有效水深不应大于 1.2m，一般采用 0.25～1m，每格宽度不小于 0.6m。

④ 砂斗间歇排砂，砂斗容积一般按 2d 内沉砂量考虑。

⑤ 进水头部应采取消能和整流措施。

⑥ 池底坡度一般为 0.01～0.02，当设置除砂设备时，可根据设备要求考虑池底形状。

（3）计算公式

① 沉砂池水流部分的长度 L，沉砂池两闸板之间的长度即为水流部分长度：

$$L = vt \tag{2-2-1}$$

式中，L 为沉砂池水流部分的长度，m；v 为最大设计流量时的流速，m/s；t 为最大设计流量时的停留时间，s。

② 砂池过水断面面积：

$$A = \frac{Q_{max}}{v} \tag{2-2-2}$$

式中，A 为沉砂池过水断面面积，m；Q_{max} 为最大设计流量，m²/s。

③ 砂池总宽度 B：

$$B = \frac{A}{h_2} \tag{2-2-3}$$

式中，B 为池总宽度，m；h_2 为设计有效水深，m。

④ 砂斗所需容积 V：

$$V = \frac{Q_{max} t X \times 86400}{K_z \times 10^6} \tag{2-2-4}$$

式中，V 为沉砂斗所需容积，m³；t 为清除沉砂的时间间隔，d；X 为城市废水的沉砂量，一般取 30m³ 沉砂或 10⁶ m³ 废水；K_z 为生活污水流量总变化系数。

⑤ 砂池总高度 H：

$$H = h_1 + h_2 + h_3 \tag{2-2-5}$$

式中，H 为沉砂池总高度，m；h_1 为超高，取 0.3m；h_3 为沉砂室的高度，m。

⑥ 核算最小流量时，废水流经沉砂池的最小流速是否在规定的范围内。

$$v_{\min} = \frac{Q_{\min}}{n\omega} \qquad (2\text{-}2\text{-}6)$$

式中，$Q_{\min}$ 为最小流量，m^3/s；n 为最小流量时工作的沉砂池座数；ω 为最小流量时沉砂池中水流断面面积，m^2。

$v_{\min} \geqslant 0.15m/s$，则设计符合要求。

（4）计算举例　例题如下。

[例 2-5] 已知某城市污水处理厂的最大设计流量为 $0.2m^3/s$，最小设计流量为 $0.1m^3/s$，总变化系数 $Kz=1.50$，求沉砂池各部分尺寸。

[解] 设计计算草图见图 2-2-2。

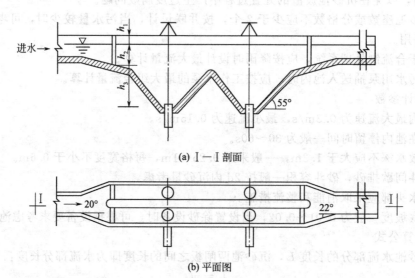

(a) Ⅰ—Ⅰ剖面

(b) 平面图

图 2-2-2　平流沉砂池设计计算草图

① 长度（L）。设 $v=0.25m/s$，$t=30s$，则：

$$L = vt = 0.25 \times 30 = 7.5(m)$$

② 水流断面积（A）。公式为：

$$A = \frac{Q_{\max}}{v} = \frac{0.2}{0.25} = 0.8(m^2)$$

③ 池总宽度（B）。设 $n=2$ 格，每格宽 $b=0.6m$，则：

$$B = nb = 2 \times 0.6 = 1.2(m)$$

④ 有效水深（h_2）。公式为：

$$h_2 = \frac{A}{B} = \frac{0.8}{1.2} = 0.67(m)$$

⑤ 沉砂斗所需容积（V）。设 $T=2d$，则：

$$V = \frac{Q_{\max} t X \times 86400}{K_z \times 10^6} = \frac{0.2 \times 30 \times 2 \times 86400}{1.50 \times 10^6} \approx 0.69(m^3)$$

⑥ 每个沉砂斗容积（V_0）。设每一分格有 2 个沉砂斗，则：

$$V_0 = \frac{0.69}{2 \times 2} \approx 0.17(m^3)$$

⑦ 沉砂斗各部分尺寸。

设斗底宽 $a_1=0.5m$，斗壁与水平面的倾角为 $55°$，斗高 $h_3{}'=0.35m$，沉砂斗上口宽：

$$a = \frac{2h_3'}{\tan 55°} + a_1 = \frac{2 \times 0.35}{\tan 55°} + 0.5 = 1.0(\text{m})$$

沉砂斗容积：

$$V_0 = \frac{h_3'}{6}(2a^2 + 2aa_1 + 2a_1^2) = \frac{0.35}{6}(2 \times 1^2 + 2 \times 1 \times 0.5 + 2 \times 0.5^2) \approx 0.2(\text{m}^3)$$

⑧ 沉砂室高度（h_3）。采用重力排砂，设池底坡度为 0.06，坡向砂斗，则：

$$h_3 = h_3' + 0.06 l_2 = 0.35 + 0.06 \times 2.65 = 0.51(\text{m})$$

⑨ 池总高度（H）。设超高 $h_1 = 0.3\text{m}$，则：

$$H = h_1 + h_2 + h_3 = 0.3 + 0.67 + 0.51 = 1.48(\text{m})$$

⑩ 验算最小流速（$v_{\min}$）。在最小流量时，只用 1 格工作（$n_1 = 1$）：

$$v_{\min} = \frac{Q_{\min}}{n_1 \omega_{\min}} = \frac{0.1}{1 \times 0.6 \times 0.67} = 0.25(\text{m/s}) > 0.15(\text{m/s})$$

2.2.2　曝气沉砂池设计

2.2.2.1　曝气沉砂池构造与工作原理

普通平流式沉砂池的主要缺点是沉砂中约夹杂有 10% 的有机物，对被有机物包覆的砂粒，截留效果也不佳，沉砂易于腐化发臭，增加了沉砂后续处理的难度，而曝气沉砂池则可以在一定程度上克服这些缺点。

曝气沉砂池采用矩形池形，池底设有沉砂斗或集砂槽，在沿池长一侧，距池底 60～80cm 的高度处设置曝气管，通过曝气在池的过水断面上产生旋流，污水呈螺旋状通过沉砂池。重颗粒沉到底部，通过旋流和重力作用下流至集砂槽，定期用排砂机械排出池外；通过水流剪切和颗粒间摩擦使得无机砂粒和有机颗粒分离，较轻的有机颗粒则随旋流流出沉砂池，使沉砂中的有机物含量低于 10%。

曝气沉砂池的优点是通过调节曝气量，可以控制污水的旋流速度，使除砂效率较稳定，受流量变化的影响较小；同时，还对污水起预曝气作用。结构构造如图 2-2-3 所示。

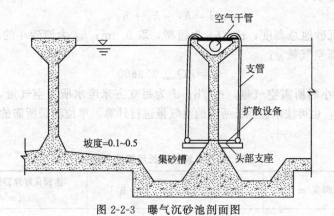

图 2-2-3　曝气沉砂池剖面图

2.2.2.2　曝气沉砂池设计计算

（1）设计参数

① 水平流速一般取 0.06～0.12m/s。

② 污水在池内的停留时间为 3～5min，最大流量时水力停留时间应大于 2min；如作为预曝气，停留时间为 10～30min。

③ 池的有效水深为 2~3m，池宽与池深比宜为 1~1.5，长宽比在 5 左右，当池长宽比大于 5 时，应按此比例进行分格。

④ 采用中孔或大孔的穿孔管曝气，曝气量约为 0.2m³/(m³ 污水)，或 3~5m³ 空气/(m² · h)，或 16~28m³ 空气/(m · h)，使水的旋流速度保持在 0.25~0.30m/s 以上；穿孔管孔径为 2.5~6.0mm，距池底约为 0.6~0.9m，并应有调节阀门。

⑤ 进水方向应与池中旋流方向一致，出水方向应与出水方向垂直，并宜设置挡板。

⑥ 池内应设置消泡装置。

(2) 计算公式

① 曝气沉砂池总有效容积 V：

$$V = Q_{max} t \times 60 \qquad (2\text{-}2\text{-}7)$$

式中，V 为曝气沉砂池总有效容积，m³；Q_{max} 为最大设计流量，m³/s；t 为最大设计流量时的停留时间，min。

② 沉砂池水流断面面积：

$$A = \frac{Q_{max}}{v_1} \qquad (2\text{-}2\text{-}8)$$

式中，A 为沉砂池水流断面面积，m；Q_{max} 为最大设计流量，m²/s；v_1 为最大设计流量时的水平流速，m/s。

③ 沉砂池总宽度 B：

$$B = \frac{A}{h_2} \qquad (2\text{-}2\text{-}9)$$

式中，B 为池总宽度，m；h_2 为设计有效水深，m。

④ 沉砂池长度 L：

$$L = \frac{V}{A} \qquad (2\text{-}2\text{-}10)$$

式中，L 为沉砂池水流部分的长度，m。

⑤ 砂池总高度 H：

$$H = h_1 + h_2 + h_3 \qquad (2\text{-}2\text{-}11)$$

式中，H 为沉砂池总高度，m；h_1 为超高，取 0.3m；h_3 为储砂斗的高度，m。

⑥ 每小时所需空气量 q：

$$q = dQ_{max} \times 3600 \qquad (2\text{-}2\text{-}12)$$

式中，q 为每小时所需空气量，m³/h；d 为每立方米废水所需空气量，m³。

空气量的计算，也可按单位池长所需的空气量进行计算。单位池长所需的空气量见表 2-2-1，供参考。

表 2-2-1 单位池长所需空气量

曝气管水下浸没深度/m	最低空气用量/[m³/(m · h)]	达到良好除砂效果的最大空气量/[m³/(m · h)]
1.5	12.5~15.0	30
2.0	11.0~14.5	29
2.5	10.5~14.0	28
3.0	10.5~14.0	28
4.0	10.0~13.5	25

（3）举例　例题如下。

[例 2-6] 某废水处理厂最大设计流量 $Q_{max}=1.2m^3/s$，含砂量为 $0.02L/m^3$ 废水，废水在池中的停留时间 $t=2.0min$，废水在池内的水平流速 $v_1=0.1m/s$。若每 2 日排砂一次。试确定曝气沉砂池的有效尺寸及砂斗尺寸。

[解] 设计计算草图见图 2-2-4。

① 曝气沉砂池的容积：

$$V=Q_{max}t\times60=1.2\times2.0\times60=144(m^3)$$

沉砂池设计成两格，每格容积为：

$$V_1=\frac{1}{2}V=72(m^3)$$

② 每格沉砂池水流断面积（A）：

$$A=\frac{Q_{max}}{2v_1}=\frac{1.2}{2\times0.1}=6.0(m^2)$$

③ 池长（L）：

$$L=v_1t=0.1\times2.0\times60=12(m)$$

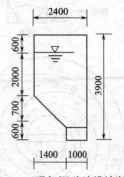

图 2-2-4　曝气沉砂池设计断面

④ 设曝气沉砂池过水断面形状如图 2-2-4 所示，池宽 2.4m，池底坡度 0.5，超高 0.6m，全池总深 3.9m。

⑤ 沉砂斗容积（V'）。设砂斗断面为矩形，长度同沉砂池：

$$V'=0.6\times1.0\times12=7.2(m^3)$$

⑥ 每格沉砂池实际沉砂量（V_1'）：

$$V_1'=\frac{0.02\times0.6}{1000}\times86400\times2=2.1(m^3)<7.2(m^3)$$

⑦ 设曝气管浸水深度为 2.5m，查表 2-2-1 可知，单位池长所需空气量为 $28m^3/(m\cdot h)$，则所需空气量为：

$$28\times12\times(1+15\%)\times2\times\frac{1}{60}=12.9(m^3/min)$$

式中，$(1+15\%)$ 为考虑进出口条件而增加的池长。

取供气量为 $13m^3/min$，则每格沉砂池供气量为 $6.5\ m^3/min$。

2.2.3　涡流沉砂池设计

涡流沉砂池中污水由池下部呈旋转方向流入，从池上部四周溢流流出，污水中的砂粒向下沉淀，达到去除的目的。涡流沉砂池分为涡流沉砂池、多尔沉砂池和钟式沉砂池。

2.2.3.1　涡流沉砂池构造与工作原理

（1）涡流沉砂池　涡流沉砂池利用水力涡流，使泥砂和有机物分开，以达到除砂目的。污水从切线方向进入圆形沉砂池，进水渠道末端设一跌水堰，使可能沉积在渠道底部的砂子向下滑入沉砂池；还设有一个挡板，使水流及砂子进入沉砂池时向池底流行，并加强附壁效应。在沉砂池中间设有可调速的桨板，使池内的水流保持环流。桨板、挡板和进水水流组合在一起，在沉砂池内产生螺旋状环流（图 2-2-5），在重力的作用下，使砂子沉下，并向池中心移动，由于越靠中心水流断面越小，水流速度逐渐加快，最后将沉砂落入砂斗。而较轻的有机物，则在沉砂池中间部分与砂子分离。池内的环流在池壁处向下，到池中间则向上，加上桨板的作用，有机物在池中心部位向上升起，并随着出水流入后续构筑物。

（2）多尔沉砂池　多尔沉砂池是一个浅的方形水池。多尔沉砂池由污水入口和整流器、沉砂池、出水湿流堰、刮砂机、排砂坑、洗砂机、有机物回流机和回流管以及排砂机组成。

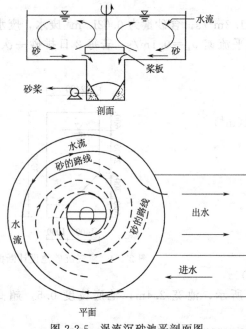

图 2-2-5 涡流沉砂池平剖面图

工艺构造见图 2-2-6。在池的一边设与池壁平行的进水槽，并且在整个池壁上，等间距地设带有许多个导流板的进水口，它们能调节和保持水流的均匀分布，废水沿导流板流入沉砂池中，并以一定的流速流动，以使砂粒沉淀，水流到对面的出水堰溢流排出。沉砂池底的砂粒用一台安装在转动轴上的刮砂机，把砂粒从中心刮到边缘，进入集砂斗。当旋转到排砂箱时，通过它收集沉砂，排入淘砂槽中，砂粒用往复式刮砂机械或螺旋式输送器进行淘洗，以除去有机物。在刮砂机上装有桨板，用以产生一股反方向的水流，将从砂上冲洗下来的有机物带走，回流到沉砂池中，而淘净的砂及其他无机杂粒，由刮砂机提升排出。

（3）钟式沉砂池　钟式沉砂池是一种利用机械控制水流流态与流速，加速砂粒的沉淀，并使有机物随水流带走的沉砂装置。钟式沉砂池采用圆形浅池形，沉砂池由流入口、流出口、沉砂区、砂斗及带变速箱的电动机、传动

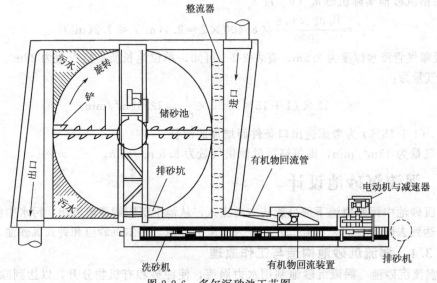

图 2-2-6 多尔沉砂池工艺图

齿轮、砂提升管及排砂管组成。池壁上开有较大的进出水口，进水渠道在圆池的切向位置，出水渠道对应圆池中心，池底为平底或向中心倾斜的斜底，底部中心的下部是一个较大的砂斗，沉砂池的中心设有搅拌和排砂设备，如图 2-2-7 所示。污水由切线方向流入池中，在池中形成旋流，池中心的机械搅拌叶片进一步促进了水的旋流。在水的旋流和机械搅拌叶片的作用下，污水中密度较大的砂粒被甩向池壁，落入砂斗，经排砂泵或空气提升器排出池外。调整转速，以达到最佳沉砂效果。

　钟式沉砂池的气味小，沉砂中夹带的有机物含量低，可在一定范围内适应水量的变化，是目前的流行设计，有多种规格的定性设计可以选用。见图 2-2-8 及表 2-2-2 所示。

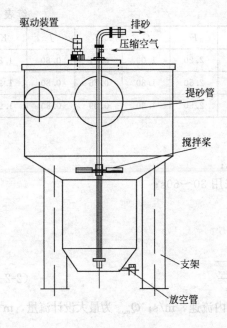

(a) 气提式钟式沉砂池　　　　　　　(b) 泵提式钟式沉砂池

图 2-2-7　钟式沉砂池

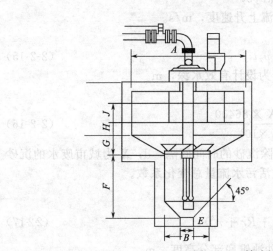
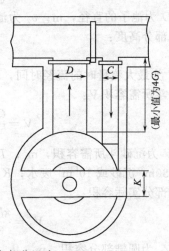

图 2-2-8　钟式沉砂池各部分尺寸

表 2-2-2　钟式沉砂池各部分尺寸　　　　　　　　　　单位：m

流量/(L/s)	A	B	C	D	E	F	G	H	J	K
50	1.83	1.0	0.305	0.61	0.30	1.40	0.30	0.30	0.80	1.10
110	2.13	1.0	0.308	0.76	0.30	1.40	0.30	0.30	0.80	1.10
180	2.43	1.0	0.405	0.90	0.30	1.55	0.40	0.30	0.80	1.15
310	3.05	1.0	0.610	1.20	0.30	1.55	0.45	0.30	0.80	1.35
530	3.06	1.5	0.750	1.50	0.40	1.70	0.60	0.51	0.80	1.45
880	4.87	1.5	1.00	2.00	0.40	2.20	1.00	0.51	0.80	1.85

流量/(L/s)	A	B	C	D	E	F	G	H	J	K
1320	5.48	1.5	1.10	2.20	0.40	2.20	1.00	0.61	0.80	1.85
1750	5.8	1.5	1.20	2.40	0.40	2.50	1.30	0.75	0.80	1.95
2200	6.1	1.5	1.20	2.40	0.40	2.50	1.30	0.89	0.80	1.95

2.2.3.2 设计参数

① 最大流速为 0.1m/s，最小流速为 0.02m/s；

② 最大流量时，停留时间不小于 20s，一般采用 30～60s；

③ 进水管最大流速为 0.3m/s。

2.2.3.3 计算公式

① 进水管直径：

$$d = \sqrt{\frac{4Q_{max}}{\pi v_1}} \tag{2-2-13}$$

式中，d 为进水管直径，m；v_1 为污水在中心管内流速，m/s；Q_{max} 为最大设计流量，m^2/s。

② 沉砂池直径：

$$D = \sqrt{\frac{4Q_{max}(v_1 + v_2)}{\pi v_1 v_2}} \tag{2-2-14}$$

式中，D 为池子的直径，m；v_2 为池内水流上升速度，m/s。

③ 水流部分高度：

$$h_2 = v_2 t \tag{2-2-15}$$

式中，t 为最大流量时的流经时间，s；h_2 为设计有效水深，m。

④ 沉砂斗所需容积 V：

$$V = \frac{Q_{max} T X \times 86400}{K_z \times 10^6} \tag{2-2-16}$$

式中，V 为沉砂斗所需容积，m^3；T 为清除沉砂的时间间隔，d；X 为城市废水的沉砂量，一般取 $30m^3$ 沉砂或 $10^6 m^3$ 废水；K_z 为生活污水流量总变化系数。

⑤ 圆锥部分实际容积：

$$V_1 = \frac{\pi h_4}{3}(R^2 + Rr + r^2) \tag{2-2-17}$$

式中，V_1 为圆锥部分容积，m^3；h_4 为沉砂池锥底部分高度，m。

⑥ 沉砂池总高度 H：

$$H = h_1 + h_2 + h_3 + h_4 \tag{2-2-18}$$

式中，H 为沉砂池总高度，m；h_1 为超高，取 0.3m；h_3 为中心管底至沉砂砂面的距离，一般取 0.25m。

2.3 混凝设备设计

2.3.1 混凝工艺流程及原理

混凝处理流程由药剂投加、混合、反应及沉降分离等单元组成。混合是使混凝剂迅速、均匀地分散到废水中，通过压缩双电层和电中和作用，使胶体脱稳，形成"矾花"。反应是在一定的水流条件下,小"矾花"通过吸附架桥和沉淀物网捕等作用形成较大的絮体。

混凝的目的是向污水中投入一些药剂,经充分混合与反应,使污水中难以沉淀的胶体和细小悬浮物能相互聚合,从而长成大的可沉絮体,再通过自然沉淀去除。其流程如图 2-3-1 所示。混凝沉淀工艺可有效地去除二级出水中残留的悬浮态和胶态固体物质,因而可以使污水浊度大大降低,并能有效地去除一些病原菌和病菌。另外,混凝沉淀工艺能高效除磷,去除率在 90% 以上;对重金属离子、COD、色度等都有不同程度的去除,但混凝土沉淀工艺对 TKN 或 NH_3-N 基本上没有去除作用。

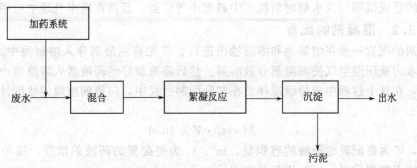

图 2-3-1　混凝沉淀工艺流程

2.3.2　混凝剂的选择、配置与投加

2.3.2.1　混凝剂的选择

(1)混凝剂选择原则　在运行准备工作中,首先是选择使用何种混凝剂。选择混凝剂时应考虑以下四个方面:通过试验确定出适合本水厂水质的混凝剂种类;该种混凝剂操作使用是否方便;该种混凝剂当地是否生产,质量是否可靠;采用该种混凝剂在经济上是否合理。

总的来说,选择混凝剂要立足于当地产品。一般传统水处理中选用硫酸铝。在北方地区,冬季温度较低,可考虑选用氯化铁或硫酸亚铁。在有条件的处理厂或二级水厂中碱度不适的处理厂,则选用聚合氯化铝等无机高分子混凝剂,而且聚合氯化铝代替硫酸铝作为水处理中的主要混凝剂是大势所趋。

(2)混凝剂种类及其特点　混凝剂可分为无机类和有机类两大类。无机类应用最广的主要有铝系和铁系金属盐,主要包括硫酸铝、聚合氯化铝、三氯化铁以及硫酸亚铁和聚合硫酸铁等。有机类混凝剂主要系指人工合成的高分子混凝剂,如聚丙烯酰胺(PAM)、聚乙烯胺等。污水的深度处理中一般都采用无机混凝剂,有机类混凝剂常用于污泥的调质。在实际工作中,常常只将无机类混凝剂称为混凝剂,而将有机类混凝剂称为絮凝剂。

① 硫酸铝。硫酸铝是传统的铝盐混凝剂。常用的硫酸铝一般带 18 个结晶水,分子式为 $Al_2(SO_4)_3 \cdot 18H_2O$,分子量为 666.41,相对密度为 1.61,外观为白色带光泽的晶体。按照其中不溶物的含量可分为精制和粗制两类。精制硫酸铝一般要求不溶性杂质的含量小于 0.3%,硫酸铝含量不小于 15%,无水硫酸铝的含量常在 50%~52% 之间。粗制硫酸铝的无水硫酸铝含量常在 20%~25% 之间。硫酸铝在 20~40℃ 范围内混凝效果最佳,当水温低于 10℃ 时,效果很差。

② 聚合氯化铝(PAC)。聚合氯化铝是目前国内广泛使用的高分子无机聚合混凝剂,基本上代替了传统混凝剂的使用。聚合氯化铝对各种水质及其 pH 值的适应性很强,易快速形成大的矾花,投加量少,产泥也少,投药量一般比硫酸铝低;另外,聚合氯化铝对温度适应性也很强,可在低温下使用,且使用、管理操作都较方便,对管道的腐蚀性也小。

③ 三氯化铁。三氯化铁也是一种常用的混凝剂，为褐色带有金属光泽的晶体，分子式为 $FeCl_3 \cdot 6H_2O$。其优点是易溶于水，矾花大而重，沉淀性能好，对温度和水质及 pH 值的适应范围宽。其最大缺点是具有强腐蚀性，易腐蚀设备，且有刺激性气味，操作条件较差。

④ 硫酸亚铁。硫酸亚铁为半透明绿色晶体，俗称绿矾，分子式为 $FeSO_4 \cdot 7H_2O$。硫酸亚铁形成矾花较快，易沉淀，对温度适应范围宽，但只适应于碱性条件，且会使出水的色度升高。

⑤ 聚合硫酸铁（PFS）。聚合硫酸铁化学式为 $[Fe_2(OH)n(SO_4)_{3-n/2}]_m$。适宜水温 $10\sim50℃$，pH 值为 $5.0\sim8.5$。与普通铁盐、铝盐相比，它具有投加剂量小、絮体生成快以及对水质的适应范围以及水解时消耗水中碱度小等优点，目前在废水处理中应用广泛。

2.3.2.2　混凝剂的配置

混凝剂的配置一般在溶解池和溶液池内进行。首先将混凝剂导入溶解池中。加少量水，用机械、水力或压缩空气使混凝剂分散溶解。然后将溶解好的药液送入溶液池中，稀释成规定的浓度，在这个过程中应持续搅拌。在实际配制过程中，应提前按规定浓度计算好混凝剂投加量 M。

$$M = C \cdot V \times 1000 \tag{2-3-1}$$

式中，V 为要配置的药液的容积量，m^3；C 为要配置的药液的浓度，指单位体积的药液中含有的混凝剂重量，一般用百分比表示。

溶药池的容积可由下式进行计算，即：

$$W_2 = (0.2\sim0.3)W_1 \tag{2-3-2}$$

溶液池的容积可由下式进行计算，即：

$$W_1 = \frac{uQ}{417bn} \tag{2-3-3}$$

式中，W_2 为溶药池容积，m^3；W_1 为溶液池容积，m^3；Q 为设计流量，m^3/h；u 为混凝剂最大投量，mg/L；b 为溶液浓度，%，一般取 $5\%\sim20\%$；n 为每日配制次数，一般不宜超过 $2\sim6$ 次，人工不宜超过 3 次。

在溶药池内将固体药剂溶解成浓溶液。其搅拌可采用水力、压缩空气或机械等方式，如图 2-3-2、图 2-3-3、图 2-3-4 所示。一般投药量小时用水力搅拌，投药量大时用机械搅拌。溶药池体积一般为溶液池体积的 $0.2\sim0.3$ 倍。

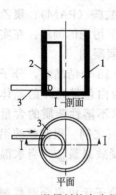

图 2-3-2　混凝剂的水力调制
1—溶液池；2—溶药池；3—压力水管

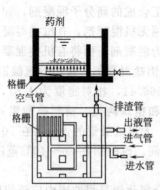

图 2-3-3　混凝剂的压缩空气调制

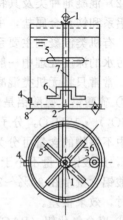

图 2-3-4　混凝剂的机械调制
1，2—轴承；3—异径管箍；4—出管；
5—桨叶；6—锯齿角钢桨叶；
7—立轴；8—底板

2.3.2.3 混凝剂的投加方式及选用

(1) 投加方式选择　混凝剂的投加有很多方式，其分类如图 2-3-5 所示。

干投法指把药剂直接投放到被处理的污水中（工艺流程见图 2-3-6），这种方法的优点是占地面积小，但对药剂的粒度要求比较严，不易控制加药量，对设备的要求较高，劳动条件较差，目前国内使用较少。

- 投药方式
  - 干投法
  - 湿投法
    - 重力投加法
    - 压力投加法
      - 水射器法
      - 虹吸定量投药
      - 加药泵法

图 2-3-5　投加方式种类

湿投法是将混凝剂和助凝剂先溶解配成一定浓度的溶液，然后按处理水量大小定量投加，此法应用较多。湿投法需要有一套配置溶液及投加溶液的设备，包括溶解、搅拌、定量控制、投药等部分，如图 2-3-7 所示。在干投、湿投两种方法中，湿投的应用多于干投，两者的比较见表 2-3-1。

药剂输送→粉碎→提升→计量→加药混合

图 2-3-6　干投法工艺流程图

溶解池→溶液池→定量控制设备→投加设备→混合池

图 2-3-7　湿投法工艺流程图

表 2-3-1　干投法与湿投法的比较

方　法	优　点	缺　点
干投法	设备占地面积小； 投配设备无腐蚀问题； 药剂较新鲜	当药剂用量较大时，需要一套破碎混凝剂的设备； 当用药量小时，不易调节； 药剂与水不易混合均匀； 劳动条件差； 不适用吸湿性混凝剂
湿投法	容易与水充分混合； 适用于各种混凝剂； 投量易于调节	设备较复杂，占地面积大； 设备易受腐蚀； 当要求投药量突变时，投量调整较慢运行方便

(2) 投药设备　按照混凝溶液被加入到污水中的方式，湿法投加又分为重力投加和压力投加两种形式。重力投加系建造高位溶液池，利用重力将药剂投加到污水中。这种方式一般适应于中小型处理厂，大型处理厂一般都采用压力投加方式。压力投加常见的有重力投加、虹吸式定量投加、水射器投加和用计量泵投加药剂。

① 重力投加。可直接将混凝剂溶液投入管道内或水泵吸水管喇叭口处。

② 虹吸式定量投加。改变虹吸管进口和出口高度之差（H），控制投加量，见图 2-3-8。

③ 水射器投加。该系统设备简单，使用方便，工作可靠。常用于向压力管内投加药液和药液的提升。见图 2-3-9。

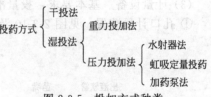

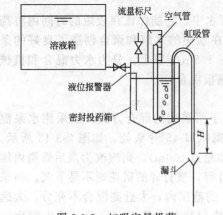

图 2-3-8　虹吸定量投药

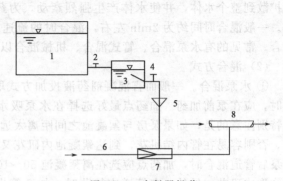

图 2-3-9　水射器投药

1—溶液池；2—阀门；3—投药箱；4—阀门；5—漏斗；6—高压水枪；7—水射器；8—原水

④ 用计量泵投加药剂。可用耐酸泵与转子流量计配合使用，也可采用计量泵，不另设计量设备。

(3) 计量设备　基本要求：投量准确；工作灵活可靠；设备简单；操作方便。

① 孔口计量装置，见图 2-3-10 及图 2-3-11。

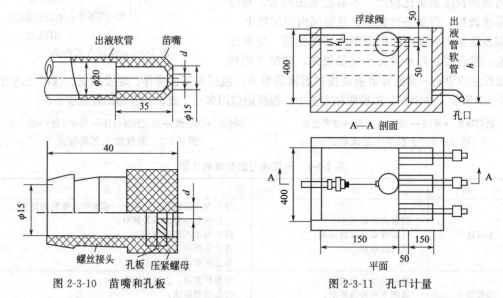

图 2-3-10　苗嘴和孔板　　　　　　　图 2-3-11　孔口计量

利用苗嘴和孔板等装置使恒定水位下孔口自由出流时的流量为稳定流量。可改变孔口断面来控制流量。

② 浮子或浮球网定量控制装置。因溶液出口处水头 H 不变，流量也不变。可通过变更孔口尺寸来控制投配量。见图 2-3-12。

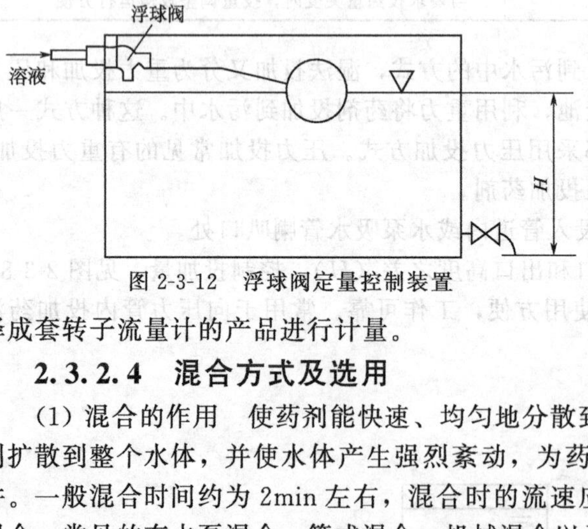

③ 转子流量计。根据水量大小选

图 2-3-12　浮球阀定量控制装置

择成套转子流量计的产品进行计量。

2.3.2.4　混合方式及选用

(1) 混合的作用　使药剂能快速、均匀地分散到废水中。它能保证在较短的时间内将药剂扩散到整个水体，并使水体产生强烈紊动，为药剂在水中的水解和聚合创造了良好的条件。一般混合时间约为 2min 左右，混合时的流速应在 1.5m/s 以上。分为水力混合和机械混合。常见的有水泵混合、管式混合、机械混合以及隔板混合。

(2) 混合方式

① 水泵混合。一般而言混凝剂药液投加方式取决于所采用的混合方式。当采用水泵混合时，应在泵前加药。加药点最好选择在水泵吸水管喇叭口 45°弯头处，如图 2-3-13 所示。应特别注意的是，如果泵房与絮凝池之间距离太远（如超过 100m），则应改为泵后管道内加药。否则容易在管内结矾花，到达絮凝池内矾花又被打碎，被打碎的矾花则不易下沉。当采用泵后管道混合时，加药点应选在离絮凝池 50～100m 的范围内，太近则混合不充分，太远又会形成矾花。另外，在管道内加药时，加药管出口应保持与水流方向一致，插入深度以 1/4～1/3 管径为宜，如图 2-3-14 所示。

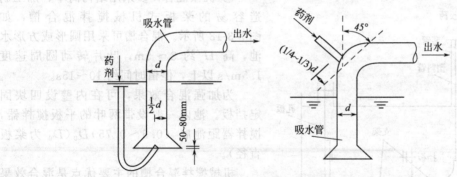

图 2-3-13　泵前加药点位置

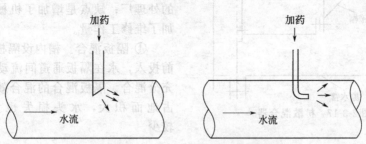

图 2-3-14　管道加药口布置示意图

② 管式混合。主要分为以下几种。

a. 普通管道混合（图 2-3-15）。把药剂投入水泵压水水管内，借助水流进行混合。

b. 管式静态混合器（图 2-3-16）。管内装设若干个固体混合单元体。混合器内的固定叶片按一定的角度安装。水流和药剂通过时，被多次分割改向并形成涡流，达到混合的目的。该设备构造简单、安装方便，混合快速而均匀，效果好，但水头损失较大。

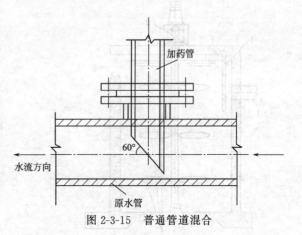

图 2-3-15　普通管道混合

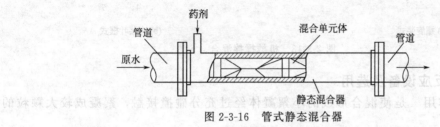

图 2-3-16　管式静态混合器

c. 扩散混合器（图 2-3-17）。在管式孔板混合器前加一锥形帽，水流和药剂对冲锥形帽而后扩散形成剧烈紊流，使药剂和水达到快速混合。锥形帽夹角为 90°，锥形帽顺水流方向上的投影面积为进水管截面积的 1/4，孔板的开孔面积为进水管截面积的 3/4。孔板流速为 1.0～1.5m/s，混合时间为 2～3s，混合器长度不小于 500mm。

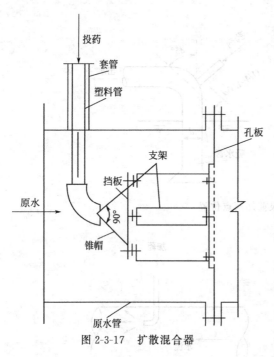

图 2-3-17 扩散混合器

③ 机械混合。多采用结构简单、加工制造容易的桨板式机械搅拌混合槽，如图 2-3-18 所示。混合槽可采用圆形或方形水池，高 H 约 $3\sim5m$，叶片转动圆周速度 $1.5m/s$ 以上，停留时间约 $10\sim15s$。

为加强混合效果，可在内壁设四块固定挡板。池内一般设带两叶的平板搅拌器，搅拌器距池底 $(0.5\sim0.75)D_0$（D_0 为桨板直径）。

机械搅拌混合槽的主要优点是混合效果好且不受水量变化的影响，适用于各种规模的处理厂；缺点是增加了机械设备，相应增加了维修工作量。

④ 隔板混合。槽内设隔板，药剂于隔板前投入，水在隔板通道间流动过程中与药剂充分混合。隔板混合的混合效果比较好，但占地面积大，水头损失也大，目前应用较少。

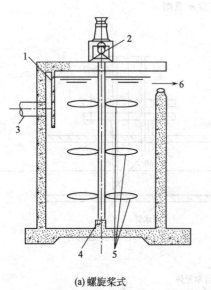

(a) 螺旋桨式

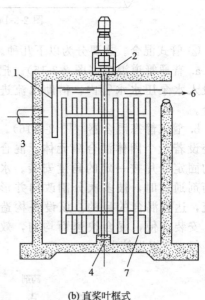

(b) 直桨叶框式

图 2-3-18 机械搅拌混合

2.3.2.5 反应设备及选用

（1）反应的作用 是使混合形成的小絮凝体经过充分碰撞接触，絮凝成较大颗粒的过程。

（2）反应过程的水力条件 反应设备应有一定的停留时间和适当的搅拌强度，使小絮体有一适宜的相互碰撞机会。搅拌强度太大或太小，会对反应池的絮凝效果产生影响。

（3）反应设备的选用 反应设备根据其搅拌方式可分为水力搅拌反应池和机械搅拌反应池两大类。水力搅拌反应池有平流式或竖流式隔板反应池、回转式隔板反应池、涡流式反应池等形式。各种不同类型反应池的优、缺点以及适用条件列于表 2-3-2 中。

表 2-3-2　不同类型反应池的优、缺点与适用条件

反应池类型	优　点	缺　点	适　用　条　件
往复式（平流式或竖流式）隔板反应池	反应效果好，构造简单，施工方便	容积较大，水头损失大	水量大于 1000m³/h 且水量变化较小
回转式隔板反应池	反应效果良好，水头损失较小，构造简单，管理方便	池较深	水量大于 1000m³/h 且水量变化较小，改建或扩建旧设备
涡流式反应池	反应时间短，容积小，造价低	较深，圆锥形池底难以施工	水量小于 1000m³/h
机械搅拌反应池	反应效果好，水头损失小，可适应水质水量的变化	部分设施处于水下，维护不便	大小水量均适用

　　隔板反应池主要有往复式和回转式两种，见图 2-3-19 及图 2-3-20。往复式隔板反应池是在一个矩形水池内设置许多隔板，水流沿两隔板之间的廊道往复前进。隔板间距（廊道宽度）自进水端至出水端逐渐增加，从而使水流速度逐渐减小，以避免逐渐增大的絮体在水流剪力下破碎。通过水流在廊道间往返流动，造成颗粒碰撞聚集，水流的能量消耗来自反应池内的水位差。

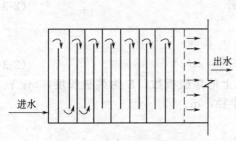

图 2-3-19　往复式隔板反应池

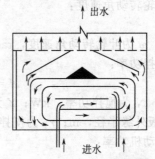

图 2-3-20　回转式隔板反应池

　　往复式隔板反应池在水流转角处能量消耗大，但对絮体成长并不有利。在 180°的急剧转弯下，虽会增加颗粒碰撞概率，但也易使絮体破碎。为减少不必要的能量消耗，于是将 180°转弯改为 90°转弯，形成回转式反应池。为便于与沉淀池配合，回转式反应池中，水流自反应池中央进入，逐渐转向外侧。廊道内水流断面自中央至外侧逐渐增大，原理与往复式相同。

2.3.3　机械絮凝池设计计算

2.3.3.1　设计参数

　　① 絮凝池一般不少于 2 组，池内设 3～6 挡搅拌机，各搅拌机之间用隔墙分开，隔墙上下开孔，防止水流短路。

　　② 絮凝时间为 15～20min。

　　③ 机械絮凝池的深度一般为 3～4m。

　　④ 叶轮线速度自第一挡 0.4～0.5m/s 起逐渐减小到末挡的 0.1～0.2m/s。

　　⑤ 每一搅拌轴上的桨板总面积为絮凝池水流断面的 10%～20%，每块桨板的长度不大于叶轮直径的 75%，宽度一般为 100～300mm。

　　⑥ 垂直搅拌轴设于絮凝池的中间，上桨板顶端设在水面下 0.3m 处，下桨板底端设于池底 0.3～0.5m 处，桨板外缘距离池壁小于 0.25m，为避免产生水流短路，应设置固定挡板。

　　⑦ 水平搅拌轴设于池身一半处，搅拌机上的桨板直径小于池水深 0.3m，桨板的末端距池壁不大于 0.2m。

2.3.3.2 设计计算公式

① 每池容积：

$$V = \frac{QT}{60n} \tag{2-3-4}$$

式中，T 为絮凝时间，min；Q 为设计流量，m³/h；n 为池数，个；V 为池子容积，m³。

② 水平轴式池子的长度：

$$L \geqslant \alpha Z H \tag{2-3-5}$$

式中，α 为系数，一般为 1.0～1.5；Z 为搅拌轴排数，3～4；H 为平均水深，3～4m。

③ 池子宽度：

$$B = V/LH \tag{2-3-6}$$

④ 搅拌器转数：

$$n_0 = \frac{60v}{\pi D_0} \tag{2-3-7}$$

式中，v 为叶轮桨板中心点线速度，第一格一般取 0.4～0.6m/s，第二格、第三格逐渐降至 0.1～0.3m/s；D_0 为叶轮桨板中心点旋转直径。

⑤ 叶轮转动角速度：

$$\omega = 0.1 n_0 \tag{2-3-8}$$

式中，ω 为叶轮转动角速度，rad/s。

⑥ 搅拌功率：

$$N = 0.17 Y L \omega^3 (r_2^4 - r_1^4) \tag{2-3-9}$$

式中，N 为搅拌功率，kW；Y 为同一搅拌机上的桨板数；L 为桨板长度，m；r_2 为搅拌机桨板外缘半径，m；r_1 为搅拌机桨板外缘半径，m。

⑦ 电动机功率：

$$N_0 = \frac{N}{\eta} \tag{2-3-10}$$

式中，N_0 为搅拌机传动效率，0.5～0.8。

2.3.3.3 设计计算例题

[例 2-7] 设计流量为 500m³/h，拟采用垂直轴式机械絮凝池，试计算池子各部分尺寸。

[解] 一组设计 2 个池子，每池的设计流量为 250m³/h，每个絮凝池分为 3 格。

① 絮凝池有效容积。絮凝时间为 20min，容积为：

$$V = \frac{QT}{60} = \frac{250 \times 20}{60} = 83 (\text{m}^3)$$

为配合沉淀池尺寸，每格尺寸为 2.5m×2.5m。

② 水深。公式为：

$$H_1 = \frac{V}{F} = \frac{83}{3 \times 2.5 \times 2.5} = 4.4 (\text{m})$$

超高取 0.3m，则絮凝池总高度为 4.7m，见图 2-3-21。

③ 搅拌设备。絮凝池中每一格设置一台搅拌设备，分格隔墙上过水孔道上下交错布置。叶轮直径取池宽的 80%，采用 2.0m。

叶轮桨板中心点线速度采用 $v_1 = 0.5$m/s，$v_2 = 0.35$m/s，$v_3 = 0.2$m/s。

桨板长度取 $l = 1.4$m，桨板宽度取 $b = 0.12$m。

④ 每根轴上桨板数 8 块，内、外侧各 4 块。尺寸见图 2-3-22，旋转桨板面积与絮凝池过水断面面积之比为：

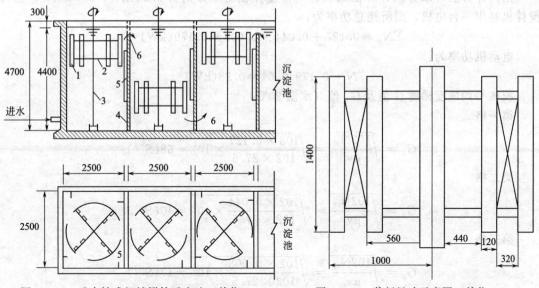

图 2-3-21　垂直轴式机械搅拌反应池（单位：mm）　　　图 2-3-22　桨板尺寸示意图（单位：mm）
1—桨板；2—叶轮；3—旋转；4—隔墙；5—挡板；6—过水孔道

$$\frac{8 \times 0.12 \times 1.4}{2.5 \times 4.4} = 12.2\%$$

　　池子周围设 4 块固定挡板。固定挡板宽为 0.2m，高为 1.2m。4 块固定挡板的面积与絮凝池过水断面面积之比为：

$$\frac{4 \times 0.2 \times 1.2}{2.5 \times 4.4} = 8.7\%$$

　　桨板总面积占过水断面积之比为 20.9%＜25%，符合要求。
　　⑤ 叶轮桨板中心点旋转直径 D_0 为：
$$D_0 = [(1000 - 440)/2 + 440] \times 2 = 1440(\text{mm}) = 1.44(\text{m})$$
　　叶轮转数分别为：

$$n_1 = \frac{60 v_1}{\pi D_0} = \frac{60 \times 0.5}{3.14 \times 1.44} = 6.63(\text{r/min})$$
$$\omega_1 = 0.663\text{rad/s}$$

$$n_2 = \frac{60 v_2}{\pi D_0} = \frac{60 \times 0.35}{3.14 \times 1.44} = 4.64(\text{r/min})$$
$$\omega_2 = 0.464\text{rad/s}$$

$$n_3 = \frac{60 v_3}{\pi D_0} = \frac{60 \times 0.2}{3.14 \times 1.44} = 2.65(\text{r/min})$$
$$\omega_3 = 0.265\text{rad/s}$$

　　桨板旋转时克服水的阻力所耗功率如下。
　　第一格外侧桨板：
$$N_{01}' = 0.17 \times 4 \times 1.4 \times 0.663^3 \times (1^4 - 0.88^4) = 0.11(\text{kW})$$
　　第一格内侧桨板：
$$N_{01}'' = 0.17 \times 4 \times 1.4 \times 0.663^3 \times (0.56^4 - 0.44^4) = 0.017(\text{kW})$$
　　第一格搅拌轴功率为：
$$N_{01} = 0.11 + 0.017 = 0.127(\text{kW})$$

用同样方法可以分别计算出第二、三格搅拌轴功率分别为 0.044kW、0.008kW，三台搅拌机共用一台电机，则所耗总功率为：

$$\sum N_0 = 0.127 + 0.044 + 0.008 = 0.179(kW)$$

电动机功率为：

$$N = 0.179/0.64 = 0.28(kW)$$

校核平均速度梯度 G 值及 G_T 值（水温20℃）：

第一格

$$G_1 = \sqrt{\frac{102N_{01}}{\mu v_1}} = \sqrt{\frac{102 \times 0.127}{102 \times 27.5} \times 10^6} = 68(S^{-1})$$

第二格

$$G_2 = \sqrt{\frac{102N_{02}}{\mu v_2}} = \sqrt{\frac{102 \times 0.044}{102 \times 27.5} \times 10^6} = 40(S^{-1})$$

第三格

$$G_3 = \sqrt{\frac{102N_{03}}{\mu v_3}} = \sqrt{\frac{102 \times 0.008}{102 \times 27.5} \times 10^6} = 17(S^{-1})$$

絮凝池平均速度梯度

$$G = \sqrt{\frac{102N}{\mu v}} = \sqrt{\frac{102 \times 0.179}{102 \times 82.5} \times 10^6} = 46.6(S^{-1})$$

$$G_T = 46.6 \times 20 \times 60 = 5.6 \times 10^4$$

经核算，G 和 G_T 值均较合适。

2.4　沉淀池设计

2.4.1　沉淀池的选用

沉淀池是分离悬浮物的一种主要处理构筑物。用于水及废水的处理、生物处理的后处理以及最终处理。沉淀池按其功能可分为进水区、沉淀区、污泥区、出水区及缓冲层等五个部分。进水区和出水区是使水流均匀地流过沉淀池。沉淀区也称澄清区，是可沉降颗粒与废水分离的工作区。污泥区是污泥储存、浓缩和排出的区域。缓冲区是分隔沉淀区和污泥区的水层，保证已沉降颗粒不因水流搅动而再行浮起。沉淀池多为钢筋混凝土结构，应满足结构设计、强度、工艺、制造等要求。池壁一般现场浇注，池壁最小厚度为12cm，池高一般为3.5~6m。

常用沉淀池的类型有平流式沉淀池、辐流式沉淀池、竖流式沉淀池和斜板（管）沉淀池四种。各类沉淀池的优、缺点及适用条件见表2-4-1，各污水厂设计时可根据自身情况，根据沉淀池特点和适用范围选择合适的沉淀池。

表 2-4-1　各类沉淀池的优缺点及适用条件

类　型	优　　点	缺　　点	适用条件
平流式	污水在池内流动特定比较稳定，沉淀效果好； 对冲击负荷和温度变化的适应能力较强； 施工简单，设备造价低	占地面积大； 配水不易均匀； 采用多斗排泥时每个泥斗需单独设排泥管，管理复杂，操作工作量大	适用于地下水位高及地质条件差的地区； 大、中、小型水处理厂均可采用

续表

类　型	优　点	缺　点	适用条件
竖流式	排泥方便，管理简单； 占地面积较小，直径在 10m 以内	池子深度较大，施工困难； 对冲击负荷和温度变化的适应能力较差； 池径不宜过大，否则布水不均	适用于中小型水处理厂
辐流式	多为机械排泥，运行较好，管理较简单； 排泥设备已定型，排泥较方便	排泥设备复杂，对施工质量要求较高； 水流不易均匀，沉淀效果较差	适用于地下水位较高的地区； 大、中、小型水处理厂均可采用
斜板 (管)式	沉淀效果好，生产能力大； 占地面积较小； 性价比较高	构造复杂，斜板、斜管造价高，需定期更换，否则易堵塞	适用于地下水位高及地质条件差的地区； 适用于中小型污水处理厂

2.4.2　平流式沉淀池设计

2.4.2.1　平流式沉淀池构造与工作原理

在平流式沉淀池内，水是按水平方向流过沉降区并完成沉淀过程的。池型呈长方形，废水从池的一端流入，水平方向流过池子，从池的另一端流出。在池的进口处底部设储泥斗，其他部位池底有坡度，倾向储泥斗。平流沉淀池由进水装置、出水装置、沉淀区、污泥区及排泥装置组成，见图 2-4-1。

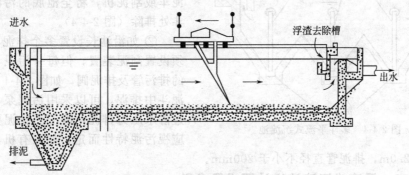

图 2-4-1　平流式沉淀池

(1) 进水装置　平流式沉淀池进水形式有三种（图 2-4-2），可将配水槽底部与池子连通，再设一挡板减缓水流速度和提高沉降效率；可设置穿孔墙进水；还可设置淹没式潜孔，进水装置采用淹没式横向潜孔，潜孔均匀地分布在整个整流墙上，在潜孔后设挡流板，其作用是消耗能量，使污水均匀分布。挡流板高出水面 0.15～0.2m，伸入水下深度不小于 0.2m，整流墙上潜孔的总面积为过水断面的 6％～20％。

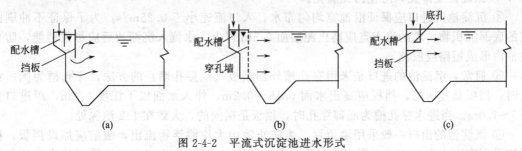

图 2-4-2　平流式沉淀池进水形式

（2）出水装置　出水装置多采用自由堰形式，堰前也设挡板，以阻挡浮渣，或设浮渣收集和排除装置。出水堰是沉淀池的重要部件，它不仅控制沉淀池内水面的高程，而且对沉淀池内水流的均匀分布有着直接影响。目前多采用如图 2-4-3 所示的三角形溢流堰，这种溢流堰易于加工，也比较容易保证出水均匀。水面应位于三角齿高度的 1/2 处。

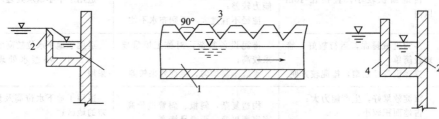

图 2-4-3　平流沉淀池的出水堰形式
1—集水槽；2—自由堰；3—三角堰；4—淹没堰口

（3）污泥沉淀区　污泥沉淀区应能及时排除沉于池底的污泥，使沉淀池工作正常，是保证出水水质的一个重要组成部分。由于可沉悬浮颗粒多沉淀于沉淀池的前部，因此，在池的前部设储泥斗，储泥斗中的污泥通过排泥管利用 1.2～1.5m 的静水压力排出池外，池底一般设 0.01～0.02 的坡度。泥斗坡度约为 45°～60°，排泥方式一般采用重力排泥和机械排泥。

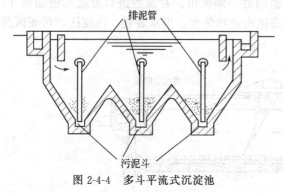

图 2-4-4　多斗平流式沉淀池

（4）污泥的收集和排除方法

① 在池进口端设置泥斗时，应设置刮泥车或刮泥机，将全池底的污泥集中到泥斗处排除（图 2-4-4）。

② 如沿池长设置多个排泥斗时，则无须设置刮泥装置，但每一污泥斗应设独立的排污管及排泥阀，如图 2-4-4 所示。在污泥斗中排泥，可以采用污泥泵，也可以通过静水压力排泥，静压力排泥要求的水头应视污泥特性而定，如系有机污泥，一般采用 1.5～2.0m，排泥管直径不小于 200mm。

2.4.2.2　平流式沉淀池设计要求及参数

① 池平面形状呈长方形，可以是单格或多格串联。

② 池的进口端底部，或沿池长方向，设有一个或多个储泥斗，储存沉积下来的污泥。

③ 沉淀池（或分格）的长宽比不小于 4，颗粒密度较大时，可采用长宽比不小于 3，沉淀池有效水深不大于 3m，大多数水深为 1～2.5m，超高一般为 0.3m，污泥斗的斜壁与水平面的倾角不应小于 45°，生物处理后的二次沉淀池，泥斗的斜壁与水平面的倾角不应小于 50°，以保证彻底排泥，防止污泥腐化。

④ 沉淀池的进口应保证沿池宽均匀布水，入口流速小于 0.25m/s。为了保证不冲刷已有的底部沉积物，水的流入点应高出泥层面 0.5m 以上。水流入沉淀池后应尽快消能，防止在池内形成短路或股流。

⑤ 通常，沉淀池的进口是采用穿孔槽外加挡板（或穿孔墙）的方法，穿孔槽为侧面穿孔时，挡板是竖向的，挡板应高出水面 0.15～0.2m，伸入水面以下深度 0.2m，距进口为 0.5～1.0m。当进水穿孔槽为底部穿孔时，挡板是横向的，大致在 1/2 池深处。

⑥ 沉淀池的出口一般采用溢流堰，为防止池内大块漂浮物流出，堰前应加设挡板，挡板淹没深度不小于 0.25m，距出水口为 0.25～0.5m。沉淀池出口堰的设置对池内水流的均

匀分布影响极大，为了保证池内水流的均匀，应尽可能减少单位堰长的过流量，以减少池内向出口方向流动的行进流速。每单位长度堰的过流量应均匀，防止池内水流产生偏流现象。一般初次沉淀池应控制在 $650\text{m}^3/(\text{m}\cdot\text{d})$，二次沉淀池为 $180\sim240\text{m}^3/(\text{m}\cdot\text{d})$ 以内。

⑦ 为了减少堰的单位长度流量，有时，沉淀池还设置中间集水槽，以孔口或溢流堰的形式收集池中段表面清水。

⑧ 出流堰大多数采用锯齿形堰，易于加工及安装，出水比平堰均匀。这种出水堰常用钢板制成，齿深 50mm，齿距 200mm，直角，用螺栓固定在出口的池壁上。池内水位一般控制在锯齿高度的 1/2 处为宜。如采用平堰，要求施工严格水平，尽量做成锐缘。为适应水流的变化或构筑物的不均匀沉降，在堰口处需设置使堰板能上下移动地调整装置。

⑨ 池底坡度一般为 0.01～0.02，采用多斗时，每斗应设单独的排泥管及排泥闸阀，池底横向坡度采用 0.05。

⑩ 污泥斗的排泥管一般采用铸铁管，其直径不小于 0.2m，下端深入斗底中央处，顶端敞口，伸出水面，便于疏通和排气。在水面以下 1.5～2.0m 处，与排泥管连接水平排出管，污泥即由此借静水压力排出池外，排泥时间大于 10min。

2.4.2.3　计算公式

平流式沉淀池的设计主要是确定沉淀区、污泥斗的尺寸、池总深度、进出口设备及排泥设备等。

（1）沉淀区的设计

① 在无沉淀试验资料时，各变量计算如下。

a. 沉淀池面积 A：

$$A=\frac{Q_{\max}}{q} \tag{2-4-1}$$

式中，A 为沉淀池过水断面面积，m；$Q_{\max}$ 为最大设计流量，m^2/s；q 为表面负荷，$\text{m}^3/(\text{m}^2\cdot\text{h})$，一般取 $1.5\sim3.0\text{m}^3/(\text{m}^2\cdot\text{h})$。

b. 沉淀池长度 L：

$$L=vt \tag{2-4-2}$$

式中，L 为沉淀池的长度，m；v 为水平流速，给水取 $10\sim25\text{mm/s}$，污水取 $5\sim7\text{mm/s}$；t 为停留时间，初沉取 1.0～2.0h，二沉取 1.5～2.5h。

c. 沉淀区有效水深 h_2：

$$h_2=qt \tag{2-4-3}$$

注：有效水深通常取 2～3m。

d. 有效容积 V_1：

$$V_1=Ah_2=Q_{\max}t \tag{2-4-4}$$

e. 总宽度 B：

$$B=\frac{A}{L} \tag{2-4-5}$$

式中，B 为池总宽度，m；L 为沉淀池的长度，m。

f. 沉淀池座数：

$$n=\frac{B}{b} \tag{2-4-6}$$

式中，b 为每一池（或每一格）的宽度，m。

② 如已做沉淀试验，各变量计算如下。

a. 得到试验条件下沉降速度 u_0 和沉降时间 t_0，则：

$$q = \frac{u_0}{1.25 \sim 1.75} \qquad t = (1.5 \sim 2.0)t_0 \tag{2-4-7}$$

式中，q 为实际表面负荷，$m^3/(m^2 \cdot h)$；t 为实际停留时间，h。

b. 沉淀池面积 A：

$$A = \frac{Q_{max}}{q} \tag{2-4-8}$$

式中，A 为沉砂池过水断面面积，m；Q_{max} 为最大设计流量，m^2/s。

c. 沉淀区有效水深 h_2：

$$h_2 = qt \tag{2-4-9}$$

d. 沉淀池长度 L：

$$L = vt \tag{2-4-10}$$

式中，L 为沉淀池的长度，m；v 为水平流速，给水取 $10 \sim 25mm/s$，污水取 $5 \sim 7mm/s$。

e. 总宽度 B：

$$B = \frac{A}{L} \tag{2-4-11}$$

式中，B 为池总宽度，m；L 为沉淀池的长度，m。

f. 沉淀池座数 n：

$$n = \frac{B}{b} \tag{2-4-12}$$

式中，b 为每一池（或每一格）的宽度，m。

(2) 污泥区设计

① 污泥区所需容积。各变量计算如下。

已知人口数：

$$V = \frac{SNt_1}{1000} \tag{2-4-13}$$

式中，S 为每人每日产生污泥量，$L/(人 \cdot d)$，取值如表 2-4-2 所示；N 为设计人口数；t_1 为两次排泥间隔时间，d，一般取 2d。

表 2-4-2　生活污水沉淀产生的污泥量

沉淀时间（h）		1.5		1.0	
污泥量	g/（人·d）	17～25		15～22	
	L/（人·d）	0.4～0.66	0.5～0.83	0.36～0.6	0.44～0.73
污泥含水率（%）		95	97	95	97

已知进出水悬浮固体浓度：

$$V = \frac{Q(c_1 - c_2)T}{\gamma(100 - P) \times 10}(m^3) \tag{2-4-14}$$

式中，Q 为每日进入沉淀池（或分格）的废水量，m^3/d；c_1、c_2 分别为表示沉淀池进出水的悬浮物浓度，$(c_1 - c_2)$ 表示池内截留的浓度，mg/L；γ 为污泥容重。如系有机污泥，由于含水率高，γ 可近似采用 $1000kg/m^3$；P 为污泥含水率，%；T 为二次排泥的时间间隔，d，初次沉淀池采用 2d，二次沉淀池为 $2 \sim 4h$。

池底坡：如采用刮泥机时，纵坡为 $0.01 \sim 0.02$，横坡为 0.05。

为了保证所沉积污泥不重新卷走，沉淀区以下与污泥区应保持一定的缓冲层高度，如无机械排泥措施时，采用 0.5m，如有机械排泥时，缓冲层上缘应高出刮泥板 0.3m。

② 污泥斗容积。污泥斗容积 V_1 应通过绘制计算草图，用几何方法计算。对于四棱台形污泥斗，其体积为

$$V_1 = \frac{1}{3} h_4 (f + f_2 + \sqrt{f_1 f_2}) \qquad (2\text{-}4\text{-}15)$$

式中，f_1、f_2 分别为污泥斗上底和下底面积，m^2。

③ 污泥斗以上由底坡形成的梯形部分容积 V_2 可按下式计算：

$$V_2 = \left(\frac{l_1 + l_2}{2} \right) h_4 b \qquad (2\text{-}4\text{-}16)$$

式中，l_1、l_2 分别为梯形的上下底边长，m；h_4 为梯形的高度，m。

④ 沉淀池的总高度：

$$H = h_1 + h_2 + h_3 + h_4 \qquad (2\text{-}4\text{-}17)$$

式中，h_1 为池超高，m，一般取 0.3m；h_2 为池有效水深，m；h_3 为缓冲层高度，m，一般取 0.3～0.5m；h_4 为污泥部分高度（包括泥斗），m。

2.4.2.4　计算举例

[例 2-8] 某厂排出废水量为 300m³/d，悬浮物浓度（c_1）为 430mg/L，水温为 29℃。要求悬浮物去除率为 70%，污泥含水率为 95%。已有沉淀试验的数据如图 2-4-5 所示。试设计平流沉淀池。

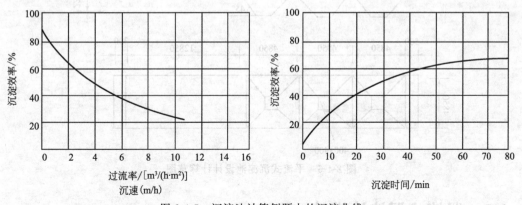

图 2-4-5　沉淀池计算例题中的沉淀曲线

[解] 由试验曲线知，去除率为 70% 时，沉淀时间需 65min，最小沉速为 1.7m/h，设计时表面负荷缩小 1.5 倍，沉淀时间放大 1.75 倍，分别取 1.13m/h 和 114min（1.9h）。

① 沉淀区有效表面积：

$$A = \frac{300}{1.13} = 266(m^2)$$

如采用二池，每池平面面积 133m²。

② 沉淀池有效深度：

$$h_2 = \frac{\dfrac{1}{2} \times 300 \times 1.9}{133} = 2.15(m)$$

③ 采用每池宽度 B 为 4.85m，则池长：

$$L = \frac{133}{4.85} = 27.4 \, (\text{m})$$

$$\frac{L}{B} = \frac{27.4}{4.85} \approx 5.65 > 4$$

④ 污泥容积（储泥周期为 2d 计）：

$$V = \frac{150(430 - 430 \times 0.3) \times 24 \times 2}{1000(100 - 95) \times 10} = 43 \, (\text{m})$$

⑤ 方形污泥斗体积（参见图 2-4-6）：

$$V = \frac{1}{3} \times 2.25(23.5 + 0.16 + \sqrt{4.85^2 + 0.4^2}) = 19 \, (\text{m}^2)$$

⑥ 用三个污泥斗，其总体积为：

$$\sum V_i = 19 \times 3 = 57 \, (\text{m}^3) > V$$

⑦ 池总深度：

$$H = 0.3 + 2.15 + 0.675 + 2.225 = 5.35 \, (\text{m})$$

当进水挡板距进口 0.5m，出水挡板距出口为 0.3m 时，池的总长为 28.2m。

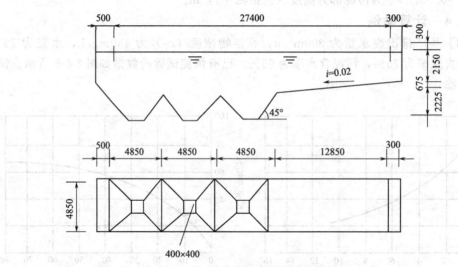

图 2-4-6　平流式沉淀池设计计算草图

2.4.3　竖流式沉淀池设计

2.4.3.1　竖流式沉淀池构造与工作原理

竖流式沉淀池由中心进水管、出水装置、沉淀区、污泥区及排泥装置组成，见图 2-4-7。竖流沉淀池呈圆形和方形，污水从池中央下部流入，由下向上流动，污水中的悬浮物在重力作用下沉淀，澄清水由池四周溢流排出。

(1) 池型　竖流沉淀池多为圆形、方形或多角形，但大多数为圆形，直径（或边长）一般在 8m 以下，常介于 4～7m 之间。沉淀池的上部为圆筒形的沉淀区，下部为截头圆锥状的污泥区，二层之间为缓冲层，约 0.3m（图 2-4-7）。

(2) 进水管与出水装置　废水从进水槽进入池中心管，并从中心管的下部流出，经过反射板的阻拦向四周均匀分布，沿沉淀区的整个断面上升，处理后的废水由四周集水槽收集。集水槽大多采用平顶堰或三角形锯齿堰，堰口最大负荷为 1.5L/(m·s)。当池的直径大于 7m 时，为集水均匀，还可设置辐射式的集水槽与池边环形集水槽相通。

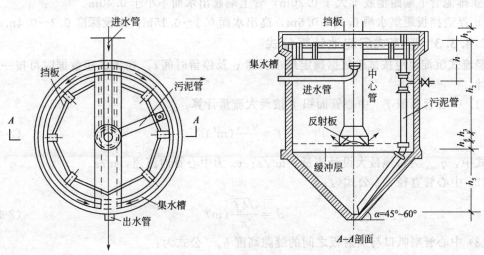

图 2-4-7　圆形竖流式沉淀池

　　为了保证水能均匀地自下而上垂直流动，要求池直径（D）与沉淀区深度（h_2）的比值不超过 3:1。在这种尺寸比例范围内，悬浮物颗粒能在下沉过程中相互碰撞、絮凝，提高表面负荷。但是，由于采用中心管布水，难以使水流分布均匀，所以竖流沉淀池一般应限制池直径。

　　竖流沉淀池中心管内流速对悬浮物的去除有很大影响，在无反射板时，中心管流速应不大于 30mm/s，有反射板时，可提高到 100mm/s，废水从反射板到喇叭口之间流出的速度不应大于 40mm/s。中心管及喇叭口、反射板的构造与尺寸如图 2-4-7 所示。反射板底距污泥表面（缓冲区）为 0.3m，池的超高为 0.3～0.5m。

　　（3）污泥区　沉淀池储泥斗倾角为 45°～60°泥可借静水压力由排泥管排出，排泥管直径应不小于 200mm，静水压力为 1.5～2.0m。排泥管下端距离池底不大于 2.0m，管上端超出水面不少于 0.4m。为了防止漂浮物外溢，在水面距池壁 0.4～0.5m 处可设挡板，挡板伸入水面以下 0.25～0.3m，伸出水面以上 0.1～0.2m。

2.4.3.2　竖流式沉淀池设计参数

　　① 池子直径（或正方形的一边）与有效水深之比值不大于 3.0。池子直径不宜大于 8.0m，一般采用 4.0～7.0m，最大可达 10m 的。

　　② 中心管内流速不大于 30mm/s。

　　③ 中心管下口应设有喇叭口和反射板（图 2-4-8）：a. 反射板板底距泥面至 0.3m；b. 喇叭口直径及高度为中心管直径的 1.35 倍；c. 反射板的直径为喇叭口直径的 1.30 倍，反射板表面积与水平面的倾角为 17°；d. 中心管下端至反射板表面之间的缝隙高在 0.25～0.50m 范围内时，缝隙中污水流速在初次沉淀池中不大于 30mm/s，在二次沉淀池中不大于 20mm/s。

　　④ 当池子直径（或正方形的一边）小于 7.0m时，澄清污水沿周边流出；当直径 $D \geqslant 7.0m$ 时应增设辐射式集水支渠。

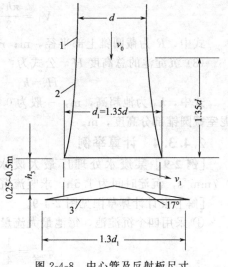

图 2-4-8　中心管及反射板尺寸
1—中心管；2—喇叭口；3—反射板

⑤ 排泥管下端距池底不大于 0.20m，管上端超出水面不小于 0.40m。

⑥ 浮渣挡板距集水槽 0.25~0.5m，高出水面 0.1~0.15m；淹没深度 0.3~0.4m。

2.4.3.3 竖流式沉淀池计算公式

竖流式沉淀池应按试验数据确定最小沉速 v 及停留时间 t。在无试验数据时可按一般经验设计。

(1) 中心管面积 f　中心管面积 f 按最大流量计算：

$$f = \frac{q_{max}}{v_0} (m^2) \tag{2-4-18}$$

式中，q_{max} 为每池最大设计流量，m^3/s；v_0 为中心管内流速，m/s。

(2) 中心管直径 d　公式为：

$$d = \frac{\sqrt{4f}}{\pi} (m) \tag{2-4-19}$$

(3) 中心管喇叭口与反射板之间的缝隙高度 h_3　公式为：

$$h_3 = \frac{q_{max}}{v_1 \pi d_1} (m) \tag{2-4-20}$$

式中，v_1 为中心管喇叭口与反射板之间缝隙的流速，m/s；d_1 为喇叭口直径，$d_1 = 1.35 d_0$，m。

(4) 沉淀部分有效断面积 A　公式为：

$$A = \frac{q_{max}}{v} (m^2) \tag{2-4-21}$$

式中，v 为池内水流速度，m/s，视具体废水而定。

(5) 沉淀池直径 D　公式为：

$$D = \sqrt{\frac{4(A+f)}{\pi}} (m) \tag{2-4-22}$$

(6) 沉淀区有效深度 h_2　公式为：

$$h_2 = vt \times 3600 (m) \tag{2-4-23}$$

式中，v 为池内水流速度，m/s；t 为沉淀时间，h，取 1.0~2.0h。

(7) 截圆锥部分容积 V_1　公式为：

$$V_1 = \frac{\pi h_5}{3} (R^2 + Rr + r^2) (m^3) \tag{2-4-24}$$

式中，R 为截圆锥上部半径，m；r 为截圆锥下部半径，m。

(8) 沉淀池的总高度 H　公式为：

$$H = h_1 + h_2 + h_3 + h_4 + h_5 (m) \tag{2-4-25}$$

式中，h_1 为池超高，m，一般为 0.3m；h_4 为缓冲层高度，m，一般为 0.3m；h_5 为污泥室截圆锥部分高度，m。

2.4.3.4 计算举例

[例 2-9] 某废水处理厂最大废水量为 100L/s，由沉淀试验确定设计上升流速为 0.7mm/s，沉淀时间为 1.5h。求竖流沉淀池各部分尺寸。

[解] 设计计算草图见图 2-4-9。

① 采用四个沉淀池，每池最大流量为：

$$q_{max} = \frac{1}{4} \times 0.100 = 0.025 m^3/s$$

② 池内设中心管，流速 v_0 采用 0.03m/s，喇叭口处设反射板，则中心管面积：

$$f = \frac{0.025}{0.03} = 0.83\text{m}^2$$

中心管直径 d：

$$d = \sqrt{\frac{4 \times 0.83}{\pi}} = 1.0\text{m}$$

喇叭口直径 d_1：

$$d_1 = 1.35d = 1.35\text{m}$$

反射板直径 d_2：

$$d_2 = 13d_1 = 13 \times 1.35 = 17.55\text{mm}$$

反射板表面至喇叭口的距离：

$$h_3 = \frac{0.025}{0.02 \times \pi \times 1.35} = 0.30\text{m}$$

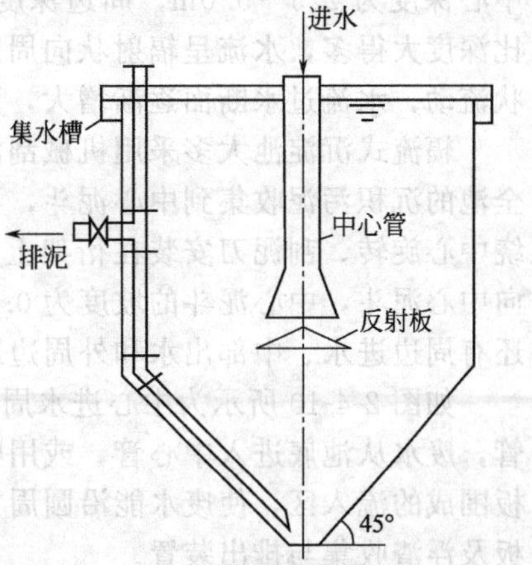

图 2-4-9　竖流式沉淀池设计示意图

③ 沉淀区面积：

$$A = \frac{0.025}{0.0007} = 35.7\text{m}^2$$

④ 沉淀池直径：

$$D = \sqrt{\frac{4(35.7 - 0.83)}{\pi}} = 6.67 \approx 7.0\text{m}$$

⑤ 沉淀区深度：

$$h_2 = vt \times 3600 = 0.0007 \times 1.5 \times 3600 = 3.78 \approx 3.8\text{m}$$

⑥ 核算径深比：

$$\frac{D}{h_2} = \frac{7.0}{3.8} = 1.84 < 3$$

所以，符合要求。

⑦ 为收集处理水，沿池周边设排水槽并增设辐射排水槽，槽宽为 $b' = 0.2\text{m}$，排水槽内径为 7.0m。

槽周长：$C = \pi D - 4b' = 3.14 \times 7.0 - 4 \times 0.2 = 21.2\text{m}$

辐射槽长：$L' = 4 \times 2 \times (7.0 - 1.0) = 48\text{m}$

总排水槽长：$L = C + L' = 21.2 + 48 = 69.2\text{m}$

排水槽每米长的负荷：

$$\frac{q_{max}}{L} = \frac{25}{69.2} = 0.36 < 1.5\text{L/(m·s)}$$

⑧ 取下部截圆锥底直径为 0.4m，储泥斗倾角为 45°，则：

$$h_5 = \left(\frac{7.0}{2} - \frac{0.4}{2}\right)\tan 45° = 3.3\text{m}$$

⑨ 截圆锥部分容积 V_1：

$$V_1 = \frac{\pi h_5}{3}(R^2 + Rr + r^2) = \frac{\pi \times 3.3}{3}(3.5^2 + 3.5 \times 0.2 + 0.2^2) = 44.87\text{m}^3$$

⑩ 沉淀池的总高度：

$$H = h_1 + h_2 + h_3 + h_4 + h_5 = 0.3 + 3.8 + 0.3 + 0.3 + 3.3 = 8.0\text{m}$$

2.4.4　辐流式沉淀池设计

2.4.4.1　辐流式沉淀池构造与工作原理

普通辐流式沉淀池呈圆形或正方形，直径（或边长）一般为 6～60m，最大可达 100m，中心深度为 2.5～5.0m，周边深度 1.5～3.0m。废水从辐流式沉淀的中心进入，由于直径比深度大得多，水流呈辐射状向周边流动，沉淀后的废水由四周的集水槽排出。由于是辐射状流动，水流过水断面逐渐增大，而流速逐渐减小。

辐流式沉淀池大多采用机械刮泥（尤其在池直径大于 20m 时，几乎都用机械刮泥），将全池的沉积污泥收集到中心泥斗，再借静压力或污泥泵排除。刮泥机一般是一种衍架结构，绕中心旋转，刮泥刀安装在衍架上，可中心驱动或周边驱动。此时，池底坡度为 0.05，坡向中心泥斗，中心泥斗的坡度为 0.12～0.16。除了常用的中心进水，周边出水的辐流池外，还有周边进水、中部出水和外周边进水、内周边出水的辐流池。

如图 2-4-10 所示为中心进水周边出水机械排泥的普通辐流式沉淀池。池中心处设中心管，废水从池底进入中心管，或用明槽自池的上部进入中心管，在中心管周围常有用穿孔障板围成的流入区，使废水能沿圆周方向均匀分布。为阻挡漂浮物，出水槽堰口前端可加设挡板及浮渣收集与排出装置。

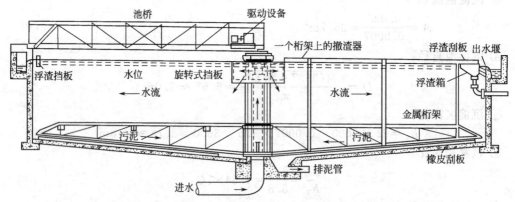

图 2-4-10 中心进水周边出水机械排泥的普通辐流式沉淀池

除了机械刮泥的辐流式沉淀池外，也可以将辐流沉淀池建成方形，废水沿中心管流入，池底设多个泥斗，使污泥自动滑进泥斗，形成斗式排泥。这种情况大多用于直径小于 20m 的小型池。

辐流式沉淀池的有效水深一般不大于 4m，池直径（或正方形的一边）与有效水深之比不小于 6，一般为 6～10。采用机械刮泥时，沉淀池的缓冲层上缘应高出刮泥板 0.3m，刮泥机械活动衍架的转数为每小时 2～3 次。

辐流式沉淀池的设计方法很多，国内目前多采用与平流沉淀池相似的方法，取池半径 1/2 处的水流断面作为沉淀池的设计断面。也有采用表面负荷进行计算的。对生活污水或与之相似的废水进行处理的表面负荷可采用 $2 \sim 3.6 m^3/(m^2 \cdot h)$，沉淀时间为 1.5～2.0h。

2.4.4.2 辐流式沉淀池设计参数

① 池子直径（或正方形一边）与有效水深的比值，一般采用 6～12。

② 池径不宜小于 16m。

③ 池底坡度一般采用 0.05～0.10。

④ 一般均采用机械刮泥，也可附有空气提升或静水头排泥设施。

⑤ 进、出水的布置方式可分为：中心进水周边出水，见图 2-4-10；周边进水中心出水，见图 2-4-11；周边进水周边出水，见图 2-4-12。

⑥ 沉淀池的直径一般不小于 10m，当直径小于 20m 时，可采用多斗排泥；当直径大于 20m 时，应采用机械排泥。

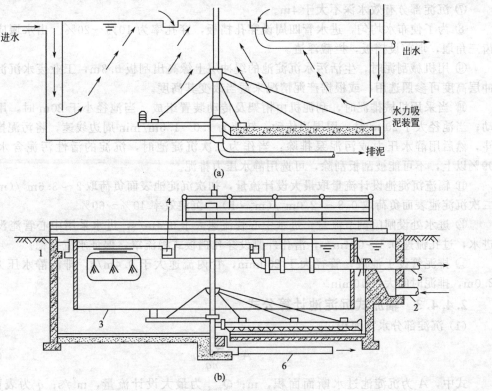

图 2-4-11　周边进水中心出水的辐流式沉淀池

1—进水槽；2—进水管；3—挡板；4—出水槽；5—出水管；6—排泥管

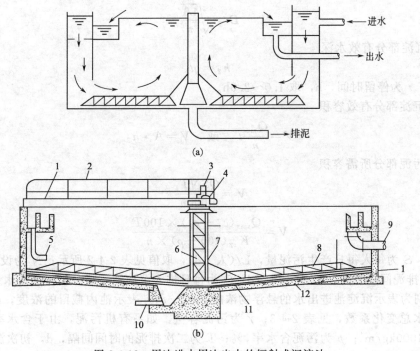

图 2-4-12　周边进水周边出水的辐射式沉淀池

1—过桥；2—栏杆；3—传动装置；4—转盘；5—进水下降管；6—中心支架；7—传动器罩；
8—桁架式耙架；9—出水管；10—排泥管；11—刮泥板；12—可调节的橡胶刮板

⑦ 沉淀部分有效水深不大于 4m。

⑧ 为了使布水均匀，进水管四周设穿孔挡板，穿孔率为 10%～20%。出水堰应采用锯齿三角堰，堰前设挡板，拦截浮渣。

⑨ 用机械刮泥时，生活污水沉淀池的缓冲层上缘高出刮板 0.3m，工业废水沉淀池的缓冲层高度可参照选用，或根据产泥情况来适当改变其高度。

⑩ 当采用机械排泥时，刮泥机由桁架及传动装置组成。当池径小于 20m 时，用中心传动；当池径大于 20m 时，用周边传动，转速为 1.0～1.5m/min 周边线速，将污泥推入污泥斗，然后用静水压力或污泥泵排除；当作为二次沉淀池时，沉淀的活性污泥含水率高达 99% 以上，不可能被刮板刮除，可选用静水压力排泥。

⑪ 辐流沉淀池设计流量取最大设计流量，初次沉淀池表面负荷取 2～3.6m³/(m²·h)，二次沉淀池表面负荷取 0.8～2.0m³/(m²·h)，沉淀效率 40%～60%。

⑫ 进水处设闸门调节流量，进水中心管流速大于 0.4m/s，进水采用中心管淹没式潜孔进水，过孔流速 0.1～0.4m/s，潜孔外侧设穿孔挡板式稳流罩，保证水流平稳。

⑬ 排泥管设于池底，管径大于 200mm，管内流速大于 0.4m/s，排泥静水压力 1.2～2.0m，排泥时间大于 10min。

2.4.4.3　辐流式沉淀池计算公式

（1）沉淀部分水面面积

$$A = \frac{Q_{max}}{nq} \tag{2-4-26}$$

式中，A 为沉淀池过水断面面积，m；Q_{max} 为最大设计流量，m^2/s；q 为表面负荷，$m^3/(m^2 \cdot h)$，一般取 $2.0～4.0 m^3/(m^2 \cdot h)$；$n$ 为池子个数。

（2）池子直径

$$D = \sqrt{\frac{4A}{\pi}} \tag{2-4-27}$$

（3）沉淀部分有效水深

$$h_2 = qt \tag{2-4-28}$$

式中，t 为停留时间，h，取 1.0～2.0h。

（4）沉淀部分有效容积

$$V = \frac{Q_{max}}{n}t \quad 或 \quad V = A \cdot h_2 \tag{2-4-29}$$

（5）污泥部分所需容积

$$V = \frac{QSNT_1}{1000n} \tag{2-4-30}$$

$$V = \frac{Q_{max}(c_1 - c_2) \times 100T}{K_{zy}(100 - \rho) \times n} \tag{2-4-31}$$

式中，S 为每人每日产生污泥量，L/(人·d)，取值见表 2-4-2 所示；N 为设计人口数；T_1 为两次排泥间隔时间，d，一般取 2d；Q 为每日进入沉淀池（或分格）的废水量，m^3/d；c_1、c_2 分别为表示沉淀池进出水的悬浮物浓度，$(c_1 - c_2)$ 表示池内截留的浓度，mg/L；K_z 为生活污水总变化系数，见表 2-4-3；γ 为污泥容重，如系有机污泥，由于含水率高，γ 可近似采用 $1000 kg/m^3$；p 为污泥含水率，%；T 为二次排泥的时间间隔，d，初次沉淀池采用 2d，二次沉淀池为 2～4h。

表 2-4-3　生活污水总变化系数

平均日流量/(L/s)	5	15	40	70	100	200	500	≥1000
K_z	2.3	2.0	1.8	1.7	1.6	1.5	1.4	1.3

（6）污泥斗容积

$$V_1' = \frac{\pi}{3} h_5 (r_1^2 + r_1 r_2 + r_2^2) \tag{2-4-32}$$

式中，h_5 为污泥斗高度，m；r_1 为污泥斗上部半径，m；r_2 为污泥斗下部半径，m。

（7）污泥斗以上圆锥部分容积

$$V_2' = \frac{\pi}{3} h_4 (R^2 + R r_1 + r_1^2) \tag{2-4-33}$$

式中，h_4 为圆锥体高度，m；R 为池子半径，m。

（8）污泥池总高度

$$H = h_1 + h_2 + h_3 + h_4 + h_5 \tag{2-4-34}$$

式中，h_1 为超高，m；h_3 为缓冲层高度，m。

2.4.4.4　计算举例

［例 2-10］某城市废水处理厂最大设计流量为 $2450 \text{m}^3/\text{h}$，设计人口 $N = 34$ 万人，采用机械刮泥，求辐流式沉淀池各部分尺寸。

［解］设计计算草图如图 2-4-13 所示。

① 沉淀部分水面面积，设 $q = 2\text{m}^3/(\text{m}^2 \cdot \text{h})$，$n = 2$ 个。

$$A_1 = \frac{Q_{max}}{nq} = \frac{2450}{2 \times 2} = 612.5 \text{m}^2$$

② 池子直径：

$$D = \sqrt{\frac{4A}{\pi}} = \sqrt{\frac{4 \times 612.5}{3.14}} = 27.9 \text{m}$$

所以，取 $D = 28\text{m}$。

③ 沉淀部分有效水深，设 $t = 1.5\text{h}$：

$$h_2 = qt = 2 \times 1.5 = 3\text{m}$$

④ 沉淀部分有效容积，设 $r_1 = 2\text{m}$，$r_2 = 1\text{m}$，$\alpha = 60°$，则：

$$h_5 = (r_1 - r_2) \tan\alpha = 1.73\text{m}$$

$$V_1 = \frac{\pi}{3} h_5 (r_1^2 + r_1 r_2 + r_2^2) = \frac{3.14 \times 1.73}{3} (2^2 + 2 \times 1 + 1^2) = 12.7 \text{m}^3$$

⑤ 污泥部分所需容积，设池底坡度为 0.05：

$$则\ h_4 = (R - r_1) \times 0.05 = (14 - 2) \times 0.05 = 0.6\text{m}$$

$$V_2 = \frac{\pi}{3} h_4 (R^2 + R r_1 + r_1^2) = 143.3 \text{m}^3$$

⑥ 污泥所需容积，设 $S = 0.5\text{L}/(\text{人} \cdot \text{d})$，$T = 4\text{h}$：

$$V = \frac{SNT}{1000n} = 14.2 \text{m}^3$$

⑦ 泥斗总容积：

$$V_0 = V_1 + V_2 = 156 \text{m}^3 > 14.2 \text{m}^3$$

⑧ 沉淀池总高度，设 $h_1 = 0.3\text{m}$，$h_3 = 0.5\text{m}$：

$$H = h_1 + h_2 + h_3 + h_4 + h_5 = 6.13\text{m}$$

⑨ 沉淀池高度 $H' = h_1 + h_2 + h_3 = 3.8\text{m}$

⑩ 径深比：

$$\frac{D}{h_2} = \frac{28}{3} = 9.3(\text{符合要求})$$

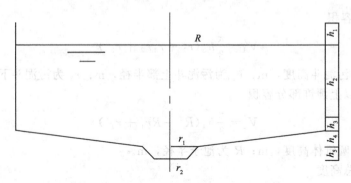

图 2-4-13　辐流式沉淀池设计计算草图

2.4.5　斜板（管）沉淀池设计

2.4.5.1　斜板（管）沉淀池构造与工作原理

斜流式沉淀池是根据"浅层沉淀"理论，在沉淀池中加设斜板或蜂窝斜管以提高沉淀效率的一种新型沉淀池。所谓浅层理论，就是在沉淀过程中，悬浮颗粒沉速一定时，增加沉淀池表面积可提高沉淀效果，当沉淀池容积一定时，池身浅些，则表面积大，沉淀效果可以高些。在普通沉淀池中加设斜板（管）可增大沉淀池中的沉降面积，缩短颗粒沉降深度，改善水流状态，为颗粒沉降创造最佳条件，这样就能达到提高沉淀效率，减少池容积的目的。

斜板（管）沉淀池由进水穿孔花墙、斜板（管）装置、出水渠、沉淀区和污泥区组成，见图 2-4-14，污水从池下部穿孔花墙流入，从下而上流过斜板（管）装置，由水面的集水槽溢出，中悬浮物在重力作用下沉在斜板（管）底部，然后下滑沉入污泥斗。

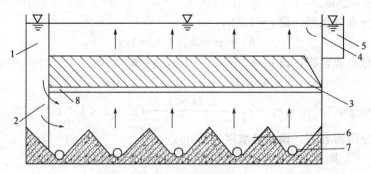

图 2-4-14　斜板沉淀池

1—配水槽；2—穿孔墙；3—斜板或斜管；4—淹没孔口；5—集水槽；6—集泥斗；7—排泥管；8—阻流板

按水流与污泥的相对运动方向，斜板（管）沉淀池可分为异向流、同向流和侧向流 3 种形式（图 2-4-15）。在城市污水处理中主要采用升流式异向流斜板（管）沉淀池。

斜板（管）沉淀池具有沉淀效率高、停留时间短、占地少等优点。斜板（管）沉淀池应用于城市污水的初次沉淀池中，其处理效果稳定，维护工作量也不大；斜板（管）沉淀池应用于城市污水的二次沉淀池中，当固体负荷过大时其处理效果不太稳定，耐冲击负荷的能力较差。斜板（管）设备在一定条件下，有滋长藻类等问题，给维护管理工作带来一定困难。

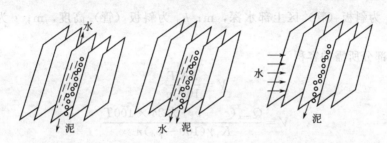

(a) 异向流　　　　　(b) 同向流　　　　　(c) 侧向流(只适用于斜板式)

图 2-4-15　斜板沉淀池中水流与污泥的流向

2.4.5.2　斜板（管）沉淀池设计参数

① 在需要挖掘原有沉淀池潜力，或需要压缩沉淀池占地等技术经济要求下，可采用斜板（管）沉淀池。

② 升流式异向流斜板（管）沉淀池的表面负荷，一般可比普通沉淀池的设计表面负荷提高 1 倍左右。对于二次沉淀池，应以固体负荷核算。

③ 斜板垂直净距一般采用 80～120mm，斜管孔径一般采用 50～80mm。

④ 斜板（管）斜长一般采用 1.0～1.2m。

⑤ 斜板（管）倾角一般采用 60°。

⑥ 斜板（管）区底部缓冲层高度，一般采用 0.5～1.0m。

⑦ 斜板（管）区上部水深，一般采用 0.5～1.0m。

⑧ 斜板（管）内流速一般为 10～20mm/s。

⑨ 在池壁与斜板的间隙处应装设阻流板，以防止水流短路。斜板上缘宜向池子进水端倾斜安装，如图 2-4-15 所示。

⑩ 进水方式一般采用穿孔墙整流布水，出水方式一般采用多槽出水，在池面上增设几条平行的出水堰和集水槽，以改善出水水质，加大出水量。

⑪ 斜板（管）沉淀池一般采用重力排泥。每日排泥次数至少 1～2 次，或连续排泥。

⑫ 池内停留时间：初次沉淀池不超过 30min，二次沉淀池不超过 60min。

⑬ 斜板（管）沉淀池应设斜板（管）冲洗设施。

⑭ 斜板材料可以因地制宜地采用木材、硬质塑料板、石棉板等材料。斜管材料可采用玻璃钢斜管、聚乙烯斜管等材料。

2.4.5.3　斜板（管）沉淀池计算公式

(1) 池子水面面积

$$F = \frac{Q_{max}}{nq' \times 0.91} \tag{2-4-35}$$

式中，Q_{max} 为最大设计流量，m^3/h；n 为池数，个；q' 为设计表面负荷，$m^3/(m^2 \cdot h)$；0.91 为斜板区面积利用系数。

(2) 池子平面尺寸

圆形池直径
$$D = \sqrt{\frac{4F}{\pi}} \tag{2-4-36}$$

方形池边长
$$a = \sqrt{F} \tag{2-4-37}$$

(3) 池内停留时间

$$t = \frac{(h_2 + h_3)60}{q} \tag{2-4-38}$$

式中，h_2 为斜板（管）区上部水深，m；h_3 为斜板（管）高度，m；t 为池内停留时间，min。

（4）污泥部分所需的容积

$$V = \frac{SNT}{1000n} \tag{2-4-39}$$

$$V = \frac{Q_{max}(c_1 - c_2) \times 24 \times 100T}{K_z \gamma (100 - \rho_0) n} \tag{2-4-40}$$

式中，S 为每人每日污泥量，1/(人·d)，一般采用 0.3～0.8；N 为设计人口数，人；T 为污泥室储泥周期，d；c_1 为进水悬浮物浓度，L/m³；c_2 为出水悬浮物浓度，L/m³；K_z 为生活污水水量总变化系数，见表 2-4-3；γ 为污泥的密度，t/m³，其值约为 1；ρ_0 为污泥含水率，%。

（5）污泥斗容积

$$圆锥体 \ V_1 = \frac{\pi h_5}{3}(R^2 + Rr_1 + r_1^2) \tag{2-4-41}$$

$$方椎体 \ V_1 = \frac{h_5}{6}(a^2 + aa_1 + a_1^2) \times 2 \tag{2-4-42}$$

式中，h_5 为污泥斗高度，m；R 为污泥斗上部半径，m；r_1 为污泥斗下部半径，m；a_1 为污泥斗下部边长，m；a 为污泥斗上部边长，m。

（6）沉淀池总高度

$$H = h_1 + h_2 + h_3 + h_4 + h_5 \tag{2-4-43}$$

式中，h_1 为超高，m；h_4 为斜板（管）区底部缓冲层高度，m。

注：当斜板（管）沉淀池为矩形沉淀池时，其计算方法与方形池类同。

2.4.5.4 计算举例

[**例 2-11**] 某城市污水处理厂的最大设计流量 $Q_{max} = 710 \text{m}^3/\text{h}$，生活污水量总变化系数 $K_z = 1.50$，进水悬浮物浓度 $c_1 = 250 \text{mg/L}$，出水悬浮物浓度 $c_2 = 125 \text{mg/L}$，污泥含水率平均为 96%，求斜板（管）沉淀池各部分尺寸。

[**解**] 设沉淀池采用升流式异向流斜管沉淀池，设计计算草图如图 2-4-16 所示。

① 池子水面面积 A。

设 $n = 4$ 个，$q = 4\text{m}^3/(\text{m}^2 \cdot \text{h})$：

$$A = \frac{Q_{max}}{nq \times 0.91} = \frac{710}{4 \times 4 \times 0.91} = 49(\text{m}^2)$$

② 设方形池子，则池边长：

$$方形池边长 \ a = \sqrt{A} = \sqrt{49} = 7.0(\text{m})$$

③ 斜管高 h_3（设 $\alpha = 60°$，斜管长 1.0m）：

$$h_3 = 1.0 \times \sin 60° = 0.866(\text{m})$$

④ 泥斗高 h_5（设泥斗 $\alpha = 60°$，$a_1 = 0.8\text{m}$）：

$$h_5 = \left(\frac{a}{2} - \frac{a_1}{2}\right) \times \tan 60° = 5.37(\text{m})$$

⑤ 沉淀池总高度 H（取 $h_1 = 0.3\text{m}$，$h_2 = 0.7\text{m}$，$h_4 = 0.764\text{m}$）：

$$H = h_1 + h_2 + h_3 + h_4 + h_5 = 0.3 + 0.7 + 0.866 + 0.764 + 5.37 = 8.0(\text{m})$$

⑥ 污泥部分所需的容积（设 $T = 2\text{d}$）：

$$V = \frac{Q_{max}(c_1 - c_2) \times 24 \times 100T}{K_z \gamma (100 - \rho_0) n} = 17.7(\text{m}^3)$$

⑦ 泥斗容积 V_1：

$$V_1 = \frac{h_5}{6}(a^2 + aa_t + a_1{}^2) \times 2 = 98.3(\text{m}^3) > V$$

⑧ 校核池内停留时间 t：

$$t = \frac{(h_2 + h_3)60}{q} = \frac{(0.7 + 0.866)}{4} \times 60 = 23.5(\text{min})$$

所以，符合要求。

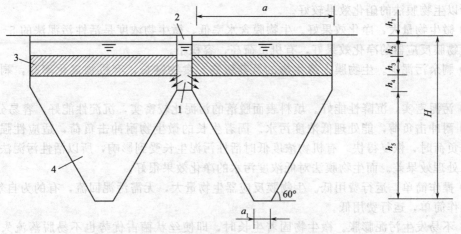

图 2-4-16　斜板沉淀池设计计算草图
1—进水槽；2—出水槽；3—斜板；4—污泥斗

2.5　生化处理设备设计

2.5.1　生物膜法

2.5.1.1　生物膜法概述

生物膜法又称固定膜法，是与活性污泥法并列的一类废水好氧生物处理技术。生物膜法是利用附着生长于某些固体物表面的微生物（即生物膜）进行有机污水处理的方法。生物膜是由高度密集的好氧菌、厌氧菌、兼性菌、真菌、原生动物以及藻类等组成的生态系统，其附着的固体介质称为滤料或载体。生物膜法与活性污泥法在去除机理上有一定的相似性，但又有区别，其中，生物膜法主要依靠固着于载体表面的微生物膜来净化有机物，而活性污泥法是依靠曝气池中悬浮流动着的活性污泥来分解有机物的。

主要的生物膜法有：① 生物滤池，其中又可分为普通生物滤池、高负荷生物滤池、塔式生物滤池等；② 生物转盘；③ 生物接触氧化法；④ 好氧生物流化床等。本书主要介绍目前应用最为广泛的生物滤池、生物转盘和生物接触氧化池的设计计算。

（1）生物膜法基本流程　生物膜法的基本流程如图 2-5-1 所示。污水经沉淀池去除悬浮

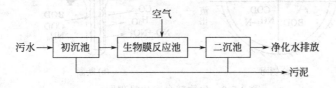

图 2-5-1　生物膜法基本流程

物后进入生物膜反应池，去除有机物。生物膜反应池出水进入二沉池（部分生物膜反应池后无需接二沉池）去除脱落的生物体，澄清液排放。污泥浓缩后运走或进一步处理。

（2）生物膜法的特点　　与活性污泥相比生物膜法有以下特点。

① 微生物相复杂，能去除难降解有机物。固着生长的生物膜受水力冲刷影响较小，所以生物膜中存在各种微生物，包括细菌、原生动物等，形成复杂的生物相。这种复杂的生物相，能去除各种污染物，尤其是难降解的有机物。世代期长的硝化细菌在生物膜上生长良好，所以生物膜法的硝化效果较好。

② 微生物量大，净化效果好。生物膜含水率低，微生物浓度是活性污泥法的 5～20 倍。所以生物膜反应器的净化效果好，有机负荷高，容积小。

③ 剩余污泥少。生物膜上微生物的营养级高，食物链长，有机物氧化率高，剩余污泥量少。

④ 污泥密实，沉降性能好。填料表面脱落的污泥比较密实，沉淀性能好，容易分离。

⑤ 耐冲击负荷，能处理低浓度污水。固着生长的微生物耐冲击负荷，适应性强。当受到冲击负荷时，恢复得快。有机物浓度低时活性污泥生长受到影响，所以活性污泥法对低浓度污水处理效果差。而生物膜法对低浓度污水的净化效果很好。

⑥ 操作简单，运行费用低。生物膜反应器生物量大，无需污泥回流，有的为自然通风，所以操作简单，运行费用低。

⑦ 不易发生污泥膨胀。微生物固着生长时，即使丝状菌占优势也不易脱落流失而引起污泥膨胀。

⑧ 由于载体材料的比表面积小，故设备容积负荷有限，空间效率较低。国外的运行经验表明，在处理城市污水时，生物滤池处理厂的处理效率比活性污泥法处理厂略低。50% 的活性污泥法处理厂 BOD_5 去除率高于 91%，50% 的生物滤池处理厂 BOD_5 去除率为 83%；相应的出水 BOD_5 分别为 14mg/L 和 28mg/L。

⑨ 投资费用较大。生物膜法需要填料和支撑结构，投资费用较大。

2.5.1.2　生物转盘设计

生物转盘是在生物滤池基础上发展起来的一种高效、经济的污水生物处理设备。它具有结构简单、运转安全、电耗低、抗冲击负荷能力强，不发生堵塞的优点。目前已广泛运用到我国的乡镇生活污水以及许多行业的工业废水处理中，并取得良好效果。

（1）生物转盘构造与工作原理

① 净化机理。生物转盘净化机理如图 2-5-2 所示，生物转盘在旋转过程中，当盘面某部分浸没在污水中时，盘上的生物膜便对污水中的有机物进行吸附；当盘片离开液面暴露在空气中时，盘上的生物膜从空气中吸收氧气对有机物进行氧化。通过上述过程，氧化槽内污水

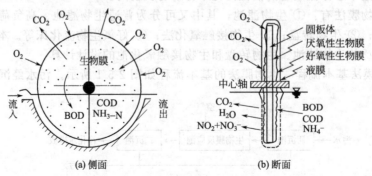

(a) 侧面　　　　　　　　　　(b) 断面

图 2-5-2　生物转盘净化机理图

中的有机物减少，污水得到净化。盘上的生物膜也同样经历挂膜、生长、增厚和老化脱落的过程，脱落的生物膜可在二次沉淀池中去除。生物转盘系统除有效地去除有机污染物外，如运行得当还可具有硝化、脱氮与除磷的功能。

②构造。生物转盘污水处理装置由生物转盘、氧化槽和驱动装置组成，构造如图 2-5-3 所示。

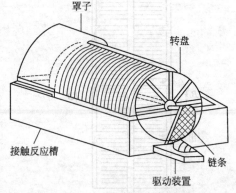

图 2-5-3　生物转盘的构造图

a. 转盘盘片的形状。外缘：圆形、多角形及圆筒形。盘面：平板、凹凸板、波形板、蜂窝板、网状板等以及各种组合。盘片的厚度与材质：要求质轻、薄、强度高，耐腐蚀，同时还应易于加工、价格低等；一般厚度为 0.5~1.0cm；常用材料有聚丙烯、聚乙烯、聚氯乙烯、聚苯乙烯以及玻璃钢等。

b. 接触反应槽（氧化槽）。氧化槽位于转盘的正下方，一般采用钢板或钢筋混凝土制成与盘片外形基本吻合的半圆形，在氧化槽的两端设有进出水设备，槽底有放空管。接触反应槽应呈与盘材外形基本吻合的半圆形，槽的构造形式与建造方法，随设备规模大小，修建场地条件不同而异。小型设备转盘台数不多、场地狭小者，可采用钢板焊制。中大型的设备可以修建成地下或半地下式，则可用毛石混凝土砌体，水泥砂浆抹面，再涂以防水耐磨层。

c. 转轴与驱动装置。转轴是支承盘片并带动其旋转的重要部件。转轴两端安装在固定在接触反应槽两端的支座上。转轴一般采用实心钢轴或无缝钢管。转轴的长度一般应控制在 0.5~7.0m 之间，不能太长，否则往往由于同心度加工欠佳，易于挠曲变形，发生磨轴或扭断，其强度和刚度必须经过力学的计算。其直径一般介于 50~80mm。

转轴中心与接触反应槽液面的距离一般不应小于 150mm，应保证转轴在液面之上，并根据转轴直径与水头损失情况而定。转轴中心与槽内水面的距离与转盘直径的比值在 0.05~0.15 之间，一般取 0.06~0.1。

驱动装置包括动力设备、减速装置以及传动链条等。动力设备有电力机械传动、空气传动及水力传动等。我国一般多采用电力传动。对大型转盘，一般一台转盘设一套驱动装置，对于中、小型转盘，可由一套驱动装置带动 3~4 级转盘转动。

转盘的转动速度是重要的运行参数，必须选定适宜。转速过高既有损于设备的机械强度，消耗电能，又由于在盘面产生较大的剪切力，易使生物膜过早剥离。综合考虑各项因素，转盘的转速以 0.8~3.0r/min，外缘的线速度以 15~18m/min 为宜。

③构成与系统组成。生物转盘的转速一般为 18m/min；有一轴一段、一轴多段（图 2-5-4）以及多轴多段（图 2-5-5）等形式；废水的流动方式，有轴直角流与轴平行流。

④生物转盘的主要特征

生物转盘是一种较新型的生物膜法废水处理设备，国外使用比较普遍，国内主要用于工业废水处理和乡镇生活污水处理。

与活性污泥法相比，生物转盘在使用上具有以下优点。

a. 操作管理简便，无活性污泥膨胀现象及泡沫现象，无污泥回流系统，生产上易于控制。

b. 剩余污泥数量小，污泥含水率低，沉淀速度大，易于沉淀分离和脱水干化。根据已有的生产运行资料，转盘污泥形成量通常为 0.4~0.5kg/kgBOD$_5$（去除），污泥沉淀速度可达 4.6~7.6m/h。开始沉淀，底部即开始压密。所以，一些生物转盘将氧化槽底部作为污泥沉淀与储存用，从而省去二次沉淀池。

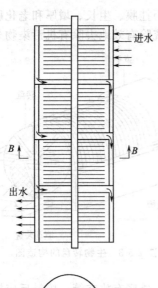

图 2-5-4　一轴多段生物转盘

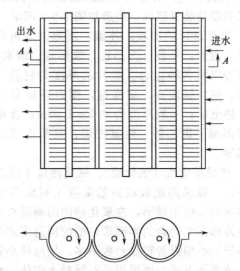

图 2-5-5　多轴多段生物转盘

c. 设备构造简单，无通风、回流及曝气设备，运转费用低，耗电量低。一般耗电量为 $0.024 \sim 0.03 kW \cdot h/kgBOD_5$。

d. 可采用多层布置，设备灵活性大，可节省占地面积。

e. 可处理高浓度的废水，承受 BOD_5 可达 1000mg/L，耐冲击能力强。根据所需的处理程度，可进行多级串联，扩建方便。国外还将生物转盘建成去除 BOD-硝化-厌氧脱氮-曝气充氧组合处理系统，以提高度水处理水平。

f. 废水在氧化槽内停留时间短，一般在 $1 \sim 1.5h$，处理效率高，BOD_5 去除率一般可达 90％以上。

生物转盘同一般生物滤池相比，也具有一系列优点。

a. 无堵塞现象。

b. 生物膜与废水接触均匀，盘面面积的利用率高，无沟流现象。

c. 废水与生物膜的接触时间较长，而且易于控制，处理程度比高负荷滤池和塔式滤池高。可以调整转速改善接触条件和充氧能力。

d. 同一般低负荷滤池相比，它占地较小，如采用多层布置，占地面积可同塔式生物滤池相媲美。

e. 系统的水头损失小，能耗省。

但是，生物转盘也有它的缺点。

a. 盘材较贵，投资大。从造价考虑，生物转盘仅运用于小水量、低浓度的废水处理。

b. 因为无通风设备，转盘的供氧依靠盘面的生物膜接触大气，这样，废水中挥发性物质将会产生污染。采用从氧化槽的底部进水可以减少挥发物的散失，比从氧化槽表面进水好，但是，挥发物质污染依然存在。因此，生物转盘最好作为第二级生物处理装置。

c. 生物转盘的性能受环境气温及其他因素影响较大，所以，在北方设置生物转盘时，一般置于室内，并采取一定的保温措施。建于室外的生物转盘都应加设雨棚，防止雨水淋洗，使生物膜脱落。

（2）生物转盘设计参数

① 生物转盘的组数一般按不少于两组设计。当污水量很少且允许间歇运行时，可考虑只设一组。

② 二级处理的生物转盘的设计能力按平均日污水量计算。有季节性变化的污水，应按最大季节的平均污水量计算。

③ 进入转盘的污水 BOD 浓度，按经调节沉淀后的平均值计算。

④ 转盘所需面积按 BOD 面积负荷计算，以水力负荷或停留时间校核。不同性质污水的 BOD 负荷和水力负荷不同，一般应由实验确定。

⑤ 盘片尺寸。各尺寸如下。

a. 盘片直径：一般为 2~3m。

b. 盘片厚度：一般为 1~15mm（聚苯乙烯泡沫塑料盘片为 10~15mm，硬聚氯乙烯板为 3~5mm，玻璃钢盘片为 1~2.5mm，金属板为 1mm 以下）。

c. 盘片净距：进水段为 25~35mm，出水段为 10~20mm。对于藻类繁殖的转盘，盘片净距为 65mm。

d. 转盘与氧化槽表面的净距：一般不宜小于 150mm。

e. 转轴中心与氧化槽水面的举例：一般控制 $d/D=0.05~0.10$ 为宜（其中，d 为轴中心与水面的举例，D 为转盘直径）。但转轴中心在水位以上不得小于 150mm。

⑥ 转盘的转速：一般为 0.8~3.0r/min。

⑦ 转盘的浸没率：20%~40%。

⑧ 转盘的产泥量：按 0.3~0.5kg 污泥/kgBOD 计。

⑨ 转盘级数：一般应不小于 3 级。

（3）生物转盘计算公式

① 转盘总面积（按面积负荷计算）：

$$F = \frac{Q(L_a - L_t)}{N} \tag{2-5-1}$$

式中，F 为转盘总面积，m^2；Q 为平均日污水量，m^3/d；L_a 为进水 BOD_5，mg/L；L_t 为出水 BOD_5，mg/L。

② 转盘总面积（按水力负荷计算）：

$$F = \frac{Q}{q} \tag{2-5-2}$$

式中，q 为水力负荷，$m^3/(m^2 \cdot d)$。

③ 转盘总片数：

$$m = \frac{4F}{2\pi D^2} = 0.637 \frac{F}{D^2} \tag{2-5-3}$$

式中，m 为转盘盘片总数，片；D 为盘片直径，一般取 2~3m。

④ 每组转盘的盘片数：

$$m_1 = 0.637 \frac{F}{nD^2} \tag{2-5-4}$$

式中，m_1 为每组转盘的盘片数，片；n 为转盘组数，组。

⑤ 每组转盘转动轴有效长度（即氧化槽有效长度）：

$$L = m_1(a + b)K \tag{2-5-5}$$

式中，L 为每组转盘转动轴有效长度，m；a 为盘片厚度，mm；b 为盘片厚度，一般

取 $20\sim30$mm；K 为考虑循环沟道的系数（$K=1.2$）。

⑥ 每个氧化槽的有效容积：

$$W=0.32(D+2C)^2L \tag{2-5-6}$$

式中，W 为每个氧化槽的有效容积，m^2；C 为转盘与氧化槽表面距离，一般取 $20\sim40$mm。

⑦ 每个氧化槽的净有效容积：

$$W'=0.32(D+2C)^2L(L-m_1a) \tag{2-5-7}$$

式中，W' 为每个氧化槽的净有效容积，m^3。

⑧ 每个氧化槽的有效宽度：

$$B=D+2C \tag{2-5-8}$$

式中，D 为每个氧化槽的有效宽度，m。

⑨ 转盘的转速：

$$n_0=\frac{6.37}{D}\left(0.9-\frac{W'}{Q_1}\right) \tag{2-5-9}$$

式中，n_0 为转盘转速，r/min；Q_1 为每个氧化槽的污水量，m^3/d。

⑩ 电动机功率：

$$N_p=\frac{3.85R^4n_0^2}{b\times10^{12}}m_1\alpha\beta \tag{2-5-10}$$

式中，N_p 为电动机功率，kW；R 为转盘半径，cm；n_0 为转盘转速，r/min；m_1 为根动轴上的盘片数，片；α 为同一电动机带动的转轴数，根；β 为生物膜厚度系数，一般取 $2\sim4$；b 为盘片间距，cm。

⑪ 污水在氧化槽中的停留时间：

$$t=\frac{W'}{Q_1} \tag{2-5-11}$$

式中，t 为污水在氧化槽中的停留时间，h（一般为 $0.25\sim2$h）；Q_1 为每个氧化槽的污水量，m^3/h。

(4) 计算举例

[例 2-12] 某小区人口为 6000 人，排污标准为 100L/(人·d)，污水经沉淀处理后 BOD_5 为 150mg/L，平均水温 16℃，出水 BOD_5 不大于 15mg/L，试设计一生物转盘。

[解] ① 确定参数。

a. 平均污水量：$Q=6000\times0.1=600(m^3/d)$

b. 进水 BOD_5 浓度：$L_a=150(mg/L)$

c. 出水 BOD_5 浓度：$L_t=150(mg/L)$

d. BOD_5 去除率：

$$\eta=\frac{L_a-L_t}{L_a}\times100\%=90\%$$

e. 盘片负荷，取 $N=11gBOD_5/(m^2\cdot d)$。

② 转盘计算。计算过程如下。

a. 盘片总面积：

$$F=\frac{Q(L_a-L_t)}{N}=\frac{600\times(150-15)}{11}=7364(m^2)$$

$$取 F=7500(m^2)$$

b. 取 $D=2.5$m，则盘片总数：

$$m=\frac{4F}{2\pi D^2}=0.637\frac{F}{D^2}=765(片)$$

c. 转盘分为 4 组，则每组 $m_1 = 192$ 片，每组按 4 级计算，每级盘片数为 48 片。

d. 每组转盘转动轴有效长度（即氧化槽有效长度），取 $a = 5\text{mm}$，$b = 20\text{mm}$。

$$L = m_1(a + b)K - bK = 5736(\text{mm})，$$
$$\text{取 } L = 5.8(\text{m})$$

e. 每个氧化槽的有效容积，取 $C = 150\text{mm}$：

$$W = 0.32(D + 2C)^2 L = 14.55(\text{m}^3)$$

f. 每个氧化槽的净有效容积：

$$W' = 0.32(D + 2C)^2 L(L - m_1 a) = 12.14(\text{m}^3)$$

g. 每个氧化槽的有效宽度：

$$B = D + 2C = 2.5 + 2 \times 0.15 = 2.8(\text{m})$$

h. 转盘的转速

$$n_0 = \frac{6.37}{D}\left(0.9 - \frac{W'}{Q_1}\right) = 2.05(\text{r/min})$$

i. 电动机功率，取 $\alpha = 1$，$\beta = 3$：

$$N_p = \frac{3.85R^4 n_0^2}{b \times 10^{12}} m_1 \alpha\beta = 1.13(\text{kW})$$

j. 污水在氧化槽中的停留时间：

$$t = \frac{W'}{Q_1} \times 24 = 1.94(\text{h})$$

2.5.1.3 生物滤池

生物滤池是以土壤自净原理为依据，在污水灌溉的实践基础上发展起来的人工生物处理技术，是对上述过程的强化。进入生物滤池的污水需经过预处理去除悬浮物等可能堵塞滤料的污染物，并使水质均化，在生物滤池后设二沉池，以截留污水中脱落的生物膜，保证出水水质。

生物滤池的主要特征是池内滤料是固定的，废水自上而下流过滤料层。由于和不同层面微生物接触的废水水质不同，因而微生物组成也不同，使得微生物的食物链长，产生污泥量少。当负荷低时，出水水质可高度硝化。生物滤池运行简易，且依靠自然通风供氧，运行费用低，生物滤池在发展过程中，经历了几个阶段，从低负荷发展为高负荷，突破了传统采用滤料层高度；扩大了应用范围。目前使用较多的生物滤池有普通生物滤池、高负荷生物滤池和塔式生物滤池（超速滤池）三种。

生物过滤的基本流程与活性污泥法相似，由初次沉淀、生物滤池、二次沉淀三部分组成。其工艺流程如图 2-5-6 所示。在生物过滤中，为了防止滤层堵塞，需设置初次沉淀池，预先去除废水中的悬浮物。二次沉淀池用以分离脱落的生物膜。由于生物膜的含水率比活性污泥小，因此，污泥沉淀速度较大，二次沉淀池容积较小。

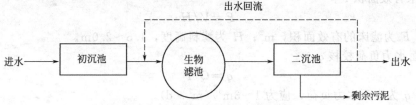

图 2-5-6 生物滤池的基本流程图

由于生物固着生长，不需要回流接种，因此．在一般生物过滤中无二次沉淀池污泥回流。但是，为了稀释原废水和保证对滤料层的冲刷。一般生物滤池（尤其是高负荷滤池及塔式生物滤池）常采用出水回流。

（1）普通生物滤池　普通生物滤池又叫滴滤池，是生物滤池早期的类型，即第一代生物滤池。

① 构造及工作原理。普通生物滤池由池体、滤料、布水装置和排水系统 4 部分组成。

a. 池体。普通生物滤池池体的平面形状多为方形、矩形和圆形。池壁一般采用砖砌或混凝土建造，有的池壁上带有小孔，用以促进滤层的内部通风，为防止风吹而影响废水的均匀分布，池壁顶应高出滤层表面 0.4~0.5m，滤池壁下部通风孔总面积不应小于滤池表面积的 1%。

b. 滤床。滤床由滤料组成，滤料对生物滤池工作有很大的影响，对污水起净化作用的微生物就是生长在滤料表面上。滤料应采用强度高、耐腐蚀、质轻、颗粒均匀、比表面积大、空隙率高的材料。过去常用球状滤料，如碎石、炉渣、焦炭等。一般分成工作层和承托层两层。近年来，常采用塑料滤料，其表面积可达 $100~200m^2/m^3$，孔隙率高达 $80\%~90\%$。滤料粒径的选择对滤池工作影响较大，滤料粒径小，比表面积大，但孔隙率小，增加了通风阻力；相反粒径大，比表面积小，影响污水和生物膜的接触面积，粒径的选择还应综合考虑有机负荷和水力负荷的影响，当负荷较高时采用较大的粒径。

c. 布水装置。布水装置的作用是将污水均匀分配到整个滤池表面，并应具有适应水量变化、不易堵塞和易于清通等特点。根据结构可分成固定式和活动式两种。

d. 排水系统。排水系统设于池体的底部，包括渗水装置、集水渠和总排水渠等。

② 设计要求与参数。具体内容如下。

a. 普通生物滤池的个数或分格应少于 2 个，并按同时工作设计。

b. 在正常气温下，普通生物滤池的有机负荷率一般为 $150~300gBOD_5/(m^3 \cdot d)$，水力负荷为 $1~3m^3/(m^3 \cdot d)$。

c. 普通生物滤池一般分工作层和承托层两层填充，总厚度为 1.5~2.0m。工作层厚 1.3~1.8m，粒径介于 30~50mm；承托层厚 0.2m，粒径介于 60~100mm。同一层中滤料的粒径要求均匀一致，不合格者不得超过 5%，以提供较高的孔隙率。当孔隙率为 45% 时，滤料得比表面积为 $65~100m^2/m^3$。

d. 必要时，生物滤池应考虑采暖、防冻、防蝇等措施。

③ 计算公式。各公式如下。

a. 滤料总体积 V:

$$V = Q\frac{L_a - L_e}{H_v} \tag{2-5-12}$$

式中，V 为滤料总体积，m^3；Q 为进水平均流量，m^3/d；L_a 为进水 BOD_5 浓度，mg/L；L_e 为出水 BOD_5 浓度，mg/L；H_v 为容积负荷，一般取 $0.15~0.3kgBOD/(m^3 \cdot D)$。

b. 滤床有效面积 F:

$$F = V/H \tag{2-5-13}$$

式中，F 为滤床的有效面积，m^2；H 为滤料高度，1.5~2.0m。

c. 表面水力负荷校核 q:

$$q = Q/F \tag{2-5-14}$$

式中，q 为表面水力负荷，应为 $1~3m^3/(m^2 \cdot d)$。

（2）高负荷生物滤池　高负荷生物滤池是为解决普通生物滤池在净化功能和运行中存在的实际负荷低、易堵塞等问题而开发出来的。高负荷生物滤池是通过限制进水 BOD_5 值和在运行上采取处理水回流等技术来提高有机负荷率和水力负荷率，分别为普通生物滤池的 6~

8 倍和 10 倍。

① 构造。高负荷生物滤池由池体、滤料、布水装置和排水系统四个部分组成。

a. 池体。平面形状多为圆形。池壁可筑成带有孔洞或不带孔洞两种形式。有孔洞的池壁有利于滤料内部的通风，但在冬季易受低气温的影响，使池内温度降低，影响处理效果。为了防止风力对池表面均匀布水的影响，池壁高度一般应高出滤料表面 0.5～0.9m。池底起支撑全部滤料和排除处理后污水的作用。

b. 滤料。滤料要求耐腐蚀、耐压，比表面积大，孔隙率高。一般选用碎石、卵石、炉渣等，粒径为 40～100mm。

c. 布水装置。多采用旋转布水器。见图 2-5-7。

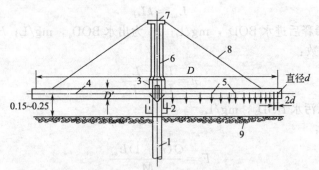

图 2-5-7 旋转布水器结构示意图

1—进水竖管；2—水封；3—配水短管；4—布水横管；5—布水小孔；
6—中央旋转柱；7—上部轴承；8—钢丝绳；9—滤料

d. 排水系统。池底部排水系统，起排除处理后污水和滤池通风的作用。排水系统包括渗水装置、集水沟和总排水沟等。

渗水装置排水孔的总面积应大于池表面积的 20%，其空间高度应不小于 0.3m，池底以 1%～2% 的坡度坡向集水沟，沟宽为 0.15m，间距为 2.5～4m，并以 0.5%～1% 的坡度坡向总排水沟，总排水沟的坡度不小于 0.5%，其过水断面积应小于其全部断面积的 50%，以利通风。沟内水流速度应大于 0.7m/s。为保证通风，底部通风孔总面积应不少于滤池表面积的 1%。小池型，池底可不设集水沟，池底做成 1% 的坡度坡向总排水沟。高负荷生物滤池的构造见图 2-5-8。

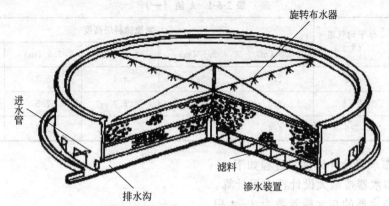

图 2-5-8 高负荷生物滤池构造示意图

② 设计参数。各参数如下。

a. 以碎石为滤料时，工作层滤料的粒径应为 40～70mm，厚度不大于 1.8m，承托层的粒径为 70~100mm，厚度为 0.2m；当以塑料为滤料时，滤床高度可达 4m。

　　b. 正常气温下，处理城市废水时，表面水力负荷为 10~30m³/(m²·d)，BOD_5 容积负荷不大于 1.2kgBOD_5/(m³·d)。单级滤池的 BOD_5 的去除率一般为 75%~85%；两级串联时，BOD_5 的去除率一般为 90%~95%。

　　c. 进水 BOD_5 大于 200mg/L 时，应采取回流措施。

　　d. 池壁四周通风口的面积不应小于滤池表面积的 2%。

　　e. 滤池数不应小于 2 座。

　　③ 计算公式。各公式如下。

　　a. 经稀释后的进水：

$$L_{at} = kL_t$$

式中，L_{at} 为稀释后进水 BOD_5，mg/L；L_t 为出水 BOD_5，mg/L；k 为系数见表 2-5-1。

　　b. 回流稀释倍数：

$$n = \frac{L_a - L_{at}}{L_{at} - L_t} \tag{2-5-15}$$

式中，L_a 为原污水 BOD_5，mg/L。

　　c. 滤池总面积：

$$F = \frac{Q(n+1)L_{at}}{M} \tag{2-5-16}$$

式中，F 为滤池总面积，m²；Q 为平均日污水量，m³/d；M 为滤池面积负荷，gBOD_5/(m²·d)。

　　d. 滤池滤料总体积：

$$V = HF \tag{2-5-17}$$

式中，V 为滤池滤料总体积，m³；H 为滤料层高度，m。

　　e. 池水力负荷：

$$q = \frac{M}{L_{at}} \tag{2-5-18}$$

式中，q 为滤池水力负荷，m³/(m²·d)，当 $q<10$ 时，则应加大回流稀释倍数，使 q 达 10 以上，否则就应减少滤层高度。

表 2-5-1　k 值（一）

污水冬季平均温度（℃）	年平均气温（℃）	滤池滤料层高度				
		2.0（m）	2.5（m）	3.0（m）	3.5（m）	4.0（m）
8~10	<3	2.5	3.3	4.4	5.7	7.5
10~14	3~6	3.3	4.4	5.7	7.5	9.6
>14	>6	4.4	5.7	7.5	9.6	12

　　④ 旋转布水器设计计算。过程如下。

　　a. 旋转布水器按最大设计污水量计算。

　　b. 每架布水器的布水横管数为 2~4 根。

　　c. 布水器直径 $D_2 = D - 200$mm（D 为池内径），布水横管长 $L = 1/2D_2$。

　　d. 布水横管直径 $D_1 = 50~250$mm。

　　e. 横管上布水小孔直径 $d = 10~15$mm。

f. 布水横管高出滤料层表面 0.15～0.25m。

g. 布水小孔间距在中心部分最大，向外逐渐缩小，一般由 300mm 缩小到 75mm，具体间距通过计算确定。

h. 布水器水头损失，当 $D_2 = 10～40m$ 时水头损失或布水器所需压力，一般为 0.2～1.0m。

⑤ 旋转布水器计算公式。公式如下。

a. 每架布水器的最大设计污水量：

$$Q_{max} = \frac{QK_z}{n} \qquad (2\text{-}5\text{-}19)$$

式中，Q_{max} 为每架布水器的最大设计污水量，m^3/d；Q 为平均日污水量，m^3/d；K_z 为总变化系数；n 为滤池个数。

b. 每根布水管上布水小孔个数：

$$m = \frac{1}{1 - \left(1 - \frac{4d^2}{D_2}\right)} \qquad (2\text{-}5\text{-}20)$$

式中，m 为每根布水横管上的布水小孔数，个；d 为布水小孔直径，mm；D 为布水器直径 mm。

c. 布水小孔与布水器中心的距离：

$$r_i = R\sqrt{\frac{i}{m}} \qquad (2\text{-}5\text{-}21)$$

式中，r_i 为布水小孔与布水器中心的距离，m；R 为布水器半径，m，$R = \frac{1}{2}D_2$；i 为布水横管上的布水小孔从布水器中心开始的排列序号。

d. 布水器转速：

$$n = \frac{34.78 \times 10^6}{md^2 D_2} Q_{max} \qquad (2\text{-}5\text{-}22)$$

式中，n 为布水器转速，r/min。

e. 水器水头损失：

$$H = \left(\frac{Q_{max}}{n_0}\right)^2 \times \left(\frac{256 \times 10^6}{m^2 \cdot d^4} + \frac{81 \times 10^6}{D_1 d^4} + \frac{294 D_2}{k^2 \times 10^4}\right) \qquad (2\text{-}5\text{-}23)$$

式中，H 为布水器水头损失，m；n_0 为每架布水器横管数，根；D_1 为布水横管直径，mm；d 为布水小孔直径，mm；k 为流量模数，L/s，见表 2-5-2。

表 2-5-2 *k* 值（二）

布水横管直径 D_1/mm	50	63	75	100	125	150	175	200	250
k 值/(L/s)	6	11.5	19	43	86.5	134	209	300	560

(3) 塔式生物滤池 塔式生物滤池属第三代生物滤池。其工艺特点是：加大滤层厚度来提高处理能力；提高有机负荷以促使生物膜快速生长；提高水力负荷来冲刷生物膜，加速生物膜的更新，使其保持良好的活性。塔式生物滤池各层生物膜上生长的微生物种属不同，但又适应该层的水质，有利于有机物的降解，并且能承受较大的有机物和毒物的冲击负荷，常用于处理高浓度的工业废水和各种有机废水。

① 构造。如图 2-5-9 所示。

a. 塔身。塔身的平面形式多呈圆形或方形，一般用砖、钢筋混凝土或钢板制成。塔身高 8～24m，直径为 0.5～3.5m。塔顶高出上层滤料表面 0.5m 左右。塔身上开有观察窗，

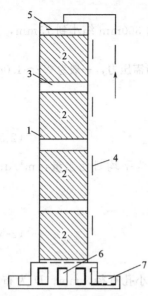

图 2-5-9 塔式生物滤池构造
1—塔身；2—滤料；3—格栅；4—检修口；
5—布水器；6—通风口；7—集水槽

供观察、采样和更换滤料用。

b. 滤料。一般采用轻质填料，如大孔径波纹塑料填料、蜂窝型塑料或玻璃钢填料。塔内滤料分层装填，每层填料均有钢制格栅支承，层与层之间留有一定间隙，以利于布水均匀。

c. 布水装置。一般有旋转布水器、多孔管和喷嘴等形式。

d. 通风与集水设备。塔底部设有一集水池，以收集处理后污水，并经管、渠连续排入二次沉淀池或气浮池进行泥水分离。集水池水面以上开有许多通风窗口。为保证空气流畅，集水池最高水位与最下层填料底面之间的空间高度，一般应不小于 0.5m。当污水中含有易挥发的有毒物质时，为防止污染空气，一般应采用机械通风，尾气应经水洗除去有毒物质后才能排入大气。

② 设计参数。各参数如下。

a. 一般常用塑料滤料，滤池总高度为 8～12m，也可更高；每层滤料的厚度不应大于 2.5m，径高比为 1：(6～8)。

b. 容积负荷为 1.0～3.0kgBOD₅/(m³·d)，表面水力负荷为 80～200m³/(m²·d)，BOD₅ 的去除率一般为 65%～85%；

c. 自然通风时，塔滤四周通风口的面积不应小于滤池横截面积的 7.5%～10%；机械通风时，风机容量一般按气水比为 (100～150)：1 来设计。

d. 塔滤数不应小于 2 座。

③ 计算公式。各公式如下。

a. 滤料总体积：

$$V = \frac{Q(L_a - L_t)}{M} \tag{2-5-24}$$

式中，V 为滤料体积，m^3；Q 为平均日污水量，m^3/d；L_a 为进水 BOD_5，g/m^3；L_t 为出水 BOD_5，g/m^3；M 为滤料容积负荷，$gBOD_5/(m^3·d)$。

b. 过滤总面积：

$$F = \frac{V}{H} \tag{2-5-25}$$

式中，F 为滤池总面积，m^2；H 为滤池总高度，m。

c. 滤池直径：

$$D = \sqrt{\frac{4F}{\pi·n}} \tag{2-5-26}$$

式中，D 为滤池直径，m；n 为滤池个数，个，$n \geq 2$ 个。

d. 滤池总高度：

$$H_0 = H + h_1 + (m-1)h_2 + h_3 + h_4 \tag{2-5-27}$$

式中，H_0 为滤池总高度，m；H 为滤料层总高度，m；h_1 为超高，m，$h_1 = 0.5(m)$；h_2 为填料层间隙高，m，$h_3 = 0.2～0.4(m)$；h_3 为最下层滤料底面与集水池最高水位距离，m，$h_3 \geq 0.5(m)$；h_4 为集水池最大水深，m；m 为滤料层层数，层。

e. 每 m^3 污水所需空气量：

$$D_0 = \frac{L_a - L_t}{21} \tag{2-5-28}$$

式中，D_0 为 $1m^3$ 污水所需空气量，m^3/m^3。

f. 空气总量：

$$D = D_0 Q \tag{2-5-29}$$

式中，D 为空气总量，m^3/d。

④ 计算举例。

[例 2-13] 已知某镇人口 $N=4000$ 人，污水量标准 $q=100L/(人 \cdot d)$，BOD_{20} 含量为 $40g/(人 \cdot d)$。冬季平均水温为 $10℃$。拟采用塔式生物滤池处理，处理后出水 $BOD_{20} \leqslant 30mg/L$。试设计塔式生物滤池。

[解] a. 确定各项设计参数。

ⓐ 均日污水量：$Q = Nq = 4000 \times 100 = 400000(L/d) = 400(m^3/d)$

ⓑ 每日排出的 BOD_{20}：$G = N_{BOD_{20}} = 4000 \times 40 = 160000(g/d)$

ⓒ 污水 BOD_{20} 浓度：$L_4 = \dfrac{G}{Q} = \dfrac{160000}{400} = 400(g/m^3) = 400(mg/L)$

ⓓ 确定容积负荷。根据处理后出水 $BOD_{20} \leqslant 30mg/L$ 和冬季平均水温为 $10℃$，取 $M = 1450g\ BOD_{20}/(m^3 \cdot d)$。

b. 确定各项设计参数。各参数如下。

ⓐ 滤池滤料总体积：

$$V = \dfrac{Q(L_a - L_t)}{M} = \dfrac{400 \times (400 - 30)}{1450} = 102(m^3)$$

ⓑ 滤池滤料层总高度，根据进水 BOD_{20} 为 $400mg/L$，查得 $H=14m$。

ⓒ 滤池总面积：$F = \dfrac{V}{H} = \dfrac{102}{14} = 7.29(m^2)$

ⓓ 采用两座滤池，每座滤池面积：$F_1 = \dfrac{F}{2} = \dfrac{7.29}{2} = 3.65(m^2)$

ⓔ 滤池直径：$D = \sqrt{\dfrac{4F_1}{\pi}} = \sqrt{\dfrac{4 \times 3.65}{3.14}} = 2.16(m)$

ⓕ 校核水力负荷：$q = \dfrac{Q}{F} = \dfrac{400}{7.29} = 55[m^3/(m^2 \cdot d)]$

水力负荷偏低，可采用处理后的污水回流稀释。

ⓖ 滤池总高度：$H_0 = H + h_1 + (m-1)h_2 + h_3 + h_4$

式中，$H=14m$，分为 6 层，每层滤料厚为 $2.35m$，则 $H=14.1m$，$h_1=0.5m$，$h_2=0.3m$，$h_3=0.4m$；$h_4=0.5m$。

$$H_0 = 14.1 + 0.5 + 0.3 \times (6-1) + 0.4 + 0.5 = 17(m)$$

ⓗ 校核塔径与塔高比值：$\dfrac{D}{H_0} = \dfrac{2.16}{17} = \dfrac{1}{7.87}$　　在 $1/8 \sim 1/6$ 之间。

2.5.1.4　生物接触氧化池

生物接触氧化法是一种介于活性污泥法与生物滤池之间的生物膜法处理工艺；又称为淹没式生物滤池。

(1) 净化机理及工艺流程　生物接触氧化池内设置填料，填料淹没在废水中，填料上长满生物膜。废水与生物膜接触过程中，水中的有机物被微生物吸附、氧化分解和转化为新的生物膜。在接触氧化池中，微生物所需要的氧气来自于废水中，而废水则自鼓入的空气不断补充失去的溶解氧。空气是通过设在池底的曝气装置进入水流，当气泡上升时向废水供应氧气。当生物膜达到一定厚度时，由于上升的水流和上升的气泡使水流产生较强的紊流和水力冲刷作用，使生物膜不断脱落，然后再长出新的生物膜。从填料上脱落的生物膜，随水流到二沉池后被去除，使废水得到净化。

生物接触氧化法的工艺流程与生物滤池比较相似，同样由初次沉淀、生物接触氧化池、二次沉淀等三部分组成，其工艺流程见图 2-5-10。微生物附着在填料上生长成稳定的生物膜，经初沉除去大部分颗粒物的污水进入接触氧化池，水中的污染物被均匀地"悬挂"在水中的微生物分解，老化脱落的生物膜绝大部分从池底排出，小部分随水进入二沉池，必要的时候可以设置污泥回流系统。

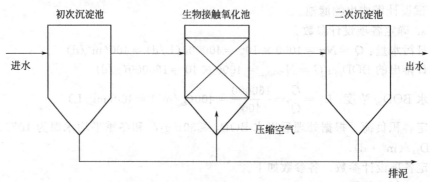

图 2-5-10　生物接触氧化池工艺流程图

（2）生物接触氧化池构造　接触氧化池是生物接触氧化处理系统的核心处理构筑物。接触氧化池是由池体、填料、支架及曝气装置、进出水装置以及排泥管道等部件组成。生物接触氧化池构造见图 2-5-11。

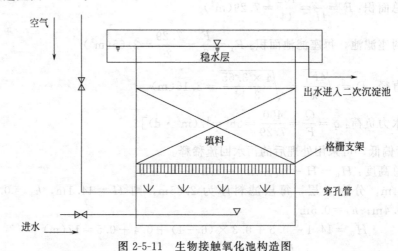

图 2-5-11　生物接触氧化池构造图

① 池体。池体设置成矩形、圆形均可，但目前应用最广的为矩形池。池体均为钢筋混凝土结构。

② 填料。填料是微生物的载体，其特性对接触氧化池中生物量、氧的利用率、水流条件和废水与生物膜的接触反应情况等有较大影响；填料可分为硬性填料、软性填料、半软性填料、及球状悬浮型填料等。

填料均匀分层装填，填料高度一般为 3.0m 左右，填料层上部水层高约为 0.5m，填料层下部布水区的高度一般为 0.5～1.5m。

③ 支架及曝气装置。根据曝气装置与填料的相对位置，可以分为以下两大类。

a. 曝气装置与填料分设。填料区水流较稳定，有利于生物膜的生长，但冲刷力不够，生物膜不易脱落；可采用鼓风曝气或表面曝气装置；较适用于深度处理。

b. 曝气装置直接安设在填料底部。曝气装置多为鼓风曝气系统；可充分利用池容；填料间紊流激烈，生物膜更新快，活性高，不易堵塞；检修较困难。

④ 进出水装置以及排泥管道。接触氧化池一般为下部中心进水，上部溢流出水，底部设置排泥管道，同时采用穿孔管布气，水、气同向流动。

（3）主要特点

① 生物接触氧化池内的生物固体浓度（10～20g/L）高于活性污泥法和生物滤池，具有较高的容积负荷［可达 3.0～6.0kgBOD$_5$/(m^3·d)]。

② 不需要污泥回流，无污泥膨胀问题，运行管理简单。

③ 对水量水质的波动有较强的适应能力。

④ 污泥产量略低于活性污泥法。

（4）生物接触氧化池设计参数

① 生物接触氧化池的个数或分格数应不少于 2 个，并按同时工作设计。

② 填料的体积按填料容积负荷和平均日污水量计算。填料的容积负荷一般应通过试验确定。当无试验资料时，对于生活污水或以生活污水为主的城市污水，容积负荷一般为 1.0～1.8kgBOD$_5$/(m^3·d)。

③ 污水在池内有效接触时间一般为 1～2h。

④ 进水 BOD$_5$ 浓度应控制在 100～250mg/L。

⑤ 填料层高度一般为 3m，当采用蜂窝填料时，一般应分层装填，每层高为 1m，蜂窝孔径应不小于 25mm。

⑥ 接触氧化池中的溶解氧含量一般应维持在 2.5～3.5mg/L，气水比为（10～15）：1。

⑦ 为保证布水、布气均匀，每格滤池面积一般应不大于 25m^2。

（5）设计计算公式

① 淹没式生物滤池的有效容积（填料体积）：

$$V = \frac{Q(L_a - L_e)}{F_w}$$
(2-5-30)

式中，V 为滤池有效容积，m^3；Q 为平均日污水量，m^3/d；L_a 为进水 BOD$_5$ 浓度，mg/L；L_e 为出水 BOD$_5$ 浓度，mg/L；F_w 为填料容积负荷，gBOD$_5$/(m^3·d)。

② 过滤总面积：

$$A = \frac{V}{H}$$
(2-5-31)

式中，A 为滤池总面积，m^2；H 为滤池总高度，m，一般 $H = 3$(m)。

③ 滤池格数：

$$n = \frac{F}{f}$$
(2-5-32)

式中，n 为滤池格数，个，$n \geqslant 2$ 个；f 为每格滤池面积，m^2，$f \leqslant 25$m^2。

④ 校核接触时间：

$$t = \frac{nfH}{Q}$$
(2-5-33)

式中，t 为滤池有效接触时间，h。

⑤ 滤池总高度：

$$H_0 = H + h_1 + h_2 + (m-1)h_3 + h_4$$
(2-5-34)

式中，H_0 为滤池总高度，m；h_1 为超高，m，$h_1 = 0.5 \sim 0.6$m；h_2 为填料上水深，m，$h_2 = 0.4 \sim 0.5$m；h_3 为填料层间隙高，m，$h_3 = 0.2 \sim 0.3$m；m 为填料层数，层；h_4 为配水区高度，m，当采用多管曝气时，不考虑进入检修者 $h_4 = 0.5$m，考虑进入检修者 $h_4 = 1.5$m。

⑥ 需气量：

$$D = D_0 Q \qquad (2\text{-}5\text{-}35)$$

式中，D 为需气量，m^3/d；D_0 为每 m^3 污水需气量，m^3/m^2。

(6) 计算举例

[例 2-14] 已知某居民区 $Q = 2500 m^3/d$，污水 BOD_5 浓度 $L_a = 100 \sim 150$mg/L，出水 $BOD_5 L_e \leqslant 20$mg/L。试设计一接触氧化池。

[解] ① 确定各项参数。

a. 水量 $Q = 2500 m^3/d = 104 m^3/h$

b. BOD_5 去除率 $\eta = \dfrac{L_a - L_e}{L_a} \times 100\% = \dfrac{150 - 20}{150} \times 100\% = 86.7\%$

c. 根据实验资料确定。填料容积负荷

$$F_w = 1.5 \text{kgBOD}_5/(m^3 \cdot d)$$

② 池体计算。

a. 填料有效容积：

$$V = \frac{Q(L_a - L_e)}{F_w} = 216.7 m^3$$

b. 池总面积（设 $H = 3$m，分 3 层，每层高 1m）：

$$A = \frac{V}{H} = \frac{216.7}{3} = 72.2 m^2$$

c. 单池面积（设 $n = 4$）：

$$A_1 = \frac{A}{4} = 18 m^2 < 25 m^2$$

每格池 $L \times B = 4.5$m$\times 4$m。

d. 有效接触时间：

$$t = \frac{nfH}{Q} = 2.08h$$

e. 池总高度（设 $h_1 = 0.5$m，$h_2 = 0.4$m，$h_3 = 0.3$m，$m = 3$m，$h_4 = 1.5$m）：

$$H_0 = H + h_1 + h_2 + (m-1)h_3 + h_4 = 6.0m$$

2.5.2 活性污泥法

好氧活性污泥法是当今研究最深入、应用最广泛的污水处理方法。其基本特征是生物反应器中的微生物以悬浮状存在，在好氧条件下氧化、分解有机物和氨氮。好氧活性污泥法不仅能有效地去除污水中的有机物，还可以有效地进行生物除磷脱氮。传统活性污泥法是活性污泥法的基本模式，以去除污水中有机物和悬浮物为主要目的，适用于无需考虑除磷脱氮的情况，其核心处理单元由曝气池和沉淀池组成。因运行方式和参数不同，传统活性污泥法演变出传统曝气、完全混合、阶段曝气、吸附-再生、延时曝气、高负荷曝气、深井曝气、纯氧曝气等工艺。上述诸工艺各具特点，但基本设计方法相同，其优缺点、适用性及主要设计参数见表 2-5-3。

表 2-5-3 活性污泥法各工艺优缺点及设计参数对比

工 艺	优 点	缺 点	适 用 性	主要设计参数
传统曝气工艺	① 有机物去除率较高 ② 不易发生污泥膨胀 ③ 水质稳定	① 耐冲击负荷能力差 ② 供氧利用率低 ③ 运行费用较高	① 用于大中型水量 ② 不控制出水氮磷	$N_s=0.2\sim0.4$ $\theta_r=3\sim10\text{d}$ $X=1500\sim3500$
完全混合工艺	① 耐冲击负荷能力较强 ② 池内水质均匀，电耗低 ③ 负荷率较高	① 有机物去除率略低 ② 易发生污泥膨胀	① 用于中小水量 ② 适用于工业废水 ③ 不控制出水氮磷	$N_s=0.2\sim0.6$ $\theta_r=5\sim15\text{d}$ $X=3000\sim6000$
阶段曝气工艺	① 冲击负荷能力较强 ② 池内溶解氧较均匀 ③ 二沉池出水效果好	① 有机物去除率略低 ② 易发生污泥膨胀	① 用于大中型水量 ② 不控制出水氮磷	$N_s=0.2\sim0.4$ $\theta_r=5\sim15\text{d}$ $X=2000\sim3500$
吸附-再生工艺	① 曝气池体积小 ② 有耐冲击负荷能力 ③ 曝气电耗低	① 有机物去除率略低 ② 溶解有机物去除差 ③ 剩余污泥量较大	① 悬浮有机物较多 ② 强化一级处理 ③ 高浓度污水预处理	$N_s=0.2\sim0.4$ $\theta_r=3\sim10\text{d}$ $X=1000\sim3000$
延时曝气工艺	① 有机物去除率较高 ② 剩余污泥量较少且稳定 ③ 硝化反应彻底	① 曝气池体积大 ② 运行成本高 ③ 活性污泥差	① 用于中小水量 ② 出水氨氮严格控制	$N_s=0.05\sim0.15$ $\theta_r=0.5\sim2.5\text{d}$ $X=3000\sim6000$
高负荷曝气工艺	① 曝气池体积小 ② 负荷率较高 ③ 曝气电耗低	① 有机物去除率低 ② 不发生硝化反应 ③ 剩余污泥较大	① 用于中小水量 ② 强化一级处理	$N_s=1.5\sim5$ $\theta_r=5\sim15\text{d}$ $X=200\sim500$
深井曝气工艺	① 曝气池体积小 ② 充氧动力效率高 ③ 有利于冬季保持水温	① 曝气池构造复杂 ② 维修困难	① 适用于工业废水 ② 适用于高浓度废水	$N_s=1.0\sim1.2$ $\theta_r=5\text{d}$ $X=3000\sim5000$
纯氧曝气工艺	① 供氧利用率高 ② 污泥指数低 ③ 剩余污泥少	① 曝气池构造复杂 ② 运行成本高	① 适用于工业废水 ② 适用于高浓度废水	$N_s=0.4\sim0.8$ $\theta_r=5\sim15\text{d}$ $X=6000\sim10000$

注：N_s 为曝气池的 BOD_5 污泥负荷，单位为 $kgBOD_5/(kgMLSS \cdot d)$；θ_r 为曝气池的污泥龄，单位为 d；X 为曝气池混合液污泥浓度，单位为 mgMLSS/L。

2.5.2.1 曝气池的设计

曝气池按照水力学流态的不同分为完全混合式和推流式。完全混合式进水迅速与池内混合液混合，曝气池内各点水质均匀，池型为圆形或正多边形，一般可与二沉池合建，目前使用较少。推流式池内水质从入口到出口逐步降低，其池型多为廊道式，是目前应用最为广泛的形式。

曝气池设计方法主要有污泥负荷法和污泥龄法。污泥负荷法属于经验参数设计方法，污泥龄法属于经验参数与动力学参数相结合的设计方法。近年来国际水污染研究与控制协会 (International Association on Water Pollution Research and Control，IA WPRC) 推荐的活性污泥数学模型开始在国内应用。活性污泥数学模型包括 13 种水质指标，20 个动力学参数，8 个生物反应过程，是全面反应活性污泥生物处理系统运行状态的数学方程组。可用于活性污泥系统的数值模拟，以指导实际运行管理。用于工程设计则可使设计更科学合理，最大限度地接近工程实际。

（1）估算出水溶解性 BOD_5 二沉池出水 BOD_5 由溶解性 BOD_5 和悬浮性 BOD_5 组成，其中只有溶解性 BOD_5 与工艺计算有关。出水溶解性 BOD_5 可用下式估算：

$$S_e = S_z - 7.1K_d f C_c \tag{2-5-36}$$

式中，S_e 为出水溶解性 BOD_5；S_z 为二沉池出水总 BOD_5，$S_z=30mg/L$；K_d 为活性污泥自身氧化系数，典型值为 0.06；f 为二沉池出水 SS 中 VSS 所占比例，$f=0.75$；C_e

为二沉池出水 SS，$C_e = 30\text{mg/L}$。

（2）确定污泥负荷 N_s　污泥负荷 N_s 计算公式为：

$$N_s = \frac{K_2 S_e f}{\eta} \tag{2-5-37}$$

式中，K_2 为动力学参数，取值范围 $0.0168 \sim 0.0281$；η 为曝气池 BOD_5 去除率，%。

（3）曝气池有效容积 V　公式为：

$$V = \frac{Q S_0}{X N_s} \tag{2-5-38}$$

（4）复核容积负荷 F_V　公式为：

$$F_V = \frac{Q S_0}{1000 V} \tag{2-5-39}$$

一般 F_V 大于 0.4，小于 0.9 时，符合《室外排水设计规范》（GBJ 14—1987）（1997 年版）的要求。

（5）污泥回流比 R　回流污泥浓度 X_R 为：

$$X_R = \frac{10^6}{SVI} Y \tag{2-5-40}$$

式中，Y 为与二沉池有关的修正系数。

污泥回流比 R：

$$R = \frac{X}{X_R - X} \times 100\% \tag{2-5-41}$$

（6）剩余污泥量 ΔX　剩余污泥由生物污泥和非生物污泥组成。生物污泥由微生物的同化作用产生，并因微生物的内源呼吸而减少；非生物污泥由进水悬浮物中不可生化部分产生。活性污泥产率系数 $Y = 0.6$，剩余污泥量 ΔX 计算公式：

$$\Delta X_v = Y Q \frac{S_0 - S_e}{1000} - K_d V f \frac{X}{1000} \tag{2-5-42}$$

式中，K_d 为活性污泥自身氧化系数。K_d 与水温有关，水温为 20℃时 $K_{d(20)} = 0.06$。根据《室外排水设计规范》（GBJ 140—1987），（1997 年版）的有关规定，不同水温时应进行修正。校正公式如下：

$$K_{d(T)} = K_{d(20)} 1.04^{(T-20)} \tag{2-5-43}$$

剩余非生物污泥 ΔX_s 计算公式：

$$\Delta X_s = Q(1 - f_b f) \frac{C_0 - C_8}{1000} \tag{2-5-44}$$

式中，C_0 为设计进水 SS，m^3/d，$C_0 = 160（\text{mg/L}）$；f_b 为进水 VSS 中可生化部分比例，设 $f_b = 0.7$。

剩余污泥量：

$$\Delta X_{(T)} = \Delta X_{v(T)} + \Delta X_s \tag{2-5-45}$$

（7）复核污泥龄 θ_c　公式为：

$$\theta_{c(T)} = \frac{X V f}{1000 \Delta X_{v(T)}} \tag{2-5-46}$$

（8）复核出水 $NH_3\text{-}N$　微生物合成去除的氨氮 N_w，可用计算公式：

$$N_w = 0.12 \frac{\Delta X_v}{Q} \tag{2-5-47}$$

（9）设计需氧量　根据《室外排水设计规范》（GBJ 14—1987）（1997 年版），设计需氧量 AOR 计算公式为：

$$AOR = aQ\frac{S_0 - S_e}{1000} + b\left[Q(N_0 - N_e) - 0.12\frac{VXf}{\theta_c}\right] - c\frac{VXf}{\theta_c} \tag{2-5-48}$$

式中，$b\left[Q(N_0 - N_e) - 0.12\dfrac{VXf}{\theta_c}\right]$ 为氨氮硝化需氧量；a、b、c 为计算系数，$a = 1.47$，$b = 4.6$，$c = 1.42$。

（10）标准需氧量 SOR 和用气量　标准需氧量计算公式：

$$SOR = \frac{AOR \times C_{s(20)}}{\alpha\left[\beta\rho C_{sb(T)} - C\right] \times 1.024^{(T-20)}} \tag{2-5-49}$$

式中，$C_{s(20)}$ 为 20℃时氧在清水中饱和溶解度，$C_{s(20)} = 9.17\text{mg/L}$；$\alpha$ 为氧总转移系数，$\alpha = 0.85$；β 为氧在污水中饱和溶解度修正系数，$\beta = 0.95$；ρ 为因海拔高度不同而引起的压力系数。按下式计算：

$$\rho = \frac{P}{1.013 \times 10^5} \tag{2-5-50}$$

式中，P 为所在地区大气压力，Pa；T 为设计污水温度，本例冬季 $T = 10℃$，夏季 $T = 25℃$；$C_{sb(T)}$ 为设计水温条件下曝气池内平均溶解氧饱和度，mg/L。按下式计算：

$$C_{ab(T)} = C_{s(T)}\left(\frac{P_b}{2.026 \times 10^5} + \frac{O_t}{42}\right) \tag{2-5-51}$$

式中，$C_{s(T)}$ 为设计水温条件下氧在清水中饱和溶解度；P_b 为空气扩散装置处的绝对压力，Pa，$P_b = p + 9.8 \times 10^3 H$；$H$ 为空气扩散装置淹没深度，m；O_t 为气泡离开水面时含氧量，%。按下式计算：

$$O_t = \frac{21(1 - E_A)}{79 + 21(1 - E_A)} \tag{2-5-52}$$

式中，E_A 为空气扩散装置氧转移效率，%，可由设备样本查得。

工程所在地海拔高度 $P = 900\text{m}$，大气压力 $p = 0.91 \times 10^5 \text{Pa}$。压力修正系数 ρ：

$$\rho = \frac{p}{1.013 \times 10^5} \tag{2-5-53}$$

（11）曝气池布置　设曝气池 N 座，单座池容：

$$V_单 = \frac{v}{N} \tag{2-5-54}$$

曝气池有效水深 h，则单座曝气池有效面积：

$$A_单 = \frac{v_单}{h} \tag{2-5-55}$$

曝气池长度：

$$L = \frac{A_单}{B} \tag{2-5-56}$$

宽深比校核：

$$1 < \frac{b}{h} < 2$$

宽深比大于 1，小于 2，满足设计规范要求。

长宽比校核：

$$5 < \frac{L}{b} < 10$$

长宽比大于 5，小于 10，满足设计规范要求。

曝气池总高：

$$H = h + h'$$ (2-5-57)

式中，h' 为曝气池超高。

2.5.2.2 污泥负荷法设计推流式曝气池设计实例

[例 2-15] 某城市污水处理厂海拔高度 900m，设计处理水量 $Q = 20000 \text{m}^3/\text{d}$，总变化系数 $K_z = 1.51$，设计采用传统曝气活性污泥法，鼓风微孔曝气。曝气池设计进水水质 $COD_{Cr} = 350 \text{mg/L}$，$BOD_5 = 180 \text{mg/L}$，$NH_3 - N = 30 \text{mg/L}$，$SS = 160 \text{mg/L}$，夏季平均水温 $T = 25℃$，冬季平均水温 $T = 10℃$，设计出水水质 $COD_{Cr} = 120 \text{mg/L}$，$BOD_5 = 30 \text{mg/L}$，$NH_3 - N = 25 \text{mg/L}$，$SS = 30 \text{mg/L}$，$VSS$ 与 SS 的比例 $f = 0.75$。设计计算过程如下。

(1) 估算出水溶解性 BOD_5　二沉池出水 BOD_5 由溶解性 BOD_5 和悬浮性 BOD_5 组成，其中只有溶解性 BOD_5 与工艺计算有关。出水溶解性 BOD_5 可用下式估算：

$$S_e = S_z - 7.1 K_d f C_c$$

$$S_e = 30 - 7.1 \times 0.06 \times 0.75 \times 30 = 20.4 (\text{mg/L})$$

(2) 确定污泥负荷 N_s　曝气池进水 BOD_5 浓度 $S_0 = 180 \text{mg/L}$。曝气池 BOD_5 去除率 η：

$$\eta = \frac{S_0 - S_e}{S_0} = \frac{180 - 20.4}{180} = 89 (\%)$$

污泥负荷 N_s 计算公式为：

$$N_s = \frac{K_2 S_e f}{\eta}$$

式中，K_2 为动力学参数，取值范围 $0.0168 \sim 0.0281$。

$$N_s = \frac{0.018 \times 20.4 \times 0.75}{0.89} = 0.31 [\text{kgBOD}_5/(\text{kgMLSS} \cdot \text{d})]$$

(3) 曝气池有效容积 V　用污泥负荷法计算，设计进水流 $Q = 20000 \text{m}^3/\text{d}$，曝气池混合液污泥浓度 $X = 2500 \text{mgMLSS/L}$。

$$V = \frac{Q S_0}{X N_s} = \frac{20000 \times 180}{2500 \times 0.31} = 4645 (\text{m}^3)$$

曝气池设两座，每座有效容积 $= 4645/2 = 2322.5 (\text{m}^3)$。

(4) 复核容积负荷 F_v　公式如下：

$$F_v = \frac{Q S_0}{1000 V} = \frac{20000 \times 180}{1000 \times 4645} = 0.78 [\text{kgBOD}_5/(\text{kgMLSS} \cdot \text{d})]$$

F_v 大于 0.4，小于 0.9，符合《室外排水设计规范》(GBJ 14—87)，(1997 年版) 的要求。

(5) 污泥回流比 R　污泥指数 SVI 取 150，回流污泥浓度 X_R 为：

$$X_R = \frac{10^6}{SVI} Y = \frac{10^6}{150} \times 1.2 = 8000 (\text{mg/L})$$

式中，Y 为与二沉池有关的修正系数。

污泥回流比 R：

$$R = \frac{X}{X_R - X} \times 100\% = \frac{2500}{8000 - 2500} \times 100\% = 45.45\%$$

(6) 剩余污泥量 ΔX_V 公式为：

$$\Delta X_v = Y Q \frac{S_0 - S_e}{1000} - K_d V f \frac{X}{1000}$$

本例中污水温度夏季 $T=25℃$，冬季 $T=10℃$。

$$K_{d(25)}=K_{d(20)}1.04^{(T-20)}=0.06×1.04^{(25-20)}=0.073(d^{-1})$$

$$K_{d(10)}=K_{d(20)}1.04^{(T-20)}=0.06×1.04^{(10-20)}=0.041(d^{-1})$$

夏季剩余生物污泥量：

$$\Delta X_{v(10)}=0.06×20000\frac{180-20.4}{1000}-0.073×4645×0.75\frac{2500}{1000}$$

$$\Delta X_{v(10)}=1279.4(kg/d)$$

冬季剩余生物污泥量：

$$\Delta X_{v(10)}=0.06×20000\frac{180-20.4}{1000}-0.041×4645×0.75\frac{2500}{1000}$$

$$\Delta X_{v(15)}=1558.1(kg/d)$$

剩余非生物污泥 ΔX_s 计算公式：

$$\Delta X_s=Q(1-f_b f)\frac{C_o-C_e}{1000}$$

$$\Delta X_s=1235(kg/d)$$

夏季剩余污泥量 $\Delta X_{(25)}$：

$$\Delta X_{(25)}=\Delta X_{v(25)}+\Delta X_s=1279.4+1235=2514.4(kg/d)$$

冬季剩余污泥量 $\Delta X_{(10)}$：

$$\Delta X_{(10)}=\Delta X_{v(10)}+\Delta X_s=1558.1+1235=2793.1(kg/d)$$

(7) 复核污泥龄 θ_c　夏季污泥龄 $\theta_{c(25)}$

$$\theta_{c(25)}=\frac{XVf}{1000\Delta X_{v(25)}}=\frac{2500×4645×0.75}{1000×1279.4}=6.8(d)$$

冬季污泥龄 $\theta_{c(10)}$

$$\theta_{c(10)}=\frac{XVf}{1000\Delta X_{v(10)}}=\frac{2500×4645×0.75}{1000×1558.1}=5.6(d)$$

复核结果表明，无论一冬季或夏季，污泥龄都在允许范围内。

(8) 复核出水 NH_3-N　微生物合成去除的氨氮 N_w 二可用计算公式：

$$N_w=0.12\frac{\Delta X_v}{Q}$$

冬季微生物合成去除的氨氮 $\Delta N_{(10)}$：

$$\Delta N_{w(10)}=0.12×\frac{1558.1}{20000}×1000=9.4(mg/L)$$

冬季出水氨氮为：

$$N_{c(10)}=N_0-N_{w(10)}=30-9.4=20.6(mg/L)$$

夏季微生物合成去除的氨氮 $\Delta N_{(25)}$：

$$\Delta N_{w(25)}=0.12×\frac{1279.4}{20000}×1000=7.7(mg/L)$$

夏季出水氨氮为：

$$N_{c(25)}=N_0-N_{w(25)}=30-7.7=22.3(mg/L)$$

复核结果表明，无论冬季或夏季，本例仅靠生物合成就可使出水氨氮低于设计出水标准。

(9) 设计需氧量　公式如下：

$$AOR_{(25)}=1.47×20000×\frac{180-20.4}{1000}+4.6×(20000×\frac{30-0.53}{1000}-$$

$$0.12 \times \frac{4645 \times 2500 \times 0.75}{1000 \times 6.8}) - 1.42 \times \frac{4645 \times 2500 \times 0.75}{1000 \times 6.8} = 203.2(\text{kg/h})$$

（10）标准需氧量 SOR 和用气量　工程所在地海拔高度 $P = 900\text{m}$，大气压力 $p = 0.91 \times 10^5\text{Pa}$，压力修正系数 ρ：

$$\rho = \frac{p}{1.013 \times 10^5} = \frac{0.91 \times 10^5}{1.013 \times 10^5} = 0.9$$

微孔曝气头安装在距池底 0.3m 处，淹没深度 4.2m，其绝对压力 P_b 为：

$$P_b = p + 9.8 \times 10^3 H = 1.013 \times 10^5 + 0.098 \times 10^5 \times 4.2 = 1.42 \times 10^5(\text{Pa})$$

微孔曝气头氧转移效率 E_A 为 20%，气泡离开水面时含氧量 O_t：

$$Q_t = \frac{21(1 - E_A)}{79 + 21 \times (1 - E_A)} = \frac{21 \times (1 - 0.2)}{79 + 21 \times (1 - 0.2)} = 17.5\%$$

夏季清水氧饱和度 $C_{s(25)}$ 为 8.4mg/L，曝气池内平均溶解氧饱和度 $C_{sb(25)}$：

$$C_{sb(25)} = C_{s(25)}\left(\frac{P_b}{2.026 \times 10^5} + \frac{O_t}{42}\right) = 9.4(\text{mg/L})$$

夏季标准需氧量 $SOR_{(25)}$：

$$SOR_{(25)} = \frac{AOR \times C_{s(20)}}{\alpha(\beta\rho C_{sb(25)} - C) \times 1.024^{(25-20)}} = 322.8(\text{kg/h})$$

（11）曝气池布置　设曝气池 2 座，单座池容：

$$V_{\text{单}} = \frac{V}{2} = \frac{4645}{2} = 2322.5(\text{m}^3)$$

曝气池有效水深 $h = 4.5\text{m}$，单座曝气池有效面积：

$$A_{\text{单}} = \frac{V_{\text{单}}}{h} = \frac{2322.5}{4.5} = 516.11(\text{m}^2)$$

采用 3 廊道式，廊道宽 $b = 5.5\text{m}$，曝气池宽度：

$$B = 3b = 3 \times 5.5 = 16.5(\text{m})$$

曝气池长度：

$$L = \frac{A_{\text{单}}}{B} = \frac{516.11}{16.5} = 31.3(\text{m})$$

宽深比校核：

$$\frac{b}{h} = \frac{5.5}{4.5} = 1.22$$

宽深比大于 1，小于 2，满足设计规范要求。

长宽比校核：

$$\frac{L}{b} = \frac{31.3}{5.5} = 5.7$$

长宽比大于 5，小于 10，满足设计规范要求。

曝气池超高取 0.8m，曝气池总高：

$$H = 4.5 + 0.8 = 5.3(\text{m})$$

曝气池平面布置如图 2-5-12 所示。

夏季空气用量 $Q_{F(25)}$：

$$Q_{F(25)} = \frac{SOR_{(25)}}{0.3 E_A} = \frac{322.8}{0.3 \times 0.2} = 5380(\text{m}^3/\text{h}) = 89.7(\text{m}^3/\text{min})$$

曝气池采用推流式矩形廊道型，分为两座。每座长 31.3m，宽 16.5m，水深 4.5m。两座曝气池实际有效容积 4648m³。曝气池平面布置如图 2-5-12 所示。

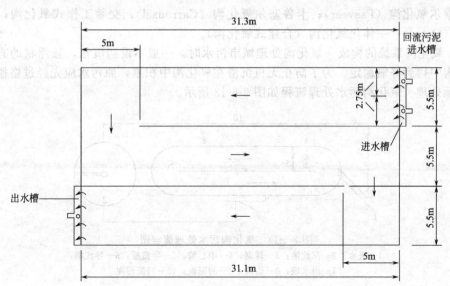

图 2-5-12　曝气池平面布置示意图

2.5.3　氧化沟及其设计方法

2.5.3.1　氧化沟概述

氧化沟又称连续循环式反应池或"循环曝气池"，因其构筑物呈封闭的沟渠型而得名，故有人称其为"无终端的曝气系统"。

氧化沟是活性污泥法的一种改型，它把连续式反应池用作生物反应池。污水和活性污泥混合液在该反应池中以一条闭合式曝气渠道进行连续循环。氧化沟通常在延时曝气条件下使用，这时水和固体的停留时间长，有机物质的负荷低。它使用一种带方向控制的曝气和搅拌装置，向反应池中的物质传递水平速度，从而使被搅动的液体在闭合式曝气渠道中循环。

氧化沟池底水平速度 $v>0.3\text{m/s}$，污泥负荷和污泥龄的选取需考虑污泥稳定化和污水硝化两个因素。一般污泥龄为 10~30d，污泥负荷在 0.05~0.10kgBOD$_5$/(kgMLVSS·d) 之间，水力停留时间为 12~24h，污泥浓度（$MLSS$）一般在 4000~5000mg/L。

氧化沟曝气池占地面积比一般的生物处理要大，但是由于其不设初沉池，一般也不建污泥厌氧消化系统，因此，节省了构筑物之间的空间，使污水厂总占地面积并未增大，在经济上具有竞争力。

氧化沟的技术特点，主要表现在以下几个方面。

① 处理效果稳定，出水水质好，并且具有较强的脱氮功能，有一定的抗冲击负荷能力。

② 工程费用相当于或低于其他污水生物处理技术的费用。

③ 处理厂只需要最低限度的机械设备，增加了污水处理厂正常运转的安全性。

④ 管理简化，运行简单。

⑤ 剩余污泥较少，污泥不经消化也容易脱水，污泥处理费用较低。

⑥ 处理厂与其他工艺相比，臭味较小。

⑦ 构造形式和曝气设备多样化。

⑧ 曝气强度可以调节。

⑨ 具有推流式流态的某些特征。

2.5.3.2　氧化沟的类型和基本形式

（1）常用氧化沟的类型　氧化沟技术发展较快，类型多样，根据其构造和特征，主要分为帕斯维尔氧化沟（Pasveer）；卡鲁塞尔氧化沟（Carrousel）；交替工作式氧化沟；奥贝尔氧化沟（Orbal）；一体化氧化沟（合建式氧化沟）。

（2）氧化沟系统的构成　氧化沟处理城市污水时，一般不设初沉池，悬浮状的有机物可在氧化沟中得到好氧稳定。为了防止无机沉渣在氧化沟中积累，原污水应先经过格栅及沉砂池进行预处理。氧化沟污水处理流程如图 2-5-13 所示。

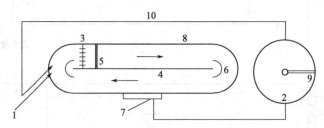

图 2-5-13　氧化沟污水处理流程图
1—进水；2—沉淀池；3—转刷；4—中心墙；5—导流板；6—导流槽；
7—出水堰；8—边墙；9—刮泥板；10—回流污泥

氧化沟系统的基本构成有：氧化沟池体、曝气设备、进出水装置、导流和混合装置。下面以卡鲁塞尔氧化沟为例进行设计讲解。

2.5.3.3　卡鲁塞尔氧化沟

（1）工艺特点　卡鲁塞尔氧化沟是一个多沟串联的系统，进水与活性污泥混合后在沟内做不停地循环运动。污水和回流污泥在第一个曝气区中混合。由于曝气器的泵送作用，沟中的流速保持 0.3m/s。水流在连续经过几个曝气区后，便流入外边最后一个环路，出水从这里通过出水堰排出，出水位于第一曝气区的前面。

卡鲁塞尔氧化沟采用垂直安装的低速表面曝气器，每组沟渠安装一个，均安装在同一端，因此形成了靠近曝气器下游的富氧区和曝气器上游以及外环的缺氧区。这不仅有利于生物凝聚，还使活性污泥易于沉淀。BOD 去除率可达 95%～99%，脱氮效率约为 90%，除磷率约为 50%。

在正常的设计流速下，卡鲁塞尔氧化沟渠道中混合液的流量是进水流量的 50～100 倍，曝气池中的混合液平均每 5～20min 完成一个循环。具体循环时间取决于渠道长度、渠道流速及设计负荷。这种状态可以防止短流，还通过完全混合作用产生很强的耐冲击负荷能力。

卡鲁塞尔氧化沟的表面曝气机单机功率大（可达 150kW），其水深可达 5m 以上，使氧化沟占地面积减小，土建费用降低。同时具有极强的混合搅拌和耐冲击负荷能力。当有机负荷较低时，可以停止某些曝气器的运行，或者切换较低的转速，在保证水流搅拌混合循环流动的前提下，节约能量消耗。由于曝气机周围的局部地区能量强度比传统活性污泥曝气池中强度高得多，使得氧的转移效率大大提高，平均传氧效率达到 2.1kg/（kW·h）。

为了满足越来越严格的水质排放标准，卡鲁塞尔氧化沟在原有的基础上开发了许多新的设计，实现了新的功能。提高了处理效率，降低了运行能耗，改进了活性污泥性能，提高了生物除磷脱氮功能。主要有单级标准卡鲁塞尔工艺和变形；Carrousel denit IR/Carrousel 2000 工艺；Carrousel 3000 工艺；以及四阶段和五阶段 Carrousel Bardenp Ho 工艺系统。

（2）设计计算　具体内容如下。

混合液浓度（MLSS）为 4000～4500mg/L，污泥回流比为 100%；有效水深 $h \geqslant 5$m；$N = 0.0 \sim 0.1$ kgBOD$_5$/（kgMLVSS·d）；污泥龄 θ_c 在 25～30d 以上；水力停留时间为 18～28h。一般沟深是表面曝气机叶轮直径的 1.2 倍，沟宽是沟深的 2 倍。

① 去除 BOD$_5$。具体步骤如下。

a. 氧化沟出水溶解性 BOD_5 浓度 S_0　为了保证沉淀池出水 BOD_5 浓度 $S_e \leqslant 20mg/L$，必须控制氧化沟出水所含溶解性 BOD_5 浓度 S_2，因为沉淀池出水中的 VSS 也是构成 BOD_5 浓度的个组成部分。

$$S = S_e - S_1 \tag{2-5-58}$$

式中，S_1 为沉淀池出水中的 VSS 所构成的 BOD_5 浓度。

$$S_1 = 1.42(VSS/TSS) \times TSS \times (1 - e^{-0.23 \times 5}) \tag{2-5-59}$$

b. 好氧区容积 V_1。好氧区容积计算采用动力学计算方法。公式为：

$$V_1 = \frac{Y\theta_c Q(S_0 - S)}{X_v(1 + Kd\theta_c)} \tag{2-5-60}$$

c. 好氧区水力停留时间 t_1

$$t_1 = \frac{v_1}{Q} \tag{2-5-61}$$

d. 剩余污泥量 ΔX：

$$\Delta X = Q\Delta S\left(\frac{Y}{1 + K_d\theta_c}\right) + QX_1 - QX_c \tag{2-5-62}$$

② 脱氮。步骤如下。

a. 需氧化的氨氮量 N_1。氧化沟产生的剩余污泥中含氮率为 12.4，则用于生物合成的总氮量为：

$$N_0 = \frac{0.124 \times Q_w \times 1000}{Q} \tag{2-5-63}$$

需要氧化的 NH_3-N 量 N_1＝进水 TKN－出水 NH_3-N－生物合成所需氮 N_0。

b. 脱氮量 N_r：

$$N_r ＝进水 TKN－出水 TN－生物合成所需氮 N_0$$

c. 碱度平衡。一般认为，剩余碱度达到 100mg/L，（以 $CaCO_3$ 计），即可保持 $pH \geqslant 7.2$，生物反应能够正常进行。每氧化 $1mgNH_3$-N 需要消耗 7.14mg 碱度；每氧化 1mg BOD_5 产生 0.1 mg 碱度；每还原 $1mgNO_3^-$-N 产生 3.57mg 碱度。

剩余碱度 S＝原水碱度－硝化消耗碱度＋反硝化产生碱度＋氧化 BOD_5 产生碱度

d. 脱氮所需的容积 V_2。

脱硝率：

$$q_{dn(t)} = q_{dn(20)} \times 1.08^{(T-20)} \tag{2-5-64}$$

脱氮所需要的容积：

$$V_2 = \frac{QN_r}{q_{dn(14)}X_v} \tag{2-5-65}$$

e. 脱氮水力停留时间 t_2：

$$t_2 = \frac{v_2}{Q} \tag{2-5-66}$$

③ 氧化沟总容积 V 及停留时间 t：

$$V = V_1 + V_2 \tag{2-5-67}$$

$$t = \frac{V}{Q} \tag{2-5-68}$$

校核污泥负荷：

$$N = \frac{QS_0}{XV} \tag{2-5-69}$$

④ 需氧量。各公式如下。

a. 实际需氧量 AOR。公式为：

AOR＝去除 BOD_5 需氧量－剩余污泥中 BOD_5 的需氧量＋去除 NH_3-N 耗氧量－剩余污泥中 NH_3-N 的耗氧量－脱氮产氧量

b. 去除 BOD_5 需氧量 D_1：

$$D_1 = a'Q(S_0 - S) + b'VX \tag{2-5-70}$$

c. 剩余污泥中 BOD_5 的需氧量 D_2（用于生物合成的那部分 BOD_5 需氧量）：

$$D_2 = 1.42 \times \Delta X_1 \tag{2-5-71}$$

d. 去除 NH_3-N 的需氧量 D_3（每 $1kgNH_3$-N 硝化需要消耗 $4.6kgO_2$）：

$$D_3 = 4.6 \times (\text{TKN} - \text{出水} NH_3\text{-N}) \times \frac{Q}{1000} \tag{2-5-72}$$

e. 剩余污泥中 NH_3-N 的耗氧量 D_4：

$$D_4 = 4.6 \text{污泥含氮率} \times \text{氧化沟剩余污泥} \Delta X_1 \tag{2-5-73}$$

f. 脱氮产氧量 D_5，每还原 $1kgN_2$ 产生 $2.86kgO_2$。

$$D_5 = 2.86 \times \text{脱氮量} \tag{2-5-74}$$

总需氧量：

$$AOR = D_1 - D_2 + D_3 - D_4 - D_5 \tag{2-5-75}$$

⑤ 氧化沟尺寸。设氧化沟 N 座。则单座氧化沟有效容积：

$$V_单 = \frac{V}{N} \tag{2-5-76}$$

氧化沟面积

$$A = \frac{V_单}{h} \tag{2-5-77}$$

(3) 卡鲁塞尔氧化沟工艺实例设计　具体内容如下。

① 设计流量 $Q=100000 m^3/d$（不考虑变化系数）。

② 设计进水水质：BOD_5 浓度 $S_0=190mg/L$；TSS 浓度 $X_0=250mg/$；VSS＝175mg/L；TKN＝45mg/L；NH_3-N＝35mg/L；碱度 $S=280mg/L$；最低水温 $T=14℃$；最高水温 $T=25℃$。

③ 设计出水水质：BOD_5 浓度 $S_e=20mg/L$；TSS 浓度 $X_e=20mg/L$；NH_3-N＝15mg/L；TN＝20mg/L。

考虑污泥稳定化：污泥产率系数 $Y=0.55$；混合液悬浮固体浓度（MLSS）$X=4000mg/L$；混合液挥发性悬浮固体浓度（MLVSS）$X_v=2800mg/L$；污泥龄 $\theta_c=30d$；内源代谢系数 $K_d=0.055$；20℃时脱硝率 $q_{dn}=0.035kg$（还原的 NO_3^--N）/（kgMLVSS・d）。

设计计算过程如下。

① 去除 BOD_5 的流程如下。

a. 氧化沟出水溶解性 BOD_5 浓度 S_0　为了保证沉淀池出水 BOD_5 浓度 $S_e \leqslant 20mg/L$，必须控制氧化沟出水所含溶解性 BOD_5 浓度 S_2，因为沉淀池出水中的 VSS 也是构成 BOD_5 浓度的组成部分。

$$S = S_e - S_1$$

S_1 为沉淀池出水中的 VSS 所构成的 BOD_5 浓度

$$\begin{aligned}
S_1 &= 1.42(\text{VSS/TSS}) \times \text{TSS} \times (1 - e^{-0.23 \times 5}) \\
&= 1.42 \times 0.7 \times 20 \times (1 - e^{-0.23 \times 5}) \\
&= 13.59(\text{mg/L}) \\
S &= 20 - 13.59 = 6.41(\text{mg/L})
\end{aligned}$$

b. 好氧区容积 V_1。好氧区容积计算采用动力学计算方法。

$$V_1 = \frac{Y\theta_c Q(S_0 - S)}{X_v(1 + K_d\theta_c)} = 40825(\text{m}^3)$$

c. 好氧区水力停留时间 t_1：

$$t_1 = \frac{V_1}{Q} = \frac{40825}{100000} = 0.408(d) = 9.79(h)$$

d. 剩余污泥量 ΔX：

$$\Delta X = Q\Delta S\left(\frac{Y}{1+K_d\theta_c}\right) + QX_1 - QX_e$$

$$\Delta X = 100000 \times (0.19 - 0.00641) \times \left(\frac{0.55}{1+0.55+30}\right) + 100000(0.25 - 0.175) -$$

$$100000 \times 0.02 = 9310.4(kg/d)$$

去除每千克 BOD_5 产生的干污泥量 $= \dfrac{\Delta X}{Q(S_0 - S_e)} = 0.548(kgDs/kgBOD_5)$

② 脱氮流程如下。

a. 需氧化的氨氮量 N_1。氧化沟产生的剩余污泥中含氮率为 12.4%，则用于生物合成的总氮量为：

$$N_0 = \frac{0.124 \times 3810.36 \times 1000}{100000} = 4.72(mg/L)$$

需要氧化的 NH_3-N 量 $N_1 = $ 进水 TKN - 出水 NH_3-N - 生物合成所需氮 N_0

$$N_1 = 45 - 15 - 4.72 = 25.28(mg/L)$$

b. 脱氮量 N_r。

$$N_r = 进水\ TKN - 出水\ TN - 生物合成所需氮\ N_0$$
$$= 45 - 20 - 4.72 = 20.28(mg/L)$$

c. 碱度平衡。一般认为，剩余碱度达到 100mg/L（以 $CaCO_3$ 计），即可保持 pH$\geqslant$7.2，生物反应能够正常进行。每氧化 1mgNH_3-N 需要消耗 7.14mg 碱度；每氧化 1mg BOD_5 产生 0.1 mg 碱度；每还原 1mg NO_3^--N 产生 3.57mg 碱度。

剩余碱度 $S = $ 原水碱度 - 硝化消耗碱度 + 反硝化产生碱度 + 氧化 BOD_5 产生碱度

$$S = 280 - 7.14 \times 25.28 + 3.57 \times 20.28 + 0.1 \times (190 - 6.41) = 190.26(mg/L)$$

此值可保持 pH$\geqslant$7.2，硝化和反硝化反应能够正常进行。

d. 脱氮所需的容积 V_2。

脱硝率 $q_{dn(t)} = q_{dn(20)} \times 1.08^{(T-20)}$

14℃时 $q_{dn(14)} = 0.035 \times 1.08^{(14-20)} = 0.22$kg(还原的 NO_3^--N/kgMLVSS)

脱氮所需要的容积：

$$V_2 = \frac{QN_r}{q_{dn(14)}X_v} = \frac{100000 \times 20.28}{0.022 \times 2800} = 32922(m^3)$$

e. 脱氮水力停留时间 t_2。

$$t_2 = \frac{V_2}{Q} = \frac{32922}{100000} = 0.329(d) = 7.9(h)$$

③ 氧化沟总容积 V 及停留时间 t 的计算过程如下。

$$V = V_1 + V_2 = 40825 + 32922 = 73747(m^3)$$

$$t = \frac{V}{Q} = \frac{73747}{100000} = 0.737(d) = 17.70(h)$$

校核污泥负荷 $N = \dfrac{QS_0}{XV} = \dfrac{100000 \times 0.19}{2.8 \times 73747} = 0.092[kgBOD_5/(kgMLVSS \cdot d)]$

④ 实际需氧量 AOR 的计算过程如下。

a. 去除 BOD_5 需氧量 D_1：

$$D_1 = a'Q(S_0 - S) + b'VX$$
$$= 0.52 \times 100000 \times (0.19 - 0.00641) + 0.12 \times 73747 \times 2.8 = 34325.67(kg/d)$$

b. 剩余污泥中 BOD_5 的需氧量 D_2：

$$D_2 = 1.42 \times \Delta X_1 = 1.42 \times 3810.36 = 5410.71/(kg/d)$$

c. 去除 $NH_3\text{-}N$ 的需氧量 D_3：

$$D_3 = 4.6 \times (TKN - 出水 NH_3\text{-}N) \times Q/1000 = 4.6 \times (45 - 15) \times 100000/1000$$
$$= 13800(kg/d)$$

d. 剩余污泥中 $NH_3\text{-}N$ 的耗氧量 D_4：

$$D_4 = 4.6 污泥含氮率 \times 氧化沟剩余污泥 \Delta X_1$$
$$= 4.6 \times 0.124 \times 3810.36$$
$$= 2173.43(kg/d)$$

e. 脱氮产氧量 D_5：

$$D_5 = 2.86 \times 脱氮量 = 2.86 \times 20.28 \times \frac{100000}{1000} = 5800.08(kg/d)$$

总需氧量 $$AOR = D_1 - D_2 + D_3 - D_4 - D_5$$
$$AOR = 34741.45(kg/d)$$

⑤ 氧化沟尺寸。设氧化沟 6 座。则单座氧化沟有效容积：

$$V_单 = \frac{V}{6} = \frac{73747}{6} = 12291(m^3)$$

取氧化沟有效水深 $H = 5m$，超高为 $1m$，氧化沟深度 $h = 5 + 1 = 6m$。中间分隔墙厚度为 $0.25m$。

氧化沟面积 $$A = \frac{V_单}{h} = \frac{12291}{5} = 2458.2(m^2)$$

单沟道宽度 $b = 9m$。

弯道部分的面积 A_1：

$$A_1 = \frac{3\pi \left(\frac{2 \times 9 + 0.25}{2}\right)^2}{2} + \left(\frac{3 \times 9 + 3 \times 0.25}{2}\right)\pi \times 9 = 784.29(m^2)$$

直线段部分面积 A_2：

$$A_2 = A - A_1 = 2458.2 - 784.29 = 1673.91(m^2)$$

单沟直线段长度 L：

$$L = \frac{A_2}{4 \times b} = 46.491(m)$$

取 $L = 47m$。

2.5.4 间歇式活性污泥法

2.5.4.1 设计概述

间歇式活性污泥法，也称为序批式活性污泥法（简称 SBR），是在一个反应器中周期性完成生物降解和泥水分离过程的污水处理工艺。在典型的 SBR 反应器中，按照进水、曝气、沉淀、排水、闲置 5 个阶段顺序完成一个污水处理周期。SBR 工艺是最早的污水处理工艺。由于受自动化水平和设备制造工艺的限制，早期的 SBR 工艺操作繁琐，设备可靠性低，因此应用较少。近年来随着自动化水平的提高和设备制造工艺的改进，SBR 工艺克服了操作繁琐等缺点，提高了设备可靠性，设计合理的 SBR 工艺具有良好的除磷脱氮效果，因而近年来备受关注，成为污水处理工艺中应用最广泛的工艺之一。SBR 工艺的特点如下。

① 运行灵活。可根据水量水质的变化调整各时段的时间，或根据需要调整或增减处理工序，以保证出水水质符合要求。

② 近似于静止沉淀的特点，使泥水分离不受干扰，出水 SS 较低且稳定。

③ 在处理周期的开始和结束时，反应器内水质和污泥负荷经历了一个由高到低的变化，溶解氧则由低到高。就此而言，SBR 工艺在时间上具有推流反应器特征，因而不易发生污泥膨胀。

④ SBR 反应器在某一时刻，池内各处水质均匀，具有完全混合的水力学特征，因而具有较好的抗冲击负荷能力。

⑤ SBR 一般不设初沉池，生物降解和泥水分离在一个反应器内完成，处理流程短，占地小。

⑥ 因为运行灵活，运行管理成为处理效果的决定因素。这要求管理人员具有较高的素质，不仅要有扎实的理论基础，还应有丰富的实践经验。

SBR 工艺是目前发展变化最快的污水处理工艺。SBR 工艺的新变种有间歇式循环延时曝气活性污泥工艺（ICEAS）、间歇进水周期循环式活性污泥工艺（CAST）、连续进水周期循环曝气活性污泥工艺（CASS）、连续进水分离式周期循环延时曝气工艺（IDEA）等。在工程实践中，设计人员可根据进出水水质灵活组合处理工序和时段，灵活设置进水、曝气方式，灵活进行反应器内分区，并不局限上述定型工艺之中。

目前，SBR 工艺的一些机理和设计方法还有待于进一步研究。工程实践中，SBR 工艺的设计借鉴性污泥工艺的设计计算方法，考虑到周期运行的特点，设计中引入反应时间比（或排水比）的参数。设计计算内容包括与生物化学有关的计算，与沉淀有关的计算，需氧量的计算，反应周期及各时段的确定等。

2.5.4.2　经典 SBR 工艺设计

（1）SBR 反应器　每周期分为进水、曝气、沉淀、排水 4 个阶段。其中进水时间：

$$t_e = \frac{24}{n_1 n_2} \tag{2-5-78}$$

式中，n_1 为运行周期反应器个数；n_2 为周期数。

MLSS 取 X mg/L，污泥界面沉降速度：

$$u = 4.6 \times 10^4 \times X^{-1.26} \tag{2-5-79}$$

曝气池滗水高度 h_1，安全水深 ε，则沉淀时间：

$$t_s = \frac{h_1 + \varepsilon}{u} \tag{2-5-80}$$

曝气时间：

$$t_a = t - t_c - t_s - t_d \tag{2-5-81}$$

（2）曝气池体积 V　二沉池出水 BOD_5 由溶解性 BOD_5 和悬浮性 BOD_5 组成，其中只有溶解性 BOD_5 与工艺计算有关。出水溶解性 BOD_5 可用下式估算：

$$S_e = S_z - 7.1 K_d f C_e \tag{2-5-82}$$

式中，S_e 为出水溶解性 BOD_5；S_z 为二沉池出水总 BOD_5，取 $S_z = 20$ mg/L；K_d 为活性污泥自身氧化系数，典型值为 0.06；f 为二沉池出水 SS 中 VSS 所占比例，取 $f = 0.75$；C_e 为二沉池出水 SS，取 $C_e = 20$ mg/L。

曝气池体积：

$$V = \frac{YQ\theta_c(S_0 - S_e)}{eXf(1 + K_d\theta_c)} \tag{2-5-83}$$

（3）复核滗水高度 h_1　SBR 曝气池共设 n_2 座：

$$h_1 = \frac{HQ}{n_2 v} \qquad (2\text{-}5\text{-}84)$$

复核结果与设定值相同。

（4）复核污泥负荷　公式为：

$$h_1 = \frac{QS_0}{eXV} \qquad (2\text{-}5\text{-}85)$$

（5）剩余污泥产量　剩余污泥由生物污泥和非生物污泥组成。剩余生物污泥 ΔX_v 计算公式为：

$$\Delta X_v = YQ \times \frac{S_0 - S_e}{1000} - K_d Vf \times \frac{X}{1000} \qquad (2\text{-}5\text{-}86)$$

式中，f 为二沉池出水 SS 中 VSS 所占比例，一般 $f = 0.75$；K_d 为活性污泥自身氧化系数，K_d 与水温有关，水温为 20℃ 时 $K_{d(20)} = 0.06$。根据《室外排水设计规范》（GBJ 14—1987），（1997 年版）的有关规定，不同水温时应进行修正（具体见曝气池章节）。

冬季剩余生物污泥量：

$$\Delta X_v = YQ \times \frac{S_0 - S_e}{1000} - K_d Vf \times \frac{X}{1000} \qquad (2\text{-}5\text{-}87)$$

剩余非生物污泥 ΔX_s 计算公式：

$$\Delta X_s = Q(1 - f_b f) \times \frac{c_0 - c_e}{1000} \qquad (2\text{-}5\text{-}88)$$

剩余污泥总量：

$$\Delta X = \Delta X_v + \Delta X_s \qquad (2\text{-}5\text{-}89)$$

（6）设计需氧量　设计需氧量包括氧化有机物需氧量，污泥自身需氧量、氨氮硝化需氧量和出水带走的氧量。有机物氧化需氧系数 $a' = 0.5$，污泥需氧系数 $b' = 0.12$。氧化有机物和污泥需氧量 AOR_1 为：

$$AOR_1 = a'Q(S_0 - S_e) + eb'XVf \qquad (2\text{-}5\text{-}90)$$

进水总氮 $N_0 = 85\text{mg/L}$，出水氨氮 $N_e = 15\text{mg/L}$，硝化氨氮需氧量 AOR_2：

$$AOR_2 = 4.6 \left[Q \frac{(N_0 - N_e)}{1000} - 0.12 \frac{eVXf}{\theta_c} \right] \qquad (2\text{-}5\text{-}91)$$

反硝化产生的氧量 AOR_3：

$$AOR_3 = 2.6 \left[Q \frac{(N_j - TN_e)}{1000} - 0.12 \frac{eVN_w f}{1000\theta_c} \right] \qquad (2\text{-}5\text{-}92)$$

总需氧量：
$$AOR_1 = AOR_1 + AOR_2 - AOR_3 \qquad (2\text{-}5\text{-}93)$$

2.5.4.3　实例设计

[例 2-16] 某城市污泥处理厂海拔高度 950m，设计处理水量 $Q = 12000\text{m}^3/\text{d}$，总变化系数 $K_z = 1.62$，冬季水温 $T = 10℃$。设计采用非限制曝气 SBR 工艺，鼓风微孔曝气。设计进水水质 $COD_{Cr} = 450\text{mg/L}$，$BOD_5 = 250\text{mg/L}$，$SS = 300\text{mg/L}$，$TN = 45\text{mg/L}$，$NH_3\text{-N} = 35\text{mg/L}$，$TP = 6\text{mg/L}$，设计出水水质 $COD_{Cr} = 60\text{mg/L}$，$BOD_5 = 20\text{mg/L}\_$，$SS = 20\text{mg/L}$，$NHS\text{-N} = 15\text{mg/L}$，$TP = 0.5\text{mg/L}$。不考虑反硝化脱氮，试对 SBR 反应器进行设计。

设计计算过程如下。

（1）运行周期　反应器个数 $n_1 = 4$，周期时间 $t = 6\text{h}$，周期数 $n_2 = 4$，每周期处理水量 750m³。每周期分为进水、曝气、沉淀、排水 4 个阶段。其中进水时间：

$$t_e = \frac{24}{n_1 n_2} = \frac{24}{4 \times 4} = 1.5(\text{h})$$

根据滗水器设备性能，排水时间 $t_d = 0.5 \mathrm{h}$。

$MLSS$ 取 $4000 \mathrm{mg/L}$，污泥界面沉降速度：

$$u = 4.6 \times 10^4 \times 4000^{-1.26} = 1.33 \text{(m)}$$

曝气池滗水高度 $h_1 = 1.2 \mathrm{m}$，安全水深 $\varepsilon = 0.5 \mathrm{m}$，沉淀时间：

$$t_s = \frac{h_1 + \varepsilon}{u} = \frac{1.2 + 0.5}{1.33} = 1.3 \text{(h)}$$

曝气时间：$t_a = t - t_c - t_s - t_d = 6 - 1.5 - 1.3 - 0.5 = 2.7 \text{(h)}$

反应时间比：$e = t_a/T = 2.7/6 = 0.45$

(2) 曝气池体积 V　计算过程如下。

$$S_e = 20 - 7.1 \times 0.06 \times 0.75 \times 20 = 13.6 \text{(mg/L)}$$

本例进水 TN 较高。为满足硝化要求，曝气段污泥龄 θ_c 取 $25 \mathrm{d^{-1}}$，污泥产率系数 Y 取 0.6，污泥自身氧化系数 K_d 取 0.06，曝气池体积：

$$V = \frac{YQ\theta_c(S_0 - S_e)}{eXf(1 + K_d\theta_c)} = \frac{0.6 \times 12000 \times 25 \times (250 - 13.6)}{0.45 \times 4000 \times 0.75 \times (1 + 0.06 \times 25)} = 12608 \text{(m}^3\text{)}$$

(3) 复核滗水高度 h_1　SBR 曝气池共设 4 座，即 $n_2 = 4$，有效水深 $H = 5 \mathrm{m}$，滗水高度 h_1：

$$h_1 = \frac{HQ}{n_2 V} = \frac{12000 \times 5}{4 \times 12608} = 1.2 \text{(m)}$$

复核结果与设定值相同。

(4) 复核污泥负荷　计算公式为：

$$h_1 = \frac{QS_0}{eXV} = \frac{12000 \times 250}{0.45 \times 4000 \times 12608} = 0.13 \text{(kgBOD}_5/\text{kgMLSS)}$$

(5) 剩余污泥产量　冬季剩余生物污泥量：

$$\Delta X_v = YQ \times \frac{S_0 - S_e}{1000} - K_d Vf \times \frac{X}{1000}$$

$$= 0.6 \times 12000 \times \frac{250 - 13.6}{1000} - 0.45 \times 0.06 \times 12608 \times 0.75 \times \frac{4000}{1000}$$

$$= 680.9 \text{(kg/d)}$$

剩余非生物污泥 ΔX_s 计算公式：

$$\Delta X_s = Q(1 - f_b f) \times \frac{C_0 - C_e}{1000}$$

$$= 12000 \times (1 - 0.7 \times 0.75) \times \frac{300 - 20}{1000}$$

$$= 1596 \text{(kg/d)}$$

剩余污泥总量：

$$\Delta X = \Delta X_v + \Delta X_s = 680.9 + 1596 = 2276.9 \text{(kg/d)}$$

剩余污泥含水率按 99.2% 计算，湿污泥量为 $284.6 \mathrm{m}^3/\mathrm{d}$。

(6) 设计需氧量　计算公式为：

$$AOR_1 = a'Q(S_0 - S_e) + eb'XVf$$

$$= 0.5 \times 12000 \times \left(\frac{250 - 13.6}{1000}\right) + 0.45 \times 0.12 \times \frac{4000}{1000} \times 12608 \times 0.75$$

$$= 3460.9 \text{(kg/d)}$$

进水总氮 $N_0 = 85 \mathrm{mg/L}$，出水氨氮 $N_e = 15 \mathrm{mg/L}$，硝化氨氮需氧量 AOR_2：

$$AOR_2 = 4.6\left(Q\frac{N_0-N_e}{1000}-0.12\frac{eVXf}{\theta_c}\right)$$

$$= 4.6\times\left(12000\times\frac{85-0.15}{1000}-0.12\times\frac{0.45\times4000\times12608\times0.75}{1000\times25}\right)$$

$$=4307.9(kg/d)$$

反硝化产生的氧量 AOR_3：

$$AOR_3 = 2.6\left(Q\frac{N_i-TN_e}{1000}-0.12\frac{eVN_wf}{1000\theta_c}\right)=1815.6(kg/d)$$

总需氧量：$AOR_1 = AOR_1 + AOR_2 - AOR_3$

$$=5963.2(kg/d)=248.5(kg/h)$$

（7）曝气池布置　SBR 反应池共设 4 座。每座曝气池长 42m，宽 15m，水深 5m，超高 0.5m，有效体积为 3150m³，4 座反应池总有效体积 12600m³。

2.6　气浮设备

2.6.1　概述

2.6.1.1　设备介绍

气浮分离设备是一种去除各种工业和市政污水中的固体悬浮物、油脂及各种胶状物的设备。

气浮是使悬浮物附着气泡而上升到水面，从而分离水和悬浮物的水处理方法；也有使水中表面活性剂附着在气泡表面上浮，从而与水分离，称为泡沫气浮法。气浮法使用的设备，包括完成分离过程的气浮池和产生气泡的附属设备。水处理中，气浮法可用于沉淀法不适用的场合，以分离比重接近于水和难以沉淀的悬浮物，例如油脂、纤维、藻类等，也可用以浓缩活性污泥。

气浮主要依靠悬浮物表面有亲水和憎水之分。憎水性颗粒表面容易附着气泡，因而可用气浮法。亲水性颗粒用适当的化学药品处理后可以转为憎水性。水处理中的气浮法，常用混凝剂使胶体颗粒结成为絮体，絮体具有网络结构，容易截留气泡，从而提高气浮效率；再者，水中如有表面活性剂（如洗涤剂）可形成泡沫，也有附着悬浮颗粒一起上升的作用。

气浮工艺与沉淀、澄清工艺相比，对那些难以沉淀的轻浮絮体的去除效果更显有效。再者，由于它有曝气充氧过程，可以去除色、嗅，增加水中的溶解氧，其结果更能有效地去除有机物，这些正是深度处理要达到的目的。

2.6.1.2　气浮原理

（1）带气絮粒的上浮和气浮表面负荷的关系　黏附气泡的絮粒在水中上浮时，在宏观上将受到重力 G 浮力 F 等外力的影响。带气絮粒上浮时的速度由牛顿第二定律可导出，上浮速度取决于水和带气絮粒的密度差、带气絮粒的直径（或特征直径）以及水的温度、流态。如果带气絮粒中气泡所占比例越大则带气絮粒的密度就越小；而其特征直径则相应增大，两者的这种变化可使上浮速度大大提高。

然而实际水流中，带气絮粒大小不一，而引起的阻力也不断变化，同时在气浮中外力还发生变化，从而气泡形成体和上浮速度也在不断变化。具体上浮速度可按照实验测定。根据测定的上浮速度值可以确定气浮的表面负荷。而上浮速度的确定须根据出水的要求确定。

（2）水中絮粒向气泡黏附　如前所述，气浮处理法对水中污染物的主要分离对象，大体有两种类型，即混凝反应的絮凝体和颗粒单体。气浮过程中气泡对混凝絮体和颗粒单体的结合可以有三种方式，即气泡顶托、气泡裹携和气粒吸附。显然，它们之间的裹携和黏附力的强弱，即气、粒（包括絮废体）结合得牢固与否，不仅与颗粒、絮凝体的形状有关，更重要的是还受水、气、粒三相界面性质的影响。水中活性剂的含量、水中的硬度、悬浮物的浓度都和气泡的黏附强度有着密切的联系。气浮运行的好坏和此有根本的关联。在实际应用中须调整水质。

（3）水中气泡的形成及其特性　形成气泡的大小和强度取决于空气释放时各种用途条件和水的表面张力大小。（表面张力是大小相等方向相反，分别作用在表面层相互接触部分的一对力，它的作用方向总是与液面相切。）

① 气泡半径越小，泡内所受附加压强越大，泡内空气分子对气泡膜的碰撞概率也越多、越剧烈。因此要获得稳定的微细泡，气泡膜强度要保证。

② 气泡小，浮速快，对水体的扰动小，不会撞碎絮粒。并且可增大气泡和絮粒碰撞概率。但并非气泡越细越好，气泡过细影响上浮速度。此外，投加一定量的表面活性剂，可有效降低水的表面张力系数，加强气泡膜牢度，气泡半径 r 也变小。

③ 向水中投加高溶解性无机盐，可使气泡膜牢度削弱，而使气泡容易破裂或并大。

（4）表面活性剂和混凝剂在气浮分离中的作用和影响

① 表面活性物质影响。如水中缺少表面活性物质时，小气泡总有突破泡壁与大泡并合的趋势，从而破坏气浮体稳定。此时就需要向水中投加起泡剂，以保证气浮操作中气泡的稳定。所谓起泡剂，大多数是由极性-非极性分子组成的表面活性剂，表面活性剂的分子结构符号一般用"-o"表示，圆头端表示极性基，易溶于水，伸向水中（因为水是强极性分子）；尾端表示非极性基，为疏水基，伸入气泡。由于同号电荷的相斥作用，从而防止气泡的兼并和破灭，增强了泡沫稳定性，因而多数表面活性剂也是起泡剂。

对有机污染物含量不多的废水进行气浮法处理时，气泡的分散度和泡沫的稳定性是必须具备的（例如饮用水的气浮过滤）。但是当其浓度超过一定限度后由于表面活性物质增多，使水的表面张力减小，水中污染粒子严重乳化，表面电位增高，此时水中含有与污染粒子相同荷电性的表面活性物的作用则转向反面，这时尽管起泡现象强烈，泡沫形成稳定；但气-粒黏附不好，气浮效果变低。因此，如何掌握好水中表面活性物质的最佳含量，便成为气浮处理需要探讨的重要课题之一。

② 混凝剂投加产生的带电絮粒。对含有细分散亲水性颗粒杂质（例如纸浆、煤泥等）的工业废水，采用气浮法处理时，除应用前述的投加电解质混凝剂进行表面电中和方法外，还可向水中投加（或水中存在）浮选剂，也可使颗粒的亲水性表面改变为疏水性，并能够与气泡黏附。当浮选剂（亦属二亲分子组成的表面活性物）的极性端被吸附在亲水性颗粒表面后，其非极性端则朝向水中，这样具有亲水性表面的物质即转变为疏水性，从而能够与气泡黏附，并随其上浮到水面。

浮选剂的种类很多，使用时能否起作用，首先在于它的极性端能否附着在亲水性污染物质表面，而其与气泡结合力的强弱，则又取决于其非极性端链的长短。

如分离洗煤废水中煤粉时所采用的浮选剂为脱酚轻油、中油、柴油、煤油或松油等。

2.6.2　气浮设备的类型

目前，气浮工艺已开发出多种形式。按其产生气泡方式可分为：布气气浮法（包括转子碎气法、微孔布气法，叶轮气浮法等），又称电解气浮法；生化气浮法（包括生物产气浮法，化学产气气浮）；溶解空气气浮（包括真空气浮法，压力气浮法的全溶气式、部分溶气式及部分回流溶气式）。

2.6.2.1　布气气浮

布气气浮是利用机械剪切力，将混合于水中的空气碎成细小的气泡，以进行气浮的方法。按粉碎气泡方法的不同，布气气浮又分为：水泵吸水管吸入空气气浮、射流气浮、扩散板曝气气浮以及叶轮气浮四种。

（1）水泵吸水管吸入空气气浮　这是最简单的一种气浮方法。由于水泵工作特性的限制，吸入的空气量不宜过多，一般不大于吸水量的10%（按体积计），否则将破坏水泵吸水管的负压工作。另外，气泡在水泵内被破碎得不够完全，粒度大，气浮效果不好。这种方法用于处理通过除油池后的含油废水，除油效率一般为50%～65%。

（2）射流气浮　采用以水带气射流器向废水中混入空气进行气浮的方法。射流器由喷嘴射出的高速水流使吸入室形成负压，并从吸气管吸入空气，在水气混合体进入喉管段后进行激烈的能量交换，空气被粉碎成微小气泡，然后直入扩散段，动能转化为势能，进一步压缩气泡、增大了空气在水中的溶解度，最终进入气浮池中进行气水分离。射流器各部位的尺寸及有关参数，一般都是通过试验来确定其最佳尺寸的。

（3）扩散板曝气气浮　这种布气气浮比较传统，压缩空气通过具有微细孔隙的扩散板或扩散管，使空气以细小气泡的形式进入水中，但由于扩散装置的微孔过小易于堵塞。若微孔板孔径过大，必须投加表面活性剂，方可形成可利用的微小气泡。上述问题导致该种方法使用受到限制。但近年研制、开发的弹性膜微孔曝气器，克服了扩散装置微孔易堵或孔径大等缺点，用微孔弹性材料制成的微孔盘起到扩张、关闭作用。

（4）叶轮气浮　叶轮在电机的驱动下高速旋转，在盖板下形成负压吸入空气，废水由盖板上的小孔进入，在叶轮的搅动下，空气被粉碎成细小的气泡，并与水充分混合成水气混合体经整流板稳流后，在池体内平稳地垂直上升，进行气浮。形成的泡沫不断地被缓慢转动的刮板刮出槽外。

叶轮直径一般多为200～400mm，最大不超过600～700mm。叶轮的转速多采用900～1500r/min，圆周线速度则为10～15m/s。气浮池充水深度与吸气量有关，一般为1.5～2.0m，但不超过3m。叶轮与导向叶片间的间距也能够影响吸气量的大小，实践证明，此间距超过8mm将使进气量大大降低。

这种气浮设备适用于处理水量小、而污染物质浓度高的废水；除油效果一般可达80%左右。叶轮气浮的优点是设备简单，易于实现；但其主要的缺点是空气被粉碎得不够充分，形成的气泡粒度较大，一般都不小于0.1mm。这样，在供气量一定的条件下，气泡的表面积小，而且由于气泡直径大，运动速度快，气泡与被去除污染物质的接触时间短，这些因素都使叶轮气浮达不到高效的去除效果。

2.6.2.2　溶气气浮

根据废水中所含悬浮物的种类、性质、处理水净化程度和加压方式的不同，溶气气浮的基本流程有以下几个方面。

（1）全流程溶气气浮法　全流程溶气气浮法是将全部废水用水泵加压，在泵前或泵后注入空气。在溶气罐内，空气溶解于废水中，然后通过减压阀将废水送入气浮池。废水中形成许多小气泡黏附废水中的乳化油或悬浮物而逸出水面，在水面上形成浮渣。用刮板将浮渣刮入浮渣槽，经浮渣管排出池外，处理后的废水通过溢流堰和出水管排出。

全流程溶气气浮法的优点：①溶气量大，增加了油粒或悬浮颗粒与气泡的接触机会；②在处理水量相同的条件下，它较部分回流溶气气浮法所需的气浮池小，从而减少了基建投资。但由于全部废水经过压力泵，所以增加了含油废水的乳化程度，而且所需的压力泵和溶气罐均较其他两种流程大，因此投资和运转动力消耗较大。

（2）部分溶气气浮法　部分溶气气浮法是取部分废水加压和溶气，其余废水直接进入气浮池并在气浮池中与溶气废水混合。其特点为：①较全流程溶气气浮法所需的压力泵小，故动力消耗低；②压力泵所造成的乳化油量较全流程溶气气浮法低；③气浮池的大小与全流程溶气气浮法相同，但较部分回流溶气气浮法小。

（3）部分回流溶气气浮法　部分回流溶气气浮法是取一部分除油后出水回流进行加压和溶气，减压后直接进入气浮池，与来自絮凝池的含油废水混合和气浮。回流量一般为含油废水的 25%～100%。其特点为：①加压的水量少，动力消耗省；②气浮过程中不促进乳化；③矾花形成好，出水中絮凝也少；④气浮池的容积较前两种流程大。为了提高气浮的处理效果，往往向废水中加入混凝剂或气浮剂，投加量因水质不同而异，一般由试验确定。

（4）加压溶气气浮法的主要设备　加压溶气法有两种进气方式，即泵前进气和泵后进气。泵前进气，这是由水泵压水管引出一支管返回吸水管，在支管上安装水力喷射器，省去了空压机。废水经过水力喷射器时造成负压，将空气吸入与废水混合后，经吸水管、水泵送入溶气罐。此法比较简便，水气混合均匀，但水泵必须采用自吸式进水，而且要保持 1m 以上的水头。此外，其最大吸气量不能大于水泵吸水量的 10%，否则，水泵工作不稳定，会产生气蚀现象。泵后进气，一般是在压水管上通入压缩空气。这种方法使水泵工作稳定，而且不必要求在正压下工作，但需要由空气压缩机供给空气。

评价溶气系统的技术性能指标主要有两个，即溶气效率和单位能耗。到目前为止双膜理论解释气体传质于液体还是比较接近于实际的。根据双膜理论，对于难溶气体决定传质过程的主要阻力来自液膜，而气膜中的传质阻力与之相比，可以忽略而不计。即要强化溶气过程，除应有足够的传质推动力外，关键在于扩大液相界面或减薄液膜厚度。但实际上在紊流剧烈的自由界面上是难以存在稳定的层流膜，因此便出现了随机表面更新理论。这种理论增加了表面更新速率，即在考虑气液接触界面传质时，引入了气相、液相在单位时间内因涡流扩散而流入气、液更新界面的传质因素，从而使理论和实际更为接近。

（5）加压溶气气浮工艺流程　加压溶气气浮法在国内外应用最为广泛。目前压力气气浮法应用最为广泛。与其他方法相比，它具有以下优点：

在加压条件下，空气的溶解度大，供气浮用的气泡数量多，能够确保气浮效果；

溶入的气体经骤然减压释放，产生的气泡不仅微细、粒度均匀、密集度大而且上浮稳定，对液体扰动微小，因此特别适用于对疏松絮凝体、细小颗粒的固液分离；

工艺过程及设备比较简单，便于管理、维护；特别是部分回流式，处理效果显著、稳定，并能较大程度地节约能耗。

2.6.2.3　加压溶气气浮设备

在以上介绍的诸多气浮设备中，压力溶气气浮法应用最广。这是由于随着压力的增大，空气在水中的溶解度也不断增加，气泡量足以满足气浮的需要，而且骤然降压，释放出的气泡平稳、微细（初始粒度约 80μm）、密集度大，气浮净化效果好；同时在操作过程中，气泡与水的接触时间还可以人为加以控制。另外，此法工艺比较简单，造价较低，管理维修也较方便。

加压溶气气浮设备主要包括空气饱和系统、溶气释放器和气浮分离系统三部分。

（1）空气饱和系统主要设备　空气饱和系统通常由加压泵、压力溶气罐、空气供给设备以及自动控制设备等部件构成。

① 加压泵。加压泵在整个空气饱和系统中的作用是用来提供一定压力的水量，压力与流量按照不同水处理所要求的空气量决定。相比水泵吸气式、射流溶气式等溶气方式，空压机供气式因其供气稳定，溶气效率高（一般无填料可达 60% 左右）、节约能源等优点而被普遍采用。目前国产离心式加压泵压力一般在 0.25～0.35MPa 之间，流量在 10～200m³/h 之间。加压泵选型设计时除考虑溶气水的压力外，还应该考虑管道系统的压力损失。

② 压力溶气罐。溶气罐的作用是让空气充分溶解于水，以便通过释放器送至气浮池。压力溶气罐有多种形式，有隔套式、射流式、循环式和填料式等，其中以填料式效果最好

（其溶气效果比无填料者可提高 30％左右）。罐中的填料可以采用磁环、塑料斜交错淋水板、不锈钢圈填料、塑料阶梯环等；因塑料阶梯环溶气效率高，可优先考虑。在设计过程中，填料直径应根据罐径来确定，填料层高度通常采取 1～1.5m。罐的直径根据过水断面负荷率 100～150m³/(m²·h) 确定，罐高 2.5～3.0m。布气方式、进气的位置和气流流向等因素对填料罐溶气效率几乎没有影响，因此，进气的位置及形式一般不予以考虑。实际工程中多采用密封耐压钢罐，该种压力溶气罐用普通钢板加工而成。

（2）溶气释放器　压力溶气的释放是通过释放器进行的，它应该能使融入的空气完全地释出，并使释出的气泡微细、稳定、均匀、密集，同时易与絮体黏附。它一般是由释放器（或穿孔管、减压阀）及溶气水管路所组成。

对溶气释放器的具体要求如下。

① 充分地减压消能，保证溶入水中的气体能充分地全部释放出来。

② 消能要符合气体释出的规律，保证气泡的微细度，增加气泡的个数，增大与杂质黏附的表面积，防止微气泡之间的相互碰撞而使气泡扩大。

③ 创造释气水与待处理水中絮凝体良好的黏附条件，避免水流冲击，确保气泡能迅速、均匀地与待处理水混合，提高"捕捉"概率。

④ 为了迅速地消能，必须缩小水流通道，故必须要有防止水流通道堵塞的措施。

⑤ 构造力求简单，材质要坚固、耐腐蚀，同时要便于加工、制造与拆装，尽量减少可动部件，确保运行稳定、可靠。

溶气释放器的主要工艺参数为：释放器前管道流速：1m/s 以下，释放器的出口流速以 0.4～0.5m/s 为宜；冲洗时狭窄缝隙的张开度为 5mm；每个释放器的作用范围 30～100cm。

常用的溶气释放器为同济大学研发的 TS 型溶气释放器及其改良型 TJ 型溶气释放器和 TV 型专利溶气释放器。

（3）气浮分离系统　气浮分离系统包括气浮池和刮渣设施。气浮池一般可分为三种类型，即平流式、竖流式及综合式。其功能是确保一定的容积与池的表面积，使微气泡群与水中絮凝体充分混合、接触、黏附，以保证带气絮凝体与清水分离。考虑合理衔接是选择池形的主要依据。一般絮凝池与气浮池合建，以隔墙导流。目前采用最为广泛的是平流式。

下面以平流式气浮池为例，分析带气絮凝体上浮分离过程的运动状态。

带气絮粒在接触室内通过浮力、重力与水流阻力的平衡作用后，取得了向上的升速 $\mu_上$。进入分离区后，又受到两个力的作用：一是水流扩散后由水平推力所产生的水平向流速 $\mu_推$；二是由于底部出流所产生的向下流速 $\mu_下$。这两种流速的合速度大小及方向决定了带气絮凝体或是上浮去除，或是随水流挟出。至于其中上升或下降的速度，则视合成速度 $\mu_合$ 在纵轴上投影的大小。该速度影响了气浮的处理效果。絮凝体的大小、气泡的大小、气浮池体中水流向下的速度，此三者直接影响合成向上速度。合成向上的速度越大，气浮的去除效率越高，气浮池体的面积就越小，整个工程造价越低。要使上浮效果好，首先在池体中尽量降低 $\mu_下$。它可用扩大底部出流面积或提高出水的均匀度实现，随着底部的均匀集流、出流，水流到池末端 $\mu_平$ 约为零，这有利于上浮力较小的带气絮凝体的分离；如要提前实现上浮去除，应尽量降低 $\mu_平$，这可用扩大气浮池横断面的方式来实现。接着要处理好絮凝体的大小，通过加药混合和絮凝反应来完成。应注意控制以下几个点：药剂的品种，投药量，药剂和污水的混合时间和混合强度，药剂的投加点，药剂和污水的反应时间和反应强度，产生的絮凝体的大小；另外，还要控制溶气系统中气泡的大小。

竖流式气浮池分离区中颗粒的运动状态与平流式相似。但其水平向分速要小得多，而且随径向距离的增加，断面迅速扩展，$\mu_平$ 迅速变小。特别是竖流式的流速方向改变不大，絮凝体主要受到向上水流推动力的惯性作用，颗粒的向上分速增大，使得带气絮凝体与水体的分离条件比平流式要优越得多。不过究竟采用什么形式，还需要对各方面的条件进行综合评价后才能确定。

2.6.2.4　溶气浮法的设计与计算

（1）设计要点及注意事项

① 要充分研究探讨待处理水的水质情况，分析采用气浮工艺的合理性和适用性。

② 在有条件的情况下，对需处理的废水应进行必要的气浮小型试验或模型试验，并根据试验结果选择适当的溶气压力及回流比（指溶气水量与待处理水量的比值）。通常，无实验条件时，溶气压力采用 0.2～0.35MPa，回流比目前给水采用 5％～10％，污水处理采用 15％～30％，深度处理选在 15％左右。回流比的确定需和悬浮物的浓度联系起来。浓度高回流比大，浓度小回流比小。

③ 根据试验时选定的混凝剂种类、投加量、絮凝时间、反应程度等，确定反应形式及反应时间，一般沉淀反应时间较短，以 2～30min 为宜。

④ 确定气浮池的池型，应根据对处理水质的要求、净水工艺与前后处理构筑物的衔接、周围地形和构筑物的协调、施工难易程度及造价等因素综合地加以考虑。反应池宜与气浮池合建。为避免打碎絮体，应注意构筑物的衔接形式。进入气浮池接触室的流速宜控制在 0.1m/s 以内。

⑤ 接触室必须对气泡与絮凝体提供良好的接触条件，同时宽度应考虑安装和检修的要求。水流上升流速一般取 10～20mm/s；水流在室内的停留时间不宜小于 60s。

⑥ 接触室内的溶气释放器，需根据确定的回流量，溶气压力及各种型号释放器的作用范围按表 2-6-1～表 2-6-3 来选定。

表 2-6-1　TS 型系列溶气释放器规格及选用数据

型　号	溶气水管接口直径（支管）/mm	不同压力下的流量/(m³/h)					作用直径/cm
		1	2	3	4	5	
TS-Ⅰ	15	0.25	0.32	0.38	0.42	0.45	25
TS-Ⅱ	20	0.50	0.70	0.83	0.93	1.00	35
TS-Ⅲ	20	1.01	0.30	0.59	1.77	1.09	50
TS-Ⅳ	25	1.6	2.13	2.52	2.75	3.01	60
TS-Ⅴ	25	2.34	3.47	4.00	4.50	4.92	70

表 2-6-2　TJ 型系列溶气释放器规格及选用数据

型号	规格	溶气水管接口直径（支管）/mm	抽真空管接口直径/mm	不同压力下的流量/(m³/h)								作用直径/cm
				1.5	2.0	2.5	3.0	3.5	4.0	4.5	5.0	
TJ-Ⅰ	8×15	25	15	0.90	1.00	1.10	1.28	1.38	1.47	1.51	1.67	40
TJ-Ⅱ	8×15	25	15	2.10	2.37	2.59	2.81	2.97	3.14	3.29	6.34	60
TJ-Ⅲ	8×25	50	15	4.03	4.61	5.15	5.60	5.98	6.31	6.74	7.00	100
TJ-Ⅳ	8×32	65	15	5.67	6.27	6.88	7.50	8.09	8.69	9.29	9.89	110
TJ-Ⅴ	8×40	65	15	7.41	8.70	9.47	10.55	11.11	11.75	—	—	120

表 2-6-3　TV 型系列溶气释放器规格及选用数据

型号	规格 /cm	溶气水支管接口直径/mm	不同压力下的流量/（m³/h）								作用直径/cm
			1.5	2.0	2.5	3.0	3.5	4.0	4.5	5.0	
TV-Ⅰ	φ15	25	0.95	1.04	1.13	1.22	1.31	1.4	1.48	1.51	40
TV-Ⅱ	φ20	25	2	2.16	2.32	2.40	2.64	2.8	2.96	3.14	60
TV-Ⅲ	φ25	40	4.00	4.45	4.18	5.10	5.54	5.91	6.18	6.64	80

⑦ 气浮分离室需根据带气絮体上浮分离的难易程度和水质的处理要求而定。选择水流（向下）的流速，一般取 1.5～3.0mm/s，即分离室的表面负荷率取 5.4～10.8m³/(m² · h)；

⑧ 气浮池的有效水深一般取 2.0～2.5m，池中水流停留时间一般为 10～20min。

⑨ 气浮池的长宽比无严格要求；一般以单格宽度不超过 10m、池长不超过 15m 为宜；

⑩ 气浮池的排渣一般采用刮渣机定期排除。集渣槽可设置在池的一端或两端；刮渣机的行车速度宜控制在 5m/min 以内。

⑪ 气浮池集水应力求均匀，一般采用穿孔集水管，集水管的最大流速宜控制在 0.5m/s 左右。

（2）设计程序

① 进行实验室或现场试验。由于废水种类繁多，即使是同类型的废水，其水质变化也很大。通常的设计参数也只是经验统计值。因此可靠的办法最好采用实验室或现场小型试验取得的结果作为设计依据。

② 确定设计方案。在进行现场查勘及综合分析各种资料的基础上，确定主体设计方案。

a. 溶气方式采用全溶气式还是部分回流式。

b. 气浮池池型选用平流式还是竖流式，取圆形、方形还是矩形。

c. 在气浮前或后是否需要用预处理或后续处理构筑物，其形式怎样及如何衔接。

d. 浮渣处理与处置途径。

e. 工艺流程及平面布置的初步确定及合理性分析。

③ 设计计算（不包括一般处理构筑物的常规计算）。

④ 提供废水性质。详细的数据参见表 2-6-4。

表 2-6-4　不同废水的数据指标

污水类型	悬浮物质		BOD₅	
	含量/(mg/L)	去除率/%	含量/(mg/L)	去除率/%
生活污水	252	69	325	49.5
洗衣房污水	2500	90	—	—
石油炼厂污水	441（可浮油）	95	—	—
肉类罐头厂污水	1400	85.6	1225	67.3
蔬菜水果罐头厂污水	1350	80	796	60
植物油厂污水	890	94.8	3048	91.6
制革厂污水	3790	95.0	2000	60.0
毛衣厂污水	1985	88.5	4300	63.9

污水类型	悬浮物质		BOD₅	
	含量/(mg/L)	去除率/%	含量/(mg/L)	去除率/%
人造纤维厂污水	416	96	527	50
造纸厂污水	1180	97.5	210	62.6
肥皂厂污水	392	91.5	309	91.6

(3) 设计公式

① 气浮池所需空气量 Q_g：

$$Q_g = QR_r a_e \varphi \tag{2-6-1}$$

式中，Q 为气浮池设计水量，m^3/h；R_r 为试验条件下回流比%，取 15%；a_e 为试验条件下的释气量，L/m^3，取 $60 L/m^3$；φ 为水温校正系数，为 1.1~1.3，取 1.2。

② 所需空压机额定气量 Q_g'

$$Q_g' = \varphi' \frac{Q_g}{60 \times 1000} \tag{2-6-2}$$

式中，φ' 为水温校正系数，为 1.2~1.5，一般取 1.4。

③ 加压溶气所需水量 Q_p：

$$Q_p = \frac{Q_g}{736 \eta p K_T} \tag{2-6-3}$$

式中，p 为选定的溶气压力，取 $3.43 \times 10^5 Pa (3.5 kgf/cm^2)$；$\eta$ 为溶气效果，取 80%；K_T 为溶解度系数，取 3.32×10^2。

实际回流比：

$$R' = \frac{Q_p}{Q} \tag{2-6-4}$$

④ 压力溶气罐直径 D_d：

$$D_d = \sqrt{\frac{4Q_p}{\pi I}} \tag{2-6-5}$$

实际过流密度为：

$$I = \frac{Q_p}{F} \tag{2-6-6}$$

⑤ 接触室尺寸。取气浮池个数 $N=4$，则：

单室表面积 A_c

$$A_c = \frac{\dfrac{Q + Q_p}{N}}{V_c} \tag{2-6-7}$$

接触室长度 L_c：

$$L_c = \frac{A_c}{B_c} \tag{2-6-8}$$

接触室出口断面高：$\qquad H_2 = L_c \tag{2-6-9}$

接触室气水接触水深：$\qquad H_c' = t_c v_c \tag{2-6-10}$

接触室总水深 H_c：$\qquad H_c = H_c' + H_2 \tag{2-6-11}$

⑥ 分离室表面积：

$$A_s = \frac{Q + Q_p}{\dfrac{N}{V_s}}$$ (2-6-12)

分离室长度 L_s：

$$L_s = \frac{A_s}{B_s}$$ (2-6-13)

分离室水深 H_s：

$$H_s = v_s t$$ (2-6-14)

⑦ 气浮池容积：

$$W = A_c H_c + A_s H_s$$ (2-6-15)

⑧ 时间校核。接触室气水接触时间 t_c：

$$t_c = \frac{H_c}{v_c}$$ (2-6-16)

气浮池总停留时间 T：

$$T = \frac{60W}{\dfrac{Q + Q_p}{4}}$$ (2-6-17)

（4）应用实例　例题如下。

[例 2-17] 平流式部分回流压力溶气气浮池的计算。

已知条件如下。

① 水量 $Q = 55000\,\mathrm{m^3/d} = 2291.7\,\mathrm{m^3/h} = 0.637\,\mathrm{m^3/s}$。

② 接触池上升流速 $v_c = 16\,\mathrm{mm/s}$，停留时间 $T = 70\mathrm{s}$。

③ 气浮分离速度 $v_s = 2\,\mathrm{mm/s}$。

④ 溶气罐过流密度 $I = 150\,\mathrm{m^3/(h \cdot m^2)}$。

⑤ 溶气罐压力 $p = 3.5\,\mathrm{kgf/cm^2} = 3.43 \times 10^5\,\mathrm{Pa}$。

⑥ 气浮池分离室停留时间 $t = 18\mathrm{min}$。

设计计算过程如下。

① 气浮池所需空气量 Q_g：

$$Q_g = QR_r a_e \varphi = \frac{55000}{24} \times 15\% \times 60 \times 1.2 = 24750\,(\mathrm{L/h})$$

② 所需空压机额定气量 Q'_g：

$$Q'_g = \varphi' \frac{Q_g}{60 \times 1000}$$

$$= 1.4 \times \frac{24750}{60 \times 1000} = 0.578\,(\mathrm{m^3/min})$$

③ 加压溶气所需水量 Q_p：

$$Q_p = \frac{Q_g}{736 \eta p K_T}$$

$$= \frac{24750}{736 \times 80\% \times 3.5 \times 3.32 \times 10^{-2}} = 361.7\,(\mathrm{m^3/h})$$

实际回流比：

$$R' = \frac{Q_p}{Q}$$

$$= \frac{361.7}{55000/24} = 0.518 = 15.8\%$$

④ 压力溶气罐选用 2 座，则：

$$D_d = \sqrt{\frac{\dfrac{4Q_p}{2}}{\pi I}}$$

$$= \sqrt{\frac{4 \times 361.7/2}{3.14 \times 150}} = 1.24(\text{m})$$

选用标准填料罐规格 $D_d = 1.2\text{m}$。

实际过流密度为：

$$I = \frac{Q_p}{F}$$

$$= \frac{361.7/2}{\pi/4 \times (1.2)^2} = 160[\text{m}^3/(\text{h} \cdot \text{m}^2)]$$

⑤ 接触室尺寸。取气浮池个数 $N = 4$，则各变量的计算过程如下。

单室表面积 A_c：

$$A_c = \frac{\dfrac{Q + Q_p}{N}}{V_c}$$

$$= \frac{2291.7 + 361.7}{0.016 \times 3600 \times 4} = 11.52(\text{m}^2)$$

令池宽 $B_c = 8.1\text{m}$，则接触室长度 L_c：

$$L_c = \frac{A_c}{B_c} = \frac{11.52}{8.1} = 1.40(\text{m})$$

接触室出口断面高：$H_2 = L_c = 1.4\text{m}$

接触室气水接触水深：$H_c' = t_c v_c = 60 \times 0.016 = 0.96(\text{m})$，取 $H_c' = 1.00\text{m}$。

接触室总水深 H_c：

$$H_c = H_c' + H_2 = 1.00 + 1.40 = 2.40(\text{m})$$

⑥ 分离室表面积：

$$A_s = \frac{\dfrac{Q + Q_p}{N}}{V_s}$$

$$= \frac{2291.7 + 361.7}{0.002 \times 3600 \times 4} = 92.13(\text{m}^2)$$

令池宽 $B_s = 8.1\text{m}$，则分离室长度 L_s：

$$L_s = \frac{A_s}{B_s} = \frac{92.13}{8.1} = 11.37(\text{m})$$

取 $L_s = 11.40\text{m}$。

分离室水深 H_s 为：

$$H_s = v_s t = 0.002 \times 60 \times 18 = 2.16(\text{m})$$

⑦ 气浮池容积：

$$W = A_c H_c + A_s H_s$$

$$= 11.52 \times 2.4 + 92.13 \times 2.16 = 226.7(\text{m}^3)$$

⑧ 时间校核。接触室气水接触时间 t_c：

$$t_c = \frac{H_c}{v_c}$$

$$= \frac{1}{0.016} = 62(s) > 60(s)，符合要求。$$

气浮池总停留时间 T：

$$T = \frac{60W}{\dfrac{Q + Q_p}{4}}$$

$$= \frac{60 \times 226.7 \times 4}{2291.7 + 361.7} = 20(\text{min})$$

⑨ 气浮池集水管。采用穿孔管，按公式的分配流量确定管径，并令孔眼水头损失 $h = 0.3$m，按公式 $v_0 = \mu\sqrt{2gh}$ 计算出孔口流速 v_0、孔眼尺寸和个数。

⑩ 释放器的选择与布置。根据 $p = 3.43 \times 10^5$Pa，回流水量 $Q_p = 361.7$m³/h，选择 TV-Ⅲ型释放器。当 $p = 3.43 \times 10^5$Pa 时，单只出水量 $q = 5.54$m³/h，则每池释放器个数为：

$$n = \frac{Q_p}{4q} = \frac{361.7}{5.54 \times 4} = 16(只)$$

两排交错布置在接触室内。

2.7 膜分离设备设计

2.7.1 膜分离技术概述

2.7.1.1 膜技术的发展

1748 年法国阿贝、诺伦特首次揭示了膜分离技术现象；1863 年杜不福特制成第一个膜渗析器，开始膜分离技术新纪元；1950 年朱达制成具有实用价值的离子交换膜；1953 年美国里德教授在 OWS 开始反渗透的研究；1961 年美国 Hevens 公司首先推出管式膜组件制造法；1964 年美国通用原子公司研制出螺旋式反渗透组件；1967 年美国杜邦公司研究出尼龙-66 中孔纤维膜组件；1968 年美籍华人黎念之研制成具有实用价值的乳化液膜；1970 年 E. 卡斯勒尔研制成含流动载体的液膜，使膜技术提高到创新水平。

在我国，1965 年开始反渗透的研究，1975 年开始超滤研究，至今已走过 40 多年历程，与国际基本同步，成为仅次于欧美、日本的膜技术大国，在反渗透、超滤、微滤、纳滤、电渗析、气体分离膜、无机膜、渗透气化等领域都进行了成功的研究并已形成市场化工业体系，生产企业 300 多家，年工业总产值近 30 亿元。现由于原水水质日益匮乏、污染，膜技术逐步进入给水处理中。20 世纪 80 年代中期，美国杜邦集团，法国利昂水务，德利满集团把微滤膜、超滤膜（UF）、纳滤膜（NF）、高超滤膜（HUF）、低超滤膜（LUF）等技术应用到自来水厂处理饮用水；美国 1987 年在 Key Stone colo 建成第一个微滤（MF）水厂。我国宁波、东莞市局部供水系统也使用了膜技术。但从利用膜技术建第一个净化分厂方面来讲，我国的研究、生产与应用已经落后于先进国家。现在国际上的膜技术更加成熟，在自来水制造工艺上使用更加广泛，规模更大。

膜分离技术受到世界各技术先进国家的高度重视，近 30 年来，美国、加拿大、日本和欧洲技术先进国家，一直把膜技术定位为高新技术，投入大量资金和人力，促进膜技术迅速发展，使用范围日益扩大。膜分离技术的发展和应用，为许多行业，如纯水生产、海水淡化、苦咸水淡化、电子工业、制药和生物工程、环境保护、食品、化工、纺织等工业，高质量地解决了分离、浓缩和纯化的问题，为循环经济、清洁生产提供依托技术。

膜分离技术目前已普遍用于化工、电子、轻工、纺织、冶金、食品、石油化工等领域，但其首先的开发研究和应用都是水处理领域，其应用涉及面广且量大，同时具有常规处理方式所不能比拟的优点，所以膜法水处理技术在水工业中受到特别青睐。

2.7.1.2　膜分离技术的基本原理和特点

(1) 膜分离技术的基本原理　由于分离膜具有选择透过特性，所以它可使混合物质有的通过、有的留下。但不同的膜分离过程使物质留下、通过的原理有的类似，有的完全不一样。总的说来，分离膜之所以能使混在一起的物质分开，不外乎两种手段。

① 根据混合物物理性质的不同。主要是质量、体积大小和几何形态差异，用过筛的办法将其分离。微滤膜分离过程就是根据这一原理将水溶液中孔径大于 50 nm 的固体杂质去掉的。

② 根据混合物的不同化学性质。物质通过分离膜的速度取决于以下两个步骤的速度：首先是从膜表面接触的混合物中进入膜内的速度（称溶解速度）；其次是进入膜内后从膜的表面扩散到膜的另一表面的速度。二者之和为总速度。总速度愈大，透过膜所需的时间愈短；总速度愈小，透过时间愈长。例如，反渗透一般用于水溶液除盐。这是因为反渗透膜是亲水性的高聚物，水分子很容易进入膜内，在水中的无机盐离子则较难进入，所以经过反渗透膜的水就被除盐淡化了。

(2) 膜分离技术的特点

① 膜分离过程不发生相的变化，与其他方法相比能耗较低，因此又称节能技术。

② 膜分离过程是在常温下进行的，因而特别适于对热敏感的物质，如对废水中有价值的重金属、化学药品、生产原料等的分离、分级、浓缩与富集过程。而用膜法处理饮用水，其出水水质只取决于膜自身的性质，如膜孔径、膜的选择性等，与原水水质无关。

③ 膜分离技术不仅适用于有机物和无机物、病毒、细菌的广泛分离，而且还适用于许多特殊溶液体系的分离，如溶液中大分子与无机盐的分离，一些共沸物或近沸点物系的分离等，而后者是常规方法无能为力的。

④ 膜分离是一种物理过滤过程，故不会产生副产物。

⑤ 膜分离法分离装置简单，操作容易且以控制，便于维修且分离效率高。作为一种新型的水处理方法与常规水处理方法相比，具有占地面积小、处理效率高等特点。

2.7.1.3　膜分离技术的分类

以压力为驱动力的膜分离技术有反渗透、纳滤、超滤和微孔过滤。膜分离性能按截留分子量 (MWC) 大小进行评价，具有较小的 MWCs 可去除水中较小分子量的物质。RO 的 MWCs 为 $100 \sim 200$ dalton，其截留性能最好，能去除水中绝大部分的离子，透过的几乎是溶剂，即纯水。但 RO 运行压力高，一般为 1.5MPa。纳滤膜的 MWCs 为 $200 \sim 2000$ dalton，介于反渗透和超滤之间。根据 NF 的 MWCs 推测可能有 1nm 左右的微孔结构，故称"纳滤"。NF 是一种荷电膜，其特点具有离子选择性，一价离子可大量透过膜，但对多价离子，如钙镁等，具有很高的截留率。NF 的操作压强在 $0.5 \sim 1$MPa。UF 孔径范围在 $0.001 \sim 0.1 \mu m$。UF 和 MP 运行压强仅为 $70 \sim 200$ kPa。

反渗透所分离的溶质，一般为分子量小于 500 的糖类、盐类等低分子，反渗透分离过程中溶液的渗透压较高，为了克服渗透压，因而采用较高的压强，操作压强一般为 $2 \sim 10$MPa，水透过率为 $0.1 \sim 2.5 m^3/(m^2 \cdot d)$。

微滤膜所分离的组分直径为 $0.03 \sim 15 \mu m$，主要去除微粒和细粒物质，所用膜一般为对称膜，操作压强为 $0.01 \sim 0.2$MPa，水透过率为 $10 \sim 20 m^3/(m^2 \cdot d)$。

超滤膜所分离的组分直径为 $0.005 \sim 10 \mu m$，一般分子量大于 500 的大分子和胶体。超滤过滤过程中溶液的渗透压很小，因而采用较小的操作压力，一般为 $0.1 \sim 0.5 MPa$，所用膜为非对称膜，膜的水透过率为 $0.5 \sim 5.0 m^3/(m^2 \cdot d)$。

纳滤膜存在纳米级的细孔，是超低压反渗透技术的延续和发展。孔径传递性能介于反渗透和超滤膜之间。所分离物质的分子量为 $200 \sim 1000$。一般操作压强为 1MPa 左右，所用膜为非对称膜。纳滤膜对二价和多价离子以及分子量在 $200 \sim 1000$ 有机物具有较高的去除率。

微滤和超滤可有效地去除水中微生物（如隐孢子虫、贾第虫、细菌和病毒），分离溶液中的大分子、胶体、蛋白质、颗粒等。同时，由于更多更好的超滤、微滤膜组件的开发运用，不同于反渗透和纳滤需要昂贵的去除颗粒物的预处理，可以直接处理高悬浮固体浓度的原水。因此，可用 UF 和 MF 膜技术替代传统处理工艺，更广泛地用于饮用水的处理中。

2.7.1.4 膜分离技术在水处理方面的应用

膜分离由于具有处理效率高、工艺流程短、易控制、使用灵活、膜分离水厂占地面积少，生产可实行自动化等特点，可以获得以往传统处理工艺从未达到的、稳定可靠的洁净水质。因此，膜分离的研究和应用逐渐成为给水领域的热点，它被称为当今获得优质饮用水的重要技术之一，被称誉为"21 世纪的水处理技术"是替代传统工艺的最佳选择。膜分离作为一种高新技术已成功用于饮用水处理，尽管电渗析、反渗透作为苦咸水及海水淡化技术的发展已经历了几十年，微滤、超滤和纳滤技术用于地面水和地下水的饮用水处理在国外近十年才逐渐得到较明显的发展，开始用于小型水厂和水处理净化站，如法国、荷兰、美国、澳大利亚、以色列等国家。我国广东东莞太平港自来水公司等 8 家水厂也采用了全自动微滤设备，日产水量为 $24210 m^3/d$，水厂规模从 $10 \sim 10000$ m^3/d 不等。膜技术在国内也开始用于城市小区管网饮用水的二次处理。在饮用水的膜滤处理工艺中，地下水源较广泛地使用微滤和超滤技术；对于微污染的地面水源，较多地使用超滤和纳滤技术；而对于苦咸水、受到重金属污染的水源，则使用反渗透技术。另外，还可使用电渗析法替代氯气对饮用水进行灭菌，以避免三卤甲烷（THMs）等"三致物"的生成。电渗析、反渗透还用于纯水和超纯水的制备。在一些国家，如法国的水处理行业已将饮用水处理中的化学氧化、生物氧化及活性炭吸附法等视为传统的水处理技术，而将膜分离技术视为现代的水处理技术。这些都标志着膜法净水工艺已成为成熟的饮用水深度处理工艺。

膜法还应用在城市污水及工业废水的处理。如使用电渗析、反渗透法处理和回收电镀废水中的铜、锌、隔、铬、镍等重金属及氰化物；使用电渗析、反渗透、超滤等技术处理造纸工业废水和废液并从中回收化学药品；使用电渗析法处理重金属废水和放射性废水；使用反渗透、超滤处理城市污水，可达到"中水"的指标，也可用于医院污水以及化工、冶金焦化废水的处理；此外，还可使用反渗透法处理食品工业、照相工业、制药废水；而超滤可以处理城市污水、含油废水、制毛、皮革、纸浆及纤维加工废水、颜料和染料废水、光学玻璃研磨废水等；微滤则用于电子、半导体工业以及医药工业中高纯水的制备，油田采出水处理、城市污水的深度处理；液膜法可处理有机废水、含氨或含氰废水、含阴离子（如 PO_4^{3-}、NO_3^-）废水等。

(1) 超滤膜在废水处理中的应用 超滤是一种压力驱动的膜分离过程，是根据分子的大小和形态而分离的筛选机理进行分离的。自 20 世纪 60 年代以来，超滤很快从实验规模发展成为重要的工业单元操作技术，它已广泛用于食品、医药、工业废水处理、高纯水制备及生物技术工业。在工业废水处理方面应用得最普遍的是电泳涂漆过程，城市污水处理及其他工业废水处理领域都是超滤未来的发展方向。

① 含油废水处理。机械行业工件的润滑、清洗和石化行业的炼制及加工等会产生含油废水，其油一般为漂浮油、分散油和乳化油三种形式存在。其中乳化油的分离难度最大，用电解或化学法破乳使油粒凝聚的费用较高，而超滤就不需要破乳直接可将油水分离，特别适

用于高浓度乳化油的处理和回收。超滤处理乳化油废水时，界面活性剂大部分可透过，而超滤膜对油粒子完全阻止，随浓度增加油粒子粗粒化成为漂浮油浮于液面上，再用撇油装置即可撇除。陆晓千等用超滤膜技术处理清洗车床、设备等含油污水，颜色为乳白色，含油$1000\sim5000mg/L$，COD 浓度高达 $10000\sim50000mg/L$，经超滤膜处理后，颜色透明，含油低于 $10mg/L$，COD$1700\sim5000mg/L$，除油滤 99%。

② 城市污水的处理。污水再利用不仅减轻环境污染，而且也是解决水资源短缺的有效方法。城市污水经二级生化处理后进行超滤，可进一步降低水的浊度、色度及有机物。超滤出水可作为循环冷却水、造纸用水等对水质要求不太高的工业用水水源。

③ 洗毛水的处理。皮毛加工及毛纺过程会产生大量的洗毛水，其中含有羊毛脂。洗毛水的传统处理方法是高速离心分离，其效率只能达 $30\%\sim40\%$。用超滤法处理洗毛水不仅可以回收废水中的羊毛脂，而且可回用洗毛水。

④ 电泳涂漆水处理。电泳涂漆是对汽车、冰箱、摩托车等的壳体镀上底漆的工艺，完成后需用水漂洗去掉浮漆，为防止洗出漆的损失而且应工艺要求，必须将漆水分离以回收漆。超滤是一种十分理想的回收漆的方法。经超滤分离后，漆返回漆槽回收，清水则返回清洗水箱继续使用。这样既提高了漆的利用率又减少污水处理费用。在超滤膜运行中，应注意防止霉菌繁殖使膜变质，病毒堵塞滤膜，因此应定期在滤液中投加适量的防霉剂。

(2) 纳滤膜分离技术在废水处理中的应用　纳滤是 20 世纪 70 年代中后期开发的一种新型膜分离技术，由于在渗透过程中截留率大于 95% 的最小分子约 1nm，故被命名为"纳滤膜"。纳滤膜的操作压力应不大于 1.5MPa，截留分子量 $200\sim1000$。纳滤分离技术基于筛分效应和荷电效应，大部分纳滤膜为荷电膜，其对无机盐的分离行为同时受到化学势梯度和电势梯度的控制影响，即纳滤膜的行为与其荷电性能以及溶质的荷电状态和相互作用都有关系。

① 含重金属废水的处理。在金属加工和合金生产废水中，含有浓度相当高重金属离子。将这些重金属离子生成氢氧化物沉淀除去是处理含重金属的废水一般的措施。采用纳滤膜技术，不仅可以回收 90% 以上的废水，使之纯化，而且同时使重金属离子含量浓缩 10 倍左右，浓缩后的重金属具有回收利用的价值。如果条件控制适当，纳滤膜还可以分离溶液中的不同金属。

② 造纸废水的处理。造纸厂冲洗废水中含有大量污染物，纳滤膜可以替代传统的吸收和电化学方法高效地去除深色木质素和来自木浆漂泊过程中产生的氯化木质素。同样地，用纳滤膜处理含有硫酸木质素等有色化合物的废水，既能除去 90% 以上的 COD，膜通量甚至比聚砜超滤膜还要高 3 倍。高的膜通量可能是由于带负电性的纳滤膜截留了带负电性的硫酸木质素。LPRaman 等采用纳滤膜技术对木浆漂白液进行处理，去除氯代木质素和 90% 的色度物质；Tomani 等采用陶瓷纳滤膜处理造纸厂漂白废水，实现了造纸废水的封闭式运行。

③ 化学工业废水的处理。处理化学工业废水的常用方法是浓缩后焚烧或曝气。而且浓缩时需要除去废水中的盐分，因为要是浓缩成高盐度的废水，这种废水会对焚烧炉或暖气装置产生更大腐蚀。另外，废水中含有许多生物不能降解的大分子有机物。这些问题只有用纳滤膜才能有效解决。纳滤膜在浓缩水中有机成分的同时，让盐分透过，从而达到分级分别处理。经浓缩后的已脱盐废水可以去曝气，而透过液则可经生化处理成无害的排放液。

④ 石油工业废水的处理。在石油开采和炼制过程中，会产生各种含有机物和无机盐的废水，成分非常复杂。采用纳滤膜将原油废水分离成富油的水相和无油的盐水相，然后把富油相加入到新鲜的供水中再进入洗油工序，这样既回收了原油又节约了用水。石油工业的含酚废水中酚类物质毒性很大，必须脱出后才能排放。采用纳滤技术，不仅酚的脱除率可达95% 以上，而且在较低压力下就能高效地将废水中的镍、汞、钛等重金属高价离子脱除，其费用比反渗透等方法低得多。

⑤ 食品工业废水的处理。袁其朋等采用超滤、纳滤组合工艺对大豆乳清废水进行了处

理实验。经超滤处理后的乳清废液，再经纳滤浓缩 10 倍后，浓缩液中总糖约有 77% 被截留，其中功能性地聚糖水苏糖和棉子糖的截留率高达 95% 以上，浓缩液中总糖质量分数达 8.72%，再经活性炭脱色和离子交换脱盐及真空浓缩，即可得到透明状大豆低聚糖糖浆。该法的优点在于既解决了废水的排放问题，同时又通过回收利用增加了经济效益。另外，纳滤膜技术在生活污水、印染废水以及酸洗废液等方面的处理也有广泛的应用。

（3）液膜分离技术在废水处理中的应用

液膜技术是 60 年代中期由美国埃克森研究与工程公司的黎念之博士提出的一种膜分离方法，直到 1986 年奥地利的 Marr 等科学家采用液膜法，从黏胶废液中回收锌获得了成功，液膜分离技术才进入了实际应用阶段。液膜主要由膜溶剂（水或有机溶剂），表面活性剂（乳化剂）和添加剂组成，按其构型和操作方式的不同，可分为乳状液膜和支撑液膜，其中乳状液膜更为常用。乳状液膜可看成为一种"水/油/水"型（W/O/W）或"油/水/油"型（O/W/O）的双重乳状液高分散体系，将两种互不相溶的液相通过高速搅拌或其他方法（如超声波法、喷管法等）制成乳状液，然后将其分散到第三种液相（连续相）中，就形成了乳状液膜体系。乳状液膜表面积大，传质速度快，可以有目的地控制其选择性。

① 处理含酚废水。液膜法除酚效率高、流程简单，可处理低浓度、高浓度含酚废水。华南理工大学环境研究所采用液膜法两段逆流连续萃取除酚，将 LMS-2、煤油、表面活性剂、氢氧化钠水溶液混合搅拌制成乳状液，处理后的工业含酚废水中酚含量从 1000mg/L 降至 0.5mg/L。破乳后可从内水相中回收酚钠盐，油相则循环利用。目前，我国在液膜处酚技术方面已进入工业应用阶段。

② 分离废水中的有机物、无机酸。美国科罗拉多矿业大学的 Wang 研究了用液膜法去除水溶液中的多种有机酸成分。如两种有机酸溶质体系（间甲酚、安息香酚、酚/苯基乙酸）和三种有机溶质体系（酚/安息香酚/苯基乙酸）。以总浓度为 0.012mg/L 的间甲酚/安息香酸溶液的分离实验为例，随膜相与外水相接触时间延长，外水相中间甲酚/安息香酸不断减少直至平衡，安息香酸可去除 95% 左右，间甲酚剩余较多。

③ 去除重金属离子。奥地利 Graz 工业大学的 Marr 等人采用乳状液液膜分离技术，对去除黏胶废水中的 Zn^{2+}、Cu^{2+}、Cd^{2+}、Pb^{2+}、Cr^{3+}、Ni^{2+} 等重金属离子做了大量的实验。表明除 Ni^{2+} 外，其他金属离子的去除率均高于 99%。

（4）膜分离技术（UF 和 MF）在饮用水中的应用　膜技术作为饮用水独立工艺是最近十几年来最重要的技术突破。它取代了原水处理工艺复杂、庞大的设施，而且处理后的水质，是以前任何水处理设备工艺都难以达到的。用形象一点的话来讲，任何肮脏不堪的水，经过膜技术的处理，流淌出来的就是可以饮用的清洁水。自来水处理中使用传统混凝、过滤等分离技术，只能得到常规相关的水质，与原水条件、药剂材料、水力条件、设备温度的稳定状态有密切联系。而膜技术处理的水质则与上述条件无关，只是选好膜的截流尺寸即可。膜分离技术具有以下性能：第一，它是一种物理过滤过程，不需加任何药剂；第二，它是一种绝对的过滤作用；第三，它不产生任何副产品；第四，其运行驱动力是压力，易实现自动控制。

MF 膜和 UF 膜可截留水中绝大部分悬浮物、胶体和细菌。美国 Saratoga 水厂的运行结果表明，虽然原水中的浊度变化很大，最低时小于 1 NTU，最高时大于 250 NTU，但出水浊度一直保持在 0.05NTU 以下。Karimi 等的试验表明，MF 工艺能够有效去除水中的颗粒，如粒径范围在 $5\sim15\mu m$ 颗粒的平均对数去除率为 $3.3\sim4.4$，粒径范围在 $2\sim5\mu m$ 颗粒的平均对数去除率为 $2.3\sim5.5$。Adham 等对 UF 膜处理河水进行实验，结果表明 UF 膜能有效去除大肠杆菌，出水中不含大肠杆菌。J Acangelo 等的研究发现，通过 UF 工艺处理后的出水，水中的贾第虫和隐孢子虫卵囊都在检测限以下。Madaeni 实验证明，标称孔径 $0.22\mu m$ 的疏水性 MF 膜在搅拌和较低的跨膜压差的情况下，对脊髓灰质炎病毒的去除率大于 99％，而对 UF 膜来说，病毒的去除是完全的；该实验同时指出，MF 膜去除病毒的优势机理是"标准过滤"，即膜孔径大小刚好使病毒吸附到膜孔壁上。

通过电子显微镜观察发现，病毒多是吸附在膜孔内部，而不是膜表面的滤饼中。致病原生动物主要有阿米巴（痢疾）、兼性寄生阿米巴（脑膜炎）、肠梨形虫（胃肠功能紊乱腹泻）、贾第虫（腹泻）、隐孢子虫（腹泻），这些原生动物主要是通过它们的胞囊（cyst）或卵囊（oocyst）来传播疾病的。贾第虫胞囊大小为 $5 \sim 10 \mu m$，隐孢子虫为 $2 \sim 5 \mu m$，而阿米巴在 $10 \sim 15 \mu m$，个体较大，具有强耐氯性，常规水处理方式很难去除，但其尺寸远远大于 MF 膜和 UF 膜的孔径，因此 MF 膜和 UF 膜可通过筛滤作用将之完全去除。Clive 的研究也表明，UF 膜能去除寄生虫卵，如贾第虫卵和阴孢子虫的卵囊，并能去除最小的病毒——脊髓灰质炎病毒。由此可见，UF 膜和 MF 膜可完全实现对饮用水的除浊和消毒，与其他的除浊、消毒工艺比较，UF 膜和 MF 膜的显著优点是对进料浓度的波动相对来说不太敏感。

UF 膜和 MF 膜对水中的有机物去除率不高。Laine 等人经实验证实，截留分子量为 $1000 \sim 5000$ 的 UF 膜去除 THMs 前驱物效果不是很好。但 Anselme 等人提出了一种特殊的工艺来去除溶解性有机碳（DOC）和微污染物，即将一定量（$6 \sim 15 mg/L$）的粉末活性炭（PAC）投加到 UF 或 MF 膜装置的循环水流中，组成吸附-固液分离工艺流程来处理饮用水。PAC 可有效吸附水中低分子量的有机物，使溶解性有机物转移至固相，再利用 UF 膜或 MF 膜截留去除微粒的特性，可将低分子量的有机物从水中去除。而且，PAC 还可有效地防止膜污染。Loseph 等人通过电子显微镜观察发现 PAC 会在膜面上形成一层多孔状膜，它吸附水中有机物，不仅去除有机物还可以避免膜污染。这层 PAC 膜较松软，反冲洗会很容易将它去除。Laine 等提出将颗粒活性炭与 UF 膜组合，利用颗粒活性炭去除低分子量的溶解性有机物。实验证明，这种组合也能提高出水水质。UF 膜技术也可应用于地下水处理。美国环保署规定，受地表水直接影响的地下水必须像地表水一样处理，这样，一些地下水也必须过滤和消毒。适应这种需要，UF 膜技术是一种理想工艺，因为 UF 膜工艺就可以完成过滤和消毒两项要求。

2.7.2　电渗析系统设计

在膜分离技术中，我国开展最早的是电渗析膜分离技术研究，日本于 20 世纪 50 年代末开发这一技术，60 年代用于海水浓缩制盐，而我国是在 1958 年开始研究，1965 年第一台电渗析器应用于成昆铁路建设，1967 年实现了异相膜的工业化生产。经过几十年的努力，ED 技术相对成熟，距离国际先进水平不远，只不过由于原材料的限制及工业条件的限制，仍有一些差距，如均相膜制备没有工业化、膜的品种少、性能较低等。

我国使用 ED 技术在海水和苦咸水淡化方面已经研究得比较深入，技术相对成熟。近年来，由于纯净水的市场商品化推动，使 ED 在民用水处理方面的应用迅速铺开。但是，在污水回用深度处理中应用 ED 技术的研究还远远不够，尤其对城市污水这一特定对象。比如，它的二级生化出水如何使用 ED 技术进行深度处理，ED 设备如何设计才能适应城市污水二级生化出水的恶劣运行条件，在污水回用中使用 ED 技术的技术经济评价如何等，都是我们需要研究的。

本书的讨论，同样先从离子交换膜材料的选择设计开始，然后讨论 ED 的工艺设计，ED 的设备设计计算。

2.7.2.1　离子交换膜的选择设计

离子交换膜是由离子交换树脂制成的一种高分子功能膜。用阳离子交换树脂制成的膜，称为阳膜；用阴离子交换树脂制成的膜，称为阴膜。所以，也可以认为 ED 技术是 IX 技术的另一种形式。在外加电场的作用下，从理论上认为：阳膜只能透过阳离子；阴膜只能透过阴离子。这就是所谓膜的选择透过性，应当认为是100％的。在实际运行中发现，在透过阳膜的离子中阳离子只占到90％左右，还有一少部分的阴离子也透过了阳膜，即阳膜对阳离子的选择透过性只有90％左右；同样，阴膜也有此类现象。

离子交换膜若按膜体机构分，可以分为异相膜、均相膜和半均相膜，如表2-7-1所示。国产离子交换膜的性能情况见表2-7-2。

表 2-7-1 离子交换膜按膜体结构分类

分类	加 工 方 法	膜 体 结 构	性 能
异相膜	磨细的离子交换树脂粉与胶黏剂混合加工成型	膜体中有胶黏剂等非活性成分，膜体结构不均一	厚度大，膜电阻大，耐温性差，机械强度高，制作简单
均相膜	在高分子基膜上直接接上活性基团或用含活性基团的高分子溶液直接制得	膜体不含非活性成分，膜体结构均一	厚度小，膜电阻小，耐温性好，机械强度差，制作复杂
非均相膜	将离子交换树脂与胶黏剂同溶于溶剂中再成膜	有胶黏剂成分，但膜体结构比异相膜均一	介于异相膜与均相膜之间

表 2-7-2 国产离子交换膜性能

膜 的 种 类	厚度/(mm)	交换容量/(meq/g 干膜)	含水量/%	面电阻/(Ω·cm)	离子选择透过性/%	爆破强度/(kg/cm²)
聚乙烯异相阳膜	0.38~0.5	≥2.8	≥40	8~12	≥90	≥4
聚乙烯异相阴膜	0.38~0.5	≥1.8	≥35	8~15	≥90	≥4
聚乙烯醇异相阳膜	0.7~1.0	2.0~2.6	47~53	~10	≥90	≥3
聚乙烯醇异相阴膜	0.7~1.0	≥2.0	47~53	≥15	≥85	≥3
聚乙烯半均相阳膜	0.25~0.45	2.4	38~40	5~6	≥95	≥5
聚乙烯半均相阴膜	0.25~0.45	2.5	32~35	8~10	≥95	≥5
聚氯乙烯半均相阳膜	0.25~0.45	1.3~1.8	35~45	≥15	≥90	≥1
聚氯乙烯半均相阴膜	0.25~0.45	1.3~1.8	25~35	≥15	≥90	≥1
聚乙烯含浸法均相阳膜（CM-001）	0.3	~2.0	35	<5	≥95	>3.5
氯醇橡胶均相阴膜（CH-231）	0.28~0.32	0.8~1.2	25~45	~6	≥85	>6
聚丙烯异相阳膜	0.38~0.40	2.91	45.7	10~15	>95	>7
聚丙烯异相阴膜	0.38~0.40	1.75	29.7	12~16	>94	>7
涂浆法聚氯乙烯均相阳膜	0.18~0.22	1.68~2.01	22~25	≤5	>95	>3

离子交换膜的结构示意见图2-7-1。

当进行离子交换膜选择设计时，要特别注意如下几个方面：

① 机械强度高，柔软性好（它是用爆破强度指标来衡量的）；

② 离子选择透过性高（一般应大于90％）；

③ 交换容量大；

④ 面电阻低；

⑤ 尺寸稳定性好，溶胀或收缩小（一般应小于5％）；

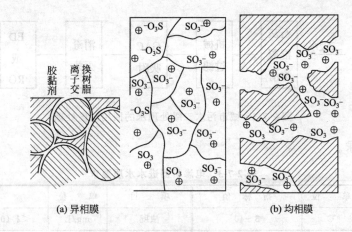

图 2-7-1　离子交换膜结构示意图

⑥ 化学稳定性好、抗氧化、抗污染、耐酸碱等。

其中，最重要的是离子选择透过性高这一指标。另一个重要的指标是膜电阻，只有膜电阻小，才能提高电流。

2.7.2.2　电渗析的工艺设计

（1）ED 对进水水质的要求　电渗析的工艺流程常见的有三种设计方式，即循环式、部分循环式、直流式，如图 2-7-2 所示。

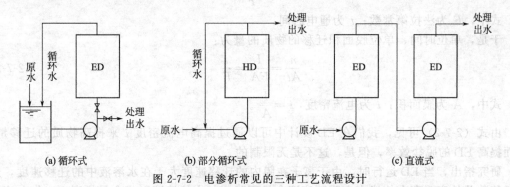

图 2-7-2　电渗析常见的三种工艺流程设计

在电渗析的运行中，经常遇到的问题是有机物和无机物造成的膜被污垢堵塞。在本章第 4 节中我们已经讨论过，在任何正常运行的城市污水二级处理厂出水中还存在许多未被去除的杂质，如溶解性有机物（DOM）、溶解性无机物、SS、病原菌等。即使再经过活性炭吸附工艺，仍然有一些有机物未被去除而会泄漏进入出水中。于是，进入 ED 的原水中的 SS、胶体物质、有机物、细菌、微生物等会沉积在膜面或配水槽结构处，细菌微生物在 ED 中的新陈代谢造成膜污染堵塞，这在城市污水二级出水深度处理设计时必须予以充分注意。

在 ED 的运行中，如发现阻力迅速增加，出水量很快下降，这一般就是膜污染堵塞的信号。膜污染堵塞的结果，使膜堆电阻增加，还会加剧极化现象的产生。因此，在 ED 的工艺设计时，必须做好对进水预处理的设计。

预处理的方法视原水水质而定，如 SS 较少，可以采取沙滤和精密过滤（5μm）即可。如有铁、锰等易使膜中毒的离子，可采用氧化、沉淀、过滤法去除。对有机污染物的去除，则用活性炭吸附。

现在我国电力系统对城市污水二级处理水的回用进行深度处理，工艺一般如图 2-7-3 所示。

根据中华人民共和国国家标准《电渗析脱盐工艺》规定，电渗析器的进水水质应符合表

图 2-7-3　城市污水二级处理水的回用深度处理

2-7-3 所示的要求。

表 2-7-3　电渗析器进水水质要求

项　目	单　位	指　标　值	项　目	单　位	指　标　值
水温	℃	5~40	浊度	mg/L	<1（0.5~0.9mm 隔板）
CODmn	mg/L	<3			<3（1.5~2.0mm 隔板）
Fe	mg/L	<0.3	游离氯	mg/L	<0.1
Mn	mg/L	<0.1	污染指数		<10

（2）极限电流密度的确定　根据法拉第定律，迁移物质的物质的量 n 与电流 I 之间的关系为

$$n = \frac{I}{F}t \qquad (2\text{-}7\text{-}1)$$

式中，F 为法拉第常数；t 为通电时间。

于是，单位时间、单位膜面积迁移的物质的量为：

$$\frac{n}{At} = \frac{I}{FA} = \frac{i}{F} \qquad (2\text{-}7\text{-}2)$$

式中，A 为膜面积；i 为电流密度，$i = \dfrac{I}{A}$。

由式（2-7-2）可见，我们在 ED 设计中可以通过提高电流密度 i 来提高物质的迁移量，从而提高 ED 的脱盐效率，但是，这不是无限制的。

研究指出，当 ED 运行时，由于离子在膜内的迁移速度大于在水溶液中的迁移速度，这种迁移数差的客观存在使淡水室膜面溶液含量下降，与主体溶液形成含量梯度，工作电流密度 i 越大，这个含量梯度也越大，膜面溶液含量进一步降低。当电流密度 i 大到一定值时，淡水室膜面的溶液含量几乎下降为零，致使水分子大量离解，利用 H^+ 和 OH^- 离子来担负起补充传递电流的作用，这一现象被称为极化，此时的电流密度称为极限电流密度。极限电流密度 $i_{\lim}$ 由式（2-7-3）表达：

$$i_{\lim} = Kv^m c_{av} \qquad (2\text{-}7\text{-}3)$$

式中，K 为 ED 的水力特性系数；v 为淡水室流水道中的水流速度 cm/s；m 为流速指数；c_{av} 为淡水室流水道中的平均含盐量 mmol/L。

$$c_{av} = \frac{c_i - c_j}{2.31 g \dfrac{c_i}{c_j}} \qquad (2\text{-}7\text{-}4)$$

式中，c_i 为淡水室进水含盐量，mmol/L；c_j 为淡水室出水含盐量，mmol/L。

需要说明的是，这里的物质的量浓度是指参与化学反应的基本单元，对一价离子使其本身；对于二价离子以其 1/2 作为基本单元、对三价离子以其 1/3 作为基本单元；以下类推。

式（2-7-3）可以改写成线性形式，两边取对数，得：

$$\lg \frac{i_{\lim}}{c_{av}} = m \lg v + \lg K$$

由上述可见，对 ED 运行工艺进行设计时，电流密度有一个极限值，超过此值，就会出现故障。对于 ED 的设计人员来说，最重要的是要防止极化故障的出现，因而必须掌握被处理水的最大允许电流值。

当然防止极化故障出现的最简单方法就是只要让 ED 以低电流密度运行即可，此时对极化故障而言也许是安全的，但是，却牺牲了 ED 的脱盐率，使 ED 装置不得不设计得大而不经济。只有当运行电流经常等于极限电流密度时，装置的大小才是最经济的。

因此，我们在设计工业规模的 ED 装置时，必须通过实验来测定极限电流密度。

(3) 工作电流密度的选择设计　上节中介绍，设计 ED 工作在等于极限电流密度时装置的大小才是最经济的，这只是理论设计状态。事实上，ED 在工作时，除了考虑防止极化这一故障外，还有一些其他故障因素，如溶解性有机物、无机物、微生物等对膜面的污染、结垢、堵塞现象，流水道不畅、水流分配不均匀等，也会影响 ED 的正常运行，而且极化与污染这两种现象还能互相激进。为了使 ED 长期稳定运行，在选择工作电流密度时，应当留有一定的裕度，应结合原水的含盐量，离子的组分、流速、温度等情况进行选择设计，一般的原则为：

$$i_w = (70\% \sim 90\%) i_{\lim} \tag{2-7-5}$$

式中，i_w 为工作电流密度；$i_{\lim}$ 为极限电流密度。

如果原水中含盐量、硬度、有机物含量高时取低值，反之则取高值。如原水为碳酸盐型水质，可选用高值。温度对 ED 运行也有重要影响，温度升高，水中离子迁移速度增大，可选高值，实践证明，水温在 40℃以下每升高 1℃，脱盐率约提高 1%。根据表 2-7-3 进水水质要求，水温的控制范围为 5～40℃。

2.7.2.3　电渗析设备的设计计算

(1) 电渗析器的计算　具体过程如下。

[例 2-18] 欲设计一台电渗析器，淡水产量 $Q = 14\mathrm{m}^3/\mathrm{h}$，已知条件如下。

原水含盐量：	$c_1 = 5.5\mathrm{mmol/L}$
淡水含盐量：	$c_2 = 0.8\mathrm{mmol/L}$
膜的有效利用率：	$\beta = 0.7$
膜的使用年限：	$y = 4\mathrm{a}$
膜对面电阻：	$r = 312\Omega \cdot \mathrm{cm}^2$
膜的平均价格：	$d_m = 23.4\,元/\mathrm{m}^2$
流水道宽度：	$b = 6.8\mathrm{cm}$
隔板厚（流水道深）：	$t = 0.2\mathrm{cm}$
整流效率：	$m = 0.95$
电价：	$d_p = 0.08\,元/(\mathrm{kW \cdot h})$

设计内容包括：

① 最佳电流密度 $i_{佳}$ 设计；

② 极限电流密度 $i_{\lim}$；

③ 流水道长度 L；

④ 并联膜对数 n；

⑤ 膜面积 f。

(2) 设计计算

① 最佳电流密度 $i_{佳}$。甲方业主委托我方设计一台电渗析器，总是希望设计出的 ED 设备造价以及今后的运行费用最低、最经济。电流密度是 ED 费用中的一个决定因素，在产水

量、水质要求一定的情况下，采用较大电流密度，就可以减少膜的面积，降低造价，但是会使运行中电费增加；反之，降低电流密度虽然可以降低运行费用，但由于膜面积必须加大，使 ED 设备的造价会加大。在上述两种情况之间，争取选择一个使造价和运行费用之和为最好的电流密度，我们称之为最佳电流密度的选择设计计算。

最佳电流密度 $i_{佳}$ 由式（2-7-6）给出：

$$i_{佳} = \sqrt{\frac{22.9 d_m m}{y \beta r d_p}} \qquad (2\text{-}7\text{-}6)$$

式中，$i_{佳}$ 为膜的平均价格，元/m^2；m 为整流效率；y 为膜的使用年限，a；β 为膜的有效利用率；r 为膜对面电阻，$\Omega \cdot cm^2$；d_p 为电价，元/$(kW \cdot h)$。

将已知条件代入式（2-7-6），得：

$$i_{佳} = 0.85 (mA/cm^2)$$

② 极限电流密度 i_{lim}。由式（2-7-3）知，极限电流密度为：

$$i_{lim} = K v^m c_{av}$$

其中，$c_{av} = \dfrac{c_1 - c_2}{2.3 \lg \dfrac{c_1}{c_2}} = 2.43 (mmol/L)$

其中，ED 的水力特性系数 K、流速指数 m 已由实验测出为：

$$K = 0.035, \quad m = 0.947$$

于是该 ED 的极限电流密度方程为：

$$i_{lim} = 0.035 v^{0.947} c_{av}$$

③ 当以最佳电流密度 $i_{佳}$ 代替极限电流密度 i_{lim}，由上式可以求出对应的流水道流速值 v：

$$v = \left(\frac{i_{佳}}{0.035 c_{av}}\right)^{\frac{1}{0.947}} = \left(\frac{0.85}{0.035 \times 2.43}\right)^{1.06} = 11.5 (cm/s)$$

④ 流水道长度 L。当采取最佳电流密度运行时，其流水道长度为：

$$L = \frac{(c_1 - c_2) v t F}{\eta i_{佳}} \qquad (2\text{-}7\text{-}7)$$

式中，F 为法拉第常数，96.5C/mmol；η 为电流效率，取 0.93。

把已知条件代入，得：

$$L = 1320 (cm)$$

⑤ 并联膜对数 n。先求每层淡水室流量 q：

$$q = bvt = 6.8 \times 11.5 \times 0.2 \times 10^3 = 15.6 \times 10^3 (L/s)$$

则需淡水室层数（即并联膜对数）n：

$$n = \frac{Q \times 10^3}{3600 q} = \frac{278 Q}{bvt} = \frac{278 \times 14}{6.8 \times 11.5 \times 0.2} = 248 (对)$$

⑥ 膜面积 f。流水道面积 f_1：

$$f_1 = L \times b = 1320 \times 6.8 = 8976 (cm^2)$$

由于膜的有效利用率 $\beta = 0.7$，故需膜的毛面积 f'：

$$f' = f_1 / \beta = 12823 (cm^2)$$

若选用标准规格 800mm×1600mm 的离子交换膜，所购商品膜面积为：

$$80 \times 160 = 12800 (cm^2)$$

故流水道可以全部布置在所购的 800mm×1600mm 规格的隔板上。

⑦ 电流电压。膜对电压 U_m：

$$U_m = i_{佳} \times r \times n' = 0.85 \times 3120 \times 124 \times 10^{-3} = 329 (V)$$

加上两端极室的压降约 15V，共需电压 $U=329+15=344$（V）在每台设备中设置一个共电极，所加电压只需 $344/2=172$（V）即可。

由于设置了共电极，电流为两级电流之和，即：

$$f=2\times i_{佳}\times f_1=15.3(A)$$

⑧ 耗电量 W：

$$W=\frac{UI}{Q}\times10^{-3}=\frac{172\times15.3}{14/2}\times10^{-3}=0.376\text{kW}\cdot\text{h/m}^3$$

2.7.3   超滤系统设计

超滤（UF）是在压力推动下的一种膜分离工艺。超滤工艺所使用的膜为超滤膜，自 1963 年 Michaels 开发了不同孔径的不对称 CA 超滤膜以来，超滤膜很快进入商品化，膜材料也由初期的 CA 膜扩大到现在的聚砜（PSF）、聚丙烯腈（PAN）、聚醚砜（PES）等各种材质。我国从 20 世纪 70 年代起开始研究超滤，通过"七五"、"八五"攻关，在超滤膜领域取得了长足的进步，但是与国外先进水平相比，我国超滤膜的品种少，通流量和截留率较低，组件的水平也有待提高，且由于没有实现规模化生产，成本较高。

超滤膜多为不对称结构，表层极薄，通常小于 $1\mu m$ 厚，表层上分布有一定尺寸的孔径，平均孔径范围为 $1\sim50nm$，UF 膜的分离功能就是由这些表层孔径来实现的。表层下部是一层较厚的（通常为 $125\mu m$ 左右）具有海绵状或指状结构的多孔支撑层。

UF 膜在作业时，高压原水与表层接触，原水中粒径大于表层平均孔径的大颗粒被截留下来，小于平均孔径的小颗粒则透过 UF 膜进入出水中，这些大颗粒主要是水中的大分子、胶体、蛋白质、腐植酸、细菌、病毒等。由此可见，UF 膜分离也具有方向性。

在有些情况下发现，某些粒径小于 UF 膜表层孔径的小颗粒，也被截留下来，按照膜孔筛分机制是不应当被截留的。这一现象说明，UF 膜的分离机制不仅仅是 UF 膜表层孔径的机械筛分，同时也存在着由于膜表面的化学特性所引起的"筛分"作用。

超滤膜的基本性能参数是截留分子量和透水通量。

2.7.3.1   截留分子量曲线与截留分子量

截留分子量曲线是通过测定具有相同化学结构的不同分子量的一系列化合物的截留率所得到的曲线，常用试剂是聚乙二醇、蛋白质、葡聚糖等，根据该曲线求得截留率大于 90%（或 95%）分子量即为截留分子量（Molecular Weight Cutoff，MWCO），见图 2-7-4 所示。

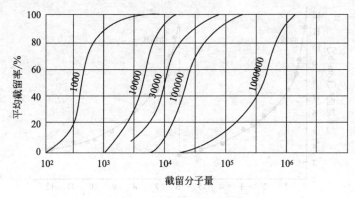

图 2-7-4   截留分子量曲线

MWCO 主要与 UF 膜的孔径及分布有关，与膜的材料和膜材料的表面化学性质也有一定的关系，通常情况下，就以 MWCO 来表征膜的孔径分布。随着超滤技术的发展，膜孔径及其分布一直是一个重要的研究课题。

Cuerout 提出了用流速法测定 UF 膜孔径的经验公式：

$$r = \sqrt{\frac{(2.9 - 1.75)\varphi\mu \times 8\delta J}{\varphi\Delta P}} \qquad (2\text{-}7\text{-}8)$$

式中，r 为 UF 膜平均孔半径，m；φ 为膜的孔隙率，%；δ 为膜的厚度，m；μ 为水的动力黏滞系数，Pa·S；J 为单位时间，单位面积的透水量，m^3/s；ΔP 为膜两侧的压力差，Pa。

我国国产的商品 UF 膜，目前一般有 6 种规格供应：6000Da，10000Da，20000Da，30000Da，50000Da，80000Da。

[例 2-19] UF 膜孔径计算。

(1) 已知条件　在一直径 8mm，长 1m 的微孔空心棒上刮有 UF 膜，在压力差为 196kPa 的条件下，用纯水进行流量测定，其值为 50 cm^3/min，已知膜厚为 0.15mm，膜孔隙率为 70%，水温为 10℃，求该 UF 膜的孔半径平均值。

(2) 计算过程　过程如下。

[解] 因为 $\Delta P = 196$kPa，$\varnothing = 0.70$，$\delta = 0.15$cm，$\mu = 0.00131$Pa·s(10℃)，
膜面积 $= \pi \times 0.8 \times 100 \approx 251.3$($cm^2$)

$$J = \frac{50}{251.3 \times 60} = 3.31 \times 10^{-3}[(cm^3)/(cm^2 \cdot s)]$$

将上述各值代入式 (2-7-8)，得

$$r = 0.0252(\mu m)$$

2.7.3.2　透水通量

UF 膜在运行中，只允许水和低分子溶质通过，不允许大分子、胶体、细菌、病毒等颗粒通过，于是它们将不断地在 UF 膜面上被截留、累积，使膜面处的浓度 c_m 高于溶质在主体液相中的浓度 c_b，从而在 UF 膜的边界层内形成浓差，即：

$$\Delta c = c_m - c_b$$

在浓差的推动下，会发生反向扩散现象（从膜面向主体溶液扩散），这一现象即为 UF 的浓差极化。UF 在某一压力差下运行时，当 c_m 累积大到一定程度，致使大分子物质在膜面生成凝胶，此时膜面溶质浓度 c_m 称为凝胶浓度 c_g。

由于浓差极化或凝胶浓度的存在，将使 UF 的透水通量不断下降，虽经冲洗后，又可恢复原来水平，但很快又出现下降，图 2-7-5 为 UF 处理某印刷厂废水时，透水通量与运行时间曲线。

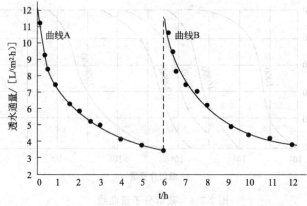

图 2-7-5　UF 处理印染废水时，透水通量与运行时间的关系

当 UF 用于污水回用深度处理时，凝胶化现象或浓差极化现象造成透水通量的时间衰

减，是设计工作者必须注意的，在工艺设计时就应当事先给予考虑，使膜面水流流动方式的设计尽量能减少膜面浓度 c_m，一定不能达到浓度 c_g 值。

2.7.3.3 UF 工艺设计

在污水回用深度处理中选用 UF 单元操作，主要是发挥 UF 分离 SS、胶体、病原体等颗粒物的优势，尤其在去除消毒副产品（Disinfect By-Production，DBP）前体以及天然有机物（Natural Organic Matter，NOM）上的优势。近年来，更多地出现了 UF 与其他单元操作的组合协同系统工艺设计，如 PAC＋UF 系统设计。PAC 吸附水中的有机物，这部分有机物就不会再在 UF 膜面上成垢，UF 只截留那些未被 PAC 吸附的有机物，通过膜孔对有机物的截留以及截留的 PAC 所携带的有机物，无疑强化了 UF 截留有机物的功能。UF 截留的 PAC 颗粒所形成的滤饼，孔隙大，滤阻小，很容易通过反冲洗清除。

近年来出现的所谓膜生物反应器（Membrane Bioreactor，MBR），实际上也是生化处理＋UF 分离的结合，以 UF 分离取代传统的二沉池。由于 UF 对生物絮体的分离效果是二沉池无法比拟的，生物絮体基本上被 UF 百分之百地截留，而且截留时间很短，大大提高了工作效率。

2.7.4 反渗透系统设计

2.7.4.1 反渗透分离原理

当一张半透膜隔开溶液和溶剂时，加在溶液上并使其恰好能阻止纯溶剂进入溶液的额外压力，被称为渗透压；通常溶液中溶质的浓度越高，渗透压就越大。当溶液一侧没有加压时，纯溶剂会用过半透膜向溶液一侧扩散。在进行 RO 膜的选择设计时，总希望 RO 膜具有以下性能：

① 透水量大，脱盐率高；
② 机械强度好，被压密、压实作用小；
③ 稳定性好，抗水解，耐酸碱，抗微生物侵袭；
④ 使用寿命长，性能衰减小；
⑤ 价格便宜，原料易得。

其中透水量和脱盐率是 RO 膜的主要性能参数指标。

2.7.4.2 透水量

RO 膜的透水量由式（2-7-9）表示：

$$q_{v,w} = K_w(\Delta p - \Delta \pi)\frac{A}{\delta} \tag{2-7-9}$$

式中，$q_{v,w}$ 为膜的透水量，$\mathrm{m^3/s}$；K_w 为膜对水的透水系数，$\mathrm{m/s}$；Δp 为膜两侧水的压力差，Pa；$\Delta \pi$ 为膜两侧溶液的渗透压差，Pa；A 为膜的有效表面积，$\mathrm{m^2}$；δ 为膜的厚度，m。

式（2-7-9）中膜两侧水的压力差 Δp 由（2-7-10）表示：

$$\Delta p = p - p_v \tag{2-7-10}$$

式中，p 为进水侧（给水＋浓水）的平均压力；p_v 为产品水（淡水）的压力。

式（2-7-9）中渗透压 $\Delta \pi$ 与溶液中的离子浓度有关，是溶液的一种特性，溶液的渗透压 π 可由式（2-7-11）表示：

$$\pi = RT\sum c_i \tag{2-7-11}$$

式中，R 为气体常数，取 $8.314\mathrm{J/(mol \cdot K)}$；$T$ 为温度，K；$\sum c_i$ 为溶液中各溶质离子浓度之和，$\mathrm{mol/L}$。

[例 2-20] 渗透压的计算。

(1) 已知条件 计算 25℃时，1000mg/L NaCl 溶液的渗透压。

(2) 计算过程 过程如下。

[解] $NaCl \rightarrow Na^+ + Cl^-$

58.5   23   35.5

1000 x y

$x = 393.2\text{mg/L}$

$y = 606.8\text{ mg/L}$

$c_{(Na^+)} = 0.0171\text{mol/L}$

$c_{(Cl^-)} = 0.0171\text{mol/L}$

$\sum c_i = 0.0342\text{mol/L}$

所以 $\pi = 8.314 \times 298 \times 0.0342 = 84.73(\text{Pa})$

RO 膜的生产与供应商所提供的膜元件（组件）的透水量指标是在标准测试条件下获得的，我们在设计时，如果实际工况与标准测试条件相差较大的话，有必要根据实际工况对厂商提供的产品样本中的透水量指标进行适当调整。透水量一般是在 25℃条件下获得的，如果实际工况的温度条件不同，则应当按式（2-7-12）进行校正。

$$q_{v,t} = q_{v,25}/T_{校} \tag{2-7-12}$$

式中，$q_{v,t}$ 为 t℃时透水量；$q_{v,25}$ 为 25℃时透水量；$T_{校}$ 为温度校正系数，查阅相关膜产品技术手册。

2.7.4.3 脱盐率和透盐量

RO 膜的脱盐率 SR 由式（2-7-13）所示：

$$SR = \frac{c_f - c_p}{c_f} \times 100\% \tag{2-7-13}$$

式中，c_f 为给水含量，mol/L；c_p 为产品水含量，mol/L。

与之对应，RO 膜的透盐率 SP 由式（2-7-14）所示：

$$SP = 1 - SR = \frac{c_p}{c_f} \times 100\% \tag{2-7-14}$$

RO 膜的透盐量 Q_{vs}，由式（2-7-15）所示：

$$Q_{vs} = K_s \times \Delta c \times \frac{A}{\delta} \tag{2-7-15}$$

式中，Q_{vs} 为膜的透盐量；K_s 为膜对盐的渗透系数；Δc 为膜两侧溶液的浓度差；A 为膜的有效面积；δ 为膜的厚度。

由式（2-7-15）可见，膜透盐量的驱动力是膜两侧溶液的浓度差 Δc，透盐量 Q_{vs} 与压力无关，增加运行压力，只能够提高透水量，但不改变透盐量。这一现象，隐含着 RO 膜脱盐机制的重要信息。

2.7.4.4 回收率 (Y)

由 RO 主机系统的运行可知，

$$q_{vf} = q_{vp} + q_{vb} \tag{2-7-16}$$

式中，q_{vf} 为给水流量；q_{vp} 为产品水流量；q_{vb} 为浓水流量。

于是，将 RO 系统水的回收率 Y 定义为产品水流量与给水流量之比，即：

$$Y = \frac{q_{vp}}{q_{vf}} \times 100\% \tag{2-7-17}$$

2.7.4.5　浓缩倍率（*CF*）

反渗透器的浓缩倍率 *CF* 定义为给水流量与浓水流量之比值，即：

$$CF = \frac{q_{vf}}{q_{vb}} = \frac{1}{1-Y} \tag{2-7-18}$$

2.7.4.6　机械强度

当我们进行 RO 膜选择设计时，膜的机械强度应当给予必要的考虑。

由式（2-7-9）可知，提高运行压力可以提高透水量；根据式（2-7-15）可知，提高压力对膜的透盐量没有影响。这样，因为透水量提高了，实际上使脱盐率提高。由于运行压力的提高，膜会被压实、压密，当压力由高向低下降时，透水量就无法恢复到初始水平，膜被压实压密后透水量的增减是不可逆的，随着运行时间的增加，呈现一种衰减趋势，由式（2-7-19）表示：

$$q_{v,\,w_t} = q_{v,\,w_u} t^m \tag{2-7-19}$$

式中，$q_{v,\,w_t}$ 为运行 t 时后膜的透水量；$q_{v,\,w_u}$ 为膜的初始制水量；t 为运行时间；m 为衰减系数。

选择衰减系数小的膜是我们运行膜的选择设计的一个目标。

图 2-7-6 所示为目前常用的美国杜邦公司生产的 B-9 型中空纤维膜组件。

中空纤维外径为 $85\mu m$，内径为 $43\mu m$，壁厚为 $21.5\mu m$，外表面为极薄的致密的表面脱盐层，内部为多孔支撑层，其外径与内径之比至少为 2：1，犹如一根厚壁圆柱，可以承受足够的压力而不变形、不损坏。

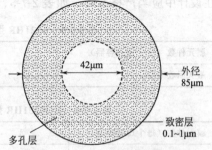

图 2-7-6　B-9 型中空纤维膜剖面

如果膜元件（组件）发生机械破损，将在运行中泄漏原水，降低出水水质，这是不允许的。

2.7.4.7　RO 膜的工艺设计计算

反渗透工艺的主机系统一般是由 RO 膜的生产供应商根据甲方业主的要求整机供应的。作为 RO 工艺的设计者，有相当大的工作量是放在预处理系统的设计、冲洗系统与化学清洗系统的设计以及后处理系统的设计。这三者是联系在一起的。之所以如此，是由于给水中的无机溶质离子、胶体及其他颗粒物、微生物等在膜面引起结垢、污染等问题。因此 RO 系统对进水水质有着极严格的要求，见表 2-7-4 所示。

表 2-7-4　RO 膜对进水水质的要求

项　　目	卷式 CA 膜		卷式 TFC 膜		中空纤维式 PA 膜	
	标准	最大值	标准	最大值	标准	最大值
SDI	<4	4	<4	5	3	3
浊度/Ftu	<0.2	1	<0.2	1	0.2	0.5
铁含量/(mg/L)	<0.1	0.1	0	0.1	0	0.1
游离氯含量/(mg/L)	0.2～1	1	0	0.1	0.1	0.1
水温/℃	25	40	25	25	25	40
pH 值	5～6	6.5	2～11	11	4～11	11
水压/MPa	2.5～3.0	4.1	1.3～1.6	4.1	2.4～2.8	2.8

为了达到进水水质的要求，必须要进行预处理设计。

（1）对水中溶解盐类的预处理设计计算　在反渗透除盐过程中，由于反渗透膜对水中 CO_2 的透过率几乎为 100%，而对 Ca 的透过率几乎为零，因此给水被浓缩时，由式（2-7-18）可知，若回收率为 75%，浓缩倍率达到 4 倍，即浓水含量约比给水含量高 4 倍（忽略渗透过 RO 膜的盐量），导致 RO 膜的浓水侧的 pH 值升高和 Ca^{2+} 含量增加，pH 值的升高，会引起水中 HCO_3 转化为 CO_3^{2-}，于是极容易在 RO 膜的浓侧膜面析出结垢，常见无机盐垢主要有 $CaCO_3$、$CaSO_4$ 等。

为防止 $CaCO_3$ 在膜上沉积，常用加酸调节水的 pH 值的方法，加酸量的设计是让浓水的朗格里尔指数（LSI）小于或等于零，$CaCO_3$ 就无法在膜上沉积出来。

（2）RO 设备的设计计算　RO 装置或 RO 设备的基本单元是膜元件或膜组件。对卷式 RO 装置是由一个或多个卷式膜元件串联起来，反之在压力容器内组成。对中空纤维式 RO 装置是由许多中空纤维膜直接装配在压力容器内组成。

RO 装置的生产供应商均对膜元件（或膜组件）的最大回收率作了规定，作为设计导则在设计中应当严格遵守，如表 2-7-5、表 2-7-6 所示。

表 2-7-5　8221HR 型卷式膜元件系统中膜组件的最大回收率

膜元件数（每个压力容器）	1	2	3	4	5	6
最大回收率/%	16	29	38	44	49	53

表 2-7-6　RO8231HR 型卷式膜元件系统中膜组件的最大回收率膜

膜元件数（每个压力容器）	1	2	3	4
最大回收率/%	20	36	47	55

RO 的设计计算就是要对膜组件数量的选择和对膜组件合理的排列组合。膜组件（膜元件）的数量决定了 RO 系统的透水量。膜组件的排列组合则决定了 RO 系统的回收率。

为了使反渗透装置达到设计回收率，同时又保持水在装置内的每一个组件中处于大致相同的流动状态，必须将装置内的组件分为多段锥形排列。所谓段，指膜组件的浓水流经下一组膜组件处理。流经 n 组膜组件，即称为 n 段。所谓级，指膜组件的产品水再经膜组件处理。产品水经 n 次膜组件处理，称为 n 级，如图 2-7-7 和图 2-7-8 所示。

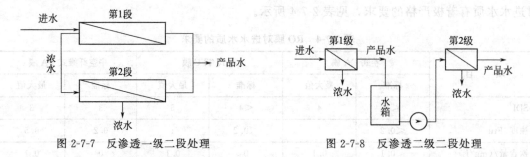

图 2-7-7　反渗透一级二段处理　　　　图 2-7-8　反渗透二级二段处理

［例 2-21］ 反渗透器膜组件的组合设计计算。

（1）已知条件　详细条件如下。

已知：水流经过内装 4 个 40in（1016mm）长膜元件的膜组件（称水流过 4m 长），回收率可达 44%（表 2-7-5）。

水流经过内装 4 个 60in（1524mm）长膜元件的膜组件（称水流过 6m 长），回收率可达

55%（表 2-7-6）。

要达到 75% 的回收率，分别选用上述两种膜组件，各需要安排几段组合布置？

（2）计算　计算过程如下。

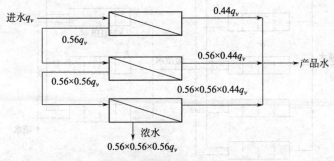

图 2-7-9　例题 2-21 图（a）

[解] ① 选用 4m 长膜组件（即内装 4 个 1016mm 长膜元件）（图 2-7-9）。

$$Y = \frac{进水流量 - 浓水流量}{进水流量}$$

$$= \frac{q_v - 0.56 \times 0.56 \times 0.56 q_v}{q_v} = 0.82 > 0.75$$

故需布置 3 段（水流过 12m 长）方可达到 75% 回收率。

② 选用 6m 长膜组件（即内装 4 个 1524mm 长膜元件）（图 2-7-10）。

$$Y = \frac{进水流量 - 浓水流量}{进水流量}$$

$$= \frac{q_v - 0.45 \times 0.45 q_v}{q_v} = 0.80 > 0.75$$

故需布置 2 段（水流过 12m 长）方可达到 75% 回收率。

[例 2-22] RO 设备的设计计算。

（1）已知条件　详细条件如下。

某工程设计 RO 设备，要求产水量 120m³/h，设计进水 [Cl⁻]＝215mg/L。要求出水 [Cl⁻]≤15mg/L。即 Cl⁻ 去除率不小于 93%。

（2）设计计算　计算过程如下。

[解] 设计中采用我国香港半岛高科

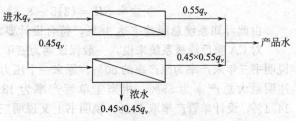

图 2-7-10　例题 2-21 图（b）

技工业有限公司技术，美国 FLUIDSYSTEM 公司的压力容器。反渗透膜原装组件内容如下。每套由 8 个压力容器组成，分两段：第一段有 5 个；第二段有 3 个。每个压力容器内装 4 根 8231HR（CA 膜）元件。每套设计产水量 40m³/h，共三套，共产水 120 m³/h。如图 2-7-11 所示。

根据产品说明书可知：8231HR 元件，公称直径为 8in，设计产率 1656 m³/h（10500 美加仑/d），设计膜脱盐率为 98%，最大压力降 0.1MPa，在 [NaCl] 为 2000mg/L 下单管回收率为 16%。

设计中系统分两段为 5-3 排列，设计总回收率 75%，则每套进水量为 40/0.75＝53.33（m³/h）。进水 [Cl⁻] 为 215mg/L。

设单管回收率均为 16%；单管脱盐率为 98%，即脱盐率 Q_s＝2%，则第一段各参数为：

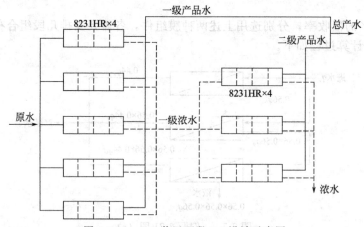

图 2-7-11   RO 装置两段 5-3 设计示意图

$$c_v = \frac{1-(1-0.02\times0.16)^4}{1-(1-0.16)^4}\times215 = 5.45(\text{mg/L})$$

第二段各参数为：

$$Q_{m2} = (1-0.16)^4\times26.25 = 13.22(\text{m}^3/\text{h})$$

$$Q_{p2} = [1-(1-0.16)^4]\times26.25 = 13.33(\text{m}^3/\text{h})$$

$$c_{m2} = \frac{1-(1-0.02\times0.16)^4}{(1-0.16)^4}\times426.34 = 845.42(\text{mg/L})$$

$$c_{p2} = 10.82(\text{mg/L})$$

则每套系统的产水量及氯含量为：

$$Q_p = Q_{p1}+Q_{p2} = 26.78+13.33 = 40.11(\text{m}^3/\text{h})$$

$$c_p = \frac{Q_{p1}\times c_{p1}+Q_{p2}\times c_{p2}}{Q_p} = 8.6(\text{mg/L})$$

脱盐率 $SR = (215-8.6)/215\times100\% = 96\%$

由此可知系统总脱盐率达 96%，符合设计要求。

对 CA 膜反渗透系统来说，一般保证期为三年。三年末设计参数采用如下指标：根据产品说明书三年末产率为原产率的 80%。原来一个压力容器内装 4 根反渗透膜元件情况下，说明书注明最大总产率为 55%。相当于单管产率为 18%，所以三年末最大产率为 $18\%\times0.8 = 14.4\%$，设计单管产率取 14%。说明书上又说明三年末设计去除率为 $2\times98\%-100\% = 96\%$。则在产水 40m³/h 时进水量为：

$$Q_v = Q_{v1}+Q_{v2}$$

$$= [1-(1-0.4)^4]Q_0 + [1-(1-0.14)^4](1-0.14)^4 Q_0$$

$$Q_0 = 1.427Q_p$$

则 $Q_0 = 57\text{m}^3/\text{h}$

根据以上设计参数，按以上相同的计算方法可得：$c_p = 13.48\text{mg/L}(<15\text{mg/L})$，即系统去除率（Cl⁻）为 93.73%。

三年末基本仍能满足设计要求。

2.8   消毒设备

消毒的目的主要是利用物理或化学的方法杀灭污水中的病原微生物，以防止其对人类及畜禽的健康产生危害和对生态环境造成污染。城市污水二级处理出水中的微生物大多数粘附在悬浮颗粒上，经过混凝、沉淀、过滤处理后，细菌含量大幅度减少，但细菌的绝对值仍很可观，并存在有病原菌的可能。为确保回用水卫生安全，必须进行杀菌消毒，以满足回用水标准中规定的细菌学指标。

消毒方法大体上可分为物理法和化学法两大类。物理法是应用热、光波、电子流等来实现消毒作用的方法。在目前的消毒处理中，采用或研究的物理法有加热、冷冻、辐射、紫外线以及高压静电、微电解消毒等方法。化学法是通过向水中投加化学消毒剂来实现消毒作用的方法。常用的化学消毒剂有氯及其化合物、各种卤素、臭氧、重金属离子等。

常用消毒方法比较见表 2-8-1。

表 2-8-1　几种消毒方法的比较

项目	液氯	臭氧	二氧化氯	紫外线	加热	卤素	金属离子（银、铜等）
效率							
对细菌	有效	有效	有效	有效	有效	有效	有效
对病毒	部分有效	有效	部分有效	部分有效	有效	部分有效	无效
对芽孢	无效	有效	无效	无效	无效	无效	无效
优点	便宜，成熟，有后续消毒作用	除色、臭味效果好，现场制的臭氧，无毒	杀菌效果好，无气味，有定型产品	快速，无化学药剂	简单	同氯，对眼睛影响较小	有长期后续消毒作用
缺点	对某些病毒芽孢无效，产生氯苯	比氯贵，无后续作用	维修管理要求较高	无后续效用，无大规模应用，对浊度要求高	加热慢，能耗高，价格贵	慢，比较贵	消毒速度慢，价格便宜，受氨氮等其他污染物干扰
用途	常用方法	应用广泛，与氯结合使用	中小水量消毒	实验室及小规模应用	适用于家庭消毒	适用于游泳池	

影响消毒效果的因素主要有消毒剂的投加量、反应接触时间水温、pH 值、污水水质及消毒剂与水的混合接触方式等。

2.8.1　液氯消毒

2.8.1.1　设计概述

氯是一种具有特殊气味的黄绿色有毒气体。很容易压缩成琥珀色透明液体，即为液氯，液氯的相对密度约是水的 1.5 倍，氯气的相对密度约是空气的 2.5 倍。液氯的消毒效果与水温、pH 值、接触时间、混合程度、污水浊度、所含干扰物质及有效氯浓度有关。

液氯消毒工艺流程如图 2-8-1 所示。

2.8.1.2　设计参数

① 投加量对于城市污水，一级处理后为 15~25mg/L；不完全二级处理后为 10~15mg/L，二级处理后为 5~10mg/L。

② 混合池混合时间为 5~15s。

混合方式可采用机械混合、管道混合、跌水混合、鼓风混合、隔板式混合等。

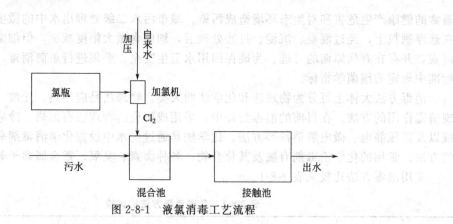

图 2-8-1 液氯消毒工艺流程

a. 机械混合：混合所需的能量按每 $1m^3/d$ 的污水量 $0.06\sim0.12W$ 提供。污水在混合室中的停留时间为 $5\sim15s$。如图 2-8-2 所示。

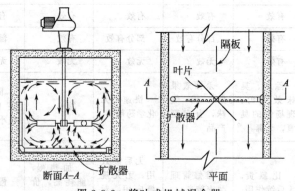

图 2-8-2 桨叶式机械混合器

b. 管道混合：当管道中为满流，流量变化不大时采用。加药管需插入压力管内 $1/4\sim1/3$ 管径处。当雷诺数大于 2000，投药口至下游 10 倍于管径的距离内，可达到完全混合。如图 2-8-3 所示。

c. 跌水混合：药剂加注到跌落水流中，达到混合效果，跌水水头应保持 $0.3\sim0.4m$。如图 2-8-4 所示。

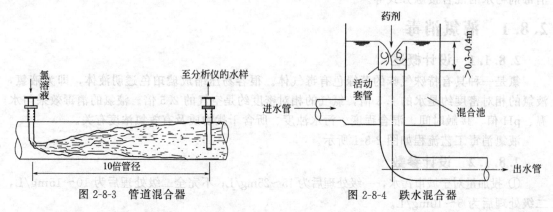

图 2-8-3 管道混合器

图 2-8-4 跌水混合器

d. 鼓风混合：鼓风强度为 $0.2m^3/(m^3 \cdot min)$，空气压力应大于 $1200mmH_2O$，污水在池中的流速应大于 $0.6m/s$。

e. 隔板式混合：池内平均流速不应小于 0.6m/s。如图 2-8-5 所示。

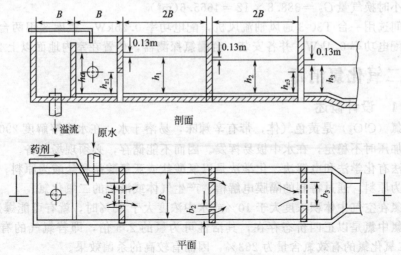

图 2-8-5　隔板式混合槽

③ 消毒时间氯消毒时间（从混合开始起算）采用 30min，保证余氯量不小于 0.5mg/L。

④ 加氯间、氯库设计要求：

a. 加氯间和氯库可合建，但应有独立向外开的门，方便药剂运输；

b. 氯库的储药量一般按最大日用量的 15～30d 计算；

c. 加氯机不少于 2 套，一般高于地面 1.5m；

d. 加氯间、氯库应设置每小时换气 8～12 次的通风设备。排风扇安装在低处，进气孔在高处；

e. 漏氯探测器安装位置不宜高于室内地面 30cm；

f. 氯瓶中的液氯气化时，会吸收热量，一般用自来水喷淋在氯瓶上，以供给热量。

2.8.1.3　设计实例

[例 2-23] 某城市污水处理厂日处理量 10 万吨，二级处理后采用液氯消毒，投氯量按 7mg/L 计，仓库储量按 15d 计算，试设计加氯系统。

[解] ① 加氯量 G：

$$G = 0.001 \times 7 \times \frac{100000}{24} = 29.2(\text{kg/h})$$

② 储氯量 W：

$$W = 15 \times 24 \times G = 15 \times 24 \times 29.2 = 10512(\text{kg})$$

③ 加氯机和氯瓶。采用投加量为 0.2kg/h 加氯机 3 台，两用一备，并轮换使用。液氯的储存选用容量为 1000kg 的钢瓶，共 12 只。

④ 加氯间与氯库合建。加氯间内布置三台加氯机及其配套投加设备，两台水加压泵。氯库中 12 只氯瓶两排布置，设 6 台称量氯瓶质量的液压磅秤。为搬运氯瓶方便，氯库内设单轨电动葫芦一个，轨道在氯瓶上方，并通到氯库大门外。

氯库外设事故池，池中长期储水，水深 1.5m。加氯系统的电控柜、自动控制系统均安装在值班控制室内。为方便观察巡视，值班与加氯间设大型观察窗及连通的门。

⑤ 加氯间和氯库的通风设备。根据加氯间、氯库工艺设计，加氯间总容积 $V_1 = 4.5 \times 9.0 \times 3.6 = 145.8(\text{m}^3)$，氯库容积 $V_2 = 9.6 \times 9 \times 4.5 = 388.8(\text{m}^3)$。为保证安全每小时换气 8～12 次。

加氯间每小时换气量 $G_1 = 145.8 \times 12 = 1749.6(\text{m}^3)$

氯库每小时换气量 $G_2 = 388.8 \times 12 = 4665.6(\text{m}^3)$

故加氯间选用一台 T30-3 通风轴流风机，配电功率 0.25kW。氯库选用两台 T30-3 通风轴流风机，配电功率 0.4kW，并各安装一台漏氯探测器，位置在室内地面以上 20cm。

2.8.2　二氧化氯消毒

2.8.2.1　设计概述

二氧化氯（ClO_2）是黄色气体，带有辛辣味，易溶于水，在水中溶解度 2900g/L，二氧化氯在压缩加压时不稳定，在水中极易挥发。因而不能储存，必须现场制备。

制备方法有化学法和电解法。化学法是以氯酸盐或亚氯酸盐和盐酸为原料；电解法是利用食盐和水为原料，通过特制的隔膜电解槽，产生气体或液化的二氧化氯。

二氧化氯在空气中体积浓度大于 10% 或水中浓度大于 30% 时，就有可能爆炸。

二氧化氯中氯是以正四价态存在，其活性可为氯的 2.5 倍，即若氯气的有效氯含量为 100% 时，二氧化氯的有效氯含量为 263%，因而有较高的杀菌效果。

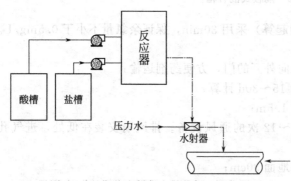

图 2-8-6　化学法制备二氧化氯工艺流程

二氧化氯不和水中的有机物发生反应，避免生成有毒的有机卤代烃，但对酚特别有效，有除臭、脱色能力。二氧化氯的投加量（以有效氯计）、接触时间、混合方式等与液氯相同。如图 2-8-6 所示为化学法制备二氧化氯的工艺流程。

氯酸钠或亚氯酸钠和盐酸经各自的计量装置提升，准确计量后投加进入反应器中。反应生成二氧化氯气体，经射流器抽吸与水混合制成高效的二氧化氯消毒液，投入到需消毒的水中。

在城市污水深度处理工艺中，二氧化氯投加量与原水水质有关，为 2～8mg/L，实际投加量应由试验确定，必须保证管网末端有 0.05mg/L 的剩余氯。

2.8.2.2　设备设计

① 二氧化氯投加量：

$$Q = 0.001aQ_1 \tag{2-8-1}$$

式中，Q_1 为设计处理水量，m^3/h；a 为最大投药量，mg/L。

② 储盐量 G：

$$G = 30cQ \tag{2-8-2}$$

式中，c 为药剂储备系数，m^3/h。

2.8.2.3　设计实例

[例 2-24] 设计水量 $Q_1 = 9000\text{m}^3/\text{d} = 375\text{m}^3/\text{h}$（包括水厂用水量），采用滤后投加二氧化氯消毒，经试验确定最大投加量为 $a = 5\text{mg/L}$。选用某公司生产的 CG 型电解法二氧化氯发生器，其消毒设备原理及投加图见图 2-8-7。生产原料为自来水和工业用食盐，每生产 1kg 有效氯，约需食盐量 $c = 1.3\text{kg}$。仓库食盐储量按 30d 计算。

[解] ① 二氧化氯投加量：

$$Q = 0.001aQ_1 = 0.001 \times 5 \times 9000 = 45(\text{kg/d}) = 1.875(\text{kg/h})$$

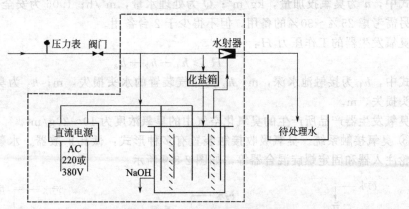

图 2-8-7　二氧化氯消毒设备原理及投加示意图

② 储盐量 G：

$$G = 30cQ = 30 \times 1.3 \times 45 = 1755 \text{(kg)}$$

每袋固体食盐按 50kg 计，仓库约需储备 36 袋。

③ 设备选型。选用 GG-2000 型二氧化氯发生器 2 台，每台消毒气体产量 2000g/h，1 用 1 备。其安装要求为原水压力大于 0.2MPa，出水压力小于 0.05MPa。

2.8.3　臭氧消毒

2.8.3.1　设备概述

臭氧是一种强氧化剂，具有消毒作用。臭氧清毒与其他消毒方法比较，具有如下特点：

① 反应快，投量少，在水中不产生持久性残余，无二次污染；

② 适应能力强，在 pH 值在 5.6～9.8、水温 0～35℃的范围内，臭氧的消毒性能稳定；

③ 臭氧没有氯那样的持续消毒作用。

臭氧由臭氧发生器制取，一般以空气为原料。由于空气中含有的水蒸气和灰尘都会形成电弧而降低臭氧产量，所以空气必须经净化和干燥处理后再送入臭氧发生器。为了提高臭氧的净水效果，臭氧应以气泡形式，在水中迅速混合和扩散，这一过程在接触池内完成。为此，臭氧消毒工艺主要包括空气净化干燥装置、臭氧发生器以及水-臭氧的接触池，其工艺流程如图 2-8-8 所示。

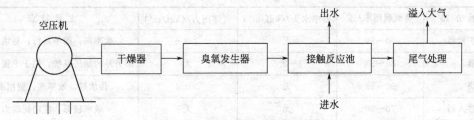

图 2-8-8　臭氧消毒处理工艺流程

2.8.3.2　设计参数

① 投加量。臭氧消毒的投加量由于受出水水质的影响较大，应通过试验或参照类似处理厂的运行经验确定，污水二级处理出水一般为 1～5mg/L。

② 臭氧发生器的选择。臭氧发生量（kgO₃/h）：

$$D = 1.06aQ \qquad\qquad (2\text{-}8\text{-}3)$$

式中，a 为臭氧投加量，kg/m^3；Q 为处理水量，m^3/h；1.06 为安全系数。

另需考虑 25%～30% 的备用，但不得少于 2 台备用。

臭氧发生器的工作压力 H：

$$H \geqslant h_1 + h_2 + h_3 \qquad (2\text{-}8\text{-}4)$$

式中，h_1 为接触池水深，m；h_2 为布气装置的水头损失，m；h_3 为臭氧化空气输送管的水头损失，m。

臭氧发生器产品所产生的臭氧化空气中的臭氧浓度为 10～20g/m^3。

③ 臭氧接触系统。臭氧吸收接触装置有多种形式：微孔扩散器、水射器、填料塔、机械涡轮注入器和固定螺旋混合器等，如图 2-8-9 所示。

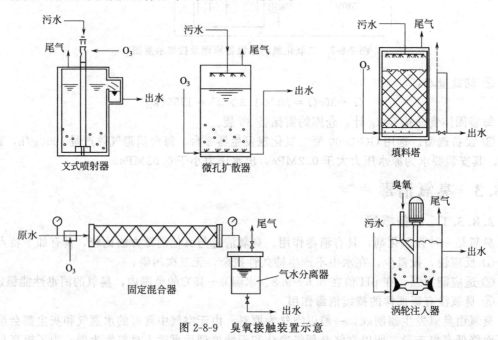

图 2-8-9　臭氧接触装置示意

目前，各种新型微孔扩散器材料不断出现，产生的气泡较小，溶氧效率逐步提高，因此，应用较广泛。几种接触方式使用范围和特点的比较见表 2-8-2。

表 2-8-2　几种接触方式使用范围和特点

接触方式	臭氧利用率/%	要求水头/(kgf/m²)	气体压力/(kgf/m²)	主要特点
微孔扩散器	90～99	无	＞0.6	效率高，简单易行，易堵塞
水射器	80～95	1～2.5	无	需另外的加压系统，用于小流量投加
填料塔	90～99	无	＞0.6	传质好，效率高，费用高
涡轮注入器	70～90	无	无	效率较低，需消耗动力
固定螺旋混合器	70～90	1～2.5	＞0.6	效率较低，水头损失较大

a. 接触时间一般为 4～12min，当需要可靠消灭病毒时，可用双格接触池。第一格接触时间 4～6min，第二格接触时间 4min；布气量可按 6：4 分配。

b. 臭氧接触池容积（m^3）：

$$V = \frac{QT}{60} \qquad (2\text{-}8\text{-}5)$$

式中，Q 为设计流量，m^3/L；T 为水力停留时间，min。

接触池水深一般为 $4\sim4.5m$，根据接触时间要求可建成封闭的单格或多格串联的接触池，如图 2-8-10、图 2-8-11 所示。

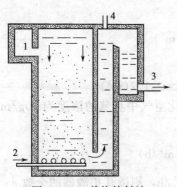

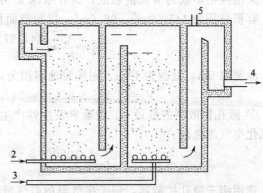

图 2-8-10　单格接触池　　　　　　　　　　　　图 2-8-11　双格接触池
1—进水；2—臭氧化空气进口；3—出水；4—尾气　　1—进水；2,3—臭氧化空气进口；4—出水；5—尾气

c. 孔扩散器的材料有陶瓷、刚玉、锡青铜、钛板等。我国微孔扩散材料的性能值见表 2-8-3。

表 2-8-3　国产微孔材料压力损失实测值

材料型号及规格	不同过气流量条件下的压力损失/kPa							
	0.2	0.45	0.93	1.65	2.74	3.8	4.7	5.4
	$L/(cm^2 \cdot h)$							
WTDIS 型钛板	5.80	6.00	6.40	6.80	7.06	7.33	7.60	8.00
WTDZ 型钛板	6.53	7.06	7.60	8.26	8.80	8.93	9.33	9.60
WTD3 型钛板	3.47	3.73	4.00	4.27	4.53	4.80	5.07	5.20
锡青铜微孔板	0.67	0.93	1.20	1.78	2.27	3.07	4.00	4.67
刚玉石微孔板	8.26	10.13	12.00	13.86	15.33	17.20	18.00	18.93

④ 尾气处理。臭氧接触池的尾气中还含有一部分臭氧，如直接排入大气会污染环境，危害人体健康，必须加以处理。尾气处理的方法有燃烧法、活性炭吸附法、化学吸收法和霍加特催化法。

⑤ 臭氧处理系统的安全与防护。

a. 臭氧具有很强的腐蚀性，管道阀门、接触反应设备均应采取防腐措施。

b. 臭氧发生间的电线、电缆不能使用橡胶包线，应使用塑料电线。

c. 设备间应设置通风设备。通风机应安装在靠近地面处。

2.8.3.3　设计实例

[例 2-25] 污水处理厂二级处理出水采用臭氧消毒，设计水量 $Q=1450m^3/h$，经试验确定其最大投加量为 $3mg/L$，试设计臭氧消毒系统。

[解] ① 所需臭氧量 D：

$$D = 1.06aQ = 1.06 \times 0.003 \times 1450 = 4.61(kgO_3/h)$$

考虑到臭氧的实际利用率只有 $70\%\sim90\%$，确定需要臭氧发生器的产率为：

$$4.61/70\% = 6.59(kgO_3/h)$$

② 臭氧接触池。设臭氧接触池水力停留时间 $T=10\mathrm{min}$，则臭氧接触池容积为：

$$V=\frac{QT}{60}=\frac{1450\times10}{60}=241.67(\mathrm{m}^3)$$

采用两格串联的臭氧接触池，设计水深 4.5m，超高 0.5m，第一、二格池容按 6∶4 分配，容积分别为 145.00m³，96.6m³。接触池面积为：

$$A=\frac{V}{h_1}=\frac{241.67}{4.5}=53.7(\mathrm{m}^2)$$

池宽取 5m，池深为 11m，则接触池容积为：

$$V=11\times5.0\times4.5=247.5(\mathrm{m}^3)>241.7(\mathrm{m}^3)$$

③ 微孔扩散器的数量 n。设臭氧发生器产生的臭氧化空气中臭氧的浓度为 20g/m³，则臭氧化空气的流量：

$$Q_气=\frac{1000\times6.59}{20}=329.5(\mathrm{m}^3/\mathrm{h})$$

选用刚玉微孔扩散器，每个扩散器的鼓气量为 1.2m³/h，则微孔扩散器的个数 n：

$$n=\frac{Q_气}{1.2}=\frac{329.5}{1.2}=275(个)$$

④ 臭氧发生器的工作压力 H 的计算。

a. 接触池设计水深 $h_1=4.5\mathrm{m}$。

b. 布气装置的水头损失查表 2-8-3，$h_2=17.2\mathrm{kPa}=1.72\mathrm{mH_2O}$。

c. 臭氧化空气管路损失 h_3。根据臭氧化空气流量、管径、管路布置计算管路的沿程和局部水头损失，取 $h_3=0.5\mathrm{m}$。

则 $H\geqslant h_1+h_2+h_3=4.5+1.72+0.5=6.72(\mathrm{m})$

⑤ 选择设备。选用 4 台卧管式臭氧发生器，三用一备，每台臭氧产量为 3500g/h。

⑥ 尾气处理。采用霍加拉特催化剂分解尾气中臭氧，每 1kg 药剂可分解约 27kg 以上的臭氧，选用两个装设 15kg 催化剂的钢罐，交替使用，隔 100h，将药剂取出，烘干后继续使用。

2.8.4 紫外线消毒

2.8.4.1 设计概述

紫外线通过改变细菌、病毒和其他微生物细胞的遗传性质，使其不再繁殖而达到对水和废水进行消毒的目的。紫外线波长为 200～310nm 的杀菌能力最强。紫外线消毒应用于污水处理工程时，由于受到处理规模、设备技术性能及投资运行费用等因素的限制，使用不广泛。近年来随着公众对环境、健康问题的关注以及新型设备的出现正在逐渐推广使用。

(1) 紫外线消毒的优、缺点

① 紫外线消毒具有广谱性，即对细菌、病毒、原生动物均有效。

② 紫外线消毒合乎环境保护的要求，不会产生三卤甲烷、高分子诱变剂和致癌物质。

③ 不需要运输、使用、储藏有毒或危险化学药剂。

④ 消毒接触时间极短，无需巨大的接触池、药剂库等建构筑物，大大减少了土建费用。

⑤ 占地面积小。

⑥ 运行成本较氯消毒低。

⑦ 紫外线消毒无残余消毒作用，消毒效果受出水水质影响较大。

(2) 影响紫外线消毒的因素

① 紫外线穿透率（UVT）。由于水中的某些物质和粒子（如水的色度、浊度、含铁量

等）吸收和分散紫外线，使紫外线穿透率降低。紫外线穿透率越低，达到同样消毒效果所需的紫外剂量就越大。

② 悬浮物。水中的悬浮颗粒可吸收并分散紫外能量，同时使隐藏于颗粒中的微生物避免紫外线的照射，所以悬浮物浓度越高，消毒效果越差；颗粒尺寸越大，紫外线剂量需求越大。

③ 温度。紫外线灯管周围的介质温度，影响灯管能量的发挥。介质温度低，杀菌效果差。

2.8.4.2　紫外线消毒设备

紫外线消毒器主要有两种：浸水式和水面式。浸水式紫外线消毒器是把光源置于水中，此法的特点是紫外线利用率高，杀菌效能好，但设备的构造复杂。水面式紫外线消毒器构造简单，利用反射罩将紫外线辐到水中。由于反射罩吸收紫外线，以及光线散射，杀菌效果不如前者。

近年来浸水式的紫外消毒设备得到很大发展。这类设备采用了低压、中压石英灯管，使用寿命由500h提高到5000~12000h；采用了机械加化学自动清洗系统和模块式的集成系统，每一个模块可独立运行，极大地方便了维护管理工作，如图 2-8-12 所示。

2.8.4.3　设计要点

① 紫外消毒剂量是所有紫外线辐射强度和曝光时间的乘积。紫外消毒剂量的大小与出水水质、水中所含物质种类、灯管的结垢系数等多种因素有关，应通过实验确定。

② 光照接触时间 10~100s。

图 2-8-12　紫外线消毒设备

③ 消毒水渠中的水流尽可能保持推流状态。水位可由固定溢流堰或自动水位控制器控制。

④ 消毒器中水流流速最好不小于 0.3m/s，以减小套管结垢的可能；可采用串联运行，以保证所需的接触时间。

⑤ 用水面式紫外线消毒器，反射罩一般采用表面抛光的铝质材料。

2.8.4.4　设备设计

① 峰值流量：

$$Q_峰 = QK \tag{2-8-6}$$

式中，Q 为平均流量，m^3/d；K 为流量变化系数，%。

② 灯管数：

$$n_平 = \frac{Q}{q} \tag{2-8-7}$$

式中，q 为紫外消毒设备单台处理能力，$m^3/(d \cdot 台)$。

③ 消毒渠设计。则渠道过水面积 A：

$$A = \frac{Q}{v} \tag{2-8-8}$$

渠道宽度 B：

$$B = \frac{A}{vH} \tag{2-8-9}$$

2.8.4.5　设计实例

[**例 2-26**] 某污水处理厂日处理水量 $Q=20000\text{m}^3/\text{d}$，$K=1.5$，二级处理出水拟采用紫外线消毒，试设计紫外线消毒系统。

[**解**] ① 峰值流量：

$$Q_{峰}=20000\times1.5=30000(\text{m}^3/\text{d})$$

② 灯管数。初步选用 UV3000PLUS 紫外消毒设备，每 $3800\text{m}^3/\text{d}$ 需 14 根灯管，则

$$n_{平}=\frac{20000}{3800}\times14=5.26\times14=74(根)$$

$$n_{峰}=\frac{30000}{3800}\times14=7.89\times14=110(根)$$

③ 消毒渠设计。按设备要求渠道深度为 129cm，设渠中水流速度为 0.3m/s。则渠道过水面积 A：

$$A=\frac{Q}{v}=\frac{30000}{0.3\times24\times3600}=1.16(\text{m}^2)$$

渠道宽度 B：

$$B=\frac{A}{vH}=\frac{1.16}{1.29}=0.89(\text{m})$$

取 0.9m。

渠道长度：每个模块长度为 2.46m，两个灯组间距 1.0m，渠道出水设堰板调节。调节堰与灯组间距 1.5m，则渠道总长 L 为：

$$L=2\times2.46+1.0+1.5=7.42(\text{m})$$

复核辐射时间 $t=2\times2.46/0.3=16.4(\text{s})$

紫外线消毒渠道布置如图 2-8-13 所示。

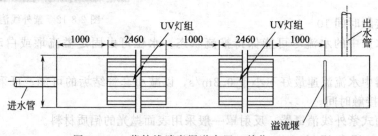

图 2-8-13　紫外线消毒渠道布置（单位：mm）

2.9　污水处理工程工艺设备设计及计算案例

现有一个城市污水处理厂项目，水量为 $10000\text{m}^3/\text{d}$ 进水为市政管网来水，$K_z=1.33$，出水要求达到《城镇污水处理厂污染物排放标准》（GB 18918—2002）一级 B 标准。

2.9.1　格栅

进水中格栅是污水处理厂第一道预处理设施，可去除大尺寸的漂浮物或悬浮物，以保护进水泵的正常运转，并尽量去掉那些不利于后续处理过程的杂物。

拟用回转式固液分离机。回转式固液分离机运转效果好，该设备由动力装置，机架，清洗机构及电控箱组成，动力装置采用悬挂式涡轮减速机，结构紧凑，调整维修方便，适用于生活污水预处理。

（1）设计说明　栅条的断面主要根据过栅流速确定，过栅流速一般为 0.6～1.0m/s，槽内流速 0.5m/s 左右。如果流速过大，不仅过栅水头损失增加，还可能将已截留在栅上的栅渣冲过格栅；如果流速过小，栅槽内将发生沉淀。此外，在选择格栅断面尺寸时，应注意设计过流能力只为格栅生产厂商提供的最大过流能力的 80%，以留有余地。格栅栅条间隙拟定为 25.00mm。

（2）设计流量

① 日平均流量：

$$Q_d = 10000 \text{m}^3/\text{d} \approx 416.7 \text{m}^3/\text{h} = 0.116 \text{m}^3/\text{s} = 116 \text{L/s}$$

其中，K_z 取 1.33。

② 最大日流量：

$$Q_{max} = K_z \cdot Q_d = 1.33 \times 416.7 \text{m}^3/\text{h} = 554.2 \text{m}^3/\text{h} = 0.154 \text{m}^3/\text{s}$$

（3）设计参数　各参数如下：

栅条净间隙为 $b = 25.0$mm；栅前流速 $v_1 = 0.71$m/s；

过栅流速 0.6m/s，栅前部分长度 0.5m，

格栅倾角 $\delta = 60°$；单位栅渣量 $\omega_1 = 0.05$m^3 栅渣/10^3m^3 污水。

（4）设计计算

① 确定栅前水深。根据最优水力断面公式 $Q = \dfrac{B_1^2 v}{2}$ 计算得：

$$B_1 = \sqrt{\frac{2Q}{v}} = \sqrt{\frac{2 \times 0.153}{0.7}} = 0.66 \text{m} \qquad h = \frac{B_1}{2} = 0.33 \text{m}$$

所以栅前槽宽约 0.66m。栅前水深 $h \approx 0.33$m。

② 格栅计算。各变量说明如下。

Q_{max} 为最大设计流量，m^3/s；

α 为格栅倾角，度（°）；

h 为栅前水深，m；

v 为污水的过栅流速，m/s。

栅条间隙数（n）为：

$$n = \frac{Q_{max} \sqrt{\sin\alpha}}{ehv} = \frac{0.153 \times \sqrt{\sin 60°}}{0.025 \times 0.3 \times 0.6} = 30（条）$$

栅槽有效宽度（B）：设计采用 $\phi 10$ 圆钢为栅条，即 $S = 0.01$m。

$$B = S(n-1) + bn = 0.01 \times (30-1) + 0.025 \times 30 = 1.04（\text{m}）$$

通过格栅的水头损失 h_2：

$$h_2 = Kh_0$$

$$h_0 = \xi \frac{v^2}{2g} \sin\alpha$$

式中，h_0 为计算水头损失；g 为重力加速度；K 为格栅受污物堵塞使水头损失增大的倍数，一般取 3；ξ 为阻力系数，其数值与格栅栅条的断面几何形状有关，对于圆形断面，$\xi = 1.79 \times \left(\dfrac{s}{b}\right)^{\frac{4}{3}}$。

$$h_2 = 3 \times 1.79 \times \left(\frac{0.01}{0.025}\right)^{\frac{4}{3}} \times \frac{0.6^2}{2 \times 9.81} \times \sin 60° = 0.025（\text{m}）$$

所以，栅后槽总高度 H：

$$H = h + h_1 + h_2 = 0.33 + 0.3 + 0.025 = 0.655（\text{m}） \quad （h_1 \text{ 为栅前渠超高，一般取 } 0.3\text{m}）$$

栅槽总长度 L：

$$L_1 = \frac{B - B_1}{2 \times \tan\alpha_1} = \frac{1.04 - 0.66}{2 \times \tan20°} = 0.52\text{m}$$

$$L_2 = \frac{L_1}{2} = 0.26\text{m}$$

$$H_1 = h + h_1 = 0.3 + 0.33 = 0.63\text{m}$$

$$L = L_1 + L_2 + 1.0 + 0.5 + \frac{H_1}{\tan\alpha} = 0.52 + 0.26 + 1.0 + 0.5 + \frac{0.63}{\tan60°} = 2.64\text{m}$$

式中，L_1 为进水渠长，m；L_2 为栅槽与出水渠连接处渐窄部分长度，m；B_1 为进水渠宽，m；α_1 为进水渐宽部分的展开角，一般取 20°。

格栅简图如图 2-9-1 所示。

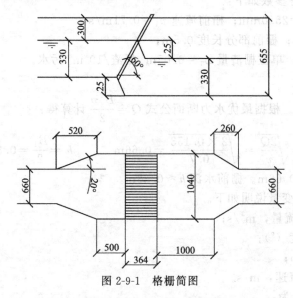

图 2-9-1　格栅简图

③ 栅渣量计算。对于栅条间距 $b = 25.0\text{mm}$ 的中格栅，对于城市污水，每单位体积污水拦截污物为 $W_1 = 0.05\text{m}^3/10^3\text{m}^3$，每日栅渣量为：

$$W = \frac{Q_{\max}W_1 \times 86400}{K_z \times 1000} = \frac{0.154 \times 0.05 \times 86400}{1.33 \times 1000} = 0.5\text{m}^3/\text{d}$$

拦截污物量大于 $0.3\text{m}^3/\text{d}$，宜采用机械清渣。

2.9.2　沉砂池

采用平流式沉砂池。

(1) 设计参数　各参数如下。

设计流量：$Q = 116\text{L/s}$。

设计流速：$v = 0.25\text{m/s}$。

水力停留时间：$t = 30\text{s}$。

(2) 设计计算

① 沉砂池长度：

$$L = vt = 0.25 \times 30 = 7.5\text{m}$$

② 水流断面积：

$$A = Q/v = 0.154/0.25 = 0.616\text{m}^2$$

③ 池总宽度。设计 $n=2$ 格，每格宽取 $b=0.6$m，池总宽 $B=2b=1.2$m。

④ 有效水深：

$$h_2 = A/B = 0.616/1.2 = 0.51\text{m}$$

⑤ 储泥区所需容积。设计 $T=2$d，即考虑排泥间隔天数为 2 天。则每个沉砂斗容积：

$$V_1 = \frac{Q_1 T X_1}{2K10^5} = \frac{1.33 \times 10^4 \times 2 \times 3}{2 \times 1.5 \times 10^5} = 0.266\text{m}^3$$

（每格沉砂池设两个沉砂斗，两格共有四个沉砂斗）

式中，X_1 为城市污水沉砂量，$3\text{m}^3/10^5\text{m}^3$ 污水。

⑥ 沉砂斗各部分尺寸及容积。设计斗底宽 $a_1=0.5$m，斗壁与水平面的倾角为 $60°$，斗高 $h_d=0.5$m。

则沉砂斗上口宽：

$$a = \frac{2h_d}{\tan60°} + a_1 = \frac{2 \times 0.5}{\tan60°} + 0.5 = 1.1\text{m}$$

沉砂斗容积：

$$V = \frac{h_d}{6}(2a^2 + 2aa_1 + 2a_1^2) = \frac{0.5}{6}(2 \times 1.1^2 + 2 \times 1.1 \times 0.5 + 2 \times 0.5^2) = 0.34\text{m}^3$$

略大于 $V_1 = 0.26\text{m}^3$，符合要求。

⑦ 沉砂池高度。采用重力排砂，设计池底坡度为 0.06，坡向沉砂斗长度为：

$$L_2 = \frac{L - 2a}{2} = \frac{7.5 - 2 \times 1.1}{2} = 2.65\text{m}$$

则沉泥区高度为：

$$h_3 = h_d + 0.06L_2 = 0.5 + 0.06 \times 2.65 = 0.659\text{m} \approx 0.66\text{m}$$

池总高度 H，设超高 $h_1=0.3$m，则：

$$H = h_1 + h_2 + h_3 = 0.3 + 0.5 + 0.66 = 1.46\text{m}$$

⑧ 校核最小流量时的流速。最小流量即平均日流量：

$$Q_{平均日} = 116\text{L/s}$$

则 $v_{min} = Q_{平均日}/A = 0.116/0.616 = 0.19 > 0.15\text{m/s}$，符合要求。

计算草图如图 2-9-2 所示。

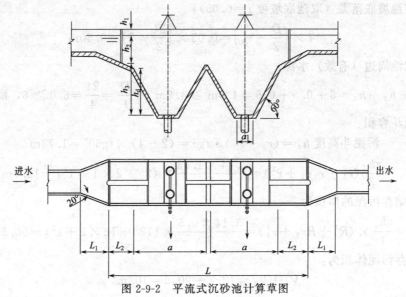

图 2-9-2　平流式沉砂池计算草图

2.9.3 沉淀池

（1）采用中心进水辐流式沉淀池　沉淀池的简图如图 2-9-3 所示。

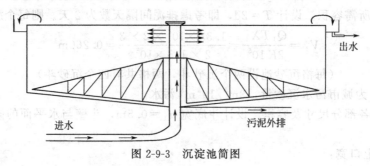

图 2-9-3　沉淀池简图

（2）设计参数　各参数情况如下。

沉淀池个数 $n=1$；水力表面负荷 $q'=1\text{m}^3/(\text{m}^2 \cdot \text{h})$；出水堰负荷 $1.7\text{L}/(\text{s} \cdot \text{m})$ $[146.88\text{m}^3/(\text{m} \cdot \text{d})]$；沉淀时间 $T=2\text{h}$；h_3 为缓冲层高度，取 0.5m；h_5 为挂泥板高度，取 0.5m。污泥斗下半径 $r_2=1\text{m}$，上半径 $r_1=2\text{m}$；剩余污泥含水率 $P_1=99.2\%$。

（3）设计计算

① 池表面积：

$$A=\frac{Q}{q'}=\frac{416.7}{1}\approx 417\text{m}^2$$

② 池直径：

$$D=\sqrt{\frac{2 \cdot A}{\pi}}=\sqrt{\frac{2 \times 417}{3.14}}=23.06 \quad （取整 =24\text{m}）$$

③ 沉淀部分有效水深（h_2）。混合液在分离区泥水分离，该区存在絮凝和沉淀两个过程，分离区的沉淀过程会受进水的紊流影响，取 $h_2=3\text{m}$。

④ 沉淀池部分有效容积：

$$V=\frac{\pi D^2}{4} \cdot h_2=\frac{3.14 \times 24^2}{4} \times 3=1356.48\text{m}^3$$

⑤ 沉淀池坡底落差（取池底坡度 $i=0.05$）：

$$h_4=i \times \left(\frac{D}{2}-r_1\right)=0.05 \times \left(\frac{24}{2}-2\right)=0.50\text{m}$$

⑥ 沉淀池周边（有效）水深：

$$H_0=h_2+h_3+h_5=3+0.5+0.5=4.0\text{m} \geqslant 4.0\text{m} \quad \left(\frac{D}{H_0}=\frac{24}{4}=6.0 \geqslant 6，满足规定\right)$$

⑦ 污泥斗容积：

污泥斗高度 $h_6=(r_1-r_2) \cdot \text{tg}\alpha=(2-1) \times \text{tg}60°=1.73\text{m}$

$$V_1=\frac{\pi h_6}{3}(r_1^2+r_1 r_2+r_2^2)=\frac{3.14 \times 1.73}{3} \times (2^2+2 \times 1+1^2)=12.7\text{m}^3$$

池底可储存污泥的体积为：

$$V_2=\frac{\pi h_4}{4} \times (R^2+Rr_1+r_1^2)=\frac{3.14 \times 0.5}{3} \times (12^2+12 \times 2+2^2)=90.3\text{m}^3$$

共可储存污泥体积为：

$$V_1+V_2=12.7+90.3=103\text{m}^3$$

⑧ 沉淀池总高度：
$$H = 0.5 + 4 + 1.73 = 6.23 \text{m}$$
沉淀池尺寸如图 2-9-4 所示。

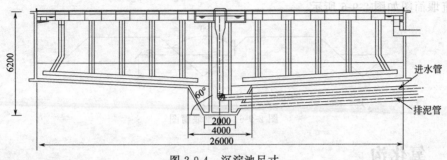

图 2-9-4　沉淀池尺寸

（4）进水系统计算

① 单池设计流量：521m³/h（0.145m³/s）。

进水管设计流量：$2.116 \times (1+R) = 116 \times 1.5 = 0.174\text{m}^3/\text{s}$

管径 $D_1 = 500\text{mm}$，$v_1 = \dfrac{0.174 \times 4}{D_1^2 \pi} = 0.89\text{m/s}$

② 进水竖井（图 2-9-5）。进水井径采用 1.2m，出水口尺寸 $0.30 \times 1.2\text{m}^2$，共 6 个沿井壁均匀分布。

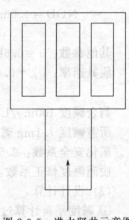

图 2-9-5　进水竖井示意图

出水口流速：
$$v_2 = \frac{0.174}{0.30 \times 1.2 \times 6} \approx 0.081\text{m/s}(< 0.15\text{m/s})$$

③ 紊流筒计算。各变量计算如下。

筒中流速 $v_3 = 0.02 \sim 0.03\text{m/s}$（取 0.03m/s）

紊流筒过流面积：$f = \dfrac{Q_{\text{进}}}{v_3} = \dfrac{0.174}{0.03} = 5.8\text{m}^2$

紊流筒直径：$D_3 = \sqrt{\dfrac{4f}{\pi}} = \sqrt{\dfrac{4 \times 5.8}{3.14}} \approx 2.72\text{m}$

（5）出水部分设计

① 环形集水槽内流量 $q_{\text{集}} = 0.116\text{m}^3/\text{s}$。

② 环形集水槽设计。采用单侧集水环形集水槽计算。槽宽：
$$b = 2 \times 0.9 \times (k \cdot q_{\text{集}})^{0.4} = 0.9 \times (1.4 \times 0.116)^{0.4} = 0.43\text{m}$$

式中，k 为安全系数，$k = 1.2 \sim 1.5$。

设槽中流速 $v = 0.5\text{m/s}$，设计环形槽内水深为 0.4m，集水槽总高度为 $0.4 + 0.4$(超高)$=$ 0.8m，采用 90° 三角堰。

（6）出水溢流堰的设计（采用出水三角堰 90°）

① 堰上水头（即三角口底部至上游水面的高度）：
$$H_1 = 0.04\text{m}$$

② 每个三角堰的流量 q_1：
$$q_1 = 1.343 H_1^{2.47} = 1.343 \times 0.04^{2.47} = 0.0004733\text{m}^3/\text{s}$$

③ 三角堰个数 n_1：
$$n_1 = \frac{Q_{\text{单}}}{q_1} = \frac{0.116}{0.0004733} = 245.1 \text{ 个（设计时取 246 个）}$$

④ 三角堰中心距：

$$L_1 = \frac{L}{n_1} = \frac{\pi(D-2b)}{307} = \frac{3.14 \times (24 - 2 \times 0.43)}{307} = 0.237\text{m}$$

溢流堰简图如图 2-9-6 所示。

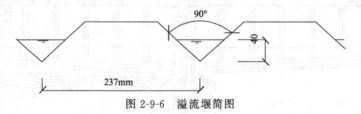

图 2-9-6 溢流堰简图

2.9.4 氧化沟

（1）设计参数 拟用卡鲁塞尔（Carrousel）氧化沟，去除 BOD_5 与 COD 之外，还具备硝化和一定的脱氮除磷作用，使出水 NH_3-N 低于排放标准。氧化沟设计分 2 座，按最大日平均时流量设计，每座氧化沟设计流量为：

$$Q'_1 = 10000\text{m}^3/\text{d} = 115.8\text{L/s}。$$

总污泥龄为 20d，所以：

MLSS = 3600mg/L，MLVSS/MLSS = 0.75，则 MLSS = 2700。

曝气池：$D_0 = 2\text{mg/L}$。

NOD = $4.6\text{mgO}_2/\text{mgNH}_3$-N 氧化，可利用氧 $2.6\text{mgO}_2/\text{NO}_3$-N 还原。

$$\alpha = 0.9，\beta = 0.98。$$

其他参数：$a = 0.6\text{kgVSS/kgBOD}_5$，$b = 0.07\text{d}^{-1}$。

脱氮速率：$q_{\text{dn}} = 0.0312\text{kgNO}_3$-N/kgMLVSS·d。

$$K_1 = 0.23\text{d}^{-1}，K_{O2} = 1.3\text{mg/L}。$$

剩余碱度 100mg/L（保持 pH≥7.2）：

所需碱度 7.1mg 碱度/$mgNH_3$-N 氧化；产生碱度 3.0mg 碱度/$mgNO_3$-N 还原。

硝化安全系数：2.5。

脱硝温度修正系数：1.08。

（2）设计计算

① 碱度平衡计算过程如下。

a. 设计的出水 BOD_5 为 20 mg/L，则出水中溶解性

$$BOD_5 = 20 - 0.7 \times 20 \times 1.42 \times (1 - e^{-0.23 \times 5}) = 6.4\text{mg/L}$$

b. 采用污泥龄 20d，则日产泥量为：

$$\frac{aQS_r}{1 + bt_m} = \frac{0.6 \times 10000 \times (190 - 6.4)}{1000 \times (1 + 0.05 \times 20)} = 550.8\text{kg/d}$$

设其中有 12.4% 为氮，近似等于 TKN 中用于合成部分为：

$$0.124 \times 550.8 = 68.30 \text{ kg/d}$$

即：TKN 中有 $\dfrac{68.30 \times 1000}{10000} = 6.83\text{mg/L}$ 用于合成。

需用于氧化的 NH_3-N = 34 - 6.83 - 2 = 25.17mg/L

需用于还原的 NO_3-N = 25.17 - 11 = 14.17 mg/L

c. 碱度平衡计算。已知产生 0.1mg/L 碱度/除去 1mg BOD_5，且设进水中碱度为 250mg/L，剩余碱度 = 250 - 7.1 × 25.17 + 3.0 × 14.17 + 0.1 × (190 - 6.4) = 132.16mg/L。

计算所得剩余碱度以 $CaCO_3$ 计，此值可使 $pH \geqslant 7.2mg/L$。

② 硝化区容积计算。硝化速率为：

$$\mu_n = \left[0.47e^{0.098(T-15)}\right] \times \left[\frac{N}{N+10^{0.05T-1.158}}\right] \times \left[\frac{O_2}{K_{O_2}+O_2}\right]$$

$$= \left[0.47e^{0.098(15-15)}\right] \times \left[\frac{2}{2+10^{0.05\times15-1.158}}\right] \times \left[\frac{2}{1.3+2}\right]$$

$$= 0.204 \ d^{-1}$$

故泥龄：$t_w = \dfrac{1}{\mu_n} = \dfrac{1}{0.204} = 4.9d$

采用安全系数为 2.5，故设计污泥龄为：

$$2.5 \times 4.9 = 12.25d$$

原假定污泥龄为 20d，则硝化速率为：

$$\mu_n = \frac{1}{20} = 0.05d^{-1}$$

单位基质利用率：

$$u = \frac{\mu_n + b}{a} = \frac{0.05 + 0.05}{0.6} = 0.167kg \ BOD_5/kgMLVSS \cdot d$$

$$MLVSS = f \times MLSS = 0.75 \times 3600 = 2700mg/L$$

所需的 $MLVSS_{总量} = \dfrac{(190-6.4) \times 10000}{0.167 \times 1000} = 10994kg$

硝化容积：

$$V_n = \frac{10994}{2700} \times 1000 = 4071.9m^3$$

水力停留时间：

$$t_n = \frac{4071.9}{10000} \times 24 = 9.8h$$

③ 反硝化区容积。12℃时，反硝化速率为：

$$q_{dn} = \left[0.03\left(\frac{F}{M}\right) + 0.029\right] \theta^{(T-20)}$$

$$= \left[0.03 \times \left(\frac{190}{3600 \times \frac{16}{24}}\right) + 0.029\right] \times 1.08^{(12-20)}$$

$$= 0.017kgNO_3\text{-}N/kgMLVSS \cdot d$$

还原 NO_3-N 的总量 $= \dfrac{14.17}{1000} \times 10000 = 141.7kg/d$

脱氮所需 $MLVSS = \dfrac{141.7}{0.019} = 7457.90kg$

脱氮所需池容：

$$V_{dn} = \frac{7457.90}{2700} \times 1000 = 2762.19m^3$$

水力停留时间：

$$t_{dn} = \frac{2762.19}{1000} \times 24 = 6.6h$$

④ 氧化沟的总容积。各变量结果如下。

总水力停留时间：

$$t = t_n + t_{dn} = 9.8 + 6.6 = 16.4h$$

总容积：

$$V = V_n + V_{dn} = 4071.9 + 2762.19 = 6834.09m^3$$

⑤ 氧化沟的尺寸。氧化沟采用 4 廊道式卡鲁塞尔氧化沟，取池深 3.5m，宽 7m，则氧化沟总长：$\frac{6834.09}{3.5 \times 7} = 278.9m$。其中好氧段长度为 $\frac{4071.9}{3.5 \times 7} = 166.2m$，缺氧段长度为 $\frac{2762.19}{3.5 \times 7} = 112.7m$。

弯道处长度：

$$3 \times \frac{\pi \times 7}{2} + \frac{\pi \times 21}{2} = 21\pi = 66m$$

则单个直道长：

$$\frac{278.9 - 66}{4} = 53.23m \quad (\text{取 } 54m)$$

故氧化沟总池长 $= 54 + 7 + 14 = 75m$，总池宽 $= 7 \times 4 = 28m$（未计池壁厚）。

校核实际污泥负荷：

$$N_s = \frac{QS_a}{XV} = \frac{10000 \times 190}{3600 \times 6834.09} = 0.077 kgBOD/kgMLSS \cdot d$$

⑥ 需氧量计算。采用如下经验公式计算：

$$O_2(kg/d) = A \times S_r + B \times MLSS + 4.6 \times N_r - 2.6 \times NO_3$$

其中：第一项为合成污泥需氧量，第二项为活性污泥内源呼吸需氧量，第三项为硝化污泥需氧量，第四项为反硝化污泥需氧量。

经验系数：$A = 0.5$，$B = 0.1$。

需要硝化的氧量：

$$N_r = 25.17 \times 10000 \times 10^{-3} = 251.7 kg/d$$

$$R = 0.5 \times 10000 \times (0.19 - 0.0064) + 0.1 \times 4071.9 \times 2.7 + 4.6 \times 251.7 - 2.6 \times 141.7$$
$$= 2806.81 kg/d = 116.95 kg/h$$

取 $T = 30℃$，查表得 $\alpha = 0.8$，$\beta = 0.9$，氧的饱和度 $C_{s(30°)} = 7.63$ mg/L，$C_{s(20°)} = 9.17$ mg/L。采用表面机械曝气时，20℃时脱氧清水的充氧量为：

$$R_0 = \frac{RC_{s(20°)}}{\alpha [\beta\rho C_{s(T)} - C] \times 1.024^{(T-20)}}$$
$$= \frac{116.95 \times 9.17}{0.80 \times [0.9 \times 1 \times 7.63 - 2] \times 1.024^{(30-20)}}$$
$$= 217.08 kg/h$$

查手册，选用 DY325 型倒伞型叶轮表面曝气机，直径 $\Phi = 3.5m$，电机功率 $N = 55kW$，单台每小时最大充氧能力为 $125 kgO_2/h$，每座氧化沟所需数量为 n，则：

$$n = \frac{R_0}{125} = \frac{217.08}{125} = 1.74$$

取 $n = 2$ 台。

⑦ 回流污泥量。可由公式 $R = \frac{X}{X_r - X}$ 求得。

式中，$X = MLSS = 3.6g/L$，回流污泥浓度 X_r 取 10g/L。则：

$$R = \frac{3.6}{10 - 3.6} = 0.56$$

$50\% \sim 100\%$，实际取 60%。

考虑到回流至厌氧池的污泥为 11%，则回流到氧化沟的污泥总量为 $49\%Q$。

⑧ 剩余污泥量：

$$Q_w = \frac{550.8}{0.75} + \frac{240 \times 0.25}{1000} \times 10000 = 1334.4 \text{kg/d}$$

如由池底排除，二沉池排泥浓度为 10g/L，则每个氧化沟产泥量为：

$$\frac{1334.4}{10} = 133.44 \text{m}^3/\text{d}$$

⑨ 氧化沟计算草图如图 2-9-7 所示。

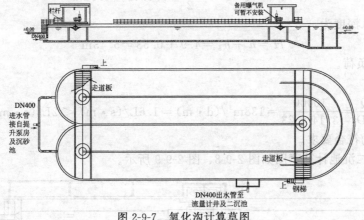

图 2-9-7　氧化沟计算草图

2.9.5　二沉池

该沉淀池采用中心进水，周边出水的辐流式沉淀池，采用刮泥机。

(1) 设计参数　各参数如下。

设计进水量：$Q = 10000\text{m}^3/\text{d}$（每组）。

表面负荷：q_b 范围为 $1.0 \sim 1.5\text{m}^3/(\text{m}^2 \cdot \text{h})$，取 $q = 1.0\text{m}^3/(\text{m}^2 \cdot \text{h})$。

固体负荷：$q_s = 140\text{kg}/(\text{m}^2 \cdot \text{d})$。

水力停留时间（沉淀时间）：$T = 2.5\text{h}$。

堰负荷：取值范围为 $1.5 \sim 2.9\text{L}/(\text{s} \cdot \text{m})$，取 $2.0\text{L}/(\text{s} \cdot \text{m})$

(2) 设计计算

① 沉淀池面积。按表面负荷算：

$$A = \frac{Q}{q_b} = \frac{10000}{1 \times 24} = 417 \text{m}^2$$

② 沉淀池直径：

$$D = \sqrt{\frac{4A}{\pi}} = \sqrt{\frac{4 \times 417}{3.14}} = 23\text{m} > 16\text{m}$$

有效水深为

$$h = q_b T = 1.0 \times 2.5 = 2.5\text{m} < 4\text{m}$$

$$\frac{D}{h_1} = \frac{23}{2.5} = 9.2（介于 6 \sim 12）$$

③ 储泥斗容积。为了防止磷在池中发生厌氧释放，故储泥时间采用 $T_w = 2\text{h}$。二沉池污泥区所需存泥容积：

$$V_w = \frac{2T_w(1+R)QX}{X+X_r} = \frac{2 \times 2 \times (1+0.6) \times \frac{10000}{24} \times 3600}{3600+10000} = 706\text{m}^3$$

则污泥区高度为：

$$h_2 = \frac{V_w}{A} = \frac{706}{417} = 1.7\text{m}$$

④ 二沉池总高度。取二沉池缓冲层高度 $h_3 = 0.4\text{m}$，超高为 $h_4 = 0.3\text{m}$。

则池边总高度为：

$$h = h_1 + h_2 + h_3 + h_4 = 2.5 + 1.7 + 0.4 + 0.3 = 4.9\text{m}$$

设池底度为 $i = 0.05$，则池底坡度降为：

$$h_5 = \frac{b-d}{2}i = \frac{23-2}{2} \times 0.05 = 0.53\text{m}$$

则池中心总深度为：

$$H = h + h_5 = 4.9 + 0.53 = 5.43\text{m}$$

⑤ 校核堰负荷。

堰负荷：

$$\frac{Q}{\pi D} = \frac{10000}{3.14 \times 23} = 138\text{m}^3/(\text{d} \cdot \text{m}) = 1.6\text{L}/(\text{s} \cdot \text{m}) < 2\text{L}/(\text{s} \cdot \text{m})$$

以上各项均符合要求。

⑥ 辐流式二沉池计算草图如图 2-9-8、图 2-9-9 所示。

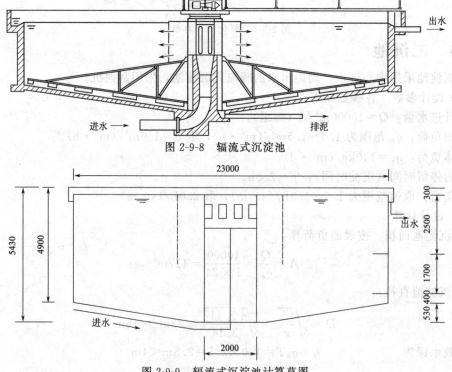

图 2-9-8 辐流式沉淀池

图 2-9-9 辐流式沉淀池计算草图

2.9.6 接触消毒池与加氯间

采用隔板式接触反应池。

(1) 设计参数　各参数如下。

设计流量：$Q'=10000\text{m}^3/\text{d}=116\text{L/s}$（设一座）。

水力停留时间：$T=0.5\text{h}=30\text{min}$。

设计投氯量为：$\rho=4.0\text{mg/L}$。

平均水深：$h=2.0\text{m}$。

隔板间隔：$b=3.5\text{m}$。

(2) 设计计算

① 接触池容积：

$$V=Q'T=116\times10^{-3}\times30\times60=208.5\text{m}^3$$

$$\Rightarrow \text{表面积 } A=\frac{V}{h}=\frac{208.5}{2}=105\text{m}^2$$

隔板数采用 2 个，则廊道总宽为 $B=(2+1)\times3.5=10.5\text{m}$。

接触池长度 $L=\dfrac{A}{B}=\dfrac{105}{10.5}=10\text{m}$。

$$\text{长宽比 } \frac{L}{b}=\frac{10}{3.5}=2.86$$

实际消毒池容积为

$$V'=BLh=11\times10\times2=220\text{m}^3$$

池深取 $2+0.3=2.3\text{m}$（0.3m 为超高）

经校核均满足有效停留时间的要求。

② 加氯量计算。设计最大加氯量为 $\rho_{\max}=4.0\text{mg/L}$，每日投氯量为：

$$\omega=\rho_{\max}Q=4\times10000\times10^{-3}=40\text{kg/d}=1.66\text{kg/h}$$

选用储氯量为 120kg 的液氯钢瓶，每日加氯量为 1/3 瓶，共储用 12 瓶，每日加氯机两台，单台投氯量为 1.5～2.5kg/h。

配置注水泵两台，一用一备，要求注水量 $Q=1\sim3\text{m}^3/\text{h}$，扬程不小于 $10\text{mH}_2\text{O}$。

③ 混合装置。实际选用 JWH-310-1 机械混合搅拌机，桨板深度为 1.5m，桨叶直径为 0.31m，桨叶宽度 0.9m，功率 4.0kW。

解除消毒池设计为纵向板流反应池。在第一格每隔 3.8m 设纵向垂直折流板，在第二格每隔 6.33m 设垂直折流板，第三格不设。

④ 接触消毒池计算草图如图 2-9-10 所示。

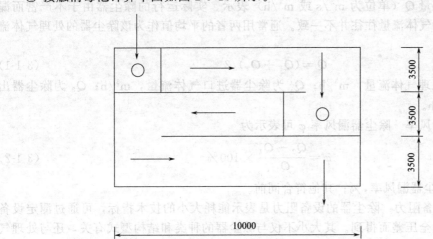

图 2-9-10　接触消毒池工艺计算图

第 3 章
大气污染控制设备设计

3.1 颗粒污染物净化设备设计

颗粒污染物净化技术包括固体颗粒和雾滴的净化，传统上称除尘技术。所采用的净化方法通常为物理净化方法。根据所利用的净化机理不同，习惯上将除尘设备分为四大类。

① 机械式除尘器。它是利用质量力（如重力、离心力等）的作用使颗粒物与气流分离并被捕集的装置。包括重力沉降室、惯性除尘器和旋风除尘器等。

② 过滤式除尘器。它是使含尘气流通过织物或多孔的填料层进行过滤分离的装置，包括袋式除尘器和颗粒层除尘器。

③ 湿式洗涤器。它是利用液滴或液膜洗涤含尘气流，使粉尘与气流分离的装置，包括低能洗涤器和高能文氏管洗涤器。

④ 静电除尘器。它是利用电力作为捕尘机理的装置，包括干式静电除尘器（干法清灰）和湿式静电除尘器（湿法清灰）。

以上分类是指起主导作用的除尘机理。在实际的颗粒污染物的净化中，常常是把两种以上的机理同时运用于除尘过程。为了提高净化效果，特别是为提高对亚微米粒子的净化效率，研制了许多种多机理复合除尘器，如静电强化过滤除尘器、电凝聚除尘器、磁力净化器等新型净化设备，从而极大地推动了除尘技术的发展。

除尘器性能包括处理气体流量、除尘效率、排放浓度、压力损失（或称阻力）、漏风率等。

（1）处理气体流量　处理气体流量是表示除尘器在单位时间内所能处理的含尘气体的流量，一般用体积流量 Q（单位为 m^3/s 或 m^3/h）表示。实际运行的除尘器由于不严密而漏风，使得进出口的气体流量往往并不一致。通常用两者的平均值作为该除尘器的处理气体流量，即：

$$Q = (Q_1 + Q_2)/2 \tag{3-1-1}$$

式中，Q 为处理气体流量，m^3/h；Q_1 为除尘器进口气体流量，m^3/h；Q_2 为除尘器出口气体流量，m^3/h。

（2）除尘器漏风率　除尘器漏风率 φ 可表示为

$$\varphi = \frac{Q_2 - Q_1}{Q_1} \times 100\% \tag{3-1-2}$$

式中，φ 为除尘器漏风率，%；其他符合同前。

（3）除尘器设备阻力　除尘器的设备阻力是表示能耗大小的技术指标，可通过测定设备进口与出口气流的全压差而得到。其大小不仅与除尘器的种类和结构型式有关，还与处理气体通过时的流速大小有关。通常设备阻力与进口气流的动压成正比，即：

$$\Delta p = \xi \frac{\rho v^2}{2} \tag{3-1-3}$$

式中，Δp 为含尘气体通过除尘器设备的阻力，Pa；ξ 为除尘器的阻力系数；ρ 为含尘气体的密度，kg/m³；v 为除尘器进口的平均气流速度，m/s。

设备阻力，实质上是气流通过设备时所消耗的机械能，它与通风机所耗功率成正比，所以设备的阻力越小越好。多数除尘设备的阻力损失在 2000Pa 以下。

根据除尘装置的压力损失，除尘装置可分为：

① 阻除尘器为 $\Delta p < 500\text{Pa}$；

② 阻除尘器为 $\Delta p = 500 \sim 2000\text{Pa}$；

③ 阻除尘器为 $\Delta p = 2000 \sim 20000\text{Pa}$。

(4) 除尘效率　指含尘气流通过除尘器时，在同一时间内被捕集的粉尘量与进入除尘器的粉尘量之比，用百分率表示，也称除尘器全效率。除尘效率是除尘器重要技术指标。

① 除尘效率。除尘效率系指在同一时间内除尘装置捕集的粉尘质量占进入除尘装置的粉尘质量的百分数。通常以 η 表示。

除尘器粉尘进口气体流量 Q_1，质量浓度 ρ_1；出口气体流量 Q_2，质量浓度为 ρ_2。若除尘器本身的漏风率 φ 为零，则 $Q_1 = Q_2$，除尘效率计算如下：

$$\eta = \left(1 - \frac{\rho_2}{\rho_1}\right) \times 100\% \tag{3-1-4}$$

式中，ρ_1、ρ_2 分别为除尘器粉尘进口质量浓度，出口质量浓度。

有时由于除尘器进口含尘浓度高，或者使用单位对除尘系统的除尘效率要求很高，用一种除尘器达不到所要求的除尘效率时，可采用两级或多级除尘，即在除尘系统中将两台或多台不同类型的除尘器串联起来使用。根据除尘效率的定义，两台除尘器串联时的总除尘效率为：

$$\eta_{1-2} = \eta_1 + \eta_2(1 - \eta_1) = 1 - (1 - \eta_1)(1 - \eta_2) \tag{3-1-5}$$

式中，η_1，η_2 分别为第一台、第二台除尘器的除尘效率。

由此可知，多台除尘器串联时的总效率为：

$$\eta_{1-n} = 1 - (1 - \eta_1)(1 - \eta_2)\cdots(1 - \eta_n) \tag{3-1-6}$$

② 除尘器的分级效率。除尘装置的除尘效率因处理粉尘的粒径不同而有很大差别，分级除尘效率指除尘器对粉尘某一粒径范围的除尘效率。各种除尘器对粗颗粒的粉尘都有较高的效率，但对细粉尘的除尘效率却有明显的差别，例如对 $1\mu\text{m}$ 的粉尘高效旋风除尘器的除尘效率不过 27%，而像电除尘器等高效除尘器的除尘效率都可达到很高，甚至达到 90% 以上。因此，了解除尘器的分级效率，有助于正确选择除尘器。除尘器的分级除尘效率通常用 η_i 表示。

$$\eta_i = \frac{S_{3i}}{S_{1i}} \frac{g_{3i}}{g_{1i}} \times 100\% = \eta \frac{g_{3i}}{g_{1i}} = \left(1 - \frac{S_{2i}g_{2i}}{S_{1i}g_{1i}}\right) \times 100\% \tag{3-1-7}$$

式中，S_{1i}、S_{2i}、S_{3i} 分别为除尘器某一粒径或粒径范围的粉尘进口质量流量、出口质量流量和灰斗中某一粒径或粒径范围的粉尘质量流量，kg/kg；g_{1i}、g_{2i}、g_{3i} 分别为除尘器某一粒径或粒径范围的粉尘进口质量分数（频率分布）、出口质量分数和灰斗中某一粒径或粒径范围的粉尘质量分数。

根据除尘装置净化某粉尘的分级效率计算该除尘装置净化该粉尘的总除尘效率，其计算公式为：

$$\eta = \sum (\mu_i g_{1i}) \tag{3-1-8}$$

[例 3-1] 进行高效旋风除尘器试验时，除尘器进口的粉尘质量为 40kg，除尘器从灰斗中收集的粉尘质量为 36kg。除尘器进口的粉尘与灰斗中粉尘的粒径分布如表 3-1-1 中所列。计算该除尘器的分级效率。粉尘粒径分布如表 3-1-1。

表 3-1-1　粉尘粒径分布

粉尘粒径/μm	0~5	5~10	10~20	20~40	>40
试验粉尘 g_1/%	10	25	32	24	9
灰斗粉尘 g_1/%	7.1	24	33	26	9.9

[解] 根据分级除尘效率计算公式可知：

$$\eta_i = \frac{S_{3i}}{S_{1i}} \frac{g_{3i}}{g_{1i}} \times 100\%$$

对于 0~5μm 的粉尘粒径：

$$\eta_{0\sim5} = \frac{36}{40} \times \frac{7.1}{10} \times 100\% = 63.9\%$$

5~10μm 的粉尘粒径：

$$\eta_{5\sim10} = \frac{36}{40} \times \frac{24}{25} \times 100\% = 86.4\%$$

10~20μm 的粉尘粒径：

$$\eta_{10\sim20} = \frac{36}{40} \times \frac{33}{32} \times 100\% = 92.8\%$$

20~40μm 的粉尘粒径：

$$\eta_{20\sim40} = \frac{36}{40} \times \frac{26}{24} \times 100\% = 97.5\%$$

>40μm 的粉尘粒径：

$$\eta_{>40} = \frac{36}{40} \times \frac{9.9}{9} \times 100\% = 99\%$$

3.1.1　机械除尘设备设计

3.1.1.1　重力除尘器

重力除尘技术是利用粉尘颗粒的重力沉降作用而使粉尘与气体分离的除尘技术，是一种最古老最简易的除尘方法。重力沉降除尘装置称为重力除尘器又称沉降室，其主要优点是：①结构简单，维护容易；②阻力低，一般约为 50~150Pa，主要是气体入口和出口的压力损失；③维护费用低，经久耐用；④可靠性优良，很少有故障。它的缺点是：①除尘效率低，一般只有 40%~50%，适于捕集大于 50μm 粉尘粒子；②设备较庞大，适合处理中等气量的常温或高温气体，多作为多级除尘的预除尘使用。当尘量很大或粒度很粗，对串联使用的下一级除尘器会产生有害作用时，先使用重力除尘器预先净化是特别有利的。

(1) 影响重力沉降的因素　粉尘颗粒物的自由沉降主要取决于粒子的密度。如果粒子密度比周围气体介质大，气体介质中的粒子在重力作用下便沉降；反之，粒子则上升。此外影响粒子沉降的因素还有：①颗粒物的粒径，粒径越大越容易沉降；②粒子形状，圆形粒子最容易沉降；③粒子运动的方向性；④介质黏度，气体黏度大时不容易沉降；⑤与重力无关的影响因素，如粒子变形、在高浓度下粒子的相互干扰、对流以及除尘器密封状况等。

(2) 重力除尘器的工作原理

① 重力式分离器。重力式分离器是使物料和空气的混合物进入空间较大的室内，物料在重力作用下而在空气中沉降的一种装置。它适宜于需要特别防止物料破碎的情况下使用。但是，单纯地利用重力沉降，会使沉降室的容积过大，因而，通常也利用与惯性和钢丝网等机械分离的原理相组合的形式。

② 沉降分离器。沉降分离器是利用物料自身的重力，并辅以惯性力进行分离作业的一种分离器，主要用于分离谷物。当物料和空气的混合物由流入口进入分离器时，由

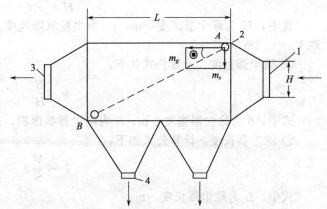

图 3-1-1　重力沉降室粉尘分离示意图
1—含尘气体入口；2—被沉降分离的尘粒；
3—净气出口；4—排尘口

于沉降室截面与管道截面相比，大得很多，故在沉降室内空气的速度低于物料的沉降速度，从而保证物料颗粒从空气中沉降下来。此外，进入沉降室的物料还沿外壁回转，在惯性力的作用下加速进入物料出口。含尘空气则由折流板排出。

③ 重力沉降室。重力沉降室基本上是一种比输送气体管道大大扩大的除尘室，在除尘室中气流速度得到显著降低，使含尘气体中的尘粒借助重力作用自然沉降而将其分离捕集。

重力沉降室的构造一般可分为水平气流沉降室和垂直气流沉降室两种。其基本构造都是在输送含尘气体的水平或垂直管道上作局部扩大，使含尘气流经扩大管段时，气流流速降低。在重力作用下，当尘粒的沉降速度大于气流流速，并有足够的沉降距离时，尘粒将从气流中沉降分离出来。水平气流重力除尘器由含尘气体入口、箱体、干净气体出口及卸灰装置组成。如图 3-1-1 所示。

(3) 重力除尘器设计计算　重力除尘器的除尘过程主要受重力的作用。除尘器内气流运动比较简单，除尘器设计计算包括含尘气流在除尘器内停留时间及除尘器的具体尺寸。

① 粉尘颗粒在除尘器的停留时间。计算公式如下：

$$t = \frac{h}{v_g} \leqslant \frac{L}{v_0} \tag{3-1-9}$$

式中，t 为尘粒在沉降室内停留时间，s；h 为尘粒沉降高度，m；v_g 为尘粒沉降速度，m/s，L 为沉降室长度，m；v_0 为沉降室内气流速度，m/s。

根据上式，沉降室的长度与尘粒在除尘器内沉降高度应满足：

$$\frac{L}{h} \geqslant \frac{v_g}{v_0}$$

② 除尘器的截面积。计算公式如下：

$$S = \frac{Q}{v_0} \tag{3-1-10}$$

式中，S 为除尘器截面积，m²；Q 为处理气体量，m³/s；v_0 为除尘器内气体流速，m/s，一般要求小于 0.5m/s。

③ 除尘器容积。计算公式如下：

$$V = Qt \tag{3-1-11}$$

式中，V 为除尘器容积，m³；t 为气体在除尘器内停留时间，s，一般取 30～60s。

④ 除尘器高度。计算公式如下：

$$H = v_g t \tag{3-1-12}$$

式中，H 为除尘器高度，m；v_g 为尘粒沉降速度，m/s，对于粒径为 $40\mu m$ 的粒径，可取 $V_g = 0.2m/s$。

⑤ 除尘器宽度。计算公式如下：

$$b = \frac{S}{H} \tag{3-1-13}$$

式中，b 为除尘器宽度，m；S 为除尘器截面积，m^2。

⑥ 除尘器长度。计算公式如下：

$$L = \frac{V}{S} \tag{3-1-14}$$

式中，L 为除尘器长度，m。

（4）设计计算的注意事项

① 设计重力除尘器在具体应用时往往有许多情况和理想的条件不符，例如，气流速度分布不均匀，气流是紊流，涡流未能完全避免，在粒子浓度大时沉降会受阻碍等。为了使气流均匀分布，可采取安装逐渐扩散的入口、导流叶片等措施。为了使除尘器的设计可靠，也有人提出把计算出来的末端速度减半使用。

② 除尘器内气流应呈层流（雷诺数小于 2000）状态，因为紊流会使已降落的粉尘二次飞扬，破坏沉降作用，除尘器的进风管应通过平滑的渐扩管与之相连。如受位置限制，应装设导流板，以保证气流均匀分布。如条件允许，把进风管装在降尘室上部，会收到意想不到的效果。

③ 保证尘粒有足够的沉降时间。即在含尘气流流经整个室长的这段时间内，保证尘粒由上部降落到底部。

④ 所有排灰口和门、孔都必须切实密闭，除尘器才能发挥应有的作用。

⑤ 除尘器的结构强度和刚度，按有关规范设计计算。

（5）重力除尘器在高炉煤气净化中的应用　高炉煤气除尘设备的第一级，不论高炉大小普遍采用重力除尘器。从高炉炉顶排出的高炉煤气含有较多的 CO、H_2 等可燃气体，可作为气体燃料使用。

高炉所使用的焦炭、重油的发热量中，约有 30％转变成炉顶煤气的潜热，因此充分利用这些气体的潜热对于节省能源是非常重要的。但是，从高炉引出的炉顶煤气中含有大量灰尘，不能直接使用，必须经过除尘处理，因此应设置煤气除尘设备。

高炉煤气除尘设备一般采用下述流程。

① 炉煤气→重力除尘器→文氏管洗涤器→静电除尘器。

② 高炉煤气→重力除尘器→一次文氏管洗涤器→二次文氏管洗涤器。

③ 高炉煤气→重力除尘器→袋式除尘器。

3.1.1.2　惯性除尘器

由于运动气流中尘粒与气体具有不同的惯性力，含尘气体急速转弯或与某种障碍物碰撞时，尘粒的运动轨迹将偏离气体的流线。利用粉尘在运动中惯性力大于气体惯性力的作用，将粉尘从含尘气体中分离出来使气体得以净化的设备称为惯性除尘器或惰性除尘器。

在惯性除尘器内，主要是使气流急速转向，或冲击在挡板上再急速转向，其中颗粒由于惯性效应，其运动轨迹就与气流轨迹不一样，从而使两者获得分离。这一类设备适用于大颗粒（$20\mu m$ 以上）的干的非纤维性粉尘，只能用于多级净化系统的粗净化，一般常用于一级除尘；用于管网的转弯处，或配合其他除尘器组成双级净化设备。惯性除尘器的阻力在

600～1200Pa 之间。惯性除尘器的主要特点是占地面积小,没有活动部件,可用于高温和高浓度粉尘场合,对细颗粒的分离效率比重力除尘器大为提高,但磨损严重,从而影响其性能。

(1) 惯性除尘器的工作原理 含尘气体在惯性除尘器内流动时,气体和尘粒在冲击到挡板之前,具有相同的流速,如图 3-1-2 所示。当含尘气流到达 B_1 之前,气体因受到障碍,绕过挡板,气流方向折转;气流中质量和粒径较大的尘粒,由于具有较大的运动惯性,继续保持向前流动,直至冲击到挡板 B_1 上,产生惯性碰撞,失去动能,在重力的作用下沉降分离出来。第一次未被分离出来的尘粒,有可能在冲击挡板 B_2 时分离出来,从而使含尘气体得到净化。

惯性除尘器与沉降室相比,具有如下特点。

① 惯性除尘器的结构比沉降室稍复杂些,但体积却小得多,除尘效率也比沉降室高。

② 惯性除尘器内气流速度愈高,气流折转的曲率半径愈小,气流折转的次数愈多,其除尘效率就愈高。

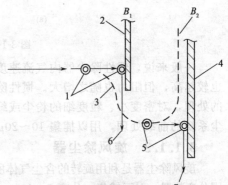

③ 设计良好的惯性除尘器,一般可捕集 10～20μm 以上的尘粒,而沉降室只能捕集 50μm 以上的尘粒。

④ 惯性除尘器的设备阻力,因其构造形式不同差别很大,一般阻力范围 196～981Pa。

图 3-1-2 尘粒碰撞挡板的分离机理
1—尘粒 d_1;2—挡板 B_1;3—气流流线;
4—挡板 B_2;5—尘粒 d_2;
6—尘粒 d_1 沉降分离方向;
7—尘粒 d_2 沉降分离方向

⑤ 惯性除尘器对黏结性和纤维性粉尘不宜采用,一般可用于密度高、粒径较大的金属或非金属矿物粉尘的处理,通常用作多级除尘系统的前级除尘装置。

(2) 惯性除尘器的构造形式 惯性除尘器有多种多样的构造形式。根据除尘原理大致可分为惯性碰撞式和气流折转式两类。

① 惯性碰撞式。惯性碰撞式除尘器一般是在气流流动的通道上增设若干排挡板构成。当含尘气体流经挡板时,尘粒在惯性力的作用下撞击到挡板上,失去动能后,在重力的作用下沿挡板下落,掉入灰斗内。

挡板可以单级或多级设置,一般采用多级式,目的是增加尘粒撞击的机会;挡板的形式可采用平板、折板或槽形板形式,槽形板可以有效地防止已捕集的粉尘被气流冲刷而再次扬起,从而提高除尘效率。

采用多级设置时,挡板应交错布置,让含尘气流从两板之间的缝隙以较高的速度喷向下一排挡板,增加粉尘撞击挡板的机会。多级式一般可设置 3～6 排挡板,或者更多排数。这类除尘器的阻力一般在 100Pa 以下,除尘效率可达 65%～75% 以上。

② 气流折转式。气流折转式一般是通过各种途径使气流急剧折转,利用气体和尘粒在折转时具有不同惯性力的特性,使尘粒在折转处从气流中分离出来。

如图 3-1-3 所示,含尘气体从入口进入后,粉尘由于惯性力的作用冲入下部灰斗,随着气流的向上运动,约有 90% 以上的含尘气流,通过百叶之间的缝隙,然后折转与粉尘脱离后排出。气流中的粉尘在通过百叶缝隙时,在惯性力的作用下撞击到百叶的斜面上,然后反射返回到中心气流中,此部分中心气流约占总气流量的 10%,从而使粉尘得到浓缩。这股浓缩了的气流从百叶式圆锥体顶部引入旋风除尘器(或其他除尘器)中,使尘粒进一步分离,旋风除尘器排出的气体再汇入含尘气流中。这种串联使用的除尘器的总效率可达 80%

~90％，阻力约 500～700Pa。

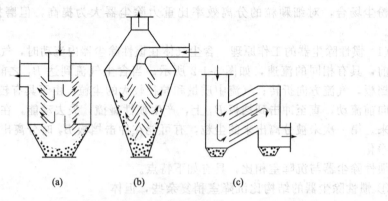

图 3-1-3　带百叶的惯性除尘器

一般来说，惯性除尘器内气流速度越高，气流折转角越大，折转次数越多，其除尘效率也较越高，但阻力也随之增大。惯性除尘器一般多用于密度大、颗粒粗的金属或矿物性粉尘的处理，对密度小、粒度细的粉尘或纤维性粉尘一般不宜采用。惯性除尘器一般作为多级除尘系统的前级处理，用以捕集 10～20μm 以上的尘粒。

3.1.1.3　旋风除尘器

旋风除尘器是利用旋转的含尘气体所产生的离心力，将粉尘从气流中分离出来的一种干式气固分离装置。对于捕集、分离 5～10μm 以上的粉尘效率较高，被广泛地应用于化工、石油、冶金、建筑、矿山、机械、轻纺等工业部门。但对 5～10μm 以下的较细颗粒粉尘（尤其是密度小的细颗粒粉尘）净化效率较低，所以旋风除尘器通常用于粗颗粒粉尘的净化，或用于多级净化时的初步处理。

旋风除尘器有以下几个特点。

① 结构简单，器身无运动部件，不需特殊的附属设备，占地面积小，制造、安装投资较少。

② 操作、维护简便，压力损失中等，动力消耗不大，运转、维护费用较低。

③ 操作弹性较大，性能稳定，不受含尘气体的浓度、温度限制。对于粉尘的物理性质无特殊要求，同时可根据化工生产的不同要求，选用不同材料制作，或内衬各种不同的耐磨、耐热材料，以提高使用寿命。

④ 以承受高压（正压和负压），用以对高压气体进行除尘。

⑤ 用干式旋风除尘器，可以捕集干灰，便于粉料的回收利用。

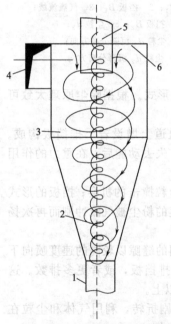

图 3-1-4　旋风除尘器
1—进气管；2—圆锥体；3—圆筒体；
4—进气管；5—排气管；6—顶盖

（1）工作原理　旋风除尘器的结构见图 3-1-4。当含尘气流以 12～25m/s 速度由进气管进入旋风除尘器时，气流将由直线运动变为圆周运动。旋转气流的绝大部分沿器壁自圆筒体呈螺旋形向下，朝锥体流动。通常称此为外旋气流。含尘气体在旋转过程中产生离心力，将密度大于气体的尘粒甩向器壁。尘粒一旦与器壁接触，便失去惯性力而靠入口速度的动量和向下的重力沿壁面下落，进入排灰管。旋转下降的外旋气流在到达锥体时，因圆锥形的收缩而向除尘器中心靠拢。根据"旋转矩"不变原理，其切向速度不断提高。当气流到达锥体下端某一位置时，即以同样的旋转方向从旋风除尘器中部，由下而上继续做螺旋形流动，即内旋气流。最后净化气经排气管排出器外。一部分未被捕集的尘粒也由此逃失。

自进气管流入的另一小部分气体，则向旋风除尘器顶盖流动，然后沿排气管外侧向下流动。当到达排气管下端时，即反转向上随上升的中心气流一同从排气管排出，分散在这一部分上旋气流中的尘粒也随同被带走。

旋风除尘器可捕集粒径为 $5 \sim 10 \mu m$ 以上的粉尘，允许最高进口含尘质量浓度为 $1000 g/m^3$，最高温度 $450 ℃$，进口气流速度 $15 \sim 25 m/s$，阻力损失 $588 \sim 1960 Pa$，除尘效率 $50\% \sim 90\%$。它具有结构简单、制造安装容易和维护管理方便、造价和运行费用低、占地面积小等特点，广泛用于各种工业部门。旋风除尘器主要用于高浓度粉尘的预除尘和物料分离与回收。

（2）旋风除尘器的性能计算　设计旋风除尘器首先要考虑的问题是旋风除尘器的分离效率（或能够捕集的尘粒临界直径）和空气阻力。旋风除尘器的分离效率取决于尘粒获得的离心力大小。

① 压力损失。通常旋风除尘器的压力损失 ΔP 在 $1000 \sim 2000 Pa$，在设计旋风除尘器时，应合理选择其进口气速。气速过大，压力损失会急剧上升，从而应考虑风机能否足以克服旋风除尘器的阻力损失；对于同一结构形式的旋风除尘器，只要进、出口气速相同，除尘器的其他尺寸对旋风除尘器的压力损失影响较小。

② 除尘效率。旋风除尘器的除尘效率通常采用的是总除尘效率 η 和分级效率 η_x 两种。

根据 Leith-Licht 分级效率计算公式：

$$\eta_x = 1 - \exp\left[-2(c\varphi)^{\frac{1}{2n+2}}\right] \tag{3-1-15}$$

根据粉尘的粒级质量百分数 f 和分级除尘效率 η_x，除尘器的总除尘效率计算公式为：

$$\eta = \sum \eta_x f$$

（3）设计实例　设计一台处理常温、常压含尘空气的旋风除尘器。

已知条件如下。

处理气量：$Q = 1300 m^3/h$。

空气密度：$\rho = 1.29 kg/m^3$。

粉尘密度：$\rho_c = 1960 kg/m^3$。

空气黏度：$\mu = 1.8 \times 10^{-5} Pa \cdot s$。

旋风除尘器进口尘浓度 C_j：$100 g/m^3$（标）。

旋风除尘器进口粉尘的粒级分布如下。

平均粒径 $d/\mu m$	2	4	7.5	15	25	35	45	55	65
粒级分布 $f/\%$	3	11	17	27	12	9.5	7.5	6.4	6.6

设计步骤如下。

① 确定旋风除尘器进口速度 v_j，根据推荐取 $v_j = 18 m/s$。

② 确定旋风除尘器的几何尺寸，如图 3-1-5 所示。

a. 进口面积 F_j：

$$F_j = \frac{Q}{v_j} = a \times b = \frac{1300}{3600 \times 18} = 0.02 m^2$$

取 $a = 0.2 m$，$b = 0.1 m$。

b. 筒体尺寸如下。

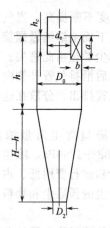

图 3-1-5 旋风除尘器的尺寸

筒体直径 D_0：取 $b=0.25D_0$，则 $D_0=4b=4\times0.1=0.4$m。

筒体长度 h：取 $h=1.5D_0$，则 $h=1.5\times0.4=0.6$m。

c. 锥体尺寸如下。

锥体长度 $H-h$：取 $H-h=2.0D_0$，则 $H-h=2\times0.4=0.8$m。

排灰口直径 D_2：取 $D_2=0.25D_0$，则 $D_2=0.25\times0.4=0.1$m。

d. 出口管直径 d_e 与插入深度 h_c

出口管直径 d_e：取 $d_e=0.5D_0$，则 $d_e=0.5\times0.4=0.2$m。

插入深度 h_c：取 $h_c=0.4D_0$，则 $h_c=0.4\times0.4=0.16$m。

③ 压力损失 Δp 的计算：

$$\Delta p=\xi\frac{v_j^2}{2}\rho=8\times\frac{18^2}{2}\times1.29=1671\text{Pa}$$

④ 除尘效率 η 和 η_x 计算。如表 3-1-2 所示。

表 3-1-2 除尘效率 η 和 η_x

平均粒径 $d/\mu m$	粒级分布 $f/\%$	累计粒级 $f/\%$	分级除尘效率 $\eta_x/\%$	$f\cdot\eta_x/\%$
2	3	3	57.4	1.72
4	11	14	73.3	8.06
7.5	17	31	85	14.4
15	27	58	95.1	25.7
25	12	70	98.5	11.8
35	9.5	79.5	99.4	9.44
45	7.5	87	99.8	74.8
55	6.6	93.6	100	6.6
>60	6.4	100	100	6.4
总除尘效率		$\eta=\Sigma\eta_x f=91.6\%$		

(4) 旋风除尘器的选型

① 通用型旋风除尘器分为如下几类。

a. CLT/A 型旋风除尘器。CLT/A 型旋风除尘器为基本型旋风除尘器，其顶盖板做成下倾 15°的螺旋切线形，含尘气体进入除尘器后，沿倾斜顶盖的方向作下旋流动，而不致形成上灰环，可消除引入气流向上流动而形成的小漩涡气流，减少动能消耗，提高除尘效率。适用于物质密度较大的、干燥的、非纤维粉尘，广泛应用于冶金、铸造、喷砂、建筑材料、电力及耐火材料等工业中。

b. XLP 型旁路式旋风除尘器。XLP 型旁路式旋风除尘器是一种在旋风筒体外侧带有一旁路通道的高效旋风除尘器，它能使筒内壁附近含尘较多的一部分气体通过旁路进入旋风筒下部，以减少粉尘由排风口逸出的机会，特别对大于 $5\mu m$ 的粉尘有较高的除尘效率。用于消除工业废气中含有密度较大的非纤维性及黏性的灰尘，能有效地分离烟草灰、滑石粉、石英粉、石灰石粉、矿渣水泥、水泥生料等，适用于矿山、冶金、耐火材料、煤炭、化工及电力等工业部门的气体净化。

c. CLK 型扩散式旋风除尘器。CLK 型扩散式旋风除尘器是以上小下大的扩散锥体代替基本型除尘器的锥体，用阻气排尘装置将内外旋流加以隔离，在锥体底部装有倒圆锥形反射屏，因而减少了含尘气体自筒身中心短路去出口的可能性，反射屏防止二次气流将已经分离下来的粉尘重新卷起来并被上升气体带出，从而提高了除尘效率。

d. CLP 型旋风除尘器。CLP 型旋风除尘器是一种将气体入口做成蜗旋型，并低于筒体顶盖一定距离，筒体外侧带有一旁路通道的高效除尘器。一般用于冶炼、铸造、喷砂、建筑材料及耐火材料等工业部门中，从而保证工厂区的大气符合规定的卫生标准。

② 锅炉型旋风除尘器分为如下几类。

a. CLG 型旋风除尘器。CLG 型旋风除尘器，适用于蒸发量 1～4t/h 的工业锅炉和其他的大颗粒粉尘除尘。与其他高效除尘设备组合，具有低阻高效、处理气量大、结构简单、安装维修方便等特点，对锅炉负荷和煤种变化适应性较强，耐磨、耐高温，无易损件。

b. SG 型旋风除尘器。SG 型旋风除尘器为蜗旋型锥式旋风除尘器，是中小型锅炉烟尘净化的理想设备，也可用于冶金、建材行业炉窑烟尘治理及物料研磨、破碎粉尘的捕集。

c. XS 型双旋风除尘器。XS 型双旋风除尘器是一种工业锅炉除尘装置，适用于层燃的工业级采暖锅炉的烟气除尘，具有除尘效率高、阻力低、性能稳定、处理风量大等特点。

d. XZZ 型旋风除尘器。XZZ 型旋风除尘器适用于机烧层燃热水或蒸汽锅炉及其他工业除尘的需要，可单体使用，亦可多筒组合，由一共同的进出气管连接使用，满足任何烟气量的处理。

e. XYZ 型旋风除尘器。XYZ 型旋风除尘器是带有双级引射器的直流旋风除尘器。适用于高温烟气的除尘和非常窄小的锅炉房内安装，可直接安装在立炉烟箱上或铁制烟囱上，使用时不需要引风机，可从鼓风机引风管与该除尘器喷射管相接；若无鼓风机，可选用一小型风机，其出风管直接接喷射管。

③ 其他形式的旋风除尘器主要有如下几类。

a. XCX 型旋风除尘器。XCX 型旋风除尘器是含尘气体切向可以处理含高温含尘气体，适合捕集粒径 5μm 的烟尘。广泛应用于冶金、电力、机械制造、矿山、石油、建材等部门净化含尘气体和回收物料。

b. XP 型旋风除尘器。XP 型旋风除尘器适用于一般工业通风除尘，工业废气中物料回收，不适用于黏结性粉尘。

c. CR 型双级蜗旋除尘器。CR 型双级蜗旋除尘器适用于锅炉的烟气除尘或作为木屑、铁屑除尘，清理型砂和回收茶叶细末等。工业生产中干燥的、无黏结性粉尘的除尘，除尘效率为 90% 以上。

d. XHF 型环缝气垫高效耐磨旋风除尘器。XHF 型环缝气垫高效耐磨旋风除尘器是工业应用最广泛的一种除尘设备，但是由于高速含尘气流对旋风除尘器壳体的强烈冲刷，导致壳体的磨损严重，严重影响整个除尘系统正常运行。

e. XLG 型高效陶瓷多管旋风除尘器。XLG 型高效陶瓷多管旋风除尘器适用于各种容量的电站锅炉和工业锅炉及各种热矿烧结机尾部使用，也用于煤炭和水泥行业的磨煤机以及各种固体物料的破碎粉尘。

f. GXD 型高效多管旋风除尘器。GXD 型高效多管旋风除尘器是工业炉窑和锅炉烟气除尘及生产性粉尘净化的重要设备，广泛适用于不含水分非纤维性粉尘，尤其适用于物质密度较大的干燥的非纤维性粉尘，通常用于冶炼、矿山、电力、铸造、建材、喷砂等行业及燃煤工业锅炉、采暖锅炉、电站锅炉、烧结炉和燃烧废灰尘的清除工况。

3.1.2　袋式除尘设备设计

袋式除尘器是依靠纤维滤料做成的滤袋和滤袋表面上形成的粉尘层来净化气体的，可用于净化粒径大于 0.1μm 的含尘气体，是一种高效干式除尘器。其特点是除尘效率高，品种多、构造复杂，特别是对微细粉尘也有较高的效率，一般可达 99.9% 以上，已成为各类高效除尘设备中最具有竞争力的一种除尘设备。

现代工业的发展，对袋式除尘器的要求越来越高，因此在滤料材质、滤袋形状、清灰方式、箱体结构等方面也不断更新发展。

3.1.2.1　袋式除尘器的工作原理

袋式除尘器是含尘气体通过滤袋（简称布袋）滤去其中粉尘离子的分离捕集装置。当含尘气体从下部进入除尘器，通过并列安装的滤袋时，粉尘被截留捕集于滤料上，透过滤料的清洁气体从排气口排出。随着粉尘在滤袋上的积聚，含尘气体通过滤袋的阻力也会相应增加。当阻力达到一定数值时，要及时清灰，以免阻力过高，造成除尘效率下降。

实际上袋式除尘器对尘粒的捕集分离包括两个过程。第一，过滤材料对尘粒的捕集．当含尘气体通过过滤材料时，滤料层对尘粒的捕集是多种效应综合作用的结果。这些效应主要包括惯性碰撞、截留、扩散、静电和筛滤等效应。第二，粉尘层对尘粒的捕集。过滤操作一定时间后，由于黏附等作用，尘粒在滤料网孔间产生架桥现象，使气流通过滤料的孔径变得很小，从而使滤料网孔及其表面迅速截留粉尘形成粉尘层。在清灰后依然残留一定厚度的粉尘，称为粉尘初层。由于粉尘初层中粉尘粒径通常都比纤维小，因此筛滤、惯性、截留和扩散等作用都有所增加，使除尘效率显著提高。由此可见，袋式除尘器的高效率，粉尘初层起着比滤料本身更为重要的作用。袋式除尘器的主要特点如下。

优点：① 袋式除尘器对净化含微米或亚微米数量级的粉尘粒子的除尘效率较高，一般可达 99%，甚至可达 99.99% 以上；

② 袋式除尘器可以捕集多种干性粉尘，特别是对于高比电阻粉尘，采用袋式除尘器净化要比用电除尘器的净化效率高很多；

③ 袋式除尘器适应性强，处理烟气量可从每小时几立方米到几百万立方米，且含尘气体浓度在相当大的范围内变化对袋式除尘器的除尘效率和阻力影响不大；

④ 袋式除尘运行稳定可靠，与文丘里除尘器相比，动力消耗少，没有污泥处理和腐蚀等问题；与电除尘器相比，附属设备少，投资省，操作和维护简单；

⑤ 袋式除尘器规格多样，可做成小型机组，直接安装在散尘设备上或散尘设备附近，也可安装在车上做成移动式袋式过滤器，这种小巧、灵活的袋式除尘器特别适用于分散尘源的除尘，也可以制成大型的除尘室。

缺点：① 袋式除尘器的应用主要受滤料的耐温和耐腐蚀等性能所影响；目前，通常应用的滤料可耐 250℃ 左右，如采用特别滤料处理高温含尘烟气，需要进行降温，将会导致除尘系统复杂化，增加除尘器的造价；

② 不适于净化油雾、水雾、含黏结和吸湿性强的粉尘的气体。用布袋式除尘器净化烟尘时的温度不能低于露点温度，否则将会产生结露，堵塞布袋滤料的孔隙；

③ 用袋式除尘器净化大于 $17000m^3/h$ 的含尘烟气量所需的投资费用要比电除尘器高。而用其净化小于 $17000m^3/h$ 的含尘烟气量时，投资费用比电除尘器省。

3.1.2.2　袋式除尘器的性能

袋式除尘器性能参数包括处理气体流量、除尘效率、排放浓度、压力损失（或称阻力）、漏风率、耗钢量等。

(1) 处理气体流量　处理气体流量是表示除尘器在单位时间内所能处理的含尘气体的流量，一般用体积流量 Q （单位为 m^3/s 或 m^3/h）表示。计算袋式除尘器的处理气体量时，既要考虑实际通过袋式除尘器的气体量，也要考虑除尘器本身的漏风量。一般可按生产过程中产生的气体量，再增加集气罩混入的空气量（20%~40%）来计算：

$$Q = Q_S \frac{(273 + t_c) \times 101.324}{273 p_a} (1 + k) \tag{3-1-16}$$

式中，Q 为通过除尘器的含尘气体量，m^3/h；Q_S 为生产过程中产生的气体量，m^3/h；t_c 为除尘器内气体的温度，℃；p_a 为环境大气压，kPa；k 为除尘器前漏风系数。

（2）过滤风速　过滤风速即滤料单位过滤面积通过的气量。也称气布比。袋式除尘器的过滤速度是影响除尘器性能的重要因素之一。捕集机理主要是利用附着在滤料表面的粉尘层内部的细孔来进行过滤的。细孔越小，过滤速度就越低，除尘效率就越高。过滤速度可用下式计算：

$$v = \frac{Q}{A_f} \tag{3-1-17}$$

式中，v 为过滤速度，m^2/s；Q 为袋式除尘器的处理气量，m^3/s；A_f 为袋式除尘器的过滤面积，m^2。

（3）除尘效率　除尘效率是除尘器的重要技术指标之一，除尘效率计算如下：

$$\eta = \left(1 - \frac{\rho_2}{\rho_1}\right) \times 100\% \tag{3-1-18}$$

式中，ρ_1、ρ_2 分别为除尘器粉尘进口质量浓度、出口质量浓度。

有时由于除尘器进口含尘浓度高，或者其他原因，在袋式除尘器前增设预除尘器时，多台除尘器串联时的总效率为：

$$\eta_{1-n} = 1 - (1-\eta_1)(1-\eta_2)\cdots(1-\eta_n) \tag{3-1-19}$$

（4）压力损失　气流通过袋式除尘器过滤层的压力损失，正比于过滤速度 v_t，比例系数包括了滤料和沉积的粉尘层的所有性质（包括气体温度，但主要是对气体黏度 μ）的影响。袋式除尘器的压力损失是表示能耗大小的技术指标，压力损失 ΔP 也可由通过清洁滤料的压力损失 ΔP_0 和通过粉尘层的压力损失 ΔP_d 组成。总的压力损失：

$$\Delta P = \Delta P_0 + \Delta P_d = \xi_0 \mu v_t + \xi_d \mu v_t = (\xi_0 + \xi_d)\mu v_t = (\xi_0 + mR)\mu v_t \tag{3-1-20}$$

式中，ΔP、ΔP_0、ΔP_d 分别为含尘气体通过除尘器设备的阻力、清洁滤料的压力损失、粉尘层的压力损失，Pa；ξ_0、ξ_d 分别为清洁滤料的阻力系数、粉尘层的阻力系数，m^{-1}；m 为粉尘负荷，kg/m^2；v_t 为过滤速度（单位滤料面积的评价过滤气流量），m/min。R 为粉尘层平均阻力系数，m/kg。

压力损失，实质上是气流通过设备时所消耗的机械能，它与通风机所耗功率成正比，所以设备的压力损失越小越好。多数袋式除尘器的阻力损失在 2000Pa 以下。

（5）漏风率　袋式除尘器的漏风率可用下式表示：

$$\varphi = \frac{Q_2 - Q_1}{Q_1} \times 100\% \tag{3-1-21}$$

式中，φ 为除尘器的漏风率，%；Q_1、Q_2 分别为除尘器的进口、出口气体量，m^3/h。

漏风率是评价除尘器结构严密性的指标，它是指设备运行条件下的漏风量与入口风量之百分比。应指出，漏风率因除尘器内负压程度不同而各异，国内大多数厂家给出的漏风率是在任意条件下测出的数据，因此缺乏可比性，为此，必须规定出标定漏风率的条件。袋式除尘器标准规定：以净气箱静压保持在 -2000Pa 时测定的漏风率为准。其他除尘器尚无此项规定。

（6）滤袋个数　若滤袋为圆形，则滤袋面积 a 为：$a = \pi D L a = \pi D L$。整个滤袋面积 $A_f = \dfrac{Q}{60 v_f} A_f = \dfrac{Q}{60 v_f}$，则需要的滤袋个数为：

$$n = \frac{A_f}{a} = \frac{A_f}{\pi D L} \tag{3-1-22}$$

式中，D、L 分别为滤袋圆筒直径和滤袋长度，m；v_f 为滤料过滤气速，m/min。

（7）耗钢量　耗钢量是指除尘器本体每 $1m^2$ 过滤面积的钢材消耗量，也称钢耗率（单位为 kg/m^2）。耗钢量对不同的袋式除尘器是不一样的。耗钢量的多少与除尘器的结构设计、耐压程度、清灰方式等因素有关。应根据标准对袋式除尘器的耗钢量的规定和设计需要确定合适的耗钢量指标。

3.1.2.3 滤料的选择

(1) 滤料的要求　滤料是袋式除尘器用来制作滤袋的材料，是袋式除尘器的主要部件，其造价一般占设备费用的 10%～15%。滤料需定期更换，从而增加了设备的运行费用。袋式除尘器的性能在很大程度上取决于滤料的性能，如除尘效率、压力损失、清灰周期、环境适应性等都与滤料性能有关，因此正确选用滤料对于充分发挥除尘器的效能有着重要意义。性能良好的滤料一般应满足下列要求。

① 滤料既要有良好的透气效率，又要有较大的容纳尘量的能力，因此要求滤料容尘量大、效率高。清灰后仍能保留"粉尘初层"，以保持较高的过滤效率。

② 滤布透气性能好，过滤阻力小；透气率越高，单位面积上允许的风量越大。

③ 滤布应具备耐温、耐磨、耐腐蚀，抗拉强度、抗弯折强度，效率高、阻力低、使用寿命长、造价低等优点。

④ 料应具有一定的抗湿能力，防止粉尘黏结、滤料堵塞、阻力上升，使之易于清除黏附性粉尘。

⑤ 滤袋要求滤料的胀缩率（一般不应超过 1%）愈小愈好，因为胀缩率高时，将改变滤料的孔隙率，直接影响除尘效率和压力损失，甚至影响到除尘器的正常运行。

为了提高袋式除尘器的适应性，人们一直在研制新型滤料，如覆膜滤料就是较新的一种。覆膜滤料可在针刺滤料或机织滤料表面覆以微孔薄膜制成，可实现表面过滤，使粉尘只停留于表面、容易脱落，即提高了滤料的剥离性。我国开发生产的覆膜滤料是用聚四氟乙烯微孔过滤膜与不同基材复合而成。该覆膜滤料的过滤表面层很薄、很光滑、多微孔。具有极佳的化学稳定性，质体强韧，孔径小（可小至 0.1μm），孔隙率高，能抗腐蚀，耐酸碱，不老化，摩擦系数极低。具有不粘性的特点，且适合的温度范围广（−180～260℃），过滤效率高，清灰容易，阻力小，寿命长，是高效袋式除尘器一种理想滤料。

(2) 滤料的种类　袋式除尘器采用的滤料种类较多，按滤料材质，可分为天然纤维、合成纤维和无机纤维等三类。

① 天然纤维滤料。天然纤维滤料主要是指由棉、毛、棉毛混纺和柞蚕丝做成的织物。其特点是透气率很高、阻力小、容尘量大、易于清灰、价格较低，适合于净化没有腐蚀性、温度在 70～90℃以下的含尘气体，是袋式除尘器的传统滤料纤维。天然纤维滤料致命的弱点是使用温度不能超过 100℃，如棉纤维滤布适用于 60～85℃以下含尘气体，毛纤维滤布、棉毛混纺滤布使用温度均低于 90℃。因此不能满足现代工业对袋式除尘器的高标准和高要求。

② 合成纤维滤料。合成纤维滤料的特点是强度高，耐磨蚀，耐高温及耐磨等。尼龙、涤纶作为滤料，已广泛应用于各行业，值得一提的是诺梅克斯滤料及特氟纶滤料。诺梅克斯纤维（俗称耐热尼龙）是现有合成纤维滤料中耐温性较高的一种，且耐磨性和耐酸、耐碱性能好，在 210℃高温下其物理性能保持不变，超过 400℃才慢慢分解炭化，这种滤料在高温下尺寸稳定性好，难以燃烧且有灭火性。它的出现使脉冲喷吹类袋式除尘器的应用前景更为广阔。在炭黑、冶金、建材、尤其是沥青混凝土工业中已广泛使用。

此外，合成纤维还可与棉、毛等天然纤维混合织成滤料，我国生产的尼毛特 2 号和尼棉特 4A 号就属于此类。

③ 无机纤维滤料。近年来，无机纤维的发展很快，其特点是能耐高温。目前，除了广泛使用的玻璃纤维滤料外，有的已开始使用金属纤维。碳素纤维、矿渣纤维及陶瓷纤维滤料正在研究之中。无机纤维的缺点是造价高，使其广泛应用受到一定的限制。

滤料的特性除了与纤维本身的性质有关外，还与滤料的表面结构有很大关系。因此可将滤料分为织布滤料（平纹编织、斜纹编织和缎纹编织）、毡合滤料（压缩毡和针刺毡）及特殊滤料（静电植毛滤料和纱线结合滤料）。

（3）滤料的选择　滤料作为袋式除尘器的关键部分，因此在选择滤料时一般须根据含尘气体的特征，粉尘的性质和除尘器的清灰方式等进行。

① 根据含尘气体的性质选择滤料。含尘气体的性质是选择滤料材质的主要依据。选择滤料时，应将含尘气体的理化性质，如湿度、温度、酸性、碱性等与各种纤维滤料的性能进行比较，加以选择。

② 根据粉尘的性状选择滤料。粉尘的粒径、形状、吸湿性、黏附性，硬度及爆炸性等是选择滤料品种的主要依据。粉尘的粒径细小，易引起漏尘，应选用细度细的短纤维制成孔隙直径小的纤维层为好。

③ 按清灰方式选择滤料。袋式除尘器的清灰方式是选择滤料品种的首要条件。它首先决定滤料是织布还是毛毡。振动清灰的特点是清灰动能较小，普遍使用织布滤袋；反吹清灰一般使用织布，高温气体用玻璃纤维滤布；脉冲喷吹清灰施加于粉尘层的清灰动能最高，滤料一般是毡或羊毛压缩毡；反吹-振动并用清灰施加粉尘层的清灰动能是低动能型的，一般选用针刺毡；脉冲反吹清灰施加于粉尘层的清灰动能居中，需使用有柔韧性的缎纹织和斜纹织滤布；气环反吹清灰使用的滤布只限定于毡。

3.1.2.4　袋式除尘器的选型设计

（1）确定袋式除尘器的形式　在进行除尘器选型设计时首先要决定采用何种袋式除尘器。例如，处理气体量适中，厂房面积受限制，可以考虑采用脉冲喷吹袋式除尘器；处理气体量大的场合可以考虑采用逆气流清灰袋式除尘器。

（2）根据含尘气体特征，选择适合的滤料　选择时应考虑滤料捕集指定粉尘的性能、耐气体和粉尘腐蚀的能力、耐高温的能力、适当的机械强度、价格等。

气体的温度和湿度是选择滤料主要考虑的因素，每种滤料都有一可以使用的最高限制温度。由于很多高温烟气适合于采用袋式除尘器捕尘，所以在烟气温度超过滤料耐温上限时，应在除尘器之前加设气体预冷却系统（空气稀释冷却、表面换热器或余热锅炉冷却、喷雾蒸发冷却）。随着气体的冷却、气体的相对湿度增高，必须防止水汽凝结，以免造成粉尘在滤料上结块。一般要求气体温度高于露点温度 30℃ 左右。有时为了防止气体进一步自然冷却，需要对袋式除尘器的外壳进行保温。

（3）根据除尘器形式、滤料种类、气体含尘浓度、允许的压力损失等确定清灰方式　清灰机构是确保除尘器正常运行的重要环节。清灰机构设计的基本原则是：机构简单，动作可靠，清灰效果好。分室反吹风清灰机构由切换阀门（旋转门三通阀）及其控制系统组成。

若采用脉冲式除尘器清灰，喷吹系统由喷吹管、气包、电磁脉冲阀及文氏管几部分组成。喷吹管应做到进入第一个滤袋和最后一个滤袋的喷吹气流流量相差小于 10%。为此，远离气包的喷吹孔孔径比近气包的喷吹孔孔径要小 0.5~1.0mm。气包必须有足够容量，满足喷吹气量需求，在进行脉净喷吹时，气包的压力应不低于原始压力的 85%。

（4）确定过滤速度、总过滤面积、滤袋尺寸和数目　根据粉尘的性质、滤料种类、要求的除尘效率和选定的清灰方式等，即可确定过滤速度。若粉尘细、密度大时，应选取较低的过滤速度，因为过滤速度过高时，会导致非常高的压力损失和粉尘通过率；采用素布、玻璃纤维等不起绒滤料时，应选取较低的过滤速度；采用绒布、毛呢滤布时，可适当提高过滤速度；选用毡子滤料时，则可选取较高的过滤速度。净化效率要求高时，过滤速度要低一些。反之则可高一些。

滤料的总过滤面积应根据气体流量 Q 和过滤速度 v 来计算，在计算除尘器气体流量 Q

时，应考虑以下三项附加值。

① 漏风附加：考虑到除尘系统的严密程度和漏风情况，一般应附加 10%～15%。

② 清灰附加：考虑到清灰时停止过滤的情况，应附加清灰时间占运行时间的百分比。

③ 维修附加：考虑到更换部件、检查或维修的情况，应附加停止过滤的滤料面积占总面积的百分比。

同时，根据滤袋的直径和长度可求出滤袋的个数。在滤袋较多时，根据清灰方式（连续式或间歇式）和运行条件等，可将滤袋分成若干个分隔室，每个室中可包含若干组滤袋。

（5）确定滤袋的布置

① 滤袋室的布置。反吹风袋式除尘器为了在清灰时仍能工作，采用将除尘器分为若干小室，实行逐室停风反吹。一般反吹风袋式除尘器分室数以不少于 6 个为宜，此时若正常过滤速度为 1m/min 时，反吹清灰时的过滤速度不可超过 1.10～1.25m/min。

此外，滤袋室的布置首先必须满足过滤面积的要求；其次应考虑滤袋布置的紧凑和滤袋排数的合理，以减少占地面积。滤袋的中心距和排数安排如下：

ϕ200mm 滤袋，中心距取 250～280mm，排数不超过三排；

ϕ250mm 滤袋，中心距取 300～350mm，排数为 2～3 排；

ϕ300mm 滤袋，中心距取 350～400mm，排数不超过两排。

若当滤袋两侧均设有检修通道时，滤袋排数可采用四排或六排。每排滤袋横向根数，可根据实际需要确定。

② 滤袋尺寸。滤袋直径一般都在 ϕ100mm～ϕ300mm 范围内，滤袋长度按滤袋长度与直径的比即长径比确定。长径比一般可取 5～40，常用的为 15～25。袋口风速以 1～1.5m/s 为宜，长径比取高值时，可使除尘器高度增加，减少占地面积。

③ 气体分配室的确定。为保证气体均匀地分配给各个滤袋，气体分配室应有足够的空间，净空高不应小于 1000～1200mm。气体分配室的截面积为：

$$F = \frac{Q}{3600v} \tag{3-1-23}$$

式中，F 为气体分配室的截面积，m^2；Q 为气体处理量，m^3/h；v 为气体分配室进口气速，m/s。

（6）确定排气管直径和灰斗高度、过滤周期和清灰循环周期　排气管直径按排气速度为 2～5m/s 确定。灰斗高度根据粉尘性质而选取的灰斗倾斜角进行计算确定。

过滤周期的长短应根据压力损失和气流量的变化确定，这种变化随着滤料上粉尘层的不断增加而发生。这些皆与除尘系统采用的风机的特性和总能耗有关。过滤周期的计算公式为：

$$t = \frac{\Delta p_d}{aC_1\mu v^2} \tag{3-1-24}$$

式中，Δp_d 为粉尘层的压力损失，Pa；C_1 为气体粉尘质量浓度，g/m^3；v 为过滤风速，m/min；a 为安全系数，一般取 1.5；μ 为粉尘比阻力系数，N·min Kg·m。

（7）估算除尘器的除尘效率

除尘器的除尘效率可参照 3-1-18 式进行。

（8）进行其他辅助设计

① 壳体设计：包括除尘器箱体、进排气风管形式、灰斗结构、检修孔及操作平台等。如箱体和进排气管带压，则应按压力容器设计和强度计算。

② 粉尘清灰机构的设计和清灰制度的确定。

③ 粉尘输送、回收及综合系统的设计等。

[例 3-2] 某钢厂用袋式除尘器净化 303K 的烟气，净化烟气量为 20592m³/h，袋式除尘器由 40 个布袋组成，规格为直径 200mm，长 4.5m 的圆柱形滤袋。已知清洁滤料的阻力系数 $\xi = 4.8 \times 10^7 \, m^{-1}$，堆积粉尘负荷 $m_d = 0.1 \, kg/m^2$，粉尘的平均阻力 $R = 1.5 \times 10^5 \, m/kg$，烟气的黏度为 $1.86 \times 10^{-5} \, Pa \cdot s$，试计算该袋式除尘器的过滤面积、过滤速度、过滤负荷和压力损失。

[解] 滤袋为圆柱形，直径 D 为 200mm，长 L 为 4.5m，袋子面积为 a 与滤袋总面积 A_f 分别为：

$$a = \pi DL = a_{柱面} + a_{顶面} = \pi DL + \pi \frac{D^2}{4} = \pi(0.2 \times 4.5) + \pi \frac{0.2^2}{4} = 2.86m^2$$

$$A_f = 40a = 40 \times 2.86 = 114.4m^2$$

过滤速度　v_f 为：$v_f = \dfrac{Q}{60A_f} = \dfrac{20592}{114.4 \times 60} = 3m/min$

过滤面积 q_f 为：　$q_f = \dfrac{Q}{A_f} = \dfrac{20592}{114.4} = 180 m^3/(m^2 \cdot h)$

$$\frac{Q}{A_f} = \frac{20592}{114.4} = 180 m^3/(m^2 \cdot h)$$

压力损失 ΔP 为：

$$\Delta P = \Delta P_0 + \Delta P_d = \xi_0 \mu v_f + \xi_d \mu v_f = (\xi_0 + \xi_d)\mu v_f = (\xi_0 + mR)\mu v_f$$
$$= (4.8 \times 10^7 + 0.1 \times 1.5 \times 10^5) \times 1.86 \times 10^{-5} \times 3.0 = 2.68 \times 10^3 \, Pa$$

3.1.2.5　简易袋式除尘器

简易袋式除尘器是无专用清灰装置的除尘设备，主要依靠粉尘粒自重或风机启动、停止时滤袋的变形，而使粉尘自行脱落清灰，因此清灰操作只能在产尘装置停止工作后进行。简易袋式除尘器的优点是结构简单、可因地制宜地设计成各种形式，对滤料要求不高（布或玻璃丝布均可）、寿命长、维护管理方便，防尘效率能满足一般使用要求；缺点是过滤风速低，占地面积大。简易袋式除尘器适用于中、小型除尘系统。

(1) 负荷选择原则

① 压力损失应适当。采用一级除尘时，一般压力损失在 980～1470Pa；采用二级除尘时，一般压力损失在 490～784Pa。

② 气体含尘浓度高时，选取低负荷；气体含尘浓度低时，选取高负荷。气体含尘浓度为 4g/m³ 以下时，负荷选取范围在 10～45m³/(h・m²)。

③ 除尘器连续操作时间长的选取低负荷，连续操作时间短的选取高负荷。

④ 清灰周期长的选取低负荷，清灰周期短的选取高负荷。

(2) 过滤面积与滤袋条数　滤袋的过滤面积取决于处理风量和过滤速度。简易袋式除尘器过滤面积按过滤风速确定，过滤速度一般为 0.25～0.5m/min，当含尘浓度高或不易脱落时的粉尘过滤速度应取低值。

过滤面积计算公式为：

$$A_f = \frac{Q}{v_f} = \frac{Q}{q} \tag{3-1-25}$$

式中，Q 为处理含尘气体量，m³/h；q 为负荷，即每小时每平方米滤布处理的气体量，m³/h・m²；A_f 为滤袋过滤面积，m²。

滤袋条数计算公式为：

$$n = \frac{A_f}{\pi DL} \tag{3-1-26}$$

式中，D 为单个滤袋直径，m；L 为单个滤袋长度，m。

滤袋直径一般取 $\phi120mm\sim\phi300mm$，滤袋长度一般取 $3\sim5m$，简易袋式除尘器推荐长径比为 $10\sim20$。为了便于清灰，滤袋可做成上口小下口大的形式。

（3）除尘器平面布置

① 滤袋的排列和间距。滤袋的排列有三角形排列和正方形排列，三角形排列占地面积小，但检修不便，对空气流通也不利，不常采用。正方形排列较常采用，为了方便安装和检修，一般将滤袋分为 6 列一组，每组之间留有 400mm 宽的检修道，边排滤袋和壳体间也留有 200mm 的检修道。袋式除尘器平面结构布置如图 3-1-6。

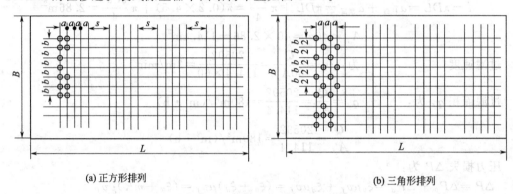

(a) 正方形排列　　　　　　　　　　(b) 三角形排列

图 3-1-6　袋式除尘器平面结构布置图

a、b—滤袋间的中心距；s—相邻两组通道宽度

② 气体分配室的确定。气体分配室的截面积为：

$$F=\frac{Q}{3600v} \tag{3-1-27}$$

③ 尘器总高度。除尘器总高度计算为：

$$H=L+h_1+h_2 \tag{3-1-28}$$

式中，H 为除尘室总高度，m；L 为滤袋层高度，m；h_1 为灰斗高度，m，一般需保证灰斗壁斜度不小于 $50°$；h_2 为灰斗粉尘出口距地坪高度，m，一般由粉尘输送设备的高度所确定。

当初含尘浓度达 $5g/m^3$，净化效率大于 99%，压力损失约为 $200\sim600Pa$。当压力损失接近 $1000Pa$，一般需要对滤袋清灰。

（4）滤袋的悬挂　滤袋都是采用将端头固定的办法安装的，一般安装完毕的布袋要呈垂直状态，用手压扁放开后可自然恢复成圆筒形。因此滤袋的端头要求有足够的抗拉和抗折强度。对于玻璃纤维滤袋的端头要进行处理。一般常用的方法是在滤袋端头做成双层或三层布，加层后使用效果较好。

3.1.2.6　机械振打袋式除尘器

采用机械运动装置周期性地振打滤袋，以清除滤袋上的粉尘的除尘器称为机械振动袋式除尘器或机械振打袋式除尘器。它是利用机械动力把悬挂在除尘器滤袋上的黏结尘块抖落进灰斗。因此能量传递效率低，机械振动袋式除尘器以小型除尘器为主，大型除尘器很少。

机械振打袋式除尘器主要由箱体、灰斗和振打机构等组成。除尘器的箱体由隔板分成若干个除尘室，每个除尘室内有数量相等的滤袋。滤袋下端开口，固定于各除尘室底板的短管上，以帽盖封闭的上端悬吊在振打机构的吊架上。在箱体的顶盖上装有阀箱及振打机构。含尘气体由进气口进入灰斗，或储灰箱通过花板孔或直接通过花板孔三种方式进入滤袋。含尘气体通过灰斗花板孔进入滤袋。含尘气体经滤袋过滤变为净气，进入箱体，再通过箱体上部排气口，由风机排走。粉尘积附在滤袋的内表面，且不断增加，使袋式除尘器的阻力不断上升。当阻力上升到 1200～1600Pa 时，需对滤袋进行清灰再生。清灰时，首选关闭顶上风机，启动振打电机，振打电机上偏心作用，带动连杆，使振打轴左右来回转动，滤袋就呈波纹状态，使粉尘掉下，卸出。待清灰完即停止振打，重新启动风机，使袋式除尘器重新开始工作。如图 3-1-7 所示。

UF 小型单机袋式除尘机组是内滤式机械振动除尘器。基本设计特点是，结构简单紧凑，安装容易，维护方便。主要用于各种库顶、仓顶及各种输送设备等排放和扬尘点除尘。在多机组合时，又可用于小型磨机，破碎机等连续工作线上的除尘设备。适用入口浓度 $10g/m^3$ 时，出口排放浓度小于 $50mg/m^3$。如有特殊用途，可用不锈钢或铝结构做成耐腐蚀耐温滤料的单机袋式除尘器。

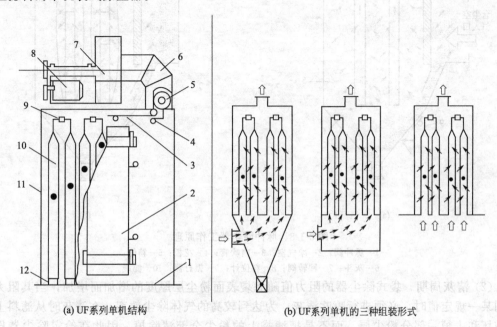

(a) UF系列单机结构　　　　　　(b) UF系列单机的三种组装形式

图 3-1-7　UF 系列单机袋式除尘器

1—下花孔板；2—检修门；3—摇动连杆；4—曲轴；5—摇动电机；6—出风管；
7—风机；8—风机电机；9—摇动轴；10—滤袋；11—箱体；12—滤袋套箍

3.1.2.7　脉冲袋式除尘器

脉冲袋式除尘器是一种周期性地向滤袋内或滤袋外喷吹压缩空气来达到清除滤袋上积尘的袋式除尘器。它是以压缩空气为清灰动力，利用脉冲喷吹机构在瞬间放出压缩空气，诱导数倍的二次空气高速射入滤袋，使滤袋急剧膨胀，依靠冲击振动和反吹气流而清灰的袋式除尘器。

脉冲袋式除尘器是一种高效除尘净化设备，它采用脉冲喷吹的清灰方式，具有处理能力大、清灰效果好、除尘效率高、滤袋使用期长特点，应用广泛。

(1) 工作原理　工作时含尘气体从箱体下部进入灰斗后，由于气流断面积突然扩大，流速降低，气流中一部分颗粒粗、密度大的尘粒在重力作用下，在灰斗内沉降下来；粒度细、密度小的尘粒进入滤袋室后，通过滤袋表面的惯性、碰撞、筛滤、拦截和静电等综合效应，使粉尘沉降在滤袋表面上并形成粉尘层。净化后的气体进入净气室由排气管经风机排出。待经过一定的过滤周期，进行脉冲喷吹清灰。每排滤袋上部都装有一根喷射管，喷射管上的喷射孔与每条滤袋相对应，经脉冲阀与压缩空气气包相连；高压空气以极高速度从喷射孔喷出，形成的诱导气流经文氏管进入滤袋，使滤袋急剧膨胀，引起冲击振动，同时产生瞬间反向气流，将附着在滤袋外表面上的粉尘吹扫下来，落入灰斗，并经排灰阀排出。各排滤袋依次轮流得到清灰。如图 3-1-8 所示。

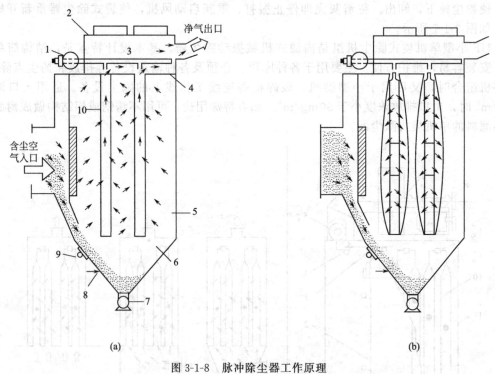

图 3-1-8　脉冲除尘器工作原理
1—脉冲阀；2—净气室；3—喷吹管；4—花板；5—箱体；
6—灰斗；7—回转阀；8—料位计；9—振打器；10—滤袋

　（2）清灰周期　袋式除尘器的阻力值随滤袋表面粉尘层厚度的增加而增加，当其阻力值达到某一规定值时，必须进行喷吹清灰。为达到较高的气体除尘效率，在清灰时从滤料上只是破坏和去掉一部分粉尘层，而不是把滤袋上的粉尘全部清除掉。因此在给定除尘器压降 Δp 下，清灰周期为：

$$t_p = \Delta p / \mu v_c - A / (B v_c - \rho v_0) \tag{3-1-29}$$

　　脉冲袋式除尘器的过滤清灰周期如图 3-1-9 所示：（a）为过滤初期，滤袋表面黏附的粉尘较少；（b）为过滤末期，滤袋表面黏附着一层较厚的粉尘，含尘气体由外向里通过滤袋，由于有钢丝框架支撑，滤袋呈多角形；（c）为喷吹清灰状态，气流由里向外反吹，将滤袋表面黏附的粉尘层吹落，此时滤袋呈圆形。

(a) 过滤初期　　　　　　(b) 过滤末期　　　　　(c) 喷吹清灰
图 3-1-9　脉冲袋式除尘器清灰周期示意图

（3）喷吹压力　喷吹压力是指脉冲清灰时压缩空气的压力，其大小直接影响着清灰效果。喷吹压力越大，喷吹到滤袋内和经文氏管诱导的空气量越多，所形成的反吹风速越大，清灰效果越好，除尘器的阻力明显下降。通常要求喷吹压力为 0.5～0.7MPa，若使用大气包，气压较稳定，此时喷吹压力可降为 0.4～0.5MPa。

（4）脉冲时间（喷吹时间）　脉冲时间是指每次喷吹时的时间，亦称脉冲宽度。一般来说，最初随着脉冲时间的增加，喷入滤袋内的压缩空气越多，清灰效果越好，且除尘器的阻力下降很快。而到达某一值时，阻力的下降却很少，对清灰效果的影响也不很明显，但压缩空气量却成倍增加。因此，脉冲时间不宜太长，一般在 0.1～0.25s，设计时可参照表 3-1-3。

表 3-1-3　喷吹压力与脉冲时间

喷吹压力/MPa	脉冲时间/s
0.7	0.1～0.12
0.6	0.15～0.17
0.5	0.17～0.25

（5）脉冲周期　在一定的喷吹压力下，脉冲周期主要取决于入口粉尘的浓度和过滤风速。脉冲周期的长短直接影响除尘器的压力损失、压缩空气用量以及动作部件的寿命。因此，在除尘器压力损失允许的条件下，延长脉冲周期，可以减少压缩空气量，还可以减少喷吹系统部件的磨损，延长滤袋的使用寿命。

当除尘器过滤风速小于 3m/min，入口含尘浓度为 5～10g/m³ 时，脉冲周期可取 60～120s；当含尘浓度小于 5g/m³ 时，脉冲周期可增至 180s；当除尘器过滤风速大于 3m/min，入口含尘浓度为 10g/m³ 时，则脉冲周期可取 30～60s。

（6）压缩空气消耗量　脉冲袋式除尘器的压缩空气消耗量主要取决于喷吹压力、脉冲周期、脉冲时间以及脉冲阀结构和除尘器的滤袋数等因素。压缩空气消耗量计算公式如下：

$$Q = a\frac{nq}{T} \tag{3-1-30}$$

式中，Q 为压缩空气消耗量，m³/min；n 为脉冲阀数量，个；T 为脉冲周期，min；q 为每个脉冲阀一次喷吹耗气量，m³/min；a 为附加系数，一般取 $a=1.2$。

每个脉冲阀一次喷吹耗气量随喷吹压力和脉冲时间的增加而增加。当喷吹压力为 0.5～0.7MPa，脉冲时间为 0.1～0.2s 时，一次喷吹的耗气量可取 0.01～0.034m³。

（7）设计注意事项

① 处理风量。在袋式除尘器的设计中，小型除尘器处理风量只有几 m³/h，大中型除尘器风量可达上百万 m³/h。所以确定处理风量是最重要因素。一般情况下袋式除尘器的尺寸与处理风量成正比。

为适应尘源变化，除尘器设计中需要在正常风量之上加若干备用风量，因此按最高风量设计袋式除尘器。如果袋式除尘器在超过规定的处理风量和过滤速度条件下运转，其压力损失将大幅度增加，滤布可能堵塞，除尘效率也要降低，甚至能成为其他故障频率急剧上升的原因。但是，如果备用风量过大，则会增加袋式除尘器的投资费用和运转费用。

② 气体温度。为防止结露，气体温度必须保持在露点以上，一般要高于 30℃ 以上。

③ 压力损失。除尘器的压力损失是指除尘器本身的压力损失。由于管道布置千差万别，压力损失所受影响较多。所以，一般标准规定的压力损失只限除尘装置本身的阻力。所谓本

身阻力指除尘器入口至出口在运行状态下的全压差。袋式除尘器的压力损失通常在 1000～2000Pa 之间。脉冲袋式除尘器压力损失通常小于 1500Pa。

④ 清灰压力。脉冲喷吹除尘器的清灰系统中清灰压力是设计的重要参数。一般来说，离线清灰的袋底压力应定在 1500～2500Pa。而在线清灰的袋底压力可按客服阻力的需要设计在 2500～3500Pa 之间。

3.1.2.8 反吹袋式除尘器

尽管脉冲喷吹袋式除尘器具有过滤风速高、可以"在线清灰"等优点，但是处理大烟气量时，仍有采用反吹风袋式除尘器。反吹风清灰袋式除尘器得到普遍应用主要原因如下。

① 反吹风清灰袋式除尘设备处理风量大。在大型袋式除尘器中，其采用直径 300mm，长 10～15m 的大型滤袋。过滤速度为 0.5～1.0m/min。综合比较来看，处理风量越大，其占地面积相对节省。

② 反吹风的机构简单、维护方便。该设备采用内滤式，粉尘均聚在滤袋内表面上，检查人员或换袋工人的劳动条件大为改善。反吹清灰袋式器采用分室结构，故可在不停机的情况下维修检查。除尘设备清灰机构简单，维修工作量及费用少。

(1) 工作原理　从集尘罩吸入的含尘气体由除尘器下部灰斗进入袋室，经过滤料过滤后的干净气体由除尘器上部排风管经风机和烟囱排入大气。经一定时间过滤后，设备阻力达到某一设定值便进行反吹清灰，使滤布"再生"。反吹袋式除尘器工作原理如图 3-1-10 所示。

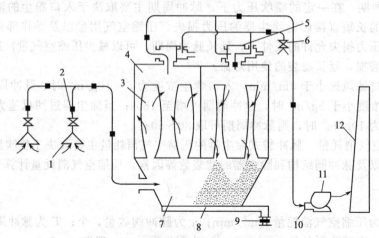

图 3-1-10　反吹袋式除尘器工作原理图

1—集尘罩；2—调风阀；3—滤袋；4—袋室；5—换向阀；6—调节阀；
7—灰斗；8—输灰机；9—卸灰阀；10—风机阀；11—风机；12—排气筒

反吹清灰是由于反向的清灰气流直接冲击粉尘层，同时气流方向发生改变，滤袋产生胀缩变形而使尘块脱落。反吹气流的大小直接影响清灰效果。反吹清灰方式如图 3-1-11 所示。

反吹风除尘器的主要特点如下。

① 反吹风袋式除尘器都是分室工作的，最少 4 室，多则 20 室。当超过 6 室时多为双排布置。

② 反吹风袋式除尘器清灰强度较低，清灰气流可以利用专门设置的反吹风机，也可以利用除尘器主风机形成的压差气流。

③ 反吹风袋式除尘器维护检修特别方便，检修人员进入滤袋室不仅可以更换滤袋，还可以检查滤袋的使用情况，从而确定换袋时间。

④ 反吹风袋式除尘器多采用薄型机织滤袋，价格低，费用少。

⑤ 反吹风袋式除尘器滤袋采用内滤方式，粉尘在滤袋内侧，工人更换滤袋时，劳动条

件较好。

⑥ 反吹风袋式除尘器过滤速度较低，体积较大。因滤袋长，占地面积不大。

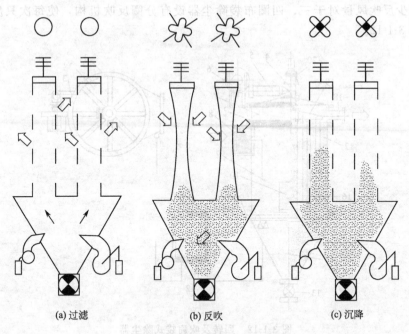

(a) 过滤　　　　　(b) 反吹　　　　　(c) 沉降

图 3-1-11　反吹清灰方式

(2) 气体反吹袋式除尘器的选型　反吹袋式除尘器的选型一般按除尘效率、除尘器阻力要求、需要的处理风量、粉尘性质等因素，先确定除尘器形式，然后直接按制造商产品资料进行选型。

(3) 反吹风量的计算　滤袋被清灰之前，其透气性变差，因此，要经一定的时间才将滤袋内气体抽净（或压出），滤袋即可变瘪，实现逆流清灰。在 t 时间内，把被清灰滤袋内的气体抽净（或压出），所需要的反吹风量的计算公式为：

$$Q_v = 3600KnV/t \qquad (3\text{-}1\text{-}31)$$

式中，Q_v 为反吹风量，m^3/h；n 为被清灰的某袋室滤袋数量；V 为每个滤袋的容积，m^3；K 为漏风系数，取 $1.2 \sim 1.3$；t 为缩袋清灰时间，s，一般取 $10 \sim 30s$。

3.1.2.9　扁袋式除尘器

将滤袋的横截面形状作成梯形或楔形的袋式除尘器称为扁袋式除尘器。这种除尘器与圆袋的除尘器相比，在滤布和单位面积上的过滤负荷相同的条件下，其占地面积小，结构紧凑，在单位体积内可以布置较多的过滤面积。如回转反吹扁袋式除尘器属低能清灰、外滤型袋式除尘器，其工作原理、过滤面积、过滤风速等性能参数说明如下。

(1) 工作原理

① 过滤工况。含尘气流由切向进入过滤室上部空间，由于入口为蜗壳型。大颗粒及凝聚尘粒在离心力作用下沿筒壁旋落灰斗。小颗粒尘弥散于过滤室袋间空隙从而被除尘滤袋阻留。黏附在滤袋外层，净化空气透过滤壁经花板上滤袋导口汇集于清洁室，由通风机吸出而排放于大气中。

② 再生工况。随着过滤工况的进行，阻留粉尘逐渐增厚因而滤袋阻力逐渐增加。当达到反吹风控制阻力上限时，根据需要可以手动开启反吹风机，也可由差压变送器发出信号自动启动反吹风机及反吹风旋臂传动机构进行反吹。具有足够动量的反吹风气流由旋臂喷口吹

入滤袋导口，阻挡过滤气流并改变袋内压力工况，引起滤袋实质性振击，抖落积尘。旋臂分圈逐个反吹。当滤袋阻力降到下限时，反吹风机构手动关闭或自动停止工作，为节约反吹风机动力，减少反吹风量对于三、四圈布袋除尘器设有分圈反吹机构，使每次只反吹一个滤袋。详见图 3-1-12。

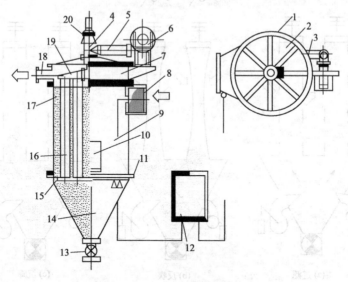

图 3-1-12　回转及吹扁袋式除尘器

1—除尘器上托；2—换袋检修门；3—反抽风管；4—减速器座；5—反吹风管；6—反吹风机；
7—清洁室；8—进气口；9—过滤室筒体；10—检修门；11—支座；12—自动控制电控柜；
13—星形卸料阀；14—灰斗；15—定位支承架；16—滤袋；17—滤袋框架；18—净气出口；
19—清灰反吹旋臂；20—回转臂传动减速器

（2）性能参数

① 过滤面积计算式。公式为：

$$F = \frac{Q}{W}(m^2) \tag{3-1-32}$$

式中，Q 为过滤处理风量，m^3/h；W 为过滤风速，m/min。

② 过滤风速的选定。当过滤温度高（80℃＜t＜120℃）、黏性大、浓度高、颗粒细的含尘气体，建议按低挡负荷运行，采用过滤风速 $W=1.0\sim1.5m/min$，选用 A 型除尘器。

当过滤常温（t≤80℃）、黏性小、浓度低、颗粒粗的含尘气体，建议按高挡负荷运行，采用过滤风速 $W=2.0\sim2.5m/min$，选用 B 型除尘器。

③ 工作阻力。常温工况空载运行阻力为 0.3～0.4kPa，负载运行阻力控制范围应与所选用的过滤风速相适应。对于低档运行工况选用工伤阻力 0.8～1.3kPa；对于高档运行工况，选用工作阻力 1.1～1.6kPa。

④ 过滤效率。对煤粉尘及电炉高温（冷却到120℃）超细金属氧化物粉尘，排放浓度远低于国家排放标准，可胜任超细粉尘的净化要求。

⑤ 入口温度和入口浓度。除尘布袋材料采用"208"工业涤纶绒布。根据其热力性能（耐温150℃）设计选用时，建议对稳定高温烟气入口温度不超过 120℃、对不稳定偶尔出现（时间一般不超过 5min）的高温烟气；在滤袋沾灰条件下，入口温度允许放宽至 150℃。

入口浓度并不影响过滤效率，但浓度过高使滤袋过载反吹风频繁动作，影响滤袋寿命。所以入口浓度不宜超过 15g/m³，当入口浓度超过上述规定时，应前置一级中效除尘器，预先除掉粗尘粒。

⑥ 滤袋寿命及防爆措施。正常使用寿命不小于 1 年。当使用在易爆气体场合，在除尘器中箱体及顶盖应设翻板式防爆门，顶盖与清洁室间必须增设斜销式紧固件，选用时应予以说明。

3.1.3　湿式除尘设备设计

湿式除尘器是利用液体（通常是水）与含尘气流接触，依靠液滴、液膜、气泡等形式洗涤气体的净化装置。在洗涤过程中，由于尘粒自身的惯性运动，使其与液滴、液膜、气泡发生碰撞、扩散、黏附作用。黏附后的尘粒相互凝聚，从而将尘粒与气体分离。

湿式除尘器具有以下优点：除尘效率比较高，可以有效地将直径为 $0.1 \sim 20 \mu m$ 的液态或固态粒子从气流中除去；结构简单，占地面积小，一次投资低，操作及维修方便；能处理高温、高湿或黏性大的含尘气体；除尘的同时兼有脱除气态污染物的作用；特别适用于生产工艺本身具有水处理装置的场合。

湿式除尘器具有以下缺点：排出的污水和泥浆造成二次污染，需要处理；水源不足的地方使用较为困难；也不适用于气体中含有疏水性粉尘或遇水后容易引起自燃和结垢的粉尘；含尘气体具有腐蚀性时，除尘器和污水处理设施需考虑防腐措施；在寒冷的地区，冬季需要考虑防冻措施；副产品回收代价大。

湿式除尘器的式样很多：①低能湿式除尘器，如空心喷淋塔、水膜除尘器等。主要用于治理废气；②高能湿式除尘器，如文丘里除尘器等，一般用于除尘。用于除尘方面的湿式除尘器主要有：喷淋塔式除尘器、文丘里洗涤除尘器、冲击水浴式除尘器和水膜除尘器。净化后的气体从除尘器排出时，一般都带有水滴。为了去除这部分水滴，在湿式除尘器之后，都附有脱水装置。

3.1.3.1　塔式洗涤除尘器

(1) 喷淋塔　喷淋塔是构造最简单的一种湿式除尘器，如图 3-1-13 所示。在逆流式喷淋塔中，含尘气流向上运动，喷嘴喷出的液滴向下运动。液滴通过惯性、拦截、扩散等效应将较大的尘粒捕集下来。如果气流速度较小，夹带了尘粒的液滴将在重力作用下落入塔底。为保证气流分布均匀，常采用多孔气流分布板。经水雾净化后的气流由塔上部排出，通常在塔的顶部安装脱水器（除雾器），以脱除那些很小的液滴。

喷淋塔的压力损失较低，一般为 $200 \sim 400 Pa$，塔内气流速度（按塔截面积计）可取 $0.6 \sim 1.2 m/s$。最佳液滴直径在 $1 mm$ 左右，液气比 L 取 $0.4 \sim 1.35 L/m^3$。液气比提高，除尘效率增加，洗涤液最好能循环使用，以利于增加液气比。

(2) 填料塔　填料塔是最常用的吸收塔之一。如图 3-1-14 所示，在除尘器中填充不同形式的填料，并将洗涤液喷洒在填料表面上，以覆盖在填料表面上形成液膜，捕集含尘气体中的粉尘。在填料塔中，填料的表面积很大，洗涤液将填料表面润湿，在填料中有液滴的捕尘作用，但主要是通过填料所形成的液网、液膜对尘粒进行捕集。它适用于易清洗、流动性好的粉尘，并有冷却气体和吸收气体中有害成分的作用。根据洗涤液与含尘气体相互接触时的流动方向的不同，可分为错流、顺流和逆流式填料塔。

填料塔所用填料的种类很多，常用的有拉西环、鞍形环、鲍尔环、泰勒环、陶瓷球、十字分隔环、勒辛环等，材质通常为陶瓷、塑料或金属 3 种。对气体污染物的吸收，需要单位体积填料的表面积愈大愈好。但对颗粒污染物的净化，除了具有较大的表面积，还要考虑防止填料的堵塞，这就要求填料有足够大的空腔。因此，形状简单、制作方便并有较高强度的拉西环、勒辛环可作为除尘用填料塔优先选用的填料。由于洗涤液具有冷却作用，填料塔适用于净化较高温度的烟气。

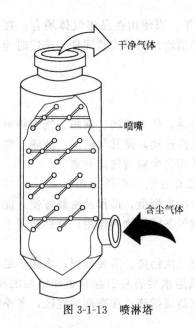

图 3-1-13 喷淋塔

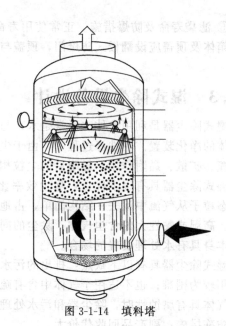

图 3-1-14 填料塔

（3）湍球塔 湍球塔是它将流化床的原理应用到气液传质设备中，使填料处于流化状态，因而使过程得到强化。湍球塔的特点是气速高、处理能力大、塔的重量轻、气液分布比较均匀，不易被固体及黏性物料堵塞。但由于球的湍动会在每段之内有一定程度的返混，故适用于塔板数不多的情况。

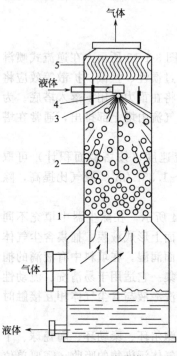

图 3-1-15 湍球塔
1—筛板；2—球形填料；3—筛板；
4—喷嘴；5—除沫器

湍球塔由栅板、轻质小球、除雾器、喷嘴等组成。塔内栅板上放置一定数量的小球。小球在一定气速下流态化，形成湍动旋转及相互碰撞，气体液体在小球流态化带动下处于高度的湍动状态，且接触表面不断更新，气、液、固三相湍动，因此能有效地把气体中的尘粒捕集下来。如图3-1-15所示。

湍球塔所用的球形填料材质使用较多的是高密度聚乙烯球和聚丙烯球，小球的相对密度一般选用在0.15～0.65之间，湍球塔的板间距应使小球的自由运动有足够的高度，而不使其撞击顶部栅板，板间距一般选用 1000～1500mm 范围内。为保持塔内湍动状态，气速应大于临界气速，一般选用 1.8～2.5m/s，喷淋密度一般可取 30～40m³/（m²·h）。湍球塔除尘效率较高，一般对于粒径为 $2\mu m$ 细尘的除尘效率可达99%以上。

（4）泡沫塔 泡沫塔又称筛板塔，在塔内装有筛板和挡水板。它是通过气液两相的充分接触而达到除尘的过程。

泡沫塔的工作原理是液体由塔上部喷入，含尘气体由下部进入除尘器，当含尘气体以较小速度通过筛板进入液层时，气体在孔眼处形成气泡，逐渐变大，等气泡本身浮力超过气泡下部与板间的附着力时，便离开孔眼上升，以一个个不连续的气泡通过液层。气泡到达液层表面时，由于液体表面张力的作用而逐渐积累增多，浮出液层表面形成由许多连在一起的气液组成的气泡层。气泡层的顶部拱形薄膜逐渐变薄而破裂释放出气体，并溅起细小的飞沫。于是在筛板上分为三个区域：最下面是鼓泡区，中间是运动的气泡区，上部是溅沫区。气体中的一部分粉尘在泡沫层中被除去，而另一部分粉尘则被筛板泄漏液所捕集的过程。如图 3-1-16 所示。

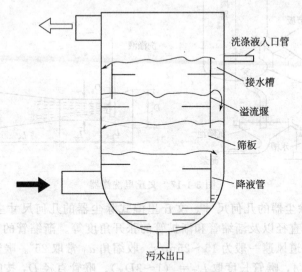

洗涤液入口管

接水槽

溢流堰

筛板

降液管

污水出口

图 3-1-16　泡沫除尘器

在运动的气泡区里，气泡为气液提供接触表面，且这些表面随气泡合并、破裂、再形成气泡。气体也在这一过程中产生激烈搅动，提供了使气体中夹带的尘粒碰撞粘附到液膜上的条件，达到洗涤分离气体中尘粒的效果。

表示泡沫层效果的主要指标是泡沫层的比高度 H，即泡沫层高度 H_p 与原液层高度 h_0 之比。为取得较好的去除效果，一般情况下，$H = 2 \sim 10\text{m}$，空塔速度 u 小于 2m/s，筛板间距 L 大于 500mm。但在多板泡沫除尘器中，筛板数虽增加，但每块板的板效率却递减；总除尘效率虽随筛板数的增加而增加，但增加数却不大。故在实际应用中常采用单板泡沫塔。

3.1.3.2　文丘里洗涤除尘器

文丘里洗涤器是一种高效湿式洗涤器，常用在高温烟气降温和除尘上。水在喉管处注入并被高速气流雾化，尘粒与液滴之间相互碰撞使尘粒沉降。

文丘里洗涤器一般包括文丘里管（简称文氏管）和脱水器两部分。文氏管由进气管、收缩管、喷嘴、喉管、扩散管、连接管组成。脱水器也叫除雾器，上端有排气管，用于排除净化后的气体；下端有排尘管接沉淀池，用于排除泥浆。

文丘里洗涤器的除尘包括雾化、凝聚和脱水三个过程，前两个过程在文氏管内进行，后一个过程在脱水器内进行。含尘气体由进气管进入收缩管，气速逐渐增加，在喉管处风速一般为 $50 \sim 180\text{m/s}$。从喉管加入的水被高速气流冲击雾化成细小雾滴，液气比一般为 0.7L/m^3 左右，在收缩管和喉管中气液两相之间的相对流速增大，从喷嘴喷出的水滴，在高速气流冲击下雾化，气体湿度达到饱和，尘粒表面附着的气膜被冲破，使尘粒被水湿润。尘粒和水滴、尘粒和尘粒之间发生激烈的凝聚，形成较大颗粒，在扩散管中，气流的速度减小，压力回升，以尘粒为凝聚核的作用加快，凝聚成较大的含尘水滴，更易被除去，并被脱水气捕集分离，使气体得以净化。如图 3-1-17 所示。

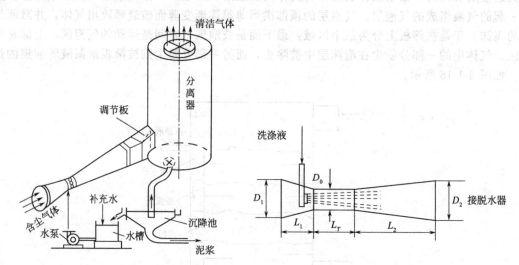

图 3-1-17　文丘里洗涤器

① 文丘里湿式除尘器的几何尺寸。文丘里湿式除尘器的几何尺寸主要包括渐缩管、喉管和渐扩管的长度、直径以及渐缩管和渐扩管的张开角度等。渐缩管的直径 D_1 按与之相连的管道直径确定，管道风速一般为 $15 \sim 25\text{m/s}$。收缩角 a_1 常取 $25°$。喉管面积与进气管截面积之比的典型值为 $1/4$，喉管长度取 $L_T = (1 \sim 3D_T)$。喉管直径 D_T 按喉管风速确定，喉管风速的选择要考虑到粉尘、气体和洗涤液的物理化学性质以及对湿式除尘器的效率和阻力的要求等因素。渐扩管的张开角一般取 $a_2 = 7°$。出口管的直径 D_2 按与其相连的除雾器要求的风速而定。由于渐扩管后面的直管道还具有凝聚和恢复压力的作用，一般设 $1 \sim 2\text{m}$ 的连接管，再接除雾器。渐缩管 L_1 和渐扩管 L_2 的长度由下式计算：

$$L_1 = \frac{D_1 - D_T}{2} \cot \frac{a_1}{2} \qquad (3-1-33)$$

$$L_2 = \frac{D_2 - D_T}{2} \cot \frac{a_2}{2} \qquad (3-1-34)$$

② 文氏管的压力损失。文氏管湿式除尘器压力损失包括文氏管压损和脱水器压损。压损为：

$$\Delta p = \rho_L v_T^2 \left(\frac{Q_L}{Q_0} \right) \qquad (3-1-35)$$

式中，ρ_L 为洗涤液密度，kg/m^3；v_T 为喉管风速，m/s。

若洗涤液为水，液气比为 0.7L/m^3，喉管风速 v_T 为 80m/s，则文氏管压损约为 4500Pa。

③ 文氏管的除尘效率。文氏管湿式除尘器的除尘效率除与喉管风速、液气比有很大关系外，还与喉管结构形式、喷雾方式、文氏管中粒子（雾滴和粉尘）的凝聚速率、后续的脱水器（又称除雾器）有关。文氏管湿式除尘器的文氏管中粒子（雾滴和粉尘）的凝聚速率和脱水器存在一定的不确定性，即喷雾形式和雾化效果不是已知的，不同的脱水器的脱除效率也有很大差异。因此，目前尚缺乏可靠的计算除尘效率的通用表达式，实际上文氏管湿式除尘器的除尘效率就是脱水器的除尘效率。

3.1.3.3　水膜除尘器

水膜除尘器是应用最多的湿式除尘设备，水膜除尘器的特点是利用除尘器内水膜与含尘气体的接触，完成含尘气体的净化过程。水膜除尘器与其他湿式除尘器相比结构简单，运行稳定，阻力较低，效率较高。

含尘气体进入水膜除尘器后经过气液作用后气体中的尘粒向液体转移，使气体得以净化。水膜除尘器以气流接触液膜为特点借助离心力来加强液滴与尘粒的碰撞作用。因此，尘粒与液滴的相对速度及喷淋密度是影响液滴捕集效率的重要因素。

(1) 立式水膜除尘器　立式水膜除尘器是依靠含尘气体切向进入时产生的离心力，使尘粒与在筒体内壁上所形成的水膜相接触，被水所黏附。其除尘效率与旋风除尘器一样，随气体进口速度增加和筒体直径减小而增大。含尘气体的进口速度一般取 13～22m/s。太高会使水膜破坏，压力损失也太高。由于只要尘粒受离心力甩到器壁，就会为水膜所黏附而被捕集，而且捕集的尘粒不会再飞扬，所以除尘效率比干式旋风除尘器要高得多。此外，除尘器的筒体高度对除尘效率也有影响，一般高度不小于筒体直径的 5 倍。

① CLS 型和 CLS/A 型立式水膜除尘器。立式水膜除尘器常用的有 CLS 型、CLS/A 型和干湿一体型除尘器（旋风水膜双级除尘器）等。其应用范围基本相同，仅是各部分的尺寸比例不同及喷嘴不一样。另外，CLS/A 型带有挡水圈，以减少除尘器的带水现象。

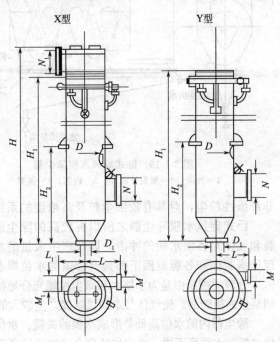

图 3-1-18　CLS/A 型立式水膜除尘器

立式水膜除尘器筒体内壁上应形成连续不断的均匀水膜，尽量避免气体或喷嘴溅起水滴而被气流带走。因此应选择适当的进口风速，喷嘴应保证供水沿切线方向喷入内壁，水压要恒定在 0.03～0.05MPa 之间。为保持水压稳定，可设置恒温水箱。喷嘴间距不宜过大，约 300～400mm。此外，圆筒内表面上也不应该有突出的焊缝或凹凸不平，以免水滴飞溅。立式水膜除尘器进口的最高允许含尘量为 2g/m³，否则应在其前增加一级除尘器，以降低进口含尘浓度。立式水膜除尘器的结构如图 3-1-18 所示。

② 干湿一体除尘器。干湿一体除尘器是将旋风除尘器内筒作为水膜除尘器的筒体，使旋风与水膜两种除尘作用有效地结合在一起，使含尘气体在一个除尘装置中得到二次净化，以提高除尘效率。其除尘效率一般为 95% 左右，对疏水性粉尘，如石墨、炭黑等为 93%。含尘气体从入口进入装置内，先经一级旋风除尘器除尘，然后进入内筒（内壁有流动的水膜），再进行二次离心水膜除尘。

由于增加了第一级干式除尘，所以进口允许最高含尘浓度可以高些，达 4g/m³。进口速度以 18～20m/s 为好，要求的水压为 0.1MPa，耗水量为 0.07～0.3L/m³，压力损失为 650～950Pa。

(2) 卧式旋风水膜除尘器　卧式旋风水膜除尘器的结构见图 3-1-19。它具有横置筒形的外壳和横断面为倒梨形的内芯，在外壳和内芯之间有螺旋导流片，筒体的下部接灰浆斗。

含尘气体由一端沿切线方向进入除尘器，并在外壳、内芯间沿螺旋导流片作螺旋状流动前进，最后从另一端排出。每当含尘气体经一个螺旋圈下适宜的水面时，沿着气流方向把水推向外壳外壁上，使该螺旋圈形成水膜。当含尘气体经各螺旋圈后，除尘器各螺旋圈也就形成了连续的水膜。

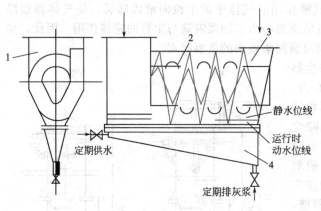

图 3-1-19　卧式旋风水膜除尘器
1—外壳；2—螺旋导流片；3—内芯；4—灰浆斗

卧式旋风水膜除尘器的除尘原理是当含尘气体呈螺旋状前进时，借离心力的作用使位移到外壳的尘粒被水膜黏附。另外，气体每次冲击水面时，也有清洗除尘作用，较细的尘粒为气体多次冲击水面而产生的水滴与泡沫所黏附和凝集而被捕集，或沉入水面，或为离心力甩向器壁后又被水膜除去。因此，卧式旋风水膜除尘器不仅能除去 $10\mu m$ 以上的尘粒，而且能捕集更细小的尘粒，因而具有较高的除尘效率。卧式水膜除尘器适用于非黏固性及非纤维性粉尘，对具有较细尘粒及高浓度的系统也适用，常用于常温和非腐蚀性的场合。

卧式旋风水膜除尘器之所以有较高的除尘效率，是在于各螺旋圈外壳内壁形成完整的水膜和气体对各圈水面的冲击，以及产生大量的水滴与泡沫。为了达到上面的条件，要求有合理的横断面和各螺旋圈下都具有合适的水位即有合适的通道速度。

合理的横断面是为了使水和微尘能充分地接触。因此，断面下部的水击部分应为上大下小倒梨形的横断面，使气体与水面接触能产生较大的离心力，从而对水面产生较大的水击现象。

除尘器内的水位高低是形成水膜的关键。水位过高，水膜厚且强烈，致使压力损失过大；水位过低，水膜形不成。当水位达到合适的通道高度时，即得到了合适的平均通道气速，此时形成了完整的水膜，以水膜形式排出，水量同连续供水量相等，水位在通道高度处保持不变。

（3）麻石水膜除尘器　麻石水膜除尘器有两种形式：普通麻石水膜除尘器和文丘里麻石水膜除尘器。普通麻石水膜除尘器是一种圆筒形的离心式旋风除尘器；文丘里管麻石水膜除尘器是在普通的麻石水膜除尘器前增设文丘里管，含尘气流通过进口烟道进入文丘里管，在喉部的入口被水均匀地喷入，呈雾状充满整个喉部，烟气中的尘粒被吸附在水珠上，并凝聚成大颗粒水滴，随烟气进入除尘器筒体进行分离，水滴和尘粒在离心力作用下被甩到筒壁，随水膜流入筒底，再从排水口排出。

① 普通麻石水膜除尘器。普通麻石水膜除尘器是含尘气体从圆筒下部进口沿切线方向以很高的速度进入筒体，沿筒壁呈螺旋式上升，含尘气体中的尘粒在离心力作用下被甩到筒壁，在自上而下筒内壁产生的水膜润湿捕获后随水膜经锥体灰斗、水封锁气器排入灰水沟，净化后的气体经风机排入大气。如图 3-1-20 所示。

麻石水膜除尘器对降低烟气中的硫也有一定的

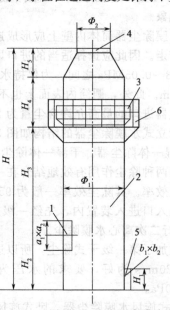

图 3-1-20　麻石水膜除尘器
1—烟气进口；2—筒体；3—溢水槽；4—烟气出口；5—溢灰口；6—钢平台

效果，烟气中含硫或其他有害气体，向麻石水膜除尘器中添加碱性废水作为补充水，或加入适量的碱性物质，脱硫率将有所提高。

② 文丘里麻石水膜除尘器。文丘里麻石水膜除尘器是烟气进入筒体之前通过文丘里管，在喉管入口处于喷入的压力水雾充分混合接触，烟气中的尘粒凝聚成大颗粒，随烟气进入除尘器筒体下部切向或蜗向引入筒体，呈螺旋式上升，灰粒在离心力的作用下，被筒体内壁自上而下流动的水膜吸附，与烟气分离随水膜送到底部灰斗，从排灰口排出，达到除尘的目的。如图 3-1-21 所示。

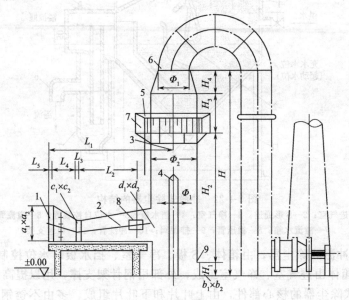

图 3-1-21　文丘里麻石水膜除尘器
1—烟气进口；2—文丘里管；3—捕滴器；4—立芯柱；5—环形供水管；
6—烟气出口；7—钢平台；8—人孔门；9—溢灰门

3.1.3.4　冲激式除尘器

(1) 工作原理　冲激式除尘器的结构如图 3-1-22 所示。当机组通电后，除尘器自行充水，至启动水位（与上叶片下沿平齐，即图中虚线位置）后风机就自动启动。含尘气体由进风口进入后转弯向下冲击水面，由于断面扩大较大，尘粒便靠重力作用掉入水中被水捕集。未被除去的细小尘粒随着气体携带冲击卷起的大量水滴进入两叶片间的"S"形通道，气水充分接触，尘粒为水滴黏附。经"S"形通道时，由于气体突然转向，形成离心力，将为水滴所黏附的尘粒甩至外壁，并顺壁流下，从而使细小尘粒被水捕获，气体得到净化。气体流出"S"形通道后进入净气分雾室，由于重力的作用，水滴以及部分为水黏附的细小尘粒返回水中，净化气体向上流动，经过挡水板再次除去细小水滴后又排气口排出。被捕集的尘粒靠自重沉降于器底，通过排泥浆装置排出器外。

"S"形通道的结构和尺寸对除尘器的除尘效率和压力损失起关键性作用。通过"S"形通道的气体速度在 18～35m/s 时，均可获得 99% 以上的除尘效率。

为了把水雾有效地从气体中除去，进口气体速度一般不大于 18m/s。进口水沿离水面距离愈大愈好，一般不小于 0.5～1m；净气分雾室应有足够的空间，气体上升速度一般不大于 2.7m/s。此外，为防止排气带水，净气分雾室设有挡水板，挡水板的断面气速不大于 2.5m/s，挡水板下沿距水面高度不小于 0.5m。

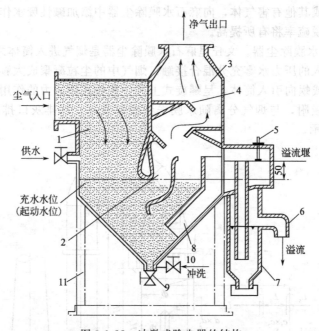

图 3-1-22　冲激式除尘器的结构

1—进气室；2—S形通道；3—净气室；4—挡水板；5—水位自控装置；6—溢流管；
7—溢流水箱；8—稳压管；9—排泥阀；10—冲洗管；11—机组支架

（2）结构　冲激式除尘器，由箱体、S板、净气室、挡水板、水位控制装置、供水阀、排水阀等组成。箱体由进气室、净气室组成，外部用钢骨架支撑，用以提高箱体刚度。

S板是冲激式除尘器的核心部件，由上叶片和下叶片组成，多由不锈钢制作；S板安装时必须水平，间距准确，连接密封。

水位自控装置是核心控制装置，由机电元件组合而成。

挡水板多由钢板制作，分为锯齿式和百叶式；百叶式挡水板间距过密，防止尘泥堵塞。

通风机可直接座在除尘器箱体上，也可以分装在其他适宜部位；必须强调 10 号以上通风机应与机体分装。

（3）设计计算

① 叶片长度。冲激式除尘器的叶片是由上叶片、下叶片和端板组成，单位长度叶片的处理能力为 5000～7000m³/（h·m）。当叶片需要防腐时，其叶片材质应采用不锈钢板。当冲激式除尘器用于锅炉消烟除尘和脱硫时，因有除尘设备折算阻力不超过 1200Pa 的要求，单位叶片处理风量不宜大于 5000m³/（h·m）。

$$L_d = \frac{Q_v}{q} \tag{3-1-36}$$

式中，L_d 为 S 板长度，m；Q_v 为处理风量，m³/h；q 为 S 板处理能力，m³/（h·m）；一般 q 为 5000～7000m³/（h·m）。

② 溢流箱的水封高度。溢流箱的水封高度，是按机组分雾室内负压不大于 4kPa 或正压不大于 1.5kPa 的原则设计的；非此使用条件，需另行设计溢流箱。

除尘器分雾室内负压大于 16kPa（CCJ/A-5 型为大于 13kPa）时，需另行设计除尘器的漏斗，按实需增加漏斗水封高度。

③ 设备阻力。水位的高低对设备阻力及除尘效率都有直接影响。水位增高，阻力与效率都随之提高，但水位过高时，效率提高不显著，而阻力提高较大；水位过低时，虽阻力减

小但效率有显著降低。因此冲激式除尘设备阻力一般在 1000～1800Pa，溢流堰高出上叶片下沿 50mm 为最佳。

（4）设计实例　实例如下。

［例 3-3］ 某烧结厂 75m² 烧结机机尾返矿除尘工程，按冲激式除尘器组织设备设计。

原始参数：处理量 6000m³/h；烟气温度低于 70℃；烟气湿度为准饱和状态；烟尘浓度低于 25g/m³；烟气干密度 1.293kg/m³。

烟尘成分（%）如表 3-1-4 中所列。

表 3-1-4　烟尘成分　　　　　　　　　　　　　　　　　　单位:%

烟尘成分	百分比	烟尘成分	百分比	烟尘成分	百分比
TFe	50.12	FeO	13.75	Fe₂O₃	56.40
SiO₂	11.40	CaO	6.69	MgO	2.59
S	0.115	C	5.50	烧失量	7.86

烟气成分（%）如表 3-1-5 中所列。

表 3-1-5　烟气成分　　　　　　　　　　　　　　　　　　单位:%

烟气成分	百分比	烟气成分	百分比	烟气成分	百分比	烟气成分	百分比
CO₂	0.850	O₂	20.70	CO	0.20	N₂	78.60

［解］ 选型计算情况如下所列。

① 工况烟气量。烟气流量按饱和状态计算：

$$Q_{vt} = Q_{v0} \frac{273+t}{273} \times \frac{0.804+\rho_d}{0.804}$$

$$= 6000 \times (273+70)/273 \times (0.804+0.361)/0.804$$

$$= 10923.27 \text{m}^3/\text{h}$$

烟气流量按半饱和状态计算：

$$Q_{vtb} = Q_{v0} \frac{273+t}{273} \times \frac{0.804+\rho_d}{0.804}$$

$$= 6000 \times (273+70)/273 \times (0.804+0.200)/0.804$$

$$= 9413.70 \text{m}^3/\text{h}$$

② S 板长度。按经验值取 S 板比风量 $q = 7000$m³/（h·m），S 板总长度按最不利的状态计算：

$$L_d = \frac{Q_v}{q} = \frac{109370}{7000} = 15.62 \text{m}$$

按单通道组合排列，S 板单件长度 15.62/2＝7.81m，设计长度取 7.5m。

③ 设备阻力：1600Pa。

④ 设计定型尺寸如下。

长度为 7500mm；宽度为 2600mm；高度为 5200mm。

⑤ 设备质量：6300kg。

⑥ 通风机选型如下。

型号：Y4-73-12 No16D。风量：123000m³/h。全压：2178Pa。

轴功率：80.5kW。　　　　空气效率：92.5%。　　电动机型号：Y315M2-6。

功率：110kW。　　　　　转速：960r/min。

3.1.4　电除尘设备设计

电除尘器是含尘气体在通过高压电场电离，尘粒荷电在电场力作用下，尘粒沉积于电极上，从而使尘粒与含尘气体分离的一种除尘设备。它能有效地回收气体中的粉尘，以净化气体。使用条件合适，其除尘效率可达99%甚至更高。目前在化工、发电、水泥、冶金、造纸和电子等工业部门已得到广泛应用。

静电除尘的基本原理包括电晕放电、尘粒的荷电、荷电尘粒的迁移和捕集、粉尘的清除等基本过程。

3.1.4.1　电除尘器的分类

电除尘器种类繁多，按气体流向可分为立式电除尘器和卧式电除尘器；按沉尘极的形式分为管式电除尘器和板式电除尘器；按清灰方式分为干式电除尘器、湿式电除尘器和电除雾器；按电极配置位置分为单区式电除尘器和双区式电除尘器。

(1) 按气体流向　立式电除尘器是气体在电除尘器内，从下往上垂直流动。它占地面积小，但高度较大，维护和检修不方便，气体分布不易均匀，对捕集粒径细的粉尘容易产生再飞扬。气体出口可设在顶部。通常规格较小，处理气量少，适宜在粉尘性质易被静电捕集的情况下使用。

卧式电除尘器是气体在电除尘器内沿水平方向流动，可按生产需要适当增加或减少电场数目。其特点是可实现分电场供电，避免各电场间相互干扰，以利于提高除尘效率；便于分别回收不同成分、不同粒径的粉尘，达到分类富集的作用；容易做到气体沿电场断面均匀分布；由于粉尘下落方向与气体运动方向垂直，粉尘二次飞扬比立式电除尘器少；设备高度较低，安装、维护方便；适宜于负压操作，对风机使用寿命和劳动条件十分有利。但卧式电除尘器的占地面积较大，基建投资费用较高。

(2) 按沉尘极结构形式　管式电除尘器的沉尘极为圆管、蜂窝管、多段喇叭管和扁管等。电晕极线装在管的中心位置，电晕极与沉尘极间距（异极间距）相等，电场强度变化较均匀，它具有较高电场强度，但清灰较困难。除硫磺、黄磷等特殊情况外，一般用于湿式电除尘器或电除雾器。

板式电除尘器的沉尘极由平板按设定规律排列组成。为减少被捕集到的粉尘再飞扬和增强极板刚度，一般做成网、棒帷、管帷、袋式、鱼鳞、槽形、波形、"Z"形和"S"形等形式。

(3) 按清灰方式　干式电除尘器收下来的粉尘呈干燥状态。操作温度一般要求高于处理气体露点20~30℃，使用温度可达350~450℃。通常采用机械、电磁、压缩空气等振打装置清灰。常用于收集经济价值较高的粉尘。

湿式电除尘器收下来的粉尘为泥浆状。操作温度较低，对于一般含尘气体都需进行降温处理，在温度降至300℃，再进入电除尘器。设备需采取防腐蚀措施。通常采用连续供水清洗沉尘极，定期供水清洗电晕极。这样，一方面可降低粉尘比电阻，使除尘容易进行；另一方面因无粉尘再飞扬，所以除尘效率很高。因此，湿式电除尘器适用于气体净化或收集无经济价值的粉尘。

电除雾器是将气体中的酸雾、焦油液滴等以液体状除去。采用定期供水或蒸汽清洗沉尘极和电晕极，操作温度低于50℃，电极等钢构件必须采取防腐措施。

(4) 按电极配置位置　单区式电除尘器的气体含尘尘粒荷电和积尘在同一区域进行，电晕极系统和沉尘极系统都装在这个区域内。在工业生产中已被普遍采用。

双区式电除尘器的气体含尘尘粒荷电和积尘在结构不同的两个区域进行，前一区域装电晕极系统以产生带电离子，后一区域装沉尘极系统以捕集粉尘。其供电电压较低，结构简单。但尘粒若在前区未能荷电，到后区就无法捕集而被逸出电除尘器。

3.1.4.2　电除尘器的性能参数

（1）驱进速度　根据流体阻力理论，在强电场中，荷电颗粒所受作用力主要是静电力（库仑力）和气流阻力。对于斯托克斯区的颗粒，颗粒所受静电力和气流阻力达到平衡时，颗粒便达到终末沉降速度，一般称为颗粒的驱进速度。驱进速度的计算公式为：

$$\omega = \frac{qE}{3\pi\mu d_p}k \tag{3-1-37}$$

式中，ω 为颗粒的驱进速度，m/s；q 为颗粒的荷电量，C；E 为颗粒所处位置的电场强度，V/m；μ 为烟气黏度，g/（cm·s）；d_p 为尘粒粒径，cm。

驱进速度越大，说明该种尘粒越容易被静电除尘。它与电场的结构、烟气的物理性质及静电除尘器的操作因素、运行工况等有关。

（2）捕集效率　捕集效率与集尘板面积、气体流量和粉尘驱进速度有关，捕集效率的计算公式为：

$$\eta = 1 - e^{-\frac{A\omega}{Q}} = 1 - \exp\left(-\frac{A}{Q}\omega_p\right) \tag{3-1-38}$$

式中，A 为集尘极面积，m²；Q 为气流量，m³/s；ω 为粉尘粒子的驱进速度。

（3）比集尘面积　静电除尘器集尘板总面积与处理风量之比，称为比集尘面积。即：

$$f = \frac{A}{Q} \tag{3-1-39}$$

式中，f 为比集尘面积，即单位时间单位体积烟气所需的收尘面积，m²/（m³·s）。

比集尘面积是衡量电除尘器除尘能力的一个重要参数。该参数越高，说明电除尘器的除尘效率越高；相应地，一次投资也越高。随着环保的要求提高，人们对比集尘面积的要求也在提高。

3.1.4.3　电除尘器的选择计算

其中主要包括电场内烟气量、烟气温度、有效驱进速度、烟气流速，有效截面积，比集尘面积，电场数、电场长度、极配形式，同极间距、极线间距等。

（1）电场内烟气流速　在保证收尘效率的前提下，流速应大些，以便减小设备的尺寸，减少占地面积，节省投资，电场内烟气流速与处理的介质有关，电除尘器的电场风速推荐见表 3-1-6。

表 3-1-6　电除尘器的电场风速一览表

主要工业炉窑的电除尘器		电场风速/（m/s）
电场锅炉飞灰		0.7～0.4
纸浆和造纸工业锅炉黑液回收		0.9～1.8
钢铁工业	烧结机	1.2～1.5
	高炉煤气	0.8～1.3
	碱性氧气顶吹平炉	1.0～1.5
	焦炉	0.6～1.2

续表

主要工业炉窑的电除尘器		电场风速/(m/s)
水泥工业	湿法窑	0.9～1.2
	立波尔窑	0.8～1.0
	干法窑（增湿）	0.8～1.0
	干法窑（不增湿）	0.4～0.7
	烘干机	0.8～1.2
	磨机	0.7～0.9
硫酸雾		0.9～1.5
城市垃圾焚烧炉		1.1～1.4
有色金属炉		0.6

选择流速也与选择的板线形式有关。对无挡风槽的极板和重锤式吊挂的电晕线等，其烟速就不宜过大，主要是为了防止二次扬尘和阴极线的摆动。烟气流速与板线形式的关系见表3-1-7。

表 3-1-7　烟气流速与板线形式的关系

阳极形式	阴极形式	烟气流速（m/s）	阳极形式	阴极形式	烟气流速（m/s）
棒帏状、网状、板状	挂锤电机	0.4～0.8	袋式、鱼鳞状	框架式电极	1.0～2.0
槽形（C、Z、CS形）	框架式电极	0.8～1.5	湿式电除尘器、电除雾器	挂锤电极	0.6～1.0

烟气流速也决定了烟气在电场内停留时间，一般取颗粒在电场内有效停留时间为8～12s；停留时间也涉及到电场的长度和放置的位置，以及投资的多少。

（2）电除尘器的有效截面积　有效截面积的确定根据工况下的烟气量和选定的烟气流速，按下式计算：

$$S = \frac{Q_{vs}}{v} \tag{3-1-40}$$

式中，S 为电除尘器的有效截面积，m^2；Q_{vs} 为进入电除尘器的烟气量（应考虑设备的漏风率），m^3/s；v 为进入电除尘器的有效截面积上的烟气流速，m/s。

电除尘器的相关尺寸按下式计算：

$$S = H \cdot B \cdot n \tag{3-1-41}$$

式中，S 为电除尘器的有效截面积，m^2；H 为阴极高度，m；B 为同极间距，m；n 为通道数。

电除尘器的有效截面积的高宽比可取 1～1.3（按室计算）。高宽比大，则设备稳定性不好。气流分布不好；高宽比小时，占地面积大，灰斗高，材料消耗多，不够经济。

（3）电除尘器的有效驱进速度　驱进速度越大，说明该种尘粒越容易被静电除尘。它与电场的结构、烟气的物理性质及静电除尘器的操作因素、运行工况等有关。主要工业窑炉有效驱进速度见表3-1-8。

表 3-1-8　主要工业窑炉有效驱进速度

序号	粉尘种类	驱进速度/(m/s)
1	煤粉（飞灰）	0.10～0.14
2	纸浆及造纸	0.08
3	平炉	0.06
4	酸雾（H_2SO_4）	0.06～0.08
5	粉尘（TiO_2）	0.06～0.08
6	飘悬焙烧炉	0.08
7	催化粉尘	0.08
8	冲天炉（铁焦比=10）	0.03～0.04
9	水泥生产（干法）	0.06～0.07
10	水泥生产（湿法）	0.10～0.11
11	多层床式焙烧炉	0.08
12	红磷	0.03
13	石膏	0.16～0.20
14	二级高炉（80%生铁）	0.125

（4）电场数和电场长度的确定　卧式电除尘器采用多电场串联，在电场总长度相同的情况下，电场数量增加，每个电场的电晕线数量相应减少；因而，电晕线安装误差造成的影响减小，从而提高供电电压、电晕电流，保证除尘效率。电场数量增加，供电机组也相应增加，设备投资增高，因而每个电场长度和数量应适当，每个电场长度为 2.5～6.2m；电场长度 2.5～4.5m 的是短电场，电场长度 4.5～6.2m 的是长电场。长电场需要采用双侧振打，极板高的应采用高度方向的多点振打。电场总数可选用表 3-1-9。

表 3-1-9　电场总数 n 的选用表

ω	电场总数 n		
	$-\ln(1-\eta) < 4$	$-\ln(1-\eta) = 4\sim7$	$-\ln(1-\eta) > 7$
≤5	3	4	5
>5～9	2	3	4
>9～13	—	2	3

各电场长度之和为电场的总长度，每个电场长度的计算公式为：

$$L = \frac{S_A}{2ZnH} \qquad (3\text{-}1\text{-}42)$$

式中，L 为电场长度，m；S_A 为沉淀极板总收（除）尘面积，m^2；n 为通道数；Z 为电场数；H 为电除尘器的有效高度，m。

（5）电场的极距、线距、通道数　电场的极距：同极通道宽度称为极距。常规电除尘器的极距宽度为 250～350mm，极距宽为 300mm 的较为普遍；较宽的间距为 400～600mm，有的达到 1000mm。

在截面积相同的情况下，极距加宽，通道数减少，平均场强提高，极板的电流密度并不增加，对收集高电阻率的粉尘有利。且总收尘面积减少，节省钢材，减轻重量。

线距是指相邻电晕线间距离。

通道数的计算公式如下：

$$n=(S/H)/b \tag{3-1-43}$$

式中，n 为通道数；S 为电除尘器截面积，m^2，有效面积计算时，宽度按最边板间距离计算；H 为阴极线的高度，m；b 为极板间距，m。

（6）电场的极配形式　现大量采用 C 形极板，与 C 形极板相匹配的是芒刺线和星形线。

3.1.4.4　设计实例

[例 3-4] 某钢铁厂 $90m^2$ 烧结机尾气电除尘器的实验结果为：电除尘器进口含尘浓度 $C_1=26.8g/m^3$，出口含尘浓度 $C_2=0.133g/m^3$，进口烟气流量 $Q=44.4m^3/s$。该电除尘器采用 Z 形极板和星形电晕线，断面积 $F=40m^2$，集尘板的总面积 $A=1982m^2$（两个电场）。试参考以上数据设计另一新建 $130m^2$ 烧结机尾的电除尘器，要求除尘效率达到 99.8%，工艺设计给出的总烟气量为 $70.0m^3/s$。

[解]

① 根据实测数据，计算原电除尘器的除尘效率。假设除尘系统不漏风，则

$$\eta=\left(1-\frac{C_2}{C_1}\right)\times100\%=\left(1-\frac{0.133}{26.8}\right)\times100\%=99.5\%$$

② 根据实测数据和除尘效率，计算原电除尘器有效驱进速度。

根据 $\eta=1-\exp\left(-\frac{A}{Q}\omega_p\right)$，

$$0.995=1-\exp\left(-\frac{1982}{44.4}\omega_p\right)=1-\exp(44.6\omega_p)$$

则 $\omega_p=0.119\,(m/s)$

③ 计算原电除尘断面风速 u：

$$u=\frac{Q}{F}=\frac{44.4}{40}=1.11(m/s)$$

④ 计算新建电除尘器的集尘面积 A。将设计要求的除尘效率 99.8% 和计算得到的有效驱进速度 $\omega_p=0.119m/s$ 代入德意希方程式：

$$99.8\%=1-\exp\left(-\frac{A}{Q}\omega_p\right)=1-\exp\left(-\frac{A}{70}\times0.119\right)$$

则 $A=3654\,(m^2)$

⑤ 查电除尘器产品样本，若选取 SHWB 60，则集尘极总面积为 $3742m^2$，有效断面积为 $63.3m^2$，此时电场断面风速 $u=\frac{Q}{F}=\frac{70}{63.3}=1.11\,m/s$，与原除尘器一致。

[例 3-5] 某电厂建设 2 台 2×10^{10} W 机组，所配自然循环煤粉炉，锅炉型号为 HG670/140—10 型，额定蒸发量为 670t/h，锅炉最大耗煤量为 90.2650t/h，固态排渣。飞灰的主要化学成分参数见表 3-1-10，飞灰的粒径分布参数见表 3-1-11。飞灰的比电阻 150℃ 时

为 $1.68 \times 10^{13} \Omega \cdot cm$。

表 3-1-10　飞灰的主要化学成分

项目	SiO_2	Fe_2O_3	Al_2O_3	SO_3	CaO	MgO	K_2O	Na_2O	P_2O_5	TiO_2
%	49.0	1.5	37.5	0.16	3.57	0.5	6.64	6.64	0.19	1.00

表 3-1-11　飞灰的粒径分布

灰尘粒度/μm	<3	3～5	3～10	10～20	20～30	30～40	>40	中位粒径（μm)
%	18	15	26	22.5	8.5	4.2	5.8	7.9

除尘器的主要设计参数见表 3-1-12。

表 3-1-12　除尘器的主要设计参数

项目	参数
最大烟气量	$1300000 m^3/h$
烟气最高温度	141.5℃
烟气最大含尘量	$13.5 g/m^3$
烟气露点温度	80℃
烟气压力	3920Pa
锅炉配电除尘器台数	2 台
设计电场风速	0.90m/s
电除尘器通流截面积（F')	$200.64 m^2$
同极距	400mm
电场个数	4 个
电场内通道数	48 mm

[解] 电除尘器结构参数的计算过程如下。

① 除尘效率（η)。除尘效率可以根据电除尘器进口烟气浓度和出口浓度来确定，根据《火电厂大气污染物排放标准》（GB 13223—2011）的规定，额定蒸发量为 670t/h 以上的锅炉，出口排放浓度标准状况下为 $30 mg/m^3$ 来确定。标准状况下烟气的含尘浓度为：

$$C_o = C \times (PT/P_N T_N) = 13.5 \times [(273+141.5)/273] \times [101.325/(100.4-3.92)]$$
$$= 21.5 g/m^3$$

所以：

$$\eta = (C_o - C_e)/C_o = (21.5 - 0.03)/21.5 = 99.86\%$$

② 有效驱进速度的确定。对于电厂锅炉，虽然影响驱进速度的因素很多，但实际上煤的含硫量和粉尘粒径分布是影响驱进速度的主要因素。根据经验，一般当含硫量小于 0.5%，同极距为 300mm，有效驱进速度为 6.25cm/s。经过比较分析，采用 400mm 的同极距，并考虑经济性，认为本厂的电除尘器采用 6.5cm/s 比较合理。

③ 集尘极面积（A）。根据德意希公式计算集尘极板面积为：

$A = Q/\omega p \times \ln 1/(1-\eta) = 650000/(3600 \times 0.065) \times \ln 1/(1-0.9986) = 18254$ （m^2）

在选择电除尘器的实际极板面积时，要考虑各种参数的准确性和电除尘器的结构等方面的影响，根据《火力发电厂设计技术规程》（DL/T 5000—2000），应将极板面积适当增加一些余量，其余量宜为10%。则集尘极板的有效面积为：

$$A_o = A \times (1 + 10\%) = 18254 \times 1.1 = 20079 (m^2)$$

④ 比集尘面积（f）。公式为：

$$f = A_o/Q = 20079/(650000/3600) = 111 (m^2)$$

⑤ 电场高度（h）。公式为：

$$h = \sqrt{\frac{F'}{2}} = \sqrt{\frac{200.64}{2}} = 10.01 (m)$$

取 $h = 11m$。

⑥ 每个电场有效长度（l）。公式为：

$$l = A/(2hZn) = 20079/(2 \times 11 \times 48 \times 4) = 4.75 (m)$$

根据所选的阳极板来看，板宽480mm，根据上式计算的 l，每电场长度方向需要的阳极板数为：

$$n_1 = l/480 = 4750/480 = 9.8 (块)$$

故需要的板的块数为10块，则电场的有效长度为：

$$l = 480 \times 10 = 4800 (mm)$$

⑦ 除尘器断面风速（u）。公式如下。

设收尘极板宽度为40mm，通道宽度为 $2b$，则除尘器断面风速为：

$$u = Q/(2bhn) = 650000/3600(2 \times 0.4 \times 11 \times 48) = 0.427 (m/s)$$

⑧ 粉尘在电场内的停留时间（t）。公式为：

$$t = l/u = 4.8/0.427 = 11.24 (s)$$

根据计算结果确定型号，电除尘器的选型结果见表3-1-13。

表 3-1-13 电除尘器的选型结果

序号	名称	单位	数值	序号	名称	单位	数值
1	型号	GP200—4		7	除尘效率	%	99.86
2	数量	个	2	8	有效驱进速度	cm/s	6.5
3	处理烟气量	m^3/h	650000	9	收尘极面积	m^2	20079
4	烟气温度	℃	141.5	10	比集尘面积	$m^2/(m^3/s)$	111
5	电场风速	m/s	0.90	11	电场个数	个	3
6	截面积	m^2	200.64	12	电场长度	m	4800

[例 3-6] 设计一电除尘器用来处理烧结厂原料仓产生的石膏粉尘。若处理量为129600 m^3/h，入口含尘浓度为 $3 \times 10^{-2} kg/m^3$，要求出口含尘浓度降至 $1.5 \times 10^{-4} kg/m^3$。试计算该除尘器所需极板面积、电场断面积、通道数和电场长度。

[解]

① 查表3-1-8，选烧结机产生的粉尘在电除尘器中的有效驱进速度为0.115m/s。

② 计算处理理风量：

$$Q = \frac{129600}{3600} = 36(\text{m/s})$$

③ 计算拟设计电除尘器的除尘效率（假设系统不漏风）：

$$\eta = \left(1 - \frac{C_2}{C_1}\right) \times 100\% = \left(1 - \frac{1.5 \times 10^{-4}}{3 \times 10^{-2}}\right) \times 100\% = 99.5\%$$

④ 根据德意希方程计算集尘极断面面积 A：

$$A = \frac{Q}{\omega p} \ln\left(\frac{1}{1-\eta}\right) = \frac{36}{0.115} \ln\left(\frac{1}{1-0.995}\right) = 1659(\text{m}^2)$$

⑤ 取电场风速 $u = 1.0\text{m/s}$，则电场断面积为：

$$F = \frac{Q}{u} = \frac{36}{1.0} = 36(\text{m}^2)$$

⑥ 设板间距为 300mm，高为 4m，则通道数为：

$$n = \frac{F}{2BH} = \frac{36}{0.3 \times 4 \times 2} = 15(\text{个})$$

⑦ 计算电场长度：

$$L = \frac{A}{2Hn} = \frac{1659}{2 \times 4 \times 15} = 13.83(\text{m})$$

⑧ 若电场高度取 4m，则电场宽度为 $\frac{36}{4} = 9\text{m}$；取极间距为 300mm，则通道数为 $\frac{9000}{300} = 30$ 个。

3.1.5　颗粒层除尘设备设计

颗粒滤料除尘器是利用颗粒滤料使粉尘与气体分离，达到净化气体的目的，是继湿式袋式和静电式除尘器之后又一种高效除尘设备。在除尘过程中，气体中的粉尘粒子主要是在惯性碰撞、拦截、扩散、重力沉降和静电力等多种作用下被捕集而分离出来，但它对极细粉尘的除尘效率不如袋式除尘器，而且由于颗粒层容量有限，不适用于进口气体含尘浓度太大的场合。

颗粒滤料除尘器的滤料层有水平和垂直两种布置形式，分别称颗粒层除尘器和颗粒床除尘器。颗粒层清灰时颗粒滤料呈现浮动状态的颗粒层除尘器又叫做沸腾颗粒层除尘器。

颗粒层除尘器具有以下优点。

① 除尘效率高。一般为 98%～99.9%，只要设计和操作正常，一般不难达到 99%，可与布袋式除尘器相媲美。

② 适应性广。可以捕集大部分物性粉尘，适当的滤料还可对有害气体 SO_2 等进行吸收，兼起净化有害气体的作用。

③ 比电阻对其除尘效率影响甚微，处理粉尘气量、气体温度和入口浓度等参数的波动对效率的影响，不像其他除尘设备那么敏感。

④ 可耐高温，选择适当的滤料，工作温度可达 400～500℃，甚至 800℃ 以上。且颗粒状滤料耐久、耐腐蚀、耐磨损。

⑤ 颗粒滤料除尘器均为干式作业，不需用水，不存在二次污染。设备运行阻力中等，运行费也不算高。

颗粒层除尘器具有以下缺点。

① 微细粉尘的除尘效率不太高。

② 由于过滤风速不能太高，故设备较庞大，占地面积大；近年来采用多层结构可以大大减少占地面积。

③ 入口含尘浓度不能太高，否则会造成过于频繁的清灰。

（1）收尘机理　颗粒层除尘器的收尘机理在于圆筒状颗粒床的综合筛滤效应，包括惯性碰撞、直接拦截、扩散以及重力沉降、静电吸引等联合作用。颗粒层过滤机理与纤维滤料相近。

① 惯性碰撞作用。惯性碰撞作用是在集尘气体流经颗粒层中弯曲通道时，利用粉尘惯性较大，容易撞在颗粒上失去动能而被截留。流速越大，惯性碰撞作用越明显。但气流速度大了，冲刷力也强，细小的粉尘可能被冲刷带出颗粒层。当气流速度很低时，粉尘也能借助重力作用而沉积在颗粒层内。由于颗粒层比织物滤料的厚度大得多，接触凝聚更为充分。但袋滤中纤维绒毛的截留作用，在颗粒层中一般是没有的。

② 筛滤作用。筛滤作用是颗粒层相当于一个微孔筛子，粉尘通过细小弯曲的孔隙而被截留，当粉尘愈粗，颗粒愈细时，筛滤作用也就愈显著。

③ 扩散作用。含尘气流中更细小的微尘粒，虽远离颗粒料，但在布朗运动的扩散作用下，也会有撞到滤料颗粒上的可能，这种现象称为扩散效应。

④ 重力沉降作用，静电吸引作用。倘若含尘气流中，尘粒受到外力作用时，例如尘粒重力作用和静电力作用，那么尘粒在颗粒床中便会产生沉降作用和静电吸引作用，形成重力沉降效应和静电效应。

由此可见，颗粒床颗粒料捕集气流中的粉尘是多种效应的综合。当尘粒很小时，颗粒床捕集粉尘是以扩散效应为主；当尘粒直径较大时或含尘气流流速（即过滤风速）较高时，捕集粉尘是惯性效应突出；筛滤则介于扩散效应和惯性碰撞效应之间；重力沉降效应则在大粒径低流速下有较大作用；倘若不存在外加电场时，则静电效应也不会太大。

（2）滤料的选择　颗粒层除尘器滤料的选择包括滤料材质、大小、级配、厚度等，是提高收尘效率的关键之一。

① 滤料选择。滤料材质一般要求耐磨、耐腐蚀、耐高温，而且还要求价格低廉、来源充足。一般选择含二氧化硅 99% 以上的石英砂作为颗粒料，也可使用无烟煤、矿渣、焦炭、河砂、卵石、金属屑，陶粒、玻璃珠、橡胶屑、塑料粒子等。

② 颗粒滤层的特性。颗粒滤层捕集粉尘的能力甚强，对除尘效率影响最大的是过滤风速，其次是粉尘性质、滤层厚度和粒径配比。

一般来说，滤速增加，除尘效率降低很快，阻力也不断增加。因此，在使用粒径为 2.5～3.6mm 石英砂时，过滤风速以不超过 30m/min 为宜。

粉尘的浓度和分散度对除尘效率的影响也较大。若气体含尘浓度较大、粒径较粗的粉尘其除尘效率就高。

增加滤层厚度可提高收尘效率，但不显著，而其阻力增加则更为显著，因此滤层不宜太厚，一般取 150～170mm。如果粉尘粒径较粗，颗粒层厚度可以薄些。

变化粒径配比，对除尘效果影响不大，但其阻力则随细颗粒配比的增加而增加。如石英砂，用不同粗细的颗粒混合作滤层，其除尘效率接近或低于单一粒径的滤层，但压力损失却大得多，因此，粒料宜选用均一粒径，且粒径不宜太细，一般采用 2.5～3.6mm 的石英砂。

（3）性能分析

① 捕集效率。捕集效率随着烟尘负荷的增加而提高；颗粒的粒度越小，捕集效率越高，而且随着烟尘负荷的加大，粒度小的捕集效率提高得愈迅速；颗粒层愈厚，最初的捕集效率愈高，但在烟尘负荷较大时，颗粒层厚度对效率影响不甚明显。

② 压力降。颗粒层的压力降随滤层厚度和过滤速度的提高而增加。

3.1.6　复合式除尘设备设计

所谓复合式除尘技术是将不同的除尘机理相结合，使它们共同作用以提高除尘效率。复合除尘器的形式较多，如静电旋风除尘器、静电水雾洗涤器和静电文氏管洗涤器、惯性冲击静电除尘器、静电增强纤维过滤式除尘器、静电强化颗粒层除尘器等。

3.1.6.1　惯性冲击静电除尘设备设计

（1）基本原理　通常静电除尘器是顺流式的，即气流的运动方向与收尘极板的布置方向是平行的。因此，气流方向与荷电粒子的电驱进方向是垂直的，这使电场中的气流速度无法进一步提高（一般含尘气流速度小于 2m/s），否则会影响除尘效果。为了在静电除尘器中综合空气动力捕获机理，出现了收尘极板垂直于气流方向的新结构，从而使空气动力、颗粒惯性力与电场力的方向相同，相当于提高了粒子的驱进速度，从而提高了净化效果。适当地提高流速，惯性作用增强，还有助于除尘效率的进一步提高，这就意味着在处理相同烟气量时，减少了收尘面积，降低了设备投资。如图 3-1-23 所示。

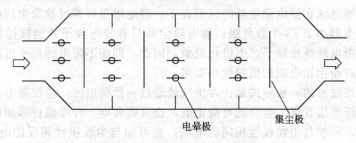

图 3-1-23　惯性冲击静电除尘器

（2）除尘效率　惯性冲击静电除尘器的除尘效率分析方法与传统的线板式静电除尘器的分析方法有很大的不同。它类似于惯性除尘效率的分析过程，并同时考虑电场力的作用。于是一块极板的除尘效率为：

$$\eta = 1 - (1 - \eta_1)(1 - \eta_2) \tag{3-1-44}$$

当多段串联使用时，总分级效率为：

$$\eta = 1 - [(1 - \eta_1)(1 - \eta_2)]^n \tag{3-1-45}$$

因为利用了惯性和空气动力作用，可使电场中的气流速度成倍提高，有文献介绍其风速可达 3m/s 以上。惯性冲击静电除尘器的阻力比普通静电除尘器的阻力要大些，它与挡板式惯性除尘器的阻力相当。

3.1.6.2　静电旋风除尘设备设计

（1）工作原理　旋风除尘器结构简单、容易操作，但仅适用于收集数微米以上的较大尘粒。为了提高对细小尘粒的净化效果，可在旋风除尘器内设置一静电场，如图 3-1-24 所示。荷电粒子将同时受到电力和离心力的作用，从而使除尘效率进一步提高。

（2）除尘效率　静电旋风除尘器的效率公式可采用筛分理论。设尘粒受力分别为静电电力、离心力和气体阻力，且阻力服从斯托克斯定律（Stoesk 定律）。静电旋风除尘器的效率为：

$$\eta = 1 - \exp\left(-0.693 \frac{d_p}{d_{pc}}\right) \tag{3-1-46}$$

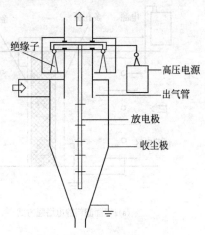

图 3-1-24　静电旋风除尘器

静电除尘器要求切向速度小，而旋风除尘器要求切向速度大，这是一组矛盾。从收集微细粉尘的角度考虑，如果采用静电旋风除尘器，入口流速不宜超过 10m/s，否则难以显示电力作用的存在。另外，二次扬尘作用也会使静电捕尘的优势消耗殆尽，从而失去静电-旋风复合的意义。如何优化静电旋风除尘器的参数设计仍然是一个值得研究的问题。

3.1.6.3 静电增强纤维过滤除尘设备设计

静电增强纤维过滤除尘的研究始于 20 世纪 50 年代、发展于 70 年代，目前，从理论到应用已相当成熟。前面曾提到对于有燃烧爆炸危险的粉尘，不宜采用静电增强方法。另外，较强的静电附着力会使清灰困难。但如果对不可燃尘粒有解决清灰问题的方法，静电增强纤维过滤将显示其许多优越的性能：

① 对微细粒子，特别是对 0.01～1μm 的气溶胶粒子有极高的捕集效率，常超过 90%；

② 由于静电作用，纤维表面沉积的粉尘层具有更蓬松的结构，过滤阻力降低；

③ 与静电除尘器相比，静电增强纤维过滤器对粉尘比电阻有很宽的适应范围；

④ 与普通纤维过滤相比，由于滤速较高（气布比高），阻力降低，运行费用减少。

静电增强纤维过滤和静电除尘器的区别在于：静电增强纤维过滤除尘的收尘间距是纤维间距，比静电除尘器小 2～3 个数量级；静电除尘器只有带电粒子才能被捕集，而静电增强纤维过滤，由于带电纤维使粒子产生极化现象，因此，即使不带电的粒子也能被捕集；静电增强纤维过滤器对粉尘比电阻的依赖性小得多。

静电增强纤维过滤的一般形式是：含尘气流通过一预荷电区，尘粒带电。荷电粒子随气流进入过滤段被纤维层收集。尘粒既可荷正电，也可荷负电。纤维滤料可加电场，也可不加电场。若加电场，可加与尘粒极性相同的电场，也可加与尘粒极性相反的电场。试验表明，加相同极性的电场，效果更好些。原因是，极性相同时，电场力与流向相反（排斥），尘粒不易透过纤维层（效率提高），主要表现为表面过滤，滤料内部较洁净，清灰容易。不仅如此，由于排斥作用，沉积于滤料表面的粉尘层较疏松，过滤阻力减小，同时使清灰变得更容易些。静电增强纤维过滤除尘器的效率很高、对大多数含尘气体的净化总效率常超过 99%。

静电增强纤维过滤除尘器采取预荷电区单独设置，或预荷电与袋式除尘器分体设置较合理。加反向电场是为了增强滤料的表面过滤作用，使清灰更容易。如图 3-1-25 所示。金属网高压极与接地极间的距离视外加电压而定，平均场强在 4kV/cm 左右。由于袋式除尘器有内滤和外滤两种过滤方式，若采用反向电场不便，也可采用顺向电场。如果滤料为导电纤维，更宜采用静电增强纤维过滤技术。

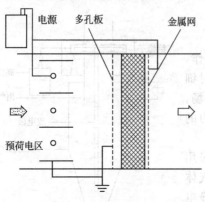

(a) 平面滤料静电增强方式

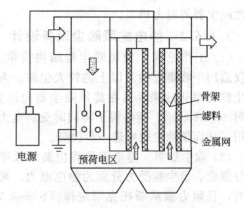

(b) 逆气流反吹袋式除尘器静电增强方式

图 3-1-25　静电增强纤维过滤除尘器

　　静电强化技术在除尘中的应用非常广泛。除静电增强纤维过滤除尘器、静电增强颗粒层除尘器外，几乎所有的洗涤器都可以采取静电强化技术。如荷电水雾洗涤器、静电增强文氏管洗涤器、静电填料洗涤器。其方法是：水滴荷电、尘粒荷电、加外电场。通常产生荷电水雾是必然的。如果给粉尘荷电，应使粉尘带和荷电水雾相反的异性电荷。加外电场是为了加快含尘水滴向湿壁的沉降。

　　复合式除尘器通常是空气动力与静电力的结合，其理论及其应用研究对推动空气污染控制技术的发展具有重要的意义。

3.2　气态污染物净化设备设计

3.2.1　吸收设备设计

　　吸收法净化气态污染物是利用废气中一种或多种污染物组分（吸收质）在吸收剂中溶解度的不同或与吸收剂中组分发生选择性化学反应来净化废气的。吸收过程广泛应用于 SO_2、NO_2、HCl、HF、SiF、NH_3 和 H_2S 等有害气体的治理。

3.2.1.1　吸收原理

　　（1）吸收过程的理论基础　气体吸收是利用液体处理污染的气体而将该气体中的一种或几种污染物除去的操作。气体吸收的必要条件是污染物在吸收液中有一定的溶解性或化学活性。吸收操作中所用的液体称吸收剂，混合气体中能被吸收剂所吸收的称吸收质，不能被吸收液所吸收的组分称惰性组分（或称载体）。

　　用吸收法处理含有污染物的废气，是使污染物从气体主体中传递到液体主体中，是气、液两相之间的物质传递，故吸收过程的实质是物质由气相转入液相的传质过程。

　　（2）吸收剂

　　① 吸收剂的选择原则。选择吸收剂是吸收法操作的重要环节。通常根据有害气体在液体中的溶解度的大小，及发生的化学反应来选择适当的吸收剂。选择吸收剂时，应遵循以下原则：

　　a. 吸收剂对被吸收组分的溶解能力要大，以减少吸收剂用量和吸收设备尺寸；

　　b. 吸收剂对被吸收组分要有良好的选择性，对被吸收组分以外其他组分的吸收能力要小或基本不吸收；

　　c. 吸收剂的挥发度（蒸汽压）要低，以减少吸收剂的挥发损失，从而避免新的污染；

　　d. 黏度低，不易起泡，以实现吸收塔内良好的气流接触状况；

　　e. 化学稳定性好，腐蚀性小，无毒、难燃；

　　f. 吸收剂价廉易得，能就地取材，易再生，能重复使用；

　　g. 有利于被吸收组分的回收利用或便于处理，以节约资源和避免二次污染。

　　② 吸收剂的种类及选择。现列举如下。

　　a. 水。水是常用的吸收剂，价廉易得，工艺简单，是许多吸收过程（尤其是物理吸收）的首选吸收剂。常用于洗涤煤气中的 CO_2 和废气中的 SO_2，去除废气中的 HF、NH_3 和 HCl 等。这些物质在水中溶解度大，并随气相分压的增加而增加，随吸收温度的降低而增大。因而理想的操作条件是加压和低温下吸收，降压和升温下解吸。该工艺净化效率较低，动力损耗大。

　　b. 增溶剂。水既可直接做吸收剂，也可在其中加入增溶剂，从而增大某些被吸收物质的溶解度，加大吸收效果。如用稀硝酸吸收氮氧化物（NO 和 NO_2），或用浓硫酸吸收一氧化氮（NO）。

c. 酸性吸收液。用于吸收碱性气体，如用硫酸、硝酸吸收 NH_3，氢氧化钠吸收苯酚和有机酸等。

d. 碱性吸收液。用于吸收能和碱性物质发生反应的气体，如 SO_2、HCl、HF、H_2S、Cl_2 等，可以是碱溶液如 NaOH、氨水、$Ca(OH)_2$ 等，也可以是碱性盐溶液，如 Na_2CO_3 等。

e. 有机吸收液。有机废气一般可用有机吸收剂吸收，如用汽油吸收烃类气体、苯和沥青烟等。

f. 固体吸收剂。粉状或粒状吸收剂，这种情况应用较少。气体选用吸收剂见表 3-2-1。

表 3-2-1　气体选用的吸收剂

被吸收气体	可选择的吸收剂
CO_2	H_2O、碱液
SO_2	NaOH、水、Na_2CO_3 溶液、石灰水
SO_3	浓硫酸
H_2S	NaOH、Na_2CO_3 溶液、石灰水、氨水等
CO	铜氨液
NH_3	水、硫酸溶液及废酸
HCl	水
苯、甲苯	煤油、柴油、机油、邻苯二甲酸二丁酯等

3.2.1.2　吸收设备的设计与选型

（1）吸收设备的分类　按气液接触基本构件特点，可分为填料塔、板式塔和特种接触设备三类。

① 填料塔。填料塔是塔内以填料作为气液接触的基本构件，如图 3-2-1 所示。主体设备为一个圆筒型塔体，中间填充着各种类型的填料，塔底有支撑栅板，用以支撑填料。塔上部液体入口处装有液体喷淋装置，以保证液体能均匀地喷淋到整个塔截面上。操作时气体由塔底引入，自下而上地在填料间隙中通过，再从塔顶引出；喷淋的吸收液经喷洒装置，自上而下沿填料层表面向下流动，由塔底引出。气液两相互成逆流，在填料表面上进行接触，进行传质吸收过程。为防止气流速度较大时把吸收液带走，减少雾沫夹带，在填料塔顶部往往装有挡雾层。

填料是提供气液两相传质表面的部分，填料种类很多，如拉西环、鲍尔环、鞍形、波纹填料等，材质主要为塑料、金属、陶瓷等材料。填料塔直径一般不超过 800mm，空塔气速一般为 $0.3 \sim 1.5 m/s$，单层填料层高度在 $3 \sim 5 m$ 之下，压降通常为 $400 \sim 600 Pa/m$，液气比为 $0.5 \sim 2.0 kg/kg$，液体喷淋密度在 $10 m^3 / (m^2 \cdot h)$ 以上。填料塔由于结构简单、气液接触效果好，压降较小而被广泛应用。

② 板式塔。板式塔是在塔体内设置一层层的塔板作为气液接触的基本构件。属于逐级阶梯接触逆流操作。板式塔通常由一个呈圆柱形的壳体及沿塔高按一定的间距水平设置的若干层塔板所组成。操作时，吸收剂从塔顶进入，依靠重力作用由顶部逐板流向塔底排出，并在各层塔板的板面上形成流动的液层；气体由塔底进入，在压力差的推动下，由塔底向上经过均布在塔板上的开孔，以鼓泡状态或喷射状态与液体相互接触，分散在液层中，形成气液

接触界面很大的泡沫层，进行传质、传热及化学反应。气相中部分有害气体被吸收，未被吸收的气体经过泡沫层后进入上一层塔板，气体逐板上升与板上的液体接触，被净化气体最后由塔顶排出。如图 3-2-2 所示。

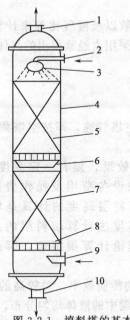
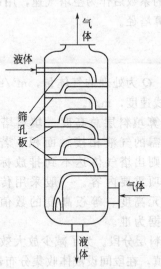

图 3-2-1 填料塔的基本形式   图 3-2-2 板式塔基本结构图
1—气体出口；2—液体入口；3—液体分布装置；
4—塔壳；5—填料；6—液体再分布器；7—填料；
8—支承栅板；9—气体入口；10—液体出口

板式塔的类型很多，常用的板型有泡罩塔、浮阀塔、筛孔和栅条等，除此以外还有导向筛板塔、网孔塔、旋流板塔等，主要区别在于塔内所设置的塔板结构不同。在大气污染控制工程中用得比较多的板式塔主要是筛板塔和旋流板塔。旋流板塔目前主要用于除尘脱硫、除雾中，处理效果良好。

③ 特种接触设备。特种接触设备既不属于填料塔，也不属于板式塔的为特种接触设备。在特种接触设备中，气体为连续相，液体以液滴形式分散于气体中形成气液接触界面。常用的有喷洒塔、喷射吸收器、文丘里吸收器等。

文丘里吸收器由渐缩管、喉管、扩散管组成，它依靠气体带动吸收液进入喉管，气体在渐缩管被逐渐加速，在喉管处形成负压，吸收剂被吸入并分散成雾滴，形成气液接触界面。气体流经渐扩管时压力逐渐上升，细小的雾滴凝聚成较大液滴，后经气液分离器分离除去，净化后气体从分离器顶部排出。液气比 $0.3 \sim 1.5 L/m^3$，适于吸收剂用量小的吸收操作。文丘里吸收器的优点是体积虽小，但处理能力大，可兼作冷却除尘设备；缺点是噪声大，消耗能量较多。

（2）吸收设备的设计程序

① 选择吸收液（剂）。

② 选定操作温度和压力等，应考虑经济效益，采取优化选择。

③ 确定吸收剂及其用量。

④ 吸收塔的选择。

（3）填料塔的设计步骤

① 选择填料。填料的正确选择，对塔的性能优劣性、经济性有重要的影响。对

于给定的设计条件，常有多种填料可供选用，填料选择的条件主要有：a. 有较大的比表面积；b. 液体在填料表面有较好的均匀分布性能；c. 气流在填料中能均匀分布；d. 填料具有较大的空隙率。因此需要对各种填料作综合比较，选择出比较理想的填料。

② 计算塔径。根据填料的特性数据、系统的物性参数以及液气比等来计算液泛气速，乘以适当的系数后作为空塔气速，用以计算塔径；或直接采用由经验得出的气体动能因子设计值来计算塔径。

$$D = \sqrt{\frac{4Q}{\pi u}} \tag{3-2-1}$$

式中，Q 为处理的气体量，m^3/s；u 为混合气体的空塔气速，即按空塔截面积计算的混合气体线速度，m/s。

③ 计算填料层总高度。填料塔要达到给定的分离效果，须有一定高度的填料层，以满足所需的气液相接触面积。若设计过高，会增加设备费用及操作费用；若设计不够高，则出塔气体达不到排放标准要求。因此，填料层高度的计算是填料塔设计计算的一项重要内容。一般采用传质单元法或等板高度法计算填料层的总高度。但是传质单元高度、等板高度的数值，由于作准确的理论计算很困难，因此设计时多以经验数据为准。

④ 填料层分段。为了减少放大效应，提高塔内填料的传质效率，对较高的填料层应分成几段装填，在段间设液体收集分布器，既保证下段填料层中的液体均匀分布，又为上升气体提供一个横向混合的空间，从而减少放大效应，提高填料的传质效率。对于越是高效的填料塔，合理分段越显得重要。

⑤ 计算压力降。全塔压力降由填料层压力降和塔内件压力降两部分组成。如果计算出的全塔压力降超过限定值，则需调整填料的类型、尺寸或降低操作气速，然后重复计算，直至满足条件为止。

⑥ 结构设计。正确的结构设计是保证填料塔达到预期性能的必要条件。结构设计包括塔体设计和塔的内件设计两部分。填料塔的内件包括：液体分布装置、液体再分布装置、填料支承装置、填料压板或床层限制板等。

3.2.1.3　吸收净化法工艺配置

吸收法在气态污染物净化领域的典型工程应用有有机废气的净化、湿法烟气脱硫、NO_x 的净化、氟化物的湿法吸收等。吸收法净化气态污染物的工艺配置应考虑以下问题。

（1）烟气除尘　燃烧烟气往往有烟尘，这些烟尘带入吸收塔内很可能造成堵塞，因而吸收前应考虑先除尘。

（2）烟气的预冷却　若烟气温度较高，直接进入吸收塔会使塔内液相温度升高，不利于吸收操作，应考虑先冷却，在吸收前应降温，可提高吸收效率。一般冷却装置有间接冷却器、直接增湿冷却或预洗涤塔等，可达到除尘增湿降温的效果，提高吸收效率。

（3）设备、管道的结垢和堵塞　由于烟尘中含有一定的粉尘量，吸收净化过程中会产生一些固体物质，导致喷雾孔等的结垢和堵塞。解决方法：工艺操作上，控制水分蒸发量，控制溶液 pH 值，严格控制进入吸收系统的粉尘量等；设备选择上，选择不易结垢和堵塞的吸收器，减少吸收器内部构件，增加其内部的光滑度；操作上，提高流体的流动性和冲击性。

（4）气体再加热　高温烟气净化后，温度下降很多，直接排入大气，使热力抬升作用减少、扩散能力降低，容易造成局部污染。另外，在一定的气象条件下，将出现"白烟"现象。因此，在有条件的情况下，应尽量升高吸收后尾气的排放温度，以增加废气的热力抬升高度，有利于污染物在大气中的扩散。

3.2.1.4　吸收净化设计实例

[例 3-7]　空气中含有丙酮，吸入水吸收。已知入口丙酮气相摩尔分率为 $y=0.06$，空气流量在标准状态下为 $1400m^3/h$，若气相总吸收系数 $K_y=0.4kmol/(m^2 \cdot h)$。要求丙酮的回收率为 98%，该吸收率遵循的亨利定律为 $y=1.68x$。设计一台在 20℃常压下的填料吸收塔。

[解]　整个设计可按下述步骤进行：

① 求摩尔分率 y_1 和 y_2。

将 $y=0.06$ 代入 $y=\dfrac{y_1}{1+y_1}$ 式中，可求出从塔底进入的含有丙酮的空气比摩尔分率 $y_1=0.0639$，从塔顶出来的空气比摩尔分率 $y_2=y_1（1-0.98）=0.0639×0.02=0.00128$，又知塔顶淋入为清水，即 $x_2=0$。

② 求最小液气比 $(L/V_G)_{min}$。

$$\left(\frac{L}{V_G}\right)_{min}=\frac{y_1-y_2}{x_1-x_2}=\frac{y_1-y_2}{\dfrac{y_1}{m}-x_2}=\frac{0.0639-0.00128}{\dfrac{0.0639}{1.68}-0}=1.646$$

③ 确定实用液气比。

按 $\left(\dfrac{L}{V_C}\right)=(1.1\sim2.0)\left(\dfrac{L}{V_G}\right)_{min}$ 选取，则：

$$\left(\frac{L}{V_G}\right)=(1.1\sim2.0)\left(\frac{L}{V_G}\right)_{min}=1.6×1.646=2.634$$

④ 计算塔底吸收液的比摩尔分率 x_1，根据：$\left(\dfrac{L}{V_G}\right)=\dfrac{y_1-y_2}{x_1-x_2}$，可得：

$$x_1=\frac{y_1-y_2}{\dfrac{L}{V_G}}=\frac{0.0639-0.00128}{2.634}=0.0237$$

⑤ 确定填料类型。填料选 $\phi25×25×3$ 的陶瓷拉西环，其比表面积 $\&=200m^2/m^3$，近似取单位体积填料层的有效传质面积 $a=\&=190m^2/m^3$。

⑥ 确定塔的截面积。

选空塔气速 $u=-0.8m/s$

空气流量 $V_G=1400×\dfrac{T_0}{T}\dfrac{p}{p_0}=1400×\dfrac{273}{293}×\dfrac{760}{760}=1304.4m^3/h$

塔的截面积 $\Omega=\dfrac{1304.4}{0.8×3600}=0.45m^2$

⑦ 确定塔的直径。

塔的直径：

$$D=\sqrt{\frac{4V_C}{\pi u}}=\sqrt{\frac{4×1304.4}{\pi×0.8×3600}}=0.76m$$

圆整后取 $D=0.8m$。塔径确定后，应对填料尺寸进行校核，由于填料为拉西环，塔径

$D \geqslant (20 \sim 25) d$，实际 $D = 800\text{mm} > 25 \times 25 = 625\text{mm}$，校核合格。最后实际塔的截面积 $\Omega = 0.64\text{m}^2$。

⑧ 校核最小喷淋密度。

假设空气摩尔流量为 V_{GO}，单位为 kmol/h，即

$$V_{GO} = \frac{1400 \times 1000}{22.4} = 62.5\text{kmol/h}$$

从而吸收剂的摩尔流量 $L = 2.634 V_{GO} = 2.634 \times 62.5 = 164.6\text{kmol/h} = 2.96\text{m}^3/\text{h}$，实际喷淋密度 $U = \dfrac{L}{\Omega} = \dfrac{2.96}{0.64} = 5.9\text{m}^3/(\text{m}^2 \cdot \text{h}) > 5\text{m}^3/(\text{m}^2 \cdot \text{h})$，满足最小喷淋密度 $U_{\min}$ 的要求。

⑨ 确定填料段高度 H。因为 $y = 1.68x$ 为一直线，可用对数字平均推动力法求出传质单元数，$y - y_1^* = 0.0241$，$y - y_2^* = 0.00128$，

$$\Delta y_m = \frac{(y_1 - y_1^*) - (y_2 - y_2^*)}{\ln \dfrac{y_1 - y_1^*}{y_1 - y_2^*}} = \frac{0.0241 - 0.00128}{\ln \dfrac{0.0241}{0.00128}} = 0.0078$$

$$H = \frac{V_G}{K_y a \Omega} \frac{y_1 - y_2}{\Delta y_m} = \frac{1304.4}{0.4 \times 22.4 \times 200 \times 0.45} \times \frac{0.0639 - 0.00128}{0.0078} = 1.618 \times 8 = 12.95\text{m}$$

⑩ 计算吸收塔总高度。吸收塔可分为三段，每段填料层高为 $12.95/3 \approx 4.3\text{m}$。相邻两填料层间距为 0.6m，加上塔底支架 1.5m 和塔顶 0.6m，则填料塔总量为：

$$4.3 \times 3 + 0.6 \times 2 + 0.8 + 1.5 = 16.4\text{m}$$

3.2.2 吸附设备设计

吸附净化操作是利用某些多孔性固体具有从流体混合物中有选择地吸附某些组分的能力，来脱除废气中的水分、有机溶剂蒸气、恶臭和其他有害气相杂质，从而达到净化气体的目的。吸附分离过程特别适宜于低浓度混合物的分离，因而吸附净化法在化工、冶金、石油、食品、轻工尤其是环境保护等各个领域中获得越来越广泛的应用，逐渐成为一个重要的工艺过程。如用变压吸附法来处理合成氨放气，可回收纯度很高（大于 98%）的氢气，实现废物资源化。

3.2.2.1 吸附原理

在用多孔性固体物质处理流体混合物时，流体中的某一组分或某些组分可被吸引到固体表面并浓集其上，此现象称为吸附。吸附过程就是用多孔固体（吸附剂）将流体（气体或液体）混合物中一种或多种组分积聚或凝缩在表面达到分离的操作。吸附处理废气时，吸附的对象是气态污染物，因此属于气固吸附。被吸附的气体组分称为吸附质；多孔固体物质称为吸附剂。

固体表面吸附了吸附质后，一部被吸附的吸附质可从吸附剂表面脱离，此现象称为脱附。而当吸附进行一段时间后，由于表面吸附质的浓集，使其吸附能力明显下降而不能满足吸附净化的要求，此时需要采用一定的措施使吸附剂上已吸附的吸附质脱附，以恢复吸附剂的吸附能力，这个过程称为吸附剂的再生。因此在实际吸附工程中，正是利用吸附剂的吸附、再生、再吸附的循环过程，达到除去废气中污染物质并回收废气中有用组分的目的。

由于多孔性固体吸附剂表面存在着剩余吸引力，故表面具有吸附力。根据吸附剂表面与被吸附物质之间作用力的不同，可分为物理吸附和化学吸附。物理吸附是由固体吸附剂分子与气体分子间的静电力或范德华力引起的，两者之间不发生化学作用，是一种可逆过程。化学吸附是由于固体表面与被吸附分子间的化学键力所引起，两者之间结合牢固，不易脱附。该吸附需要一定的活化能，故又称活化吸附。

3.2.2.2　吸附设备的设计与选型

（1）吸附剂的选择　如何选择、使用和评价吸附剂，是吸附操作中必须解决的首要问题。一切固体物质的表面，对于流体都具有物理吸附的作用。但合乎工业要求的吸附剂则应具备如下一些要求。

① 具有大的比表面积。吸附剂的有效表面积包括颗粒的外表面积和内表面积，而内表面积总是比外表面积大得多。例如硅胶的内表面积达 $500m^2/g$，活性炭的内表面积达 $1000m^2/g$，只有具有高度疏松结构和巨大比表面积的孔性物质，才能提供如此巨大的比表面积。

② 具有良好的选择性吸附作用。活性炭吸附二氧化硫（或氨）的能力，远大于吸附空气的能力，故活性炭能从空气与二氧化硫（或氨）的混合气体中优先吸附二氧化硫（或氨），达到分离净化废气的目的。

③ 吸附容量大。吸附容量是指在一定的温度、吸附质浓度下，单位质量（或单位体积）吸附剂所能吸附的最大量。吸附容量除与吸附剂表面积有关外，还与吸附剂的孔隙大小、孔径分布、分子极性及吸附剂分子上官能团性质等有关。吸附容量大，可降低处理单位流体所需的吸附剂用量。

④ 具有良好的机械强度和均匀的颗粒尺寸。如果颗粒太大或不均匀，易造成短路和流速分布不均，引起气流返混降低吸附分离效率；如果颗粒太小，床层阻力过大，严重时会将吸附剂带出器外，这就要求吸附剂有良好的机械强度和适应性。尤其是采用流化床吸附装置，吸附剂的磨损大，对机械强度的要求更高，否则将破坏吸附正常操作。

⑤ 有足够的热稳定性及化学稳定性。

⑥ 有良好的再生性能。吸附剂吸附后需要再生使用，不间断地进行吸附与再生操作。再生效果的好坏往往是吸附技术能否使用的关键，这就要求吸附剂再生方法简单、再生活性稳定。

⑦ 吸附剂的来源广泛、价格低廉。

（2）工业常用吸附剂　工业上常用的吸附剂有活性炭、硅胶、活性氧化铝、分子筛、沸石等。

① 活性炭。活性炭是一种具有非极性表面、疏水性、亲有机物的吸附剂，常常被用来吸附回收空气中的有机溶剂和恶臭物质。它可以根据需要制成不同形状和粒度，如粉末活性炭、颗粒状活性炭及柱状活性炭等，具有比表面积大、吸附及脱附快，性能稳定，耐腐蚀等优点，但具有可燃性，使用温度一般不超过 200℃。

② 硅胶。硅胶是一种坚硬的无定形链状和网状结构的硅酸聚合物颗粒，是亲水性的极性吸附剂，它吸附的水分量可达自身质量的 50%，吸湿后吸附能力下降，因此常用于含湿量较高气体的干燥脱水、烃类气体回收，以及吸附干燥后的有害废气。在工业上，硅胶多用于高湿气体的干燥，或从废气中回收极为有用的烃类气体，也可用做催化剂的载体。

③ 沸石分子筛。沸石分子筛常简称为分子筛，它是一种人工合成的沸石，具有许多直径均匀的微孔和排列整齐的空穴，是具有多孔骨架结构的硅铝酸盐结晶体，属于离子型吸附剂。沸石分子筛具有孔径均一的微孔，比孔道小的分子能进入孔穴而被吸附，比孔道大的分子被拒之孔外，因此具有吸附筛分选择性能。

④ 活性氧化铝。活性氧化铝是将铝矾土（水合氧化铝）在严格控制的升温条件下，加热脱水形成的多孔结构物质。它是一种极性吸附剂，无毒，对多数气体和蒸汽是稳定的，浸入水中或液体中不会溶胀或破碎，具有良好的机械强度。

（3）吸附装置　吸附装置有固定床、移动床、流化床、回转式吸附器等。其中，固定床结构简单，操作方便，使用历史最长，应用最广。

① 固定床吸附器。固定床吸附器多为圆柱形立式设备，吸附剂颗粒均匀地堆放在多孔支撑板上，成为固定吸附剂床层。流体自上而下或自下而上通过吸附剂床层进行吸附分离，一段时间后，部分床层吸附剂达到吸附平衡，吸附剂失去吸附能力，需要再生或进行更换。如果只有一台吸附器，需经吸附－脱附－干燥冷却的循环，吸附间歇进行。为使吸附操作连续进行，至少需要两个吸附器循环使用。如图 3-2-3 所示，A、B 两个吸附器，A 正进行吸附，B 进行再生。当 A 达到破点时，B 再生完毕，进入下一个周期，即 B 进行吸附，A 进行再生，如此循环进行连续操作。固定床吸附操作再生时可用产品的一部分作为再生用气体，根据过程的具体情况，也可以用其他介质再生。如用活性炭去除空气中的有机溶剂蒸气时，常用水蒸气再生。再生气冷凝成液体再分离。

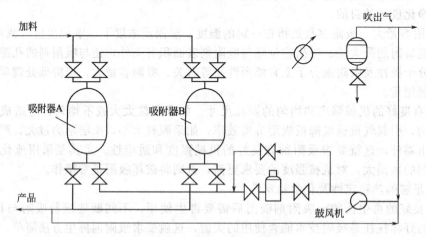

图 3-2-3　固定床吸附器流程

固定床吸附器结构简单、造价低、吸附剂磨损少，是废气净化中使用最多的吸附器，可用于间歇式和半连续式流程；缺点是操作必须周期性变换，因而操作复杂，设备庞大。适用于小型、分散、间歇性的污染源治理，对连续排出的大量废气，可考虑移动床或流化床吸附器。

② 移动床吸附器。移动床是目前液体吸附分离中广泛采用的工艺设备。在移动床吸附器内固体吸附剂在吸附层中不断移动，一般固体吸附剂由上向下移动，而气体则由下向上流动，形成逆流操作。典型的移动床吸附器结构如图 3-2-4 所示。

移动床吸附器的工作原理：经脱附后的吸附剂从设备顶部进入冷却器，温度降低后，经分配板进入吸附段，借重力作用不断下降，通过整个吸附器。需净化的气体，从上面第二段分配板下面引入，自下而上通过吸附段，与吸附剂逆流式接触，易吸附的组分全被吸附。净化后的气体从顶部引出。吸附剂下降到汽提段时，由底部上来的脱附气（即易吸附组分），与其接触，进一步吸附，并将难吸附气体置换出来，使吸附剂上的组分更纯，最后进入脱附器，在这里用加热法使被吸附组分脱附出来，吸附剂得到再生。脱附后的吸附剂用气力输送到塔顶，进入下一个循环操作。由此可见，吸附剂在下降过程中，经历了冷却、降温、吸附、增浓、汽提、再生等阶段，在同一装置内交错完成了吸附、脱附过程。

移动床吸附器吸附过程实现连续化，克服了固定床间歇操作带来的弊病，适用于稳定、连续、量大的气体净化，且吸附剂用量少，仅为固定床的 4％。但动力和热量消耗较大，要选择合适的解吸剂，吸附剂磨损严重。

③ 流化床吸附器。在流化床吸附器中，吸附层内的固体吸附剂呈悬浮、沸腾状

态。流化床吸附器的结构如图 3-2-5 所示。进入锥体的待净化气体以一定速度通过筛板向上流动，进入吸附段后，将吸附剂吹起，在吸附段内，完成吸附过程。净化后气体进入扩大段后，由于气速降低，气体中夹带的固体吸附剂再回到吸附段，而气体则从出口管排出。

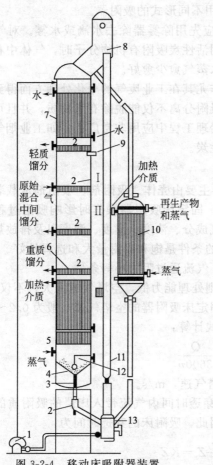

图 3-2-4　移动床吸附器装置

1—鼓风机；2—卸料闸门；3—水封管；4—水封；5—卸料板；
6—分配板；7—冷却器；8—料斗；9—热电偶；10—再生器；
11—气流输送管；12—料面指示器；13—收集器

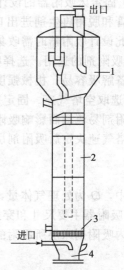

图 3-2-5　流化床吸附器

1—扩大段；2—吸附段；
3—筛板；4—椎体

流化床吸附器的缺点是，气固逆流操作，气体与固体接触相当充分，气流速度比固定床的气速大 3～4 倍以上，吸附速度快，处理气量大，吸附剂可循环使用。所以该工艺强化了生产能力，对于连续性、大气量的污染源治理非常适合。其缺点是，动力和热量消耗较大，吸附剂强度要求高。

④ 回转式吸附装置。回转式吸附装置工艺原理是：低浓度、大风量的 VOCs 废气先进入回转式高效吸附区，有机物被吸附，废气净化后排放，同时转动的吸附床中很小区域处于热解吸附状态，解吸释放的高浓度 VOCs 废气送往催化器催化燃烧，燃烧过程中产生的热量一部分用于预热解吸后的高浓度 VOCs 废气，另一部分用于热解吸。

3.2.2.3　吸附净化工艺配置

吸附净化工艺的选用应考虑以下几个方面。

① 气体污染物连续排出时应采用连续式或半连续式的吸附流程，可选用移动床吸附器或流化床吸附器；间断排出时采用间歇式吸附流程，可选用固定床吸附器。

　② 固定床吸附器可用于各种场合，特别适合于小型、分散、间歇性的污染源治理。

　③ 排气连续且气量大时，可采用流化床或移动床吸附器。排气连续但气量较小时，则可考虑使用旋转床吸附器。

　④ 处理的废气流中含有粉尘时，应先用除尘器除去粉尘。

　⑤ 根据流动阻力、吸附剂利用率酌情选用不同形式的吸附器。

　⑥ 处理的废气流中含有水滴或水雾时，应先用除雾器除去水滴或水雾。对气体中水蒸气含量的要求随吸附系统的不同而不同。当用活性炭吸附有机物分子时，气体中相对湿度可较大；当用分子筛吸附有害气体时，气体中水蒸气愈少愈好。

　近年来，吸附的应用日益广泛，吸附操作尤其在工业废气的净化处理方面得到了广泛应用。吸附法对低浓度气体的净化能力很强，吸附分离不仅能脱除有害物质，并且可以回收有用物质使吸附剂得到再生，所以在环境污染治理工程中应用非常广泛。如工业烟气中低浓度 SO_2 可采用吸附法净化，常用的吸附剂是活性炭。

3.2.2.4　吸附净化设计实例

（1）固定床吸附器的设计　固定床吸附器主要由壳体、吸附剂、吸附剂承载装置、气体进出口管和脱附再生剂进出口管等部件组成。固定床吸附器操作时影响吸附过程的因素很多。因此设计吸附器时需收集废气风量、废气成分、浓度、温度、湿度以及排放规律等。

　① 吸附剂的选用。选择吸附剂时最重要的条件是饱和吸附量大和选择性好。除此以外，还应具备解吸容易、机械强度高、稳定性好、气流通过阻力小等条件。

　② 选取空塔气速。固定床空塔气速过小则处理能力低，空塔气速太大，不仅阻力增大，而且吸附剂易流动而影响吸附层气流分布。固定床吸附器的空塔气速一般为 0.2~0.5m/s。

　空塔气速决定后吸附剂层截面积 A 由下式计算：

$$A = \frac{Q}{3600v} \tag{3-2-2}$$

　式中，Q 为处理气体量，m^3/h；v 为空塔气速，m/s。

　③ 吸附器主要尺寸和穿透时间的计算。穿透时间内气流带入床层的吸附质的量应等于该时间内吸附剂床层所吸附的吸附质的量。因此，吸附床的穿透时间为：

$$\tau = \frac{X_\tau \rho_s}{G_s Y_o} Z = KZ \tag{3-2-3}$$

　式中，Y_o 为气体中吸附质的初始浓度，kg 吸附质/kg 载气；X_t 为与 Y_o 达吸附平衡时吸附剂的静平衡吸附量，kg 吸附质/kg 吸附剂；G_s 为气体通过床层的速率，$kg/(m^2 \cdot s)$；Z 为吸剂床层高度，m；ρ_s 为吸附剂颗粒的堆积密度，kg/m^3；K 为对一定的系统及操作条件，$\frac{X_t \rho_s}{G_s Y_o}$ 为常数，并用 K 表示。

　对一定的吸附系统及操作条件，吸附床的穿透时间与吸附床高度成直线关系。在 τ-z 图（图3-2-6）上应是一条通过原点的直线，该直线的斜率即为 K 值。因而，只要测得 K 值，即可由吸附床层高度 Z 计算出穿透的时间 τ，或由需要的穿透时间 τ 计算出所需的床层高度。

　④ 固定床吸附装置的压力降计算。流体通过固定床吸附剂床层的压力降可用下式近似计算：

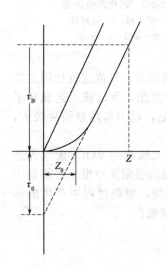

图 3-2-6　τ-Z 曲线图

$$\frac{\Delta P}{Z} \times \frac{\varepsilon^3 d_p \rho}{(1-\varepsilon)G_5^2} = \frac{150(1-\varepsilon)}{R_e} + 1.75 \qquad (3\text{-}2\text{-}4)$$

式中，ΔP 为通过床层的压力降，Pa；ε 为吸附层孔隙率，%；d_p 为吸附剂颗粒平均直径，m；ρ 为气体密度，kg/m^2；R_e 为气体绕吸附剂颗粒流动的雷诺数，$R_e = d_p G_s / \mu$；μ 为气体黏度，Pa·s。

（2）实例

[例3-8] 某厂用活性炭吸附废气中的 CCl_4，气量 $Q = 1000 m^3/h$，浓度为 $4 \sim 5 g/m^3$，活性炭直径 $d_p = 3mm$，堆密度 $\rho_s = 300 \sim 600 g/L$，空隙率 $\varepsilon = 0.33 \sim 0.43$，废气以 20m/min 的速度通过床层，并在 20℃ 和 1 个大气压下操作，测得的实验数据如下表所示。

床层高度 z/m	0.1	0.15	0.2	0.25	0.3	0.35
穿透时间 τ/min	109	231	310	462	550	651

试求穿透时间 $\tau = 48h$ 的床层高度及压力降。

[解] ①以 Z 为横坐标，τ 为纵坐标，将数据在 τ-z 图（图 3-2-7）上标出，连接各点得一直线，图解得到。

$$K = \mathrm{tg}a = \frac{650 - 200}{0.35 - 0.14} = 2143 min/m$$

$$\tau = 95min$$

② 床层高度：

$$Z = \frac{T}{K} = \frac{48 \times 60 + 95}{2143} = 1.388m$$

取 $Z = 1.4m$。

③ 采用立式圆筒床进行吸附。其直径为：

$$D = \left(\frac{4Q}{\pi V}\right)^{1/2} = \left(\frac{4 \times 1000}{\pi \times 20 \times 60}\right)^{1/2} = 1.03m$$

取 $D = 1.0m$。

④ 所需吸附剂量：

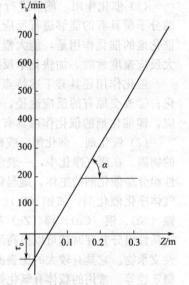

图 3-2-7　$\tau - z$ 图

$$m = AZ\rho_p$$

$$= \frac{\pi}{4} \times 1.0^2 \times 1.4 \times \left(\frac{1}{2}\right) \times (300 + 600) = 494.8kg$$

$$m_{max} = \frac{\pi}{4} \times 1.0^2 \times 1.4 \times 600 = 659.4kg$$

考虑到装填损失，取损失率为 10%，则每次新装吸附剂时需准备活性炭 545～726kg。

⑤ 压力降。查得 20℃，1 个大气压下空气密度为 $1.2 kg/m^3$，$\varepsilon = 0.38$（平均孔隙率），则

$$G_s = \left(\frac{1000}{3600}\right) \times 1.2 \div \frac{\pi}{4} \times 1.0^2 = 0.424 kg/(m^2 \cdot s)$$

查得 20℃ 时干空气黏度 $\mu = 1.81 \times 10^{-5} Pa \cdot s$，则：

$$R_e = d_p G_s / \mu = (0.003 \times 0.424)/(1.81 \times 10^{-5}) = 70.3$$

$$\Delta P = \left(\frac{150(1-\varepsilon)}{R_e} + 1.75\right) \times \frac{(1-\varepsilon)G_s^2}{\varepsilon^3 d_p \rho} Z = 2427 Pa$$

⑥ 固定床吸附器附件设计。固定床吸附器的附件主要是吸附剂对承载装置和气体进、出口分离器。

废气、干燥和冷却用的气体入门管应装有铜或不锈钢分布网。

脱附再生用直接蒸汽进口管，可采用孔径为 4～6mm 的环形扩散器。蒸汽接管附近设置雾沫挡板。

当所处理的废气有腐蚀性时，吸附器内壁应衬以耐火砖或辉绿岩等防腐蚀材料。

3.2.3 催化净化设备设计

催化法是利用催化剂的催化作用，将废气中的有害气体转化成无害物质或转化成易于进一步处理的物质。催化转化有催化氧化和催化还原两种。催化氧化法，如废气中的 SO_2 在催化剂（V_2O_5）作用下可氧化为 SO_3，用水吸收变成硫酸而回收，再如各种含烃类、恶臭物的有机化合物的废气均可通过催化燃烧的氧化过程分解为 H_2O 与 CO_2 向外排放。催化还原法，如废气中的 NO_x 在催化剂（铜、铬）作用下与 NH_3 反应生成无害气体 N_2。催化法对不同浓度的废气均有较高的转化率，但催化剂价格较高，还要消耗热能源，故适用于处理连续排放的高浓度废气。催化法净化气态污染物主要设备是气-固相催化反应器。

（1）催化作用　能够进行化学反应的分子应是具有足够能量的活化分子。处于活化状态的分子所具有的能够进行反应的最低能量与普通分子平均能量之差称为活化能。催化反应中催化剂的催化作用是，能大幅度降低分子活化能，使更多的反应分子成为活化分子，从而增大反应速度常数，加快化学反应速率。

催化作用还具有下述特点：①催化剂在反应终了时没有发生化学结构或数量的任何变化；②改变原有的反应途径，沿着特定的反应方向进行；③特定的催化剂只能催化特定的反应，即催化剂的催化作用具有选择性。

（2）催化剂　催化剂（或称触媒）是指能够改变化学反应速度和方向而本身又不参与反应的物质。在废气净化中，一般使用固体催化剂，它主要由活性组分、助催化剂及载体组成。活性组分是催化剂的主体，是起催化作用的最主要组分，要求活性高且化学惰性大。金属常用作气体净化催化剂，如铂（Pt）、钯（Pd），钒（V）、铬（Cr）、锰（Mn）、铁（Fe）、钴（Co）、镍（Ni）、铜（Cu），锌（Zn）等，以及它们的氧化物等。助催化剂虽然本身无催化作用，但它与活性组分共存时却可以提高活性组分的活性、选择性，稳定性和寿命。载体是活性组分的惰性支承物。它具有较大的比表面积，有利于活性组分的催化反应，增强催化剂的机械强度和热稳定性等。常用的载体有氧化铝、硅藻土、铁矾土、氧化硅、分子筛、活性炭和金属丝等，其形状有粒状、片状、柱状、蜂窝状等。微孔结构的蜂窝状载体比表面积大、活性高、流动阻力小。通常活性物质被喷涂或浸渍于载体表面。催化剂的主要性能指标有如下几项。

① 活性。活性是指催化剂对反应物的转化能力，是衡量催化剂效能大小的指标，通常以一定条件下单位物量的催化剂单位时间内所得到的生成物的数量来表示。活性除了取决于催化剂本身的化学组成和结构、比表面积杂质含量等因素外，还与工作时废气的浓度、压力、温度和流速有关。

② 选择性。专门对某一种化学反应起加速作用的性能，称之为催化剂的选择性。希望一种催化剂在一定条件下只对一种特定的化学反应起加速作用。选择性愈强，则副反应愈少，原料利用率愈高。

③ 机械强度。用于固定床反应器中的催化剂要保证在操作条件下不会因上层重力挤压而粉碎，以免增加气流阻力；而在流动床中的催化剂则要有高度的耐磨性能，以免因磨损而被气流带出，使活性组分流失和管道堵塞。

④ 化学稳定性。不允许催化剂在反应条件下产生变形、分解或与通过的气体发生化合等现象。

应根据操作条件，不同种类催化剂的性能选用合适的催化剂。希望使用时具有足够的活性，较强的选择性和热化学稳定性，并具有强的广泛的抗毒性能。

（3）催化装置　常用的气固催化装置有固定床和流化床两类催化反应器。固定床是净化气态污染物的主要催化反应器，其基本形式如图 3-2-8 所示。反应器圆筒下部装有孔板，孔板和催化剂层上部各铺厚 20～300mm 的石英砂，上层石英砂可以避免气流直接冲击催化剂，下层石英砂防止细小催化剂被气流携带。预热后的气体从反应器顶部进入，经均气板均匀通过床层进行反应后由底部引出。由于反应器内没有热交换装置，除了筒壁的散热，筒体与外界无热交换，故称绝热反应器。它适用于反应过程热效应小、允许温度波动大的反应体系。一般废气中气态污染物的浓度低，故反应放热量小，因此可适用。

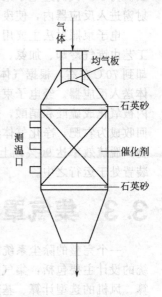

图 3-2-8　固定催化反应器

如果反应体系的反应热量大，可将几个单层床串联使用，但需在两个单层床之间设置换热器，或在多层单床反应器的各反应层之间加装换热器。换热器可将反应温度控制在合适的范围内。

固定床结构简单、造价低廉、体积小、空间利用率高、催化剂耗量少。床中静止的催化剂不易磨损、寿命长，并可严格控制气体的停留时间。但固定床传热性能差，床内温度分布不匀；催化剂更换不便。

3.2.4　其他净化设备设计

3.2.4.1　冷凝法

冷凝净化法是利用物质在不同温度下具有不同的饱和蒸气压这一性质，采用降低系统温度或提高系统压力，使处于蒸气状态的污染物质冷凝并从废气中分离出来。冷凝法适用于回收蒸气状态的有害物质，特别适用于回收浓度较高的有机溶剂蒸气。使用室温水作为冷却剂，往往不能将污染物脱除至规定要求，但冷凝法所需设备和操作条件比较简单，回收物质的纯度比较高，所以常作为吸附、燃烧等净化方法的前处理，以减轻使用这些方法时的负荷。如炼油厂、油毡厂的氧化沥青生产中的尾气，先用冷凝法回收尾油，然后送去燃烧净化；此外高湿度废气也用冷凝法使水蒸气冷凝下来，大大减少气体量，以有利于下一步操作。用于废气处理的冷凝设备有接触冷凝器和表面冷凝器。

3.2.4.2　膜分离法

膜分离法是使含气态污染物的废气在一定的压力梯度下透过特定的薄膜，利用不同气体透过薄膜的速度不同，将气态污染物分离除去的方法。选择不同结构的膜，就可分离不同的气态污染物，这就是气态污染物的膜分离法。膜的渗透情况可分为以下两大类。

第一类是通过多孔型膜的流动，这种膜是微孔膜，孔径大小为 5～30nm。该膜具有活泼的毛细管体系，对气体组分具有吸附力而造成流动，故也称"吸附型"膜，其渗透属微孔扩散机理。

第二类是通过非多孔型膜的渗透，非多孔膜实际上也有小孔，但孔径很小，亦称"扩散型"膜。气体通过非多孔膜时可用溶解机理来解释。首先是气体与膜接触，接着是气体向膜表面溶解，由于气体溶解产生浓度梯度，致使气体在膜中向另一侧扩散迁移，最后到达另一侧而脱溶出来。气体在膜中的流动是扩散溶解流动。

3.2.4.3　电子束照射法

电子束照射法是借助直流高压电源和电子束加速管进行，两者之间用高压电缆连接。在高真空下，由加速管端部的灯丝发射出热电子，高压静电场的作用使热电子加速到任意能级。为了扩大高速电子束的有效照射空间，调节 x、y 方向的磁场作用，并使电子束通过照射窗进入反应器内，使废气中的 SO_x 和 NO_x 等强烈氧化。

电子束照射法主要用于硫氧化物、氮氧化物的去除。利用电子束干法脱硫、氮氧化物的工艺由废气冷却、加氨、电子束照射及粉体捕集等工序组成。温度约为 150℃ 的排放气体冷却到 70℃ 左右，根据气体中 SO_2 及 NO_x 的浓度确定加入微量的氨，然后将含有氨的混合气体送入反应器。经电子束照射，废气中的 SO_2 及 NO_x 受电子束强烈氧化作用，在极短时间内被氧化成硫酸和硝酸，这些酸与其周围的氨反应成硫酸铵和硝酸铵的微细粉粒，经捕集器回收成为农肥，净化气体经烟囱排入大气。利用该法可同时脱除废气中的硫氧化物和氮氧化物，脱硫效率达 90% 以上，而氮氧化物脱除效率达 80% 以上，但到目前为止，尚无工业化装置处于运行之中。

3.3 集气罩与管道设施设计

一个完整的除尘系统应由集气罩、管道、除尘设备、风机和排气管组成。因此，除尘系统的设计主要包括：集气罩的形式选择和设计、除尘器的设计或选型、管道选择和阻力计算、风机的选型计算、基建和施工安装设计；有时还包括排灰装置及防尘设备的防爆等。

3.3.1 集气罩的设计

集气罩也称通风柜，用来从工作场所的气体中收集气体或颗粒污染物。在收集污染物的同时，它也收集到了周围环境中相当体积的空气。随着污染源和集气罩之间距离的加大，为抽取相同污染物所需的气体量也要加大。由于绝大多数的污染控制设施的投资和运行费用是与进入处理系统的总气量成正比的，故在保证将污染物尽可能抽尽的同时，减少处理气量就显得尤为重要。因此，好的集气罩设计应能保护操作工人的呼吸基本不受污染物的影响，又能使他们靠近操作区域工作，同时还要尽可能减少所抽的气体体积流量。

3.3.1.1 集气罩的类型

集气罩的主要类型有三种：密闭式集气罩、伞型集气罩和侧吸（吸气）罩。如图 3-3-1 所示。

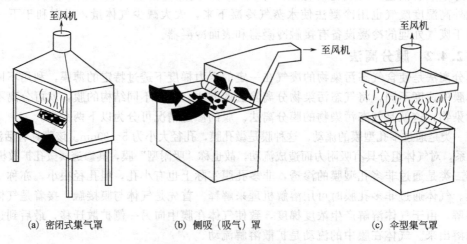

(a) 密闭式集气罩　　　　(b) 侧吸（吸气）罩　　　　(c) 伞型集气罩

图 3-3-1　集气罩的主要类型

（1）密闭式集气罩　用密闭罩将尘源点或整个设备密闭，是控制尘源的有效方法，在实际生产中应用得非常普遍。密闭罩的形式很多，大致可分为局部密闭罩、整体密闭罩、大容

积密闭罩。对密闭罩设计一般提出下列要求。

① 尽可能将尘源点或产尘设备完全密闭。为了便于操作和维修，在其上可设置一些观察窗和检修孔，但数量和面积都应尽量小，接缝应严密，并要躲开正压较高的部位。在有些情况下工人需要进入罩内检修，这时要设检修门，同时罩内要有足够大的空间。

② 抽气口的设置必须保证排气罩内各点的气流都能与抽气口连通，从而在一定抽气量下保证各点均为负压。抽气口不宜设在物料处在搅动状态的区域附近，避免物料过多地被抽出。

③ 密闭罩的形式及结构不应妨碍工人操作。否则可能使刚装上的密闭罩不得不被拆除。

④ 为了便于检修，密闭罩尽可能作成装配式的，例如凹槽盖板密闭罩。

决定密闭罩抽气量的原则，是要保证罩内各点都处于负压。就是要保证罩子的不严密处气流均往内吸入（吸入气流速度应不小于 0.4m/s）。一般来说，排气罩内风速小于 $0.25 \sim 0.37m/s$ 的气流，不会使静止的物料散发到空气中，而风速大至 $2.5 \sim 5.0m/s$ 时，物料就可能被气流带走。因此，除尘吸风量的主要组成为：

$$Q = Q_1 + Q_2 \tag{3-3-1}$$

式中，Q 为除尘抽气量，m^3/h；Q_1 为被运送物料吸入密闭罩的空气量，m^3/h；Q_2 为通过密闭罩不严密处吸入的空气量，m^3/h。

(2) 伞型集气罩　自然抽风的伞型罩常用于收集顶部敞开的热气流，主要用于将热的和潮湿的气体的排出。它的作用有限，不可能将大量的污染烟气排出。典型的自然抽风伞型罩中的空气流速要比侧吸罩中的低得多，因此它不能用于冷气流的抽风，也不能用于有毒有害物质的排气。自然抽风的伞型罩的优点是无须外加动力，结构简单，制作方便，但所需的抽气量较大。

在设计伞形罩时，其罩口的截面和形状应尽可能与尘源的水平投影相似。为了使罩口风速较均匀，吸尘罩的开口角度不要大于 $60°$。开口愈大，边缘风速愈小，而中心则愈大。为了减小周围空气混入排风系统，伞形罩口宜留一定的直边；且在条件允许时，罩口均应有边，有边侧吸罩较无边侧吸罩可减少 25% 的排风量。

(3) 侧吸罩　侧吸罩是为了将污染气流从工作台附近以足够高的气速抽出而安装的，往往在某些工艺或操作的要求下不能设置各种形式的密闭罩时才被采用。侧吸罩应用的原理为吸捕速度原理，主要依靠罩口的吸气在尘源处造成一定的流速，从而在其大于该尘源的吸捕速度时将粉尘吸入罩内。侧吸罩的效果要比伞形罩差，同时要求的吸气量也较伞形罩大，但在许多特殊场合是必不可少的。

侧吸罩采用引风机强制抽风，设计时应遵循以下原则。

① 侧吸罩应尽可能接近废气发生源，在不影响工艺操作的条件下，凡是能够密闭的地方，都应密闭起来。

② 吸气气流应直接流经废气发生源，将废气吸入罩内。

③ 尽量减少横向气流的干扰。

④ 操作工人的位置不应处于废气发生源与侧吸罩之间，以避免废气经过操作工人的呼吸带。

3.3.1.2　集气罩性能

表示集气罩性能优劣的主要技术经济指标为排风量和压力损失。

(1) 排风量的确定　集气罩排风量 Q，可以通过实测罩口上的平均吸气速度 v_0 和罩口面积 A_0 确定。

$$Q = A_0 v_0 \tag{3-3-2}$$

式中，Q 为集气罩排风量，m^3/s；v_0 为平均吸气速度，m/s；A_0 为罩口面积，m^2。

也可以通过实测连接集气罩直管中的平均速度 v，气流动压 P_d，或气体静压 P_s 及其断面积 A 计算：

$$Q = Av = A\sqrt{\frac{2}{\rho}P_d} = \varphi A\sqrt{\frac{2}{\rho}P_s} \tag{3-3-3}$$

式中，Q 为集气罩排风量，m^3/s；ρ 为气体密度，kg/m^3；P_d、P_s 分别为气流动压、气体静压，m^2；φ 为集气罩的流量系数。

(2) 压力损失的确定　集气罩的压力损失 Δp 一般表示为压力损失系数 ξ 与连接直管中动压 P_d 之乘积的形式。即：

$$\Delta p = \xi P_d = \xi \rho v^2/2 \tag{3-3-4}$$

式中，Δp 为集气罩的压力损失，Pa；ξ 为压力损失系数。

3.3.1.3　集气罩的设计计算

集气罩设计得合理，使用较小的排风量就可以有效地控制污染物的扩散；反之，用很大的排风量也不一定达到预期的效果。设计时应注意以下几点。

① 集气罩应尽可能将污染源包围起来，使污染物扩散限制在最小范围内，以便防止横向气流干扰，减少排风量。

② 集气罩的吸气方向尽可能与污染气流运动方向一致，充分利用污染气流的初始动能。

③ 尽量减少集气罩的开口面积，以减少排风量。

④ 集气罩的吸气气流不允许先经过工人的呼吸区再进入罩内。

⑤ 集气罩的结构不应妨碍工人操作和设备检修。

(1) 密闭罩的设计

① 密闭罩的布置要求主要有如下几项。

a. 尽可能将污染源密闭，以隔断污染气流与室内二次气流的联系，防止污染物随室内气流扩散。罩上的观察孔和检修孔应尽量小些，并躲开气流正压较高的位置。

b. 密闭罩内应保持一定的均匀负压，避免污染物从罩上缝隙外逸，为此需合理地组织罩内气流和正确地选择吸风点的位置。

c. 吸风点位置不宜设在物料集中地点和飞溅区内，避免把大量物料吸入净化系统。处理热物料时，吸风点宜设在罩子顶部，同时适当加大罩子容积。

d. 设计密闭罩，应不妨碍工艺生产操作，便于检修，零部件可作成能拆卸的活动结构形式。

② 密闭罩排风量的确定。密闭罩的排风量主要由两部分组成：运动物料带入的诱导空气量和由开口或不严密闭缝隙吸入的空气量。适当的排风量应保证密闭罩内的负压不小于 $5\sim12Pa$。

a. 按开口或缝隙处空气的吸入速度 v_0 计算：

$$Q = A_0 v_0 \tag{3-3-5}$$

式中，Q 为密闭罩排风量，m^3/s；v_0 为开口或缝隙处空气的吸入速度，m/s；A_0 为开口或缝隙的总面积，m^2。

b. 按经验公式或数据确定排风量，砂轮机和抛光机的排风量可按下式计算：

$$Q = KD \tag{3-3-6}$$

式中，K 为每毫米轮径的排风量，对砂轮取 $K=2$，对毡轮取 $K=4$，对布轮取 $K=6$；D 为轮径，mm。

(2) 外部集气罩的设计排风量的确定　外部集气罩设计应注意以下几点。第一，为提高集气罩的控制效果，减少无效气流的吸入，罩口应加设法兰边。上部集气罩的吸入气流易受横向气流的影响，最好靠墙布置，或在罩口四周加设活动挡板。第二，为保证罩口吸气速度均匀，集气罩的扩张角不应大于 60°。当污染源的平面尺寸较大时，为降低罩高度，可以将罩分割成几个小罩子，还可以在罩口加设挡板或气流分布板，以保证罩口气流速度分布均匀。

① 圆形或矩形侧吸罩。对于罩口为圆形或矩形（宽长比 $W/L \geqslant 0.2$）的侧吸罩，排风量的计算公式为：

$$Q = C(10x^2 + A_0)v_x \tag{3-3-7}$$

式中，C 为与集气罩的结构形状和设置情况有关的系数，前面无障碍，四周无边的侧吸罩取 $C = 1$；操作台上的侧吸罩取 $C = 0.75$；前面无障碍，有边的侧吸罩取 $C = 0.75$；x 为罩口轴线距离，m。

② 冷过程上部集气罩。在污染设备上方设置集气罩，由于设备的限制，气流只能从侧面流入罩内，排风量按下式计算：

$$Q = KPHv_x \tag{3-3-8}$$

式中，P 为罩口敞开面周长，m；H 为罩口至污染源距离，m；K 为考虑沿高度速度分布不均匀的安全系数，通常取 $K = 1.4$。

(3) 吹吸式集气罩的设计　吹吸气流是由射流和汇流两股气流合成的。射流的速度随离吹气口距离增加而逐渐减小，而汇流的速度随靠近吸气口而急剧增加。因此，吹吸气流的控制能力必然随离吹气口距离增加而逐渐减弱，随靠近吸气口又逐渐增强。所以吹吸气口之间必然存在一个射流和汇流控制能力均弱，即吹吸气流作用强度最小的断面，则将之称为临界断面。吹吸气流的临界断面一般发生在 $x/H = 0.6 \sim 0.8$ 之间。临界断面上的气流速度（称为临界速度 v_L）应取为 $1 \sim 2$m/s 或更大些，并且要大于污染物的扩散速度。为防止吹气口堵塞，吹气口高度应大于 5mm，而吸气口高度一般应大于 50mm。设计槽边吹吸罩时，为防止液面波动，吹气口气流速度 v_1 应限制在 10m/s 以下。因此，吹吸罩的设计如下。

临界断面位置：　　　　　　　　$x = KH$ (m)　　　　　　　　　(3-3-9)

吹气口吹风量：　　　$Q = K_1 HL_1 v_L^2/v_1$ (m³/s)　　　　　(3-3-10)

吹气口宽度：　　　　$D_1 = K_1 H (v_L/v_1)^2$ (m)　　　　　(3-3-11)

吸气口排风量：　　　　$Q_3 = K_2 HL_3 v_L$ (m³/s)　　　　　(3-3-12)

吸气口宽度：　　　　　　$D_3 = K_3 H$ (m)　　　　　　　(3-3-13)

式中，H 为吹气口至吸气口的距离，m；L_1、D_1 分别为吹气口长度、宽度，m；L_3、D_3 分别为吸气口长度、宽度，m；v_L 为临界速度，m/s；v_1 为吹气口气流平均速度，m/s。一般取 $8 \sim 10$m/s；K、K_1、K_2、K_3 为系数，由表 3-3-1 查得。表中数值是在紊流系数 $a = 0.2$ 的条件下得出的。

表 3-3-1　有关系数表

扁平射流	吸入气流夹角	K	K_1	K_2	K_3
	$3\pi/2$	0.803	1.162	0.736	0.304
	π	0.760	1.073	0.686	0.283
两面扩展	$5\pi/6$	0.753	1.022	0.657	0.272
	$2\pi/3$	0.706	0.955	0.626	0.258
	$\pi/2$	0.672	0.878	0.260	0.107
	$\pi/2$	0.760	0.537	0.345	0.142
一面扩张	$3\pi/2$	0.870	0.660	0.400	0.165
	π	0.832	0.614	0.386	0.158

（4）集气罩的设计实例　案例如下。

［例 3-9］ 有一圆形的外部集气罩，罩口直径 $d = 25cm$，要在罩口轴线距离为 $0.2m$ 处造成 $0.5m/s$ 的吸气速度，试计算该集气罩的排风量。

［解］ 采用四周无边的侧吸罩，取 $C = 1$，则：

$$Q = C(10x^2 + A_0)v_x = [10 \times (0.2)^2 + \pi/4(0.25)^2] \times 0.5 = 0.225(m^3/s)$$

采用四周有边的侧吸罩，取 $C = 0.76$，则：

$$Q = C(10x^2 + A_0)v_x = 0.75[10 \times (0.2)^2 + \pi/4(0.25)^2] \times 0.5 = 0.169(m^3/s)$$

从上例可看出，罩子四周加边后，减少了无效气流的吸入，排风量可节省 25%。

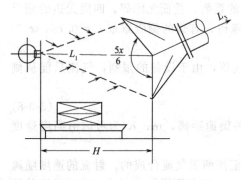

图 3-3-2　落砂机吹吸罩

［例 3-10］ 在 7.5t 落砂机上设置吹吸罩，如图 3-3-2 所示。已知吹吸气口间距 $H = 4.2m$，吹、吸气口长度 $L_1 = L_3 = 3m$，吹气口紊流系数 $a = 0.2$，吹气速度 $v_1 = 10m/s$，吸入气流夹角 $\Phi = 5\pi/6$，试计算临界断面位置，吹、吸气口宽度和吹、排风量。

［解］ 取临界速度 $v_L = 1.3m/s$，吹气速度 $v_1 = 10m/s$。按已知条件从表 3-3-1 查得 $K = 0.735$，$K_1 = 1.022$，$K_2 = 0.657$，$K_3 = 0.272$，求得：

临界断面位置：$x = KH = 0.735 \times 2.4 = 1.76 (m)$

吹气口吹风量：$Q = K_1 HL_1 v_L^2 / v_1 = 1.022 \times 24 \times 3.0 \times 1.3^2 / 10 = 12.44 (m^3/s)$

吹气口宽度：$D_1 = K_1 H (v_L/v_1)^2 = 0.272 \times 2.4 = 0.653 (m)$

吸气口排风量一般应考虑 $10\% \sim 20\%$ 安全系数，若取安全系数为 15%，实际排风量 Q_3 为：$Q_3 = K_2 HL_3 v_L = 1.15 \times 6.15 = 7.07 (m^3/s)$

3.3.2　气体管道设计

气体管道是除尘系统不可缺少的一部分，需要净化的气体沿着气体管道进入除尘器，净化后的气体经气体管道排出。因此，气体管道的设计对除尘系统的能量消耗、工作能力和除尘效率有重大的影响。

3.3.2.1　除尘管道计算

（1）除尘管道直径和气体流量计算

① 气体流量计算。对于圆形管道的气体流量计算式为：

$$Q = 3600 \times \pi D_n^2 v_g / 4 \tag{3-3-14}$$

对于矩形管道的气体流量计算式为：

$$Q = 3600 \times A v_g \tag{3-3-15}$$

式中，Q 为气体流量，m^3/h；D_n 为圆形管道的内径，m；A 为矩形管道的边长，m；v_g 为管道内的气体流速，m/s。

② 管道直径计算。计算式为：

$$D_n = \sqrt{\frac{Q}{2820 v_g}} \tag{3-3-16}$$

（2）管道材质选择　根据化工厂输送介质的特性和管道材质的品种，一般采用热轧无缝钢管（GB 8163—1987）、焊接钢管（GB 3092—1993）、直缝电焊钢管（YB 242—1963）、螺旋缝电焊钢管（SY 5036—1983）、铸铁管等。

（3）管壁厚度确定　一般用于暖通专业的风管壁厚采用"通风管道统一规格"推荐的数值，选用铸铁管道时，管壁厚度一般为 $10\sim12mm$。

（4）管道内气速确定　管道内的气速应合理地确定。气速太小，气体中的粉尘易沉积，严重的会破坏除尘系统的正常运转；气速太大，压力损失会呈平方增长，粉尘对管壁的磨损加剧，使管道的使用寿命缩短。

垂直管道内的气速，应大于抽气口的气速。水平和倾斜管道内的气速应大于最大尘粒的悬浮速度。在工业生产中，进气口处各截面的气速是不等的，气体在管道内分布也是不均匀的，并且存在着涡流现象，同时，还应能够吹走风机前次停转时沉积于管道内的粉尘。因此，一般实际采用的气速比理论计算的气速大 $2\sim4$ 倍。除尘管道内的气速可参考表 3-3-2、表 3-3-3。

除尘器后的排气管道内气速一般取 $8\sim12m/s$。

大型除尘系统采用砖或混凝土制管道时，管道内的气速常采用 $6\sim8m/s$，垂直管道如烟囱出口气速取 $10\sim20m/s$。

表 3-3-2　一般通风系统风管内的气速

单位：m/s

通风管部位	生产厂房机械通风		民用及辅助建筑物	
	钢板及塑料风管	砖及混凝土风道	自然通风	机械通风
干管	6～14	4～12	0.5～1.0	5～8
支管	2～8	2～6	0.5～0.7	2～5

表 3-3-3　除尘通风管道内最低气速

单位：m/s

粉尘性质	垂直管	水平管	粉尘性质	垂直管	水平管
粉状的黏土和砂	11	13	铁和钢（屑）	9	23
耐火泥	14	17	灰土、砂土	16	18
重矿物粉尘	14	16	锯屑、刨屑	12	14
轻矿物粉尘	12	14	大块干木屑	14	15
干型砂	11	13	干微尘	8	10
煤灰	10	12	染料粉尘	14～16	16～18
湿土（2%以下水分）	15	18	大块湿木屑	18	20
铁和钢（尘末）	13	15	谷物粉尘	10	12
棉絮	8	10	麻（短纤维粉尘、杂质）	8	12
水泥粉尘	8～12	18～22			

（5）管道倾角　含尘气体管道的倾角决定于粉尘的物理性质和气体中的含尘浓度。

从粉尘的物理性质而言，应使管道的倾角大于粉尘的静止堆积角，以防淤积、阻塞管道。粉尘静止堆积角的大小与粉尘性质、尘粒直径、形状和湿度等因素有关，一般不小于 $45°$，最好不小于 $60°$。

就气体中的含尘浓度而言，若含尘浓度小于 $0.3g/m^3$，而且粉尘是干燥的、粒径是大的、不粘附于管壁时，则管道的形式可根据流体压力损失最小和设备投资费少的条件进行选择。若含尘浓度为 $0.3\sim15\mathrm{g/m^3}$，含尘气体在管道内的最大速度不应超过 $16\sim18\mathrm{m/s}$，以防止管道的磨损；最低速度为 $8\sim10\mathrm{m/s}$，以防止粉尘沉积而阻塞管道。周期性输送含尘气体的管道不应有平直的部分，只能倾斜地设置。

管道分支管和倾斜主干管连接时，应从上面或侧面接入。三通管道的夹角一般不宜小于30°，最大不宜超过 45°。

3.3.2.2 管道中压力损失

含尘气体在管道中流动时，会发生含尘气体和管壁摩擦而引起的摩擦压力损失，以及含尘气体在经过各种管道附件或遇到某种障碍而引起的局部压力损失。

(1) 摩擦压力损失

① 气体的管道摩擦压力损失。在管道中流动的气体，在通过任意形状的管道横截面时，其摩擦压力损失为：

$$\Delta p = \lambda \frac{L}{4R} \frac{2v_g^2 \rho}{2} \tag{3-3-17}$$

式中，Δp 为气体的管道摩擦压力损失，Pa；λ 为摩擦系数，见表 3-3-4；v_g 为气体在管道中的速度，m/s；L 为管道长度，m；ρ 为气体密度，$\mathrm{kg/m^3}$；R 为水力半径，m，为管道横截面 F 与湿周长度 L_c 之比；对于圆形管道 $R = D_n/4$，（D_n 为圆形管道内径），对于矩形管道 $R = AB/2 (A+B)$（A、B 分别为矩形管道的长边和宽边长度）。

表 3-3-4 管壁摩擦系数表

管 道 性 质	λ（摩擦系数）
玻璃、黄铜、铜制新管	$0.025\sim0.04$
新钢管（焊接）	$0.09\sim0.1$
使用一年后的钢管	$0.02\sim0.08$
镀锌钢管	0.12
薄钢板管和很光滑的水泥管	$0.1\sim0.2$
污秽钢管	$0.75\sim0.9$
橡皮软管	$0.01\sim0.03$
松木或桦木胶合板卷管	$0.06\sim0.08$
木管	$0.09\sim0.1$
用水泥胶砂涂抹的管道	$0.05\sim0.1$
水泥胶砂砌砖的管道	$0.045\sim0.2$
混凝土涵道	$0.045\sim0.2$

② 含尘气体管道的摩擦压力损失。含尘气体管道的摩擦压力损失包括气体管道的摩擦压力损失和由于粉尘的流动所引起的附加摩擦压力损失。计算公式为：

$$\Delta p = \lambda \frac{L}{D} \frac{v_g^2 \rho}{2} \left(1 + C_g \frac{v_g^2}{S_g}\right) \tag{3-3-18}$$

式中，C_g 为含尘气体中粉尘的质量浓度，$C_g = C/(1000\rho g)$，kg/kg；C 为气体的含尘浓度，$\mathrm{g/m^3}$；v_g 为气体在管道中的速度，m/s；S_g 为粉尘在管道中的速度，m/s。

（2）局部压力损失　局部压力损失在管件形状和流动状态不变时，可按下式计算：

$$\Delta p = \xi \frac{v_g^2 \rho}{2} \tag{3-3-19}$$

（3）管道总压力损失　除尘系统管道的总压力损失是直管的摩擦压力损失和管道中局部压力损失之和。

$$\Delta p = m \left(\lambda \frac{L}{D} + \Sigma \xi \right) \frac{v_g^2 \rho}{2} \tag{3-3-20}$$

式中，m 为流体压力损失附加系数，$m = 1.15 \sim 1.20$。

（4）除尘系统总压力损失　除尘系统的总压力损失是管道压力损失和各设备压力损失之和。

3.4　脱硫脱硝典型案例设备设计

3.4.1　脱硫工艺设备设计

湿法脱硫是在离子条件下的气液反应，是基于溶液中的碱性物质与溶解于水的气态二氧化硫（SO_2）即亚硫酸（H_2SO_3）进行中和反应，达到去除 SO_2 的目的，由于液相反应强度大大高于气相和固相，因而湿法脱硫比干法、半干法脱硫效率高。因其系统运行稳定可靠，脱硫速度快，脱硫效率高，吸收剂利用率高，故在脱硫市场中占主导地位，占全世界装置总量的 85% 以上。

在湿法脱硫工艺中应用最多的是湿式钙法，即石灰石/石灰-石膏法，它是目前国内外技术最为成熟、实用业绩多、运行状况稳定、运行费用低的脱硫工艺，脱硫效率在 95% 以上。

3.4.1.1　脱硫工艺类型

脱硫工艺的选择应根据烟气量、烟气二氧化硫含最、脱硫效率、脱硫工艺的成熟可靠程度、脱硫剂的供应条件（本地资源优势）、水源情况、脱硫副产物的综合利用、脱硫废水、废渣排放条件，投资运行成本等综合技术经济比较后确定。

目前，烟气脱硫工艺很多，按用水量可分为湿法、干法、半干法；按脱硫剂的不同，又可分为石灰石/石灰-石膏法、钠法、镁法、氨法、双碱法等。

（1）湿式石灰石-石膏法脱硫工艺　湿式石灰石-石膏法采用石灰石粉（$CaCO_3$）作脱硫剂原料，加水搅拌后制成石灰石粉浆液作脱硫吸收浆液，喷入脱硫吸收塔，吸收烟气中的 SO_2 反应生成亚硫酸钙，通过进一步氧化成硫酸钙，净化后的烟气达标排放。

该工艺的主要优势有如下几点。

① 我国有大量石灰石资源，原料价廉易得、在脱硫工艺的各种吸收剂中，石灰石价格最便宜，钙利用率高，运行费用低。

② 湿式石灰石-石膏法脱硫技术成熟、运行经验多、应用广，不会因脱硫装置设备而影响锅炉正常运行，采用湿式石灰石-石膏法脱硫工艺，使用寿命长，可取得良好的投资效益。

③ 脱硫效率高，湿法脱硫工艺脱硫效率达 95% 以上。

④ 脱硫副产物便于综合利用，可作为水泥厂的缓凝剂，添加量约为水泥产量的 4%。若采用抛弃处理，也可以填埋处理，无二次污染。

⑤ 对烟气的参数变化适用性强，包括温度、压力和二氧化硫含量的变化。

（2）循环流化床半干法脱硫工艺　本技术既适用于处理烟气量较大的电厂燃煤锅炉烟气脱硫净化，同时也适用于各种规模的工业锅炉、工业窑炉烟气脱硫净化工程和垃圾焚烧，应用领域非常广泛。

循环流化床烟气脱硫净化系统包括石灰仓、水泵、雾化喷嘴、螺旋给料器、引风机、布袋除尘器、循环流化床反应器、旋风分离器、立管、密闭管式返料器、电磁阀、灰斗、灰库。

系统流程确定为：锅炉烟道──→原有静电除尘器──→循环流化床半干法烟气脱硫系统──→布袋除尘器──→引风机──→烟囱。厂方原有静电除尘器作为预除尘，在循环流化床脱硫塔的后边设置布袋除尘器以满足粉尘达标排放。由锅炉出口烟道引入的含有二氧化硫的烟气在循环流化床脱硫塔中得以脱硫净化；循环流化床脱硫塔出口的高含尘烟气经过布袋除尘器对烟气进行收尘，将收集下来的粉煤灰、未反应的脱硫剂及脱硫产物返回脱硫塔进行循环利用，以提高烟气脱硫效率和脱硫剂利用率。

（3）GSA 半干法烟气脱硫　本技术既适用于处理烟气量较小的电厂燃煤锅炉烟气脱硫净化。GSA 烟气脱硫净化系统包括石灰仓、水泵、雾化喷嘴、螺旋给料器、引风机、GSA 反应器、旋风分离器、灰库。

系统流程确定为：锅炉烟道──→GSA 半干法烟气脱硫系统──→旋风分离器──→原有静电除尘器──→引风机──→烟囱。在循环流化床脱硫塔的后边设置旋风分离器再进入厂方原有静电除尘器。由锅炉出口烟道引入的含有二氧化硫的烟气在循环流化床脱硫塔中得以脱硫净化；循环流化床脱硫塔出口的高含尘烟气经过旋风分离器对烟气进行收尘，将收集下来的粉煤灰、未反应的脱硫剂及脱硫产物返回脱硫塔进行循环利用，以提高烟气脱硫效率和脱硫剂利用率；再进入静电除尘器对脱硫后烟气进行进一步除尘，以满足热电厂锅炉烟尘排放标准，达标排放。

（4）钙钠双碱法工艺　钠碱法主要包括亚钠循环吸收法和亚硫酸钠法。亚钠循环吸收法是用 Na_2SO_3 吸收 SO_2 生成 $NaHSO_3$，吸收液加热分解出高浓度 SO_2（可以进一步加工为液态 SO_2、生成硫黄或硫酸）和 Na_2SO_3（用于循环吸收用）。亚硫酸钠法是用 Na_2CO_3 吸收 Na_2SO_3，并将 Na_2SO_3 制成副产品。目前在国内比较受欢迎，因为一次投资费用比较低。但是运行费用很高，消耗大量的碱，长期运行的话电厂根本消耗不起。

（5）氨法脱硫工艺　其中氨吸收法中的氨-酸法，是用 $(NH_4)_2SO_3$ 吸收 SO_2 生成 NH_4HSO_3，再在循环槽中用补充的氨使 NH_4HSO_3 再生为 $(NH_4)_2SO_3$ 循环脱硫；部分吸收液用硫酸分解得到高浓度的 SO_2，把得到的高浓度的 SO_2 制成硫酸。但这种方法主要是应用于二氧化硫浓度较高的烟气脱硫，同时脱硫剂氨液的获得和储存以及二次污染的防止也是一个需要认真考虑的难点，至今未在电站锅炉和较大规模的工业锅炉的烟气脱硫中使用。

该脱硫工艺是以氨水为吸收剂，其副产品为硫酸铵化肥。锅炉烟气经烟气换热器冷却至 90%～100%，进入预洗涤器除去 HCl 和 HF，洗涤后的烟气经液滴分离器除去水滴，再进入前置洗涤器中。在前置洗涤器中，氨水自塔顶喷淋洗涤烟气，烟气中的 SO_2，被洗涤吸收除去，经洗涤后的烟气排出后经液滴分离器除去水滴，进入脱硫洗涤器。在该洗涤器中烟气进一步被洗涤，经洗涤塔顶部的除雾器除去雾滴，再经烟气换热器加热后由烟囱排放。洗涤工艺中产生的约 30% 的硫酸铵溶液排出洗涤塔，可以送到化肥厂进一步加工或直接作为液体氮肥出售。

氨法脱硫属较为成熟的一种脱硫工艺，国内有些厂家做得也不错，但是如果回收氨肥的话，一次投资比较大，不回收的话，副产物不好处理，容易造成二次污染。并且氨法气溶胶的问题，目前全世界都无法解决，运行过程中的泄露造成现场很大的污染。

3.4.1.2　脱硫工艺设计计算

（1）工艺介绍　采用简易石灰石-石膏湿法烟气脱硫工艺进行脱硫，烟气经除尘后进入喷淋塔，喷淋塔采用逆流方式布置，烟气从喷淋区下部进入喷淋塔，与均匀喷出的吸收浆液逆流接触。已经锅炉烟气湿烟气量为 $V=60000m^3/h$，塔内处理的总烟气体积流量为 $V=100000m^3/h$，

烟气流速为 $U=2.8\text{m/s}$，烟气浓度为 2577mg/m^3，容积吸收率 $\xi=5.2\text{kg/}(\text{m}^3\cdot\text{h})$，$SO_2$ 吸收效率 $\eta\geqslant90\%$，喷淋塔温度为 50℃。设计喷淋塔的内径 D、吸收区高度 h。

（2）设计计算

① 确定喷淋塔内径。改喷淋塔截面为圆形，则内径为：

$$D=2\sqrt{\frac{V}{3600\pi U}}=2\sqrt{\frac{100000}{3600\times3.14\times2.8}}=3.55\text{m}$$

一般取 $D=3.5\text{m}$。

② 确定吸收区高度。由容积吸收率的定义公式 $\xi=K_0\dfrac{C\eta}{h}$ 和 $K_0=\dfrac{3600U\times273}{273+t}$，可知

$$h=K_0\frac{C\eta}{\xi}=\frac{3600\times2.8\times273}{273+50}\times\frac{2577\times10^{-6}\times0.9}{5.2}=3.8\text{m}$$

取 $h=4\text{m}$。

③ 除雾器的设计。除雾器由两部分组成：除雾器本体和冲洗系统，除雾区高 2.3m。湿法烟气脱硫系统采用的除雾器主要是折流板除雾器，所以在吸收塔顶部设置一级折流板除雾器，垂直安装，并对除雾器采用双面冲洗。冲洗周期一般为 2h。冲洗水量为 $12\text{m}^3/\text{h}$。冲洗喷嘴采用实心锥喷嘴，除雾区喷嘴与折流板之间的间距为 0.6m。

④ 雾化喷嘴的设计。雾化喷淋区设置两层喷嘴，每层布置 24 个喷嘴，各层喷嘴在上下空间上错开布置。根据循环浆液泵的流量，一般选取喷嘴流速为 10m/s，喷嘴出口直径为 45mm，出口流速为 11.2m/s。喷嘴选用空心锥切线压力喷嘴。

⑤ 烟气增压风机的选型。在没有安装烟气脱硫装置时，锅炉中的烟气由引风机引出，经锅炉直接排入大气，脱硫装置运动后，烟气要经过脱硫塔后再进入烟囱排入大气，由于烟气流程增长，因而在脱硫工艺中必须设置增压风机。

本系统采用静叶可调子午加速轴流风机，其气动性能介于离心式与动叶可调轴流风机之间。可输送含有灰分或腐蚀性的大流量气体，具有优良的气动性能，高效节能，磨损小，寿命长，结构简单，运行可靠，安装维修方便，具有良好的调节性能，静叶可调轴流风机在中片磨损后更换叶片的价格约为 7 万元/叶轮，动叶可调风机更换叶片的价格约为 1 万元/叶片，如叶片数取 22 片，效益十分明显。

⑥ 浆液泵的选型。浆液泵为卧式离心泵，属于脱硫系统的核心设备，要求性能稳定，可靠性高，寿命长。脱硫系统中的浆液泵按功能大致分两类，一类是完成浆液循环功能的大型泵，另一类是制浆系统和浆液池排出石膏用的小型泵。

浆液泵输送的石灰石或石膏浆液为固液两相流分质，分质中 Cl^- 含量约为 2000～6000mg/L，pH 值在 4.5～7 之间，易对过流元件造成孔蚀与酸蚀。浆液中石灰石与石膏的浓度一般在 20%～35% 之间，固体粒径在几十微米至几百微米之间，浆液的高速流动又会对过流元件表面造成冲刷与磨损。因此，浆液材料的选择至关重要，要兼顾腐蚀与磨损的双重影响。因此，浆液泵的材料采用非金属衬里。衬里泵的叶轮为耐磨耐蚀的特殊不锈钢材料（904L）制造，泵壳基体为普通碳钢，泵壳内腔衬 SiC 陶瓷。

3.4.2　脱硝工艺设备设计

有关 NO_X 的控制方法从燃料的生命周期的三个阶段入手，即燃烧前、燃烧中和燃烧后。当前，燃烧前脱硝的研究很少，几乎所有的形容都集中在燃烧中和燃烧后的 NO_X 的控制。所以在国际上把燃烧中 NO_X 的所有控制措施统称为一次措施，把燃烧后的 NO_X 控制措施统称为二次措施，又称为烟气脱硝技术。

目前，普遍采用的燃烧中 NO_X 控制技术即为低 NO_X 燃烧技术，主要有低 NO_X 燃烧

器、空气分级燃烧和燃料分级燃烧。

应用在燃煤电站锅炉上的成熟烟气脱硝技术主要有选择性催化还原技术（Selective Catalytic Reduction，简称 SCR）、选择性非催化还原技术（Selective Non-Catalytic Reduction，简称 SNCR）以及 SNCR/SCR 混合烟气脱硝技术。

SCR 系统一般由氨的储存系统、氨与空气混合系统、氨气喷入系统、反应器系统、省煤器旁路、检测控制系统等组成。

(1) SCR 脱硝工艺　目前世界上流行的 SCR 工艺主要分为氨法 SCR 和尿素法 SCR 两种。此两种法都是利用氨对 NO_x 的还原功能，在催化剂的作用下将 NO_x（主要是 NO）还原为对大气没有多少影响的 N_2 和水。还原剂为 NH_3，其不同点则是在尿素法 SCR 中，先利用一种设备将尿素转化为氨之后输送至 SCR 触媒反应器，它转换的方法为将尿素注入一分解室中，此分解室提供尿素分解所需之混合时间、驻留时间及温度，由此室分解出来之氨基产物即成为 SCR 的还原剂通过触媒实施化学反应后生成氨及水。尿素分解室中分解成氨的方法有热解法和水解法，主要化学反应方程式为：

$$NH_2CONH_2 + H_2O \longrightarrow 2NH_3 + CO_2$$

在整个工艺的设计中，通常是先使氨蒸发，然后和稀释空气或烟气混合，最后通过分配格栅喷入 SCR 反应器上游的烟气中。典型的 SCR 烟气脱硝工艺系统基本流程如图 3-4-1 所示。

锅炉脱硝系统装置的基本流程

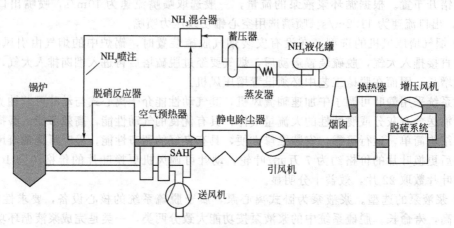

图 3-4-1　典型的 SCR 烟气脱硝工艺系统基本流程图

(2) SNCR 脱硝工艺　SNCR 脱硝工艺是用 NH_3、尿素等还原剂喷入炉内与 NO_x 进行选择性反应，不用催化剂，因此必须在高温区加入还原剂。还原剂喷入炉膛温度为 850～1100℃的区域，该还原剂（尿素）迅速热分解成 NH_3 并与烟气中的 NO_x 进行 SNCR 反应生成 N_2，该方法是以炉膛为反应器。

在炉膛 850～1100℃这一狭窄的温度范围内、在无催化剂作用下，NH_3 或尿素等氨基还原剂可选择性地还原烟气中的 NO_x，基本上不与烟气中的 O_2 作用，据此发展了 SNCR 法。在 850～1100℃范围内，NH_3 或尿素还原 NO_x 的主要反应为：

NH_3 为还原剂：

$$4NH_3 + 4NO + O_2 \longrightarrow 4N_2 + 6H_2O$$

尿素为还原剂：

$$NO + CO(NH_2)_2 + 1/2O_2 \longrightarrow 2N_2 + CO_2 + H_2O$$

当温度高于 1100℃时，NH_3 则会被氧化为：

$$4NH_3 + 5O_2 \longrightarrow 4NO + 6H_2O$$

不同还原剂有不同的反应温度范围，此温度范围称为温度窗。NH_3 的反应最佳温度区为 850～1100℃。当反应温度过高时，由于氨的分解会使 NO_x 还原率降低；另一方面，反应温度过低时，氨的逃逸增加，也会使 NO_x 还原率降低。NH_3 是高挥发性和有毒物质，氨的逃逸会造成新的环境污染。

　　引起 SNCR 系统氨逃逸的原因有两种：一种原因是由于喷入点烟气温度低影响了氨与 NO_x 的反应；另一种原因可能是喷入的还原剂过量或还原剂分布不均匀。还原剂喷入系统必须能将还原剂喷入到炉内最有效的部位，因为 NO_x 在炉膛内的分布经常变化，如果喷入控制点太少或喷到炉内某个断面上的氨分布不均匀，则会出现分布较高的氨逃逸量。在较大的燃煤锅炉中，还原剂的均匀分布则更困难，因为较长的喷入距离需要覆盖相当大的炉内截面。为保证脱硝反应能充分地进行，以最少的喷入 NH_3 量达到最好的还原效果，必须设法使喷入的 NH_3 与烟气良好地混合。若喷入的 NH_3 不充分反应，则逃逸的 NH_3 不仅会使烟气中的飞灰容易沉积在锅炉尾部的受热面上，而且烟气中 NH_3 遇到 SO_3 会产生 $(NH_4)_2SO_4$ 易造成空气预热器堵塞，并有腐蚀的危险。

　　SNCR 烟气脱硝技术的脱硝效率一般为 25%～50%，受锅炉结构尺寸影响很大，多用作低 NO_x 燃烧技术的补充处理手段。采用 SNCR 技术，目前的趋势是用尿素代替氨作为还原剂。

　　SNCR 系统烟气脱硝过程由下面四个基本过程完成：接收和储存还原剂；还原剂的计量输出、与水混合稀释；在锅炉合适位置注入稀释后的还原剂；还原剂与烟气混合进行脱硝反应。

3.4.2.1　SNCR 脱硝系统设计

　　(1) SNCR 脱硝还原剂的选择　用于 SNCR 脱硝工艺中常使用的还原剂有尿素、液氨和氨水。若还原剂使用液氨，则优点是脱硝系统储罐容积可以较小，还原剂价格也最便宜；缺点是液氨有毒、可燃、可爆，储存的安全防护要求高，需要经相关消防安全部门审批才能大量储存、使用；另外，输送管道也需特别处理；需要配合能量很高的输送气才能取得一定的穿透效果，一般应用在尺寸较小的锅炉或焚烧炉。若还原剂使用氨水，氨水有恶臭，挥发性和腐蚀性强，有一定的操作安全要求，但储存、处理比液氨简单；由于含有大量的稀释水，储存、输送系统比氨系统要复杂；喷射刚性，穿透能力比氨气喷射好，但挥发性仍然比尿素溶液大，应用在墙式喷射器的时候仍然难以深入到大型炉膛的深部，因此一般应用在中小型锅炉上。还原剂采用尿素，尿素不易燃烧和爆炸，无色无味，运输、储存、使用比较简单安全；挥发性比氨水小，在炉膛中的穿透性好；效果相对较好，脱硝效率高，适合于大型锅炉设备的 SNCR 脱硝工艺。近年来，以尿素为还原剂的 SNCR 装置在火电厂中有较多的应用，因此，本方案以尿素为还原剂。

　　(2) SNCR 脱硝工艺流程　以尿素为还原剂的 SNCR 工艺流程，该流程由以下四部分组成。

　　① 反应剂的接收和储存。

　　② 反应剂的计量稀释和混匀。

　　③ 稀释的反应剂喷入锅炉合适的部分。

　　④ 反应剂与烟气的混合。

　　与氨系统相比，尿素系统有以下优点：尿素是一种无毒、低挥发的固体，在运输和储存方面比氨更加安全；此外，尿素溶液喷入炉膛后在烟气中扩散较远，可改善锅炉中吸收剂和烟气的混合效果。

　　尿素溶液还原 NO_x 的反应温度为 850～950℃，NSR 氨的当量比为 1.5～2.0 时 NO_x 脱除效率可达 70% 左右。通过模拟得出在 900℃时还原反应速率很快，0.2s 内反应已基本完成。随着温度的降低反应速率下降，完成反应所需时间增加，反应停留时间延长能够使反应更加充分 NO_x 脱除效率有所升高。

3.4.2.2 SNCR 脱硝系统构成

（1）尿素储存与尿素溶液制备系统

① 设计原则。固体尿素运送到现场后，进入尿素储存间内进行储备。尿素储存间的容积足够储存脱硝系统运行 7d 所需要的尿素的量。作为还原剂的固体尿素，被溶解制备成浓度为 50% 的尿素溶液。溶解池的容积按照脱硝系统运行 10h 所需要的 50% 尿素溶液的量进行设计。尿素溶液经配料输送泵输送入尿素溶液储罐储存，再经供料泵送往尿素喷射系统，在喷入炉膛之前，需经过计量分配装置的精确计量分配至每个喷枪，然后经喷枪喷入炉膛，进行脱氮反应。

② 主要的设备和构筑物包括如下几类。

a. 尿素储存间。尿素如果储存不当，容易吸湿结块。因此，尿素料仓要求干燥、通风良好、温度在 20℃ 以下，因此设置干尿素储存间，尿素储存间的容积足够储存脱硝系统运行 7d 所需要的尿素的量。

b. 溶解池。采用钢构或钢筋混凝土结构。所用溶解水为去离子水、去矿物质水、反渗透水或者冷凝水。

c. 配料输送泵。配料输送泵负责将溶解池内配置好的 50% 尿素溶液打往尿素溶液储罐内储存，一用一备。

d. 尿素溶液储罐。尿素溶液储罐用于储存 50% 浓度尿素溶液，储罐容积按照脱硝系统两台炉运行 10h 所需要的 50% 尿素溶液的量进行设计。为保证 10% 尿素溶液不因温度降低而析出晶体，需对储罐内溶液采用蒸汽加热，维持温度在 40℃ 以上。

（2）尿素溶液输送系统

① 设计原则。尿素溶液输送泵采用多级离心泵。输送泵设有备用，对于输送供给系统，为避免杂物对泵机及喷嘴的损坏，溶解池到输送泵入口设有滤网。

② 主要设备。尿素溶液输送泵：输送泵 5 台，4 用 1 备，两台 80t 炉共用 1 台，130t 炉各用一台。用于将 50% 尿素溶液输送往计量分配系统。

（3）尿素溶液计量分配系统

① 设计原则。尿素喷入锅炉前必须用来自计量分配模块的去盐水将 50% 的尿素溶液稀释到 10%，尿素溶液计量分配系统能精确地将 50% 尿素溶液稀释为 10% 溶液，通过该系统可以随处理前后 NO_x 浓度、锅炉负荷、燃料质量等变化来调整并精确计量控制流入每个喷射器的反应剂量。

② 主要设备。计量分配系统由 1 个稀释水储罐、5 台全流量的多级不锈钢离心水泵、4 台化学计量泵和 4 个静态混合器组成。

（4）尿素溶液喷射系统

① 设计原则。尿素溶液喷射系统的设计应能适应锅炉最低稳燃负荷工况和 BMCR 之间的任何负荷持续安全运行，并能适应机组的负荷变化和机组启停次数的要求。并应尽量考虑利用现有锅炉平台进行安装和维修。喷射区数量和部位由锅炉的温度场和流场来确定。

② 技术要求。还原剂喷嘴布置在锅炉温度 850~1100℃ 区域内，10% 尿素溶液在通过喷嘴喷出时被充分雾化后以一定的角度喷入炉膛内或者旋风除尘器入口位置。

设计一套完整的尿素溶液喷射系统，保证尿素溶液和烟气混合均匀，喷射系统设置流量调节阀，能根据烟气不同的工况进行调节。喷射系统具有良好的热膨胀性、抗热变形性和抗振性。

③ 喷射器。喷射器有墙式和枪式两种类型。墙式喷射器在特定部位插入锅炉内墙，一

般每个喷射部位设置 1 个喷嘴。墙式喷嘴一般应用于短程喷射就能使反应剂与烟气达到均匀混合的小型锅炉和尿素 SNCR 系统。由于墙式喷嘴不直接暴露于高温烟气中，其使用寿命要比喷枪式长。枪式喷射器由 1 根细管和喷嘴组成，可将其从炉墙深入到烟流中。喷枪一般应用于烟气与反应剂难于混合的氨喷 SNCR 系统和大容量锅炉。在某些设计中喷枪可延伸到锅炉整个断面。喷枪可按单个喷嘴或多个喷嘴设计。后者的设计较为复杂，因此，要比单个喷嘴的喷枪和墙式喷嘴价格贵些。因喷射器忍受着高温和烟气的冲击，易遭受侵蚀、腐蚀和结构破坏。因此，喷射器一般用不锈钢制造，且设计成可更换的。除此以外，喷射器常用空气、蒸汽和水进行冷却。为使喷射器最少地暴露于高温烟气中，喷枪式喷射器和一些墙式喷嘴也可设计成可伸缩的。当遇到锅炉启动、停运、季节性运行或一些其他原因 SNCR 需停运时，可将喷射器退出运行。反应剂用专门设计的喷嘴在有压下喷射，以获得最佳尺寸和分布的液滴。用喷射角和速度控制反应剂轨迹，尿素系统常通过双流体喷嘴用载体流，如空气或蒸汽，与反应剂一起喷射。有高能和低能 2 种喷射系统。低能喷射系统利用较少和较低压力的空气，而高能系统需要大量的压缩空气或蒸汽。用于大容量锅炉的尿素系统一般均采用高能系统。高能系统因需装备较大容量空压机、制造坚固的喷射系统和消耗较多的电能，其制造和运行费用均较昂贵。

第 4 章
隔声污染控制工程设计

4.1 隔声技术

把发声的物体或把需要安静的场所封闭起来使其与周围隔绝的方法称为隔声。隔声是噪声控制中最有效的措施之一。在日常生活中我们知道，若外界噪声很高，干扰了室内的活动，把门、窗关上便可有效地降低这种干扰。利用门、窗、墙、钢板等构件将噪声源和接收者相隔离，从而达到保护接收者目的。常用的隔声结构有隔声室、隔声罩、隔声门等。

4.1.1 隔声结构的特性

声波在通过空气的传播途径中，碰到一匀质屏蔽物时，由于两分界面特性阻抗的改变，使部分声能被屏蔽物反射回去，一部分被屏蔽物吸收，只有一部分声能可以透过屏蔽物传到另一个空间去。显然，透射声能仅是入射声能的一部分，因此，设置适当的屏蔽物便可以使大部分声能反射回去，从而降低噪声的传播。具有隔声能力的屏蔽物就称作隔声构件或者隔声结构，如砖砌的隔墙、水泥砌块路、隔声罩体等。隔声效果主要有以下几个评价量。

(1) 透声系数　隔声构件本身透声能力大小用透声系数表示，它等于透射声功率和入射声功率的比值，即：

$$\tau = \frac{W_{透}}{W_{入}} \qquad (4\text{-}1\text{-}1)$$

式中，$W_{透}$ 为透过隔声构件的声功率，W；$W_{入}$ 为入射隔声构件的声功率，W。

(2) 隔声量（又称传声损失）　实际工程中，由于采用 τ 评价隔声材料或结构的隔声特性很不方便，于是引入隔声量（又称传声损失，单位为 dB）。它定义为：

$$TL = 10 \lg \frac{1}{\tau} \qquad (4\text{-}1\text{-}2)$$

隔声构件的透声系数越小，其隔声量越大，隔声性能越好。这两个指标可以用来比较不同隔声构件本身的隔声性能。

(3) 平均隔声量　工程上常用平均隔声量表示材料的隔声能力。它是 125Hz，250Hz，500Hz，1000Hz，2000Hz 和 4000Hz 6 个频率的隔声量的算术平均值。

在实际应用中，为了简便起见，常用单一数值来表示某一构件的隔声量，通常取 50Hz 和 5000Hz 两频率的几何平均值 500Hz 的隔声量来代表平均隔声量，记为 R_{500}。

(4) 隔声指数　国际标准化组织 ISO/R717 推荐用隔声指数 I_a 来评价隔声性能。它是用标准折线来确定的，这条折线的走向规定为：100～400Hz，每倍频程增加 9dB；400～1250Hz，每倍频程增加 3dB；1250～3150Hz 折线平直。在确定隔声指数时，首先将隔声构件的隔声频率特性曲线绘在标纸上，然后将绘有隔声指数的标准折线透明纸与其重合，使频率坐标位置对准，并沿垂复方向上下移动，至满足如下两个条件为止：

① 隔声频率特性曲线的任一频带的隔声量在标准折线下方均不超过 8dB；

② 各频带处于标准折线下的 dB 数总和不大于 32dB。

上述两条件仅运用于 1/3 倍额程坐标。若为倍频程坐标，上述两项条件相应改为不得超过 5dB 以及各频率的总和不得大于 10dB。满足上述两个条件后，从横坐标 500Hz 处向上引垂线与标准折线相交，通过交点作水平线与纵坐标相交，则该点的 dB 数即为要求的隔声指数 I_a。

众所周知，噪声污染传播通常有两个途径：一是噪声源直接通过空气传播，称为空气声；二是噪声源激发固体结构，引起其振动而产生的噪声，称为固体声。这两种噪声传播的途径不同，所采取的控测方法也不同，本节主要介绍隔离空气声的材料和结构。

4.1.2　隔声材料与隔声构件的设计应用

按施工方法不同，隔声可分为建筑围护结构的隔声和轻型隔声构件的隔声两大类。建筑围护结构一般属于重型结构，如砖墙、钢筋混凝土墙板和楼板等；在工业噪声控制中，常用的是轻型隔声结构，例如钢结构隔声室、隔声罩、隔声屏、隔声门、隔声窗等。建筑围护结构或轻型隔声构件可以是单层的，也可以是双层的或多层复合的。隔声构件可以选用现成产品，也可以按需要进行专门的设计制造。

4.1.2.1　隔声构件选用

影响隔声构件隔声性能的因素颇多，例如入射声波的方向、频率、隔声构件的面密度、劲度、阻尼、有无吸声材料，有无空洞缝隙，有无声桥，有无隔振，有无门窗等。在选用隔声材料的隔声构件时，应综合考虑，并进行必要的计算和估算。隔声构件的选用原则如下。

按要求确定隔声构件的形式。当噪声源在外部时，可采用隔声室、集控室等形式，操作人员（接受者）位于隔声室内，安静程度要求较高；当噪声源在内部时，可采用隔声罩、隔声箱等形式，噪声源在隔声罩内，操作人员在外部。相对来说，安静程度要求较低，隔声罩体积小，费用较省，但应考虑隔声罩的通风散热及设备的检修保养。当噪声源和接受者都在外部时，可采用敞开结构，例如隔声屏障、噪声源和接受者在屏障两侧，隔声量有限，但便于操作和维修噪声设备。

在噪声控制工程中，究竟选用何种隔声结构，应根据噪声源的声级高低、频谱特性、噪声源形状尺寸、噪声控制标准、周围环境状况、施工场地大小、设备操作要求、投资费用多少等综合考虑。

对于相对独立的强噪声源，噪声控制标准又要求有较高的隔声量，施工场地又比较宽敞，此时可采用土建材料为主的重型隔声结构，例如航空发动机试车台、柴油机试车台、空压机、冷冻机等控制室；对于空间尺寸较小，安装位置有限的噪声源，则可配置与噪声源外形相似的全封闭型噪声罩；若噪声源不需要检修，隔声罩可做成固定式，若噪声源需要经常检修或移位，则应采用可拆卸式；对于工艺上有特殊要求，不允许全封闭，噪声源声级又不太高，此时可采用局部隔声罩或半封闭隔声罩；对于噪声源形状尺寸较大，声级较高，频谱特性呈中高频，通风散热要求严格，操作者又必须在强噪声源附近工作时，此时，可在操作者和噪声源之间设置隔声屏障，使操作者处于声屏障所形成的声影区内；有些强噪声源体积大、数量多，造成工作地点噪声超标较多，此时可设置供休息的专用隔声间、监控室等，这些间室可以是土建结构，也可以是轻型装配式结构。此外，一般构件隔声量应大于"需要隔声量"5dB（A）以上。这是由于隔声构件在加工安装过程中可能会造成缝隙漏声或固体传说或隔绝不良等影响，因此，在设计选用隔声构件时，其隔声量应适当留有余地。

4.1.2.2 隔声板材

在噪声控制工程中常用的隔声板材，归纳起来有下列几种。

① 单层板材：金属板、塑料板、石膏板、五合板、石棉水泥板、草纸板等。

② 双层板材：双层金属板、双层铅丝网抹灰板、双层复合板等。

③ 单层墙体：炭化石灰板墙、加气混凝土墙、矿渣珍珠岩砖墙、硅酸盐砌块、硅酸钠条板、矿渣三孔空心砖、石膏蜂窝板墙等。

④ 双层墙体：塑料贴面压榨板双层墙、纸面石膏板双层墙、炭化石灰板双层墙、炭化石灰板和纸面石膏板复合墙、加气混凝土双层墙、五合板蜂窝板双层墙、厚砖墙两面抹灰、空心砖墙两面抹灰、双层厚砖墙等。

上述各类板材隔声量和隔声指数在中国建筑科学研究院建筑物理研究所编写的《建筑围护结构隔声》一书中有详细介绍。

除上述介绍的几种板材外，近年来又开发出了一系列轻质板材，比如 FC 板、PC 板、WJ 板、彩钢夹芯板、金属复合隔声板、CH 型活动隔声板等，它们既可用于建筑分户墙，又可用于噪声控制工程中的隔声，室内室外均可使用，在许多噪声控制工程和建筑声学工程中实际应用，均取得了满意的隔声降噪效果。

4.1.2.3 隔声罩

鉴于机器设备种类繁多，场地大小不一，采用标准隔声罩适应性较差，通常都是按现场实际情况设计、制造非标准隔声罩，例如，各类风机、空压机、柴油发电机组、发电机、水泵、球磨机、破碎机等隔声罩。

(1) 组装式轻型钢制隔声罩　组装式轻型钢质隔声罩是上海交通大学和江苏南通市消声设备厂共同研制的新产品。它利用 A，B，C 三种定型的隔声板拼装成大小不一、形状不同的隔声罩。A 型隔声罩为单面吸声结构，B 型隔声板为双面吸声结构，C 型为无吸声结构的隔声板。

利用 A 型隔声板组装成的隔声罩，平均隔声量为 25dB（A）左右；利用 B 型隔声板制成的双层隔声罩，外侧为 A 型隔声板，内侧为 B 型隔声板，双层隔声罩的隔声量可达 50dB（A）以上；C 型隔声板的两面均为钢板，若中间填充某些密度较高的材料（例如黄砂），可提高其低频隔声性能；若填充某些纤维性材料，也可提高其隔声量。若在 C 型隔声板的内侧再利用龙骨或支架等固定吸声材料，此时 C 型隔声板的平均隔声量可达 40～50dB（A）。

隔声罩通风系统采用矩形截面的片式阻性消声器，消声器的消声量与隔声罩的隔声量相当。组装式隔声罩的结构示意图如图 4-1-1 所示。组装式隔声罩主要由底板型钢、榫骨、隔声板、带隔声门的隔声板、带隔声采光窗的隔声板等隔声构件组成。组装式轻型钢质隔声罩的隔声量为 20～40dB（A）。

(2) BHB 型风机隔声罩　BHB 型风机隔声罩是由北京市环保局设计的主要用于降低送风机的空气动力性噪声和机壳本身所辐射的机械性噪声，适配于 4-72 风机系类 $2.8^\#$，$3.2^\#$，$3.6^\#$，$4^\#$，$4.5^\#$，$5^\#$ 风机。隔声罩由外隔内吸式隔声板拼装而成，在进出风口处安装有阻性片式消声器。设计中考虑了通风散热与隔振问题，风机底座上安装有隔振器。BHB 型风机隔声罩隔声量一般为 20～30dB（A），进出风口处消声器消声量为 20dB（A）。BHB 型隔

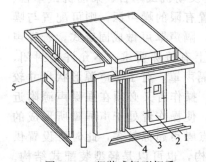

图 4-1-1　组装式轻型钢质
隔声罩结构示意图

1—底板型钢；2—隔声门；
3—隔声板；4—榫骨；5—观察窗

声罩外形示意图和隔声特性曲线如图 4-1-2 所示。BHB 型隔声罩性能规格列于表 4-1-1。

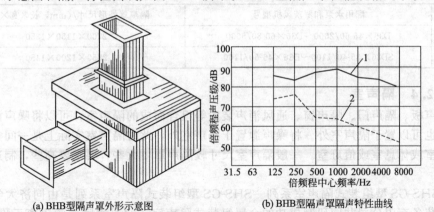

(a) BHB 型隔声罩外形示意图　　　　(b) BHB 型隔声罩隔声特性曲线

图 4-1-2　BHB 型风机隔声罩结构示意图和隔声特性曲线图

1—无隔声罩；2—加装隔声罩

表 4-1-1　BHB 型隔声罩性能规格表

序号	适配风机型号 4-72 系列	隔声罩外形尺寸 /mm			风机进出口消声器尺寸 /mm			风机底座尺寸 /mm		减振器		质量 /kg
		长	宽	高	内径	外径	长	长	宽	型号	数量	
1	2.8	870	760	760	220×300	380×460	1000	580	680	JG$_1$-2	4	80
2	3.2	900	820	840	250×330	410×490	1200	580	680	JG$_1$-3	4	94
3	3.6	930	880	917	290×360	450×520	1400	580	680	JG$_1$-3	4	120
4	4	960	945	990	320×400	380×360	1100	580	680	JG$_1$-4	4	120
5	4.5	990	1025	1084	365×440	485×560	1300	580	680	JG$_1$-4	4	140
6	5	1080	1105	1180	410×480	530×600	1500	580	680	JG$_1$-5	4	172

（3）FZ 系列多层复合结构隔声罩　采用阻燃玻璃钢多层复合结构制成的隔声罩，降噪效果显著，性能稳定，可用于各类鼓风机、引风机、水泵、透平机、冲床等的隔声。FZ-B-1～FZ-B-6 型隔声罩适用于水泵隔声，FZ-1～FZ-8 型隔声罩适用于罗茨风机隔声。该系列隔声罩由无锡市环湖环保设备厂生产，性能规格列于表 4-1-2。

表 4-1-2　FZ 系列多层复合结构隔声罩规格表

型号	配用水泵和罗茨风机型号	隔声罩外形尺寸/(mm，长×宽×高)
FZ-B-1	水泵 3BA-9，4BA-12，6BA-12，8BA-18	1300×550×510
FZ-B-2	21/2PW	2500×650×600
FZ-B-3	4PW	2950×70×1000
FZ-B-4	6PW	3500×1000×1000
FZ-B-5	4PND	2500×1150×1250
FZ-B-6	4PNA	4800×1500×1450
FZ-1	D14×20-1.25/2000～2.5/5000	1350×750×700
FZ-2	D22×21-5/2000～D22×32-15/5000	1850×850×850
FZ-3	D36×28-20/2000～D36×35-40/5000	2400×1150×1350

型号	配用水泵和罗茨风机型号	隔声罩外形尺寸/(mm，长×宽×高)
FZ-4	D36×46-60/2000～D36×60-80/5000	2700×1150×1350
FZ-5	SD36×35-40/1100～D36×46-60/1100	2850×1200×1450

4.1.2.4 隔声室

由隔声板、隔声门、隔声窗、通风消声装置等组合而成的隔声室，可以将噪声源置于隔声室内，也可以置于隔声室外。将噪声源置于隔声室外，此时隔声室实际上是一间集中控制室或观察室或休息室或值班室。一般隔声室尺寸较隔声罩要大些，要求要高些，制造难度要大些。

(1) SHS-GS 型组装式隔声室系列　SHS-GS 型组装式隔声室系列是由同济大学和上海申华声学装备有限公司共同研制成功的金属组装式隔声室，它是将噪声源隔离于隔声室外，在隔声室内得到一个符合要求的安静的环境。SHS-GS 系列中的子系列产品 SHS-GST 型听力测试室，已通过技术鉴定，听力测试室主要用于医院和科研单位的听力试验研究。隔声量分为 30dB（A）、35dB（A）、40dB（A）、45dB（A）四个等级，目前有七种规格。

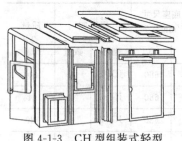

图 4-1-3　CH 型组装式轻型隔声室外形示意图

(2) CH 型组装式轻型隔声室　CH 型组装式轻型隔声室由上海化工设计院设计，是 CH 型活动隔声板拼装而成的隔声结构。按使用场所的不同，可组成大小不一、用途各异的隔声室，既可以作为隔离强噪声设备的装置，也可以作为高噪声厂房内的控制室和操作人员的休息室，还可以作为旅馆、车站、码头和街道等地的长途电话亭和公用电话亭。改型隔声室隔声量为 20～30dB（A）。图 4-1-3 为 CH 型组装式轻型隔声室外形示意图，表 4-1-3 为 CH 型组装式轻型隔声室性能规格表。

表 4-1-3　CH 型组装式轻型隔声室性能规格表

型号	外形尺寸/mm			生 产 厂
	长	宽	高	
CH-1	2000	1500（2000）	2000	上海奉贤拓林环保设备厂 浙江黄岩环境保护噪声控制厂 浙江黄岩治理噪声设备厂 浙江椒江市东海噪声控制设备厂 江苏无锡堰桥噪声控制设备厂 广东广宁县环保设备厂 宜兴市强洁防噪声工程有限公司
CH-2	2500	2000（2500）	2000	
CH-3	3000	2000（2500）	2500	
CH-4	3500	2500（3000）	2500	
CH-5	4000	3000（3500）	3500	
CH-6	5000	3500（4000）	3500	

4.1.2.5 隔声屏障

隔声屏障主要用于阻挡噪声源直达声的传播，在噪声源和接受者之间设置隔声屏障或隔声吸声屏障，可以有效地控制噪声源的中高频噪声的传播，在吵闹的环境中隔离出一个局部安静的环境。

在室内使用隔声屏障，应根据噪声源的种类、声源特性、安装位置等来选择隔声屏障的形状和尺寸。隔声屏障分为固定式和移动式两种。按声学特性不同，可分为反射型、吸声型以及反射吸声结合型等三种。由于声屏障是敞开结构，有利于机械设备的通风散热及操作维修。隔声屏障的降噪效果一般为 8～12dB（A）。如果室内适当进行吸声处理，声屏障两面为吸声结构，中间为隔声结构，隔声屏障的降噪效果还会提高，有时可达 15dB（A）左右。

露天使用的隔声屏障，主要用于交通噪声的治理，例如高速路、高架路、立交桥、铁路、轻轨等所用的声屏障。户外声屏障除具备一般声屏障的要求外，还必须具备防雨、防潮、防晒、防冻、防尘、防腐蚀、防台风等功能，而且经久耐用，即使需要修理更新，施工也应十分方便。近年来，道路声屏障发展较快，有土建式和钢结构结合式声屏障，有轻型钢结构声屏障，也有其他轻型结构的声屏障。道路声屏障隔声降噪效果一般为 5～8dB（A）。

（1）GP 系列隔声屏障　GP 系列隔声屏障由湖南长沙市消声器厂设计制造，主要用来降低工业噪声中的空压机、风机、发电机、冲床、热泵、冷冻机、冷却塔、水泵等机械设备的噪声。表 4-1-4 列出了 GP 系列隔声屏障主要性能规格。

表 4-1-4　GP 系列隔声屏障性能规格表

型　号	外形尺寸/mm 宽×高×厚	型　号	外形尺寸/mm 宽×高×厚	生　产　厂
GP-1	1000×1600×70	GP-6	2000×1600×70	
GP-2	1000×2000×70	GP-7	1200×2400×70	
GP-3	1200×2000×70	GP-8	1600×2400×70	湖南长沙消声器
GP-4	1600×2000×70	GP-9	1800×2400×70	
GP-5	1800×2000×70	GP-10	2000×2400×70	

（2）FZP 型防噪声屏系列　FZP 型防噪声屏系列是上海环保机械工程有限公司、江苏宜兴市强洁防噪声工程有限公司和上海市环境保护科技咨询服务中心共同研究设计、生产的一种适用于降低高速公路、高架道路噪声新产品，已通过市级鉴定。

FZP 型防噪声屏由钢结构立柱和屏板两部分组成，屏板材料可分为金属板（铝合金板或彩色钢板）、钢筋混凝土板、碳素聚酯板、玻璃类非金属板等。FZP 型系列防噪声屏现分为 A，B，C，D 四大类：FZP-A 型为吸声直立式，FZP-B 型为隔声透光式，FZP-C 型为吸隔混合式，FZP-D 型为拱形吸声式。图 4-1-4 为 FZP 型防噪声屏系列外形示意图。

图 4-1-4　FZP 型防噪声屏系列外形图

FZP 型防噪声屏障系列已应用于上海内环线高架道路和南北高架道路的两侧，以控制交通噪声的影响。FZP 型防噪声屏立柱采用 H 型钢，用于插入和支撑屏板，以弹簧卡子相互固定。H 型钢置于高架道路的防撞墙上缘或后侧，与预埋螺栓相连接。屏板之间穿以钢丝绳，以防屏板在突发事故时从立柱间脱落。屏板为彩色钢板饰面结构，吸声面板为百叶窗孔式结构，空腔内填装纤维性吸声材料（如防潮离心玻璃棉等）。标准屏板单体外形尺寸长×高×厚为 1960mm×520mm×95mm。在 1500Pa 均布载荷下，最大挠度 L（跨度）/600，使用环境温度 -20～+60℃。

4.1.3　隔声设计

隔声设计可分为民用建筑隔声设计和工业建筑隔声设计，民用建筑隔声设计的目的是为人们居住生活创造一个适当安静程度的环境，在这个环境中，既不受外界噪声的干扰，也不受相互间的噪声干扰。工业建筑隔声设计目的在于降低工业厂房、车间内部的噪声，以保障工人的身体健康或防止噪声向外传播造成扰民。

4.1.3.1 民用建筑隔声设计

(1)民用建筑隔声设计规范 民用建筑隔声设计规范为民用建筑隔声的设计提供了有力的依据。其主要内容为：① 规定了民用建筑内的允许噪声标准（表4-1-5）；② 规定了民用建筑中各种场合下各部位的隔声标准（表4-1-6、表4-1-7）。

表 4-1-5 民用建筑允许噪声标准

房间名称	允许噪声标准/dB			
	一级	二级	三级	四级
卧室（或卧室兼起居室）	≤40	≤45	≤50	
起居室	≤45	≤50	≤50	
学校教学用房	≤40①	≤50②	≤55③	
病房、医护人员休息室	≤40	≤45	≤50	
门诊室		≤60	≤65	
手术室		≤	≤50	
听力测听室		≤	≤30	≤50
旅馆客房	≤35	≤	≤45	≤50
会议室	≤40	≤	≤50	≤
多用途大厅	≤40	≤	≤50	≤55
办公室	≤45	≤	≤50	
餐厅、宴会厅	≤50	≤	≤60	≤

① 特殊安静要求房间指语言教室、录音室、阅览室等。
② 一般教室指普通教室、自然教室、音乐教室、琴房、阅览室、视听教室、美术教室、舞蹈教室等。
③ 无特殊要求的房间指健身房、以操作为主的实验室、教师办公室及休息室等。

表 4-1-6 民用建筑空气声隔声标准

建筑类别	间隔部分	计权隔声量/dB			
		特级	一级	二级	三级
住宅	分户墙、楼板	—	≥50	≥45	≥40
学校	隔墙、楼板		≥50	≥45	≥40
医院	病房/病房	—	≥45	≥40	≥35
	病房/有噪声房间		≥50	≥50	≥45
	手术室/病房		≥50	≥45	≥40
	手术室/有噪声房间		≥50	≥50	≥45
	听力测听室围护结构	≤75		≥50	

续表

建筑类别	间 隔 部 分	计权隔声量/dB			
		特级	一级	二级	三级
旅 馆	客房/客房	≥50	≥45	≥40	≥40
	客房/走廊（含门）	≥40	≥40	≥35	≥30
	客房外墙（含窗）	≥40	≥35	≥25	≥20

表 4-1-7　撞击声隔声标准

建筑类别	楼 板	计权隔声量/dB			
		特级	一级	二级	三级
住 宅		—	≤65	≤75	≤75
学 校		—	≤65	≤65	≤75
医 院	病房		≤65	≤75	≤75
	病房/手术房	—		≤75	≤75
	听力测听室上部楼板			≤65	
旅 馆	客房	≤55	≤65	≤75	≤75
	客房/振动室	≤55	≤55	≤65	≤65

（2）民用建筑安静要求　民用建筑对安静的要求见表 4-1-8。

表 4-1-8　民用建筑安静要求分类

类别	建 筑 性 质	安静要求与特点	隔声设计办法
Ⅰ	量大面广的一般民用建筑、住宅、医院、学校办公楼等	住宅、医院、旅馆因昼夜使用，需满足工作、休息、睡眠要求；学校与办公楼等需满足语言清晰度与工作思考的要求	按民用建筑隔声设计规范，一般不需设计计算
Ⅱ	公共建筑包括剧院和文娱体育建筑、展览建筑、交通建筑等	按不同的特殊使用要求而有其不同的安静要求	室内允许噪声按不同安静要求以及内外环境噪声条件具体计算不同建筑部位上围护结构的隔声要求
Ⅲ	商业建筑与服务行业建筑	一般无安静要求，但应保证有一般的语言清晰度	一般不进行隔声设计

（3）民用建筑隔声设计原则

① 对于第Ⅰ类民用建筑，可按民用建筑隔声设计规范中规定的隔声标准值和室内允许噪声级选择合适的设备和隔声构件，以保证室内必要的安静度和邻室（含上、下）之间互相不受噪声干扰。需要注意的是，所选择的构件的隔声性能数据是实验室数据还是现场数据。若是实验室数据，则需进行修正，对重结构隔声量需减去 2dB，对轻结构需减去 5dB，以切合现场实际。

规范中规定了室内允许噪声级，目的在于对环境噪声与室内空调设备、电器设备等噪声的限制，当超过允许噪声级时，就必须采取措施加以限制或更换低噪声设备。因此这个值也可以说是某些产品的声学性能指标值。

② 一般建筑在夏季都需开窗通风换气，就连一些安装了空调设备的建筑为了增加新鲜空气和节能的目的，也常需要开窗，因而对环境噪声应加以控制，而最有效的办法是合理划

分城市功能区，把建筑声学要求与小区规划及建筑平面布局一道考虑。

③ 控制噪声的小区，其规划须遵循下列原则。

a. 新建小区应远离飞机航线、铁路线、车站、码头与高噪声工业区，并尽可能地将对噪声不敏感的建筑物排列在小区的外围临交通干线上，形成周边式声屏障，避免交通干线贯穿小区。

b. 各类民用建筑的附属设施，如锅炉房、空调机房、冷却塔、厨房与洗衣房的排风扇等，要注意其设置位置尽可能远离居民区或对其做必要的声学处理。

c. 在无足够保证的隔振、隔声措施时。严禁将强噪声与振动源设置在地下室内。

④ 对于安静要求较高的民用建筑，应尽可能设置于本区域主要噪声源夏季主导风向的上风侧。对夜间噪声源应特别加以注意。

（4）民用建筑平面设计原则　民用建筑的平面设计须遵循下列原则。

① 应有足够的噪声防护距离。

② 主要卧室或工作室应设在交通干道背面侧，此处可增加 $15\sim20\mathrm{dB}$ 的噪声衰减量。

③ 如上述条件难以满足时，应在临街一侧设置封闭式公共走廊或阳台，并在内部作吸声处理，这种措施即使在开窗通风时也可以增加约 $10\mathrm{dB}$ 的噪声衰减量。

④ 厨房、厕所、电梯机房及垃圾管道等应尽量不与卧室或起居室相邻，如无法避免则应做隔声、降振处理。

⑤ 对两侧布置住房或工作室的公共走廊，走廊内作吸声处理十分必要，这不仅大大地降低室与室之间的侧向传声，而且使人一进入建筑内便有宁静之感。在走廊、门厅、楼梯间等处顶棚设置的吸声材料，其吸声系数应不小于 0.5（中频 $500\sim1000\mathrm{Hz}$）。

⑥ 在有吊顶的建筑内，分户墙必须穿过吊顶直达顶板，将吊顶上的空间完全分隔开，防止漏声；采用空调系统的建筑，应防止沿管道串声；大模、大板等整体性好、刚度大的建筑，应注意防止固体传声。

（5）公共建筑的隔声设计原则　对于公共建筑，应根据不同的内外环境噪声与允许噪声级，按下式计算所需要的构件隔声量 R。噪声衰减量：

$$NR = L_{p1} - L_{p2} = R + 10\lg\frac{A}{S} \tag{4-1-3}$$

式中，L_{p1} 为建筑内、外的噪声声压级，dB；L_{p2} 为需要设计房间的允许噪声级，dB；R 为构体隔声量，dB；A 为需要设计房间的吸声量，m^2；S 为隔声构件的透声面积，m^2。

表 4-1-9 为隔声设计计算的具体步骤。

表 4-1-9　隔声设计计算步骤　　　　　　　　　　　单位：dB

序号	项目	频率/Hz	125	250	500	1000	2000	4000
1	室外噪声级 L_{p1}		74	70	68	65	63	56
2	室内允许噪声级 L_{p2}		48	40	34	30	26	25
3	$L_{p1}-L_{p2}$		26	30	34	35	37	31
4	$10\lg(A/S)$		3	3	4	5	5	5
5	需要隔声量 R		23	27	30	30	32	26
6	构件隔声量	a. 窗	20	21	20	21	23	24
		b. 砖墙	42	43	49	57	64	62
		c. 综合	30	31	30	31	33	34

4.1.3.2 工业企业中的隔声设计

(1) 工业企业中隔声设计的依据　对工业企业内部，隔声设计要依据工业企业噪声控制设计标准（表4-1-10）；对外环境隔声设计要满足城市区城环境噪声标准的要求（表4-1-11）。

表 4-1-10 工业企业噪声控制设计标准

工业厂区内各类地点		噪声限值/dB
生产车间及作业场所		90①
高噪声车间设置的值班室、观察室、休息室	无电话通信要求时	75②
	有电话通信要求时	70②
精密装配线，精密加工车间的工作地点、计算机旁（正常工作状态）		70
车间所属办公室、实验室、设计室		70②
主控制室、集中控制室、通信室、电话总机旁、消防值班室（室内背景噪声级）		60
厂部所属办公室、会议室、设计室、中心实验室（包括实验、化验、计算室）		60②
医务室、教室、哺乳房、托儿所、人工值班宿舍（室内背景噪声级）		55

① 工人每天连续接触噪声8h，不足8h可按时间减半噪声限制值增加3dB原则，确定噪声限制值，最高不得超过115dB（A）。

② 指室内无声源发声的条件下，从室外传入室内的平均噪声级。

表 4-1-11 城市区域环境噪声标准（GB 3096—1993）单位等效声级 dB（A）

使用区域类别	昼 间	夜 间
0 疗养区、高级别墅区、高级宾馆区	50	40
1 居住、文教区	55	45
2 居住、商业、工业混杂区	60	50
3 工业集中区	65	55
4 交通干线道路两侧	70	55

(2) 工业企业中的噪声源与噪声控制要求　工业企业中的噪声源与噪声控制要求比民用建筑中情况要复杂得多，隔声设计应首先对噪声情况进行调查与分析，然后周密、仔细地进行方案选择与比较，才能获得既能达到上述两标准要求，又能符合经济实用要求的效果。

① 首先应对噪声情况进行调查与分析，调查与分析可按图4-1-5进行。

② 选择隔声方案，可按图4-1-6进行。

③ 隔声设计的基本公式由图4-1-5噪声情况调查与分析中可以看出，进行隔声方案设计首先要知道需要多大的隔声量，从而就要知道受声点的噪声负荷和允许噪声级。允许噪声级可查表4-1-10和表4-1-11确定。噪声负荷，最简便的方法是采用实测，若无条件时可采取公式计算。

在已知噪声源声功率时，受声点声压级：

$$L_{Pi} = L_{Wi} + 10\lg\left(\frac{Q}{4\pi r^2} + \frac{4}{R_{ri}}\right) \tag{4-1-4}$$

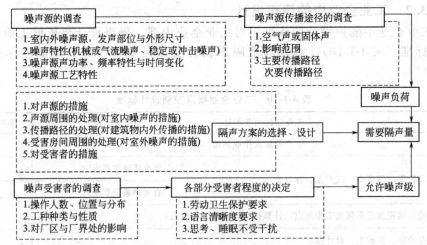

注：按上述程序对厂内主要噪声源编制成资料卡片，并按所在位置标明在厂平面图上，就能反映出全厂噪声分布状况与相互关系，公共建筑若有比较复杂的情况，也应按照这一程序准备资料。

图 4-1-5　噪声情况调查与分析

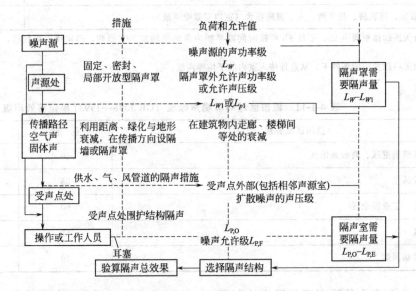

注：根据测定的计算分析，确定用何种隔声措施(如声源、接收者、传播途径或几种措施同时采用)，必要时需作方案比较。

图 4-1-6　隔声方案的选择

式中，L_{Wi} 为声源各倍频带声功率级，dB；Q 为声源的指向性因数；自由空间 $Q=1$，半自由空间 $Q=2$，声源处于地面并紧靠墙面口 $Q=4$，声源处于角落 $Q=8$；r 为受声点至声源的距离，m；R_{ri} 为声学环境的房间常数，m^2。

$$R = \frac{S\alpha_i}{1-\alpha_i} \qquad (4\text{-}1\text{-}5)$$

式中，S 为房间的内表面积，m^2；α_i 为房间内各倍频带的平均吸声系数。

当声源为多个声源时，可按声压级合成法计算受声点的声压级。受声点的允许噪声级 L_A 可查表 4-1-10 和表 4-1-11 确定，并按表 4-1-12 查出允许噪声级 L_A 的倍频带允许噪声级 $L_A=L_{pi}-L_{Ai}$，即是各倍频带所需要的隔声量。

表 4-1-12　**A 声级与 NR 曲线倍频带声压级换算表**

L_A /dB ＼ L_{A_i} /dB	倍频程中心频率 f/Hz					
	125	250	500	1000	2000	4000
50	57	49	44	40	37	35
55	62	57	50	46	43	41
60	68	61	56	53	50	48
66	73	67	62	59	56	54
70	79	72	68	65	62	61
75	84	78	74	71	69	67
80	87	82	78	75	73	71
85	92	87	83	80	78	77
90	97	91	87	85	83	81

对于某些具体情况，一些专用公式更便于计算，下列各图中 S 为声源，E 为受声点。

① 声源在室外，设计隔声罩（图 4-1-7），隔声室（图 4-1-8）。

图 4-1-7　计算示意图　　　　　　　图 4-1-8　计算示意图

$$L_{Ai} = L_{Wi} - R_i + 10\lg \frac{S}{A_i} + 10\lg \frac{1}{2\pi r^2} \qquad (4\text{-}1\text{-}6)$$

式中，L_{Ai} 为受声点倍频带允许声压级，dB；L_{Wi} 为声源倍频带声功率级，dB；R_i 为倍频带需要隔声量，dB；S 为隔声罩（室）表面积，m^2；A_i 为隔声罩（室）内吸声量，m^2；r 为受声点至声源有效距离，m。

② 扩散场中，设置隔声室的计算式。公式为：

$$L_{Ai} = \overline{L_{Pi}} - R_i + 10\lg \frac{S}{A} \quad \text{（计算示意图见图 4-1-9）} \qquad (4\text{-}1\text{-}7)$$

式中，L_{Ai} 为隔声室内倍频带允许噪声级，dB；$\overline{L_{Pi}}$ 为隔声室外扩散声场的平均倍频带声压级，dB；R_i 为隔声室倍频带需要的隔声量，dB；S 为隔声室结构的总表面积，m^2；A 为隔声室的吸声量，m^2。

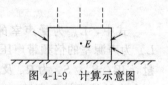

图 4-1-9　计算示意图

③ 窗户相对的两房间隔声效果的计算式：

$$L_{Ai} = L_{Wi} - (R_{1i} + R_{2i}) + 10\lg \frac{S_1 S_2}{A_{1i} A_{2i}} + 10\lg \frac{1}{2\pi r^2} \text{（计算示意图见图 4-1-10）} \quad (4\text{-}1\text{-}8)$$

式中，L_{Ai} 为受声室倍频带允许噪声级，dB；L_{Wi} 为声源的倍频带声功率级，dB；R_{1i} 为声源室的墙、窗综合倍频带需要隔声量，dB；R_{2i} 为受声室的墙、窗综合倍频带需要隔声量，dB；S_1、S_2 为两室墙、窗的透声面积，m^2；A_{1i}、A_{2i} 为两室内的吸声量，m^2；r 为两室内的距离。

④ 声源与受声点均在室内，设计隔墙、隔声罩、隔声室。

a. 已知声源声功率级时：

$$L_{Ai} = \sum L_{Wi} - R_i + 10\lg \frac{4S}{A_S A_E} \quad \text{(计算示意图见图 4-1-11)} \tag{4-1-9}$$

式中，L_{Ai} 为受声点倍频带允许噪声级，dB；$\sum L_{Wi}$ 为不同声音的倍频带声功率级，dB；S 为隔声室的透声面积，m^2；A_S 为声源房间内总的吸声量，m^2；A_E 为声源房间内总的吸声量，m^2；R_i 为隔声室倍频带需要隔声量，dB。

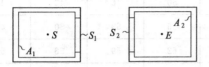

图 4-1-10　计算示意图

图 4-1-11　计算示意图

b. 已知声源室平均声压级时：

$$L_{Ai} = \overline{L_{Pt}} - R_i + 10\lg \frac{S}{A} \quad \text{(计算示意图见图 4-1-12)} \tag{4-1-10}$$

图 4-1-12　计算示意图

式中，L_{Ai} 为受声点的倍频带允许噪声级，dB；$\overline{L_{Pt}}$ 为声源室内平均倍频带声压级，dB；R_i 为隔声结构倍频带需要隔声量，dB；S 为隔声结构透声面积，m^2；A 为隔声结构内总吸声量，m^2。

⑤ 声源与受声点之间有两道隔声构件时的隔声量计算（图 4-1-13）。

a. 已知声源声功率时：

$$L_{Ai} = L_{Wi} - (R_{Si} + R_{Er}) - 10\lg \frac{A_S A_{Mi} A_{Ei}}{4 S_S S_E} \tag{4-1-11}$$

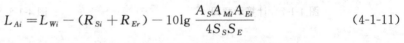

图 4-1-13　计算示意图

b. 已知声源室声压级时（图 4-1-14）：

$$L_{Ai} = L_{pi} - (R_{Si} + R_{Ei}) - 10\lg \frac{A_{Mt} A_{Si}}{S_S S_E} \tag{4-1-12}$$

式中，L_{Ai} 为受声室的倍频带允许噪声级，dB；L_{Wi} 为声源的倍频带声功率级，dB；L_{pi} 为声源室的倍频带声压级，dB；R_{Si}，R_{Ei} 为声源室一侧及受声室一侧隔墙的倍频带隔声量，dB；S_S，S_E 为 R_S 及 R_E 墙的面积，m^2；A_{Si}，A_{Mi}，A_{Ei} 为声源室、中间室、受声室内各自的倍频带吸声量，m^2。

直列式合成，每增加一间居中的房间时，在理论上隔声量的增量 $= R + 10\lg \frac{S}{A}$。

⑥ 面向不同声场的不同构件的隔声性能计算（图 4-1-15）：

$$L_A = 10\lg \left[\sum_{i=1}^{n} 10^{0.1(L_{pi} - R_i)} S_i \right] + 10\lg \frac{1}{A} \tag{4-1-13}$$

式中，L_{pi} 为第 i 项构件的外侧的声压级，dB；R_i 为第 i 项构件的隔声量，dB；S_i 为第 i 项构件的面积，m^2；A 为受声室内的吸声量，m^2。

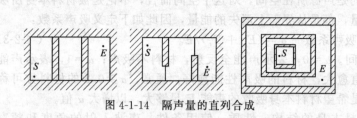

图 4-1-14　隔声量的直列合成

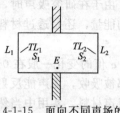

图 4-1-15　面向不同声场的
不同隔声构件的合成

（3）隔声设计中几个应注意的具体问题

① 选择隔声材料或构件时不能只考虑隔声量，还应注意其他方面的要求，如强度、防火、防爆、防潮、防腐等性能以及经济合理性。

② 在查阅有关手册资料的隔声量 2～5dB。对于隔声罩（间）类的隔声结构，由于固体声等多种影响，应特别注意参考插入损失的实测数据。

在设计时，应在表上列出噪声源倍频带声压级，并注意主要峰值位置；列出各频带的需要隔声量并加上 5dB 的余量；再列出选定的隔声结构或构件的各倍频带的隔声量。注明有无隔声低谷，若噪声的峰值与隔声低谷位置重叠，就可看出设计上存在问题。

另外，对特别需要注意的节点与薄弱环节，应在设计时给出详图并注明施工要求。

4.2　吸声技术

声波入射到材料表面，像光一样，一部分被材料反射，一部分被材料吸收，还有一部分透过材料。在室内所接收到的噪声除了有通过空气直接传来的直达声外，还包括室内各壁面多次反射回来的反射声，工人在车间里操作时听到的机器噪声，除了直接通过空气介质传来的直达声外，还包括大量从车间内壁面（如路面、平顶和地面等）以及其他设备表面多次反射而来的连续反射声，即混响声。如果车间的内表面是未加吸声处理过的坚硬材料，如泥凝土、砖墙、玻璃、瓷砖等，由于混响声的叠加作用，使同一噪声源在车间内离声源较远处的噪声级比在室外提高 10～20dB，所以必须采取吸声处理措施。

4.2.1　吸声原理

若用可以吸收声能的材料或结构装饰在房间内表面，便可吸收掉射到上面的部分声能，使反射声减弱，一部分声能被反射，另一部分声能被场面吸声材料吸收转化为热能而消耗掉。转化为热能的部分称为吸收能量，接收者这时听到的只是直达声相已减弱的混响声，使总噪声级降低，这便是吸声降噪。

4.2.1.1　吸声系数

能够吸收较高声能的材料或结构称作吸声材料或吸声结构。利用吸声材料和吸声结构吸收声能以降低室内噪声的办法称作吸声降噪，通常简称吸声。吸声处理一般可使室内噪声降低约 3～5dB（A），使混响声很严重的车间降噪约 6～10dB（A）。吸声是一种最基本的减弱声传播的技术措施。

当声波入射到吸声材料或结构表面上时，部分声能被反射，部分声能被吸收，还有一部分声能透过它继续向前传播。设单位时间内入射的声能为 E_0，反射的声能为 E_γ，吸收的声能为 E_a，透射的声能为 E_τ。

$$反射系数 \quad \gamma = E_\gamma / E_0 \tag{4-2-1}$$

$$透射系数 \quad \tau = E_\tau / E_0 \tag{4-2-2}$$

由于在研究吸声时，考虑的是声源所在空间，对这个空间而言，不论是被材料本身所吸收的能量，还是透过材料的能量，都是从界面上消失的能量，因此如下定义吸声系数：

$$吸声系数 \quad \alpha = (E_\alpha + E_\tau)/E_0 \quad\quad (4\text{-}2\text{-}3)$$

α 值的变化一般在 $0\sim1$ 之间。$\alpha=0$，表示声能全反射，材料不吸声；$\alpha=1$，表示声能全部被吸收，无声能反射。α 值愈大，材料的吸声性能愈好。通常，$\alpha \geqslant 0.2$ 的材料方可称为吸声材料。实用中当然主要是希望材料本身吸收的声能 E 足够大，以增大 α 值。

吸声系数的大小与吸声材料本身的结构、性质、使用条件、声波入射的角度和频率有关。

4.2.1.2　正入射吸声系数和无规入射吸声系数

材料吸声系数的大小受到很多因素影响，声波入射角是其中之一。入射角不同，吸声系数不同。当声波垂直入射到材料表面时，叫正入射。当声波从所有方向，而不是特定方向，以不规则的方式入射，叫无规入射。如在一个较大空间放一块材料，从噪声源发出的直达声，是以一定角度入射到材料表面的，但从各个壁面经过多次反射到达的声波，却是各个方向都可能有的，这就是无规入射。入射时吸声系数叫正入射吸声系数，一般用 α_0 表示。它在一种叫做驻波管的装置中测出的，有些资料在列出吸声系数后注明是"驻波管法"，这表示所列吸声系数是正入射吸声系数。正入射吸声系数用于消声器的设计。

当声波从所有方向，而不是特定方向，以不规则的方式入射，叫无规入射。用 α_T 表示。无规入射吸声系数是在专门的声学房间——混响室中测出的。混响室是一个很特殊的房间，房子的三对表面都不平行，有的混响室在墙上做圆柱面，有的则干脆将墙面做成斜形；房子的墙面全部用又光滑又硬的材料饰面（如瓷砖、水磨石等）。当我们在混响室中喊一声，声音能拖长十几秒，甚至二十几秒不消失。一些资料在列出吸声系数后注明是"混响室法"，这表示所列吸声系数是无规入射吸声系数。采用吸声方法降低噪声时，应该使用无规入射吸声系数来进行有关设计计算。

4.2.1.3　吸声量及平均吸声系数

材料吸收声音能量多少除与材料吸声系数有关外，还与面积有关。吸声量亦称等效吸声面积。在一个大厅里放上一块装饰吸音板与放上成百上千块装饰吸音板吸声效果肯定不一样。吸声量被规定为吸声系数与吸声面积的乘积。即：

$$A = S\alpha \quad\quad (4\text{-}2\text{-}4)$$

式中，A 为吸声量，m^2；α 为某频率声波的吸声系数；S 为吸声面积，m^2。

在定义了吸声量后，吸声系数可理解为材料单位面积的吸声量。对于整个房间而言，将房间的吸声量 A 与总表面积 S 之比定义为房间的平均吸声系数，即 $\bar{\alpha} = \dfrac{A}{S}$；平均吸声系数是表示整个表面吸声强弱的特征物理量。

4.2.2　吸声材料

4.2.2.1　多孔性吸声材料

吸声材料多为多孔性吸声材料，有时也可选用柔软性材料及膜状材料等。何为吸声材料？不同材料的吸声性能差异很大，如光面混凝土，普通抹灰的黏土砖砖墙水泥地面，它们的吸声系数在 $0.01\sim0.04$；而超细玻璃棉、岩棉，膨胀珍珠岩等吸声系数可以高达 0.9 左右，我们将吸声系数大的这些材料称为吸声材料。吸声材料一定是多孔的，为什么多孔材料的吸声性能好呢？现在看它的吸声机理。当在材料表面和内部有无数的微细孔隙，这些孔隙互相贯通并且与外界相通，其固体部分在空间组成骨架，称作筋络。当声波入射到多孔吸声材料的表面时，可沿着对外敞开的微孔射入，并衍射到内部的微孔内，激发孔内空气与筋络发生振动，由于空气分子之间的黏滞阻力，空气与筋络之间的摩擦阻力，使声能不断转化为热能而消耗。此外，空气与筋络之间的热交换也消耗部分声能，结果使反射出去的声能大大减少。

4.2.2.2 多孔吸声材料的种类

多孔吸声材料一般可分为纤维型、泡沫型、颗粒型三类。

纤维型材料由无数细小纤维状材料组成，分为无机纤维和有机纤维两类。无机纤维如玻璃棉、玻璃丝、矿渣棉等。有机纤维如毛、甘蔗纤维、稻草、棉絮、麻丝。其中，玻璃棉称矿渣棉分别是用熔融态的玻璃、矿渣和岩石吹成细小纤维状而得。

泡沫型材料是由表面与内部皆有无数微孔的高分子材料制成。如聚氨酯泡沫塑料、微孔橡胶、海绵乳胶等。这类材料容积密度小、热导率小、质地软。但耐火性差、易老化。

颗粒型材料有膨胀珍珠岩、矿渣水泥、蛭石混凝土和多孔陶土等。其中如膨胀珍珠岩是将珍珠岩粉碎、再急剧升温焙烧所得的多孔细小粒状材料。一般具有保温、防潮、不燃、耐热、耐腐蚀、抗冻等优点。

多孔吸声材料微孔的孔径多在数微米到数十微米之间，孔的总体积多数占材料总体积的90%左右，如超细玻璃棉层的孔隙率可大于99%。为使用方便，一般将松散的各种多孔吸声材料加工为板、毡或砖等成型。如工业毛毡，木丝板、玻璃棉毡、膨胀珍珠岩吸声板、陶土吸声砖等。使用时，可以整块直接吊装在天花板下或附贴在四周墙壁上，各种吸声砖可以直接砌在需要控制噪声的场合。此外，还可制成有护面层的多孔吸声结构。即用玻璃丝布、金属丝网、纤维板等透声材料作护面层。内填以松散的厚度为5~10cm的多孔吸声材料，为防止松散的多孔材料下沉，常先用透声织物缝制成袋。再内填吸声材料；为保持固定几何形状并防止机械损伤，在材料间要加木筋条（木龙骨）加固；材料外表面加穿孔罩面板保护。常用的护面板材为木质纤维板或薄塑料板，特殊情况下用石棉水泥板或薄金属板等。板上开孔有圆形、狭缝形，以圆形居多。穿孔率在不影响板材强度的条件下尽可能加大，一般要求穿孔率不小于20%。

4.2.2.3 多孔吸声材料的特性

作为一种良好的多孔吸声材料，必须具备如下三个条件：

① 表面多孔；

② 内部孔隙率（即多孔性吸声材料中空气体积与材料总体积之比）高；

③ 孔与孔相互连通。在这里空气体积指的是通气的孔穴，闭合的孔穴不算数，一般的多孔性材料的孔隙率在70%，多数达90%以上。如矿渣棉为80%，超细玻璃为90%以上。

4.2.2.4 空间吸声体

所有护面的多孔吸声结构做成各种各样形状的单块，称作吸声体。彼此按一定间距排列，悬吊在天花板下，这样，吸声体除正对声源的一面可以吸收入射声能外，通过吸声体间空隙衍射或反射到背面、侧面的声能也都能被吸收，这种悬吊的立体多面吸声结构称作空间吸声体，空间吸声体可以做成各种各样的形状：板状、球状、圆柱状、腰鼓状、圆锥状、十字状等，如图4-2-1所示。

空间吸声体还可以任意组挂。如板状空间吸声体，既可平挂，又可垂直挂。空间吸声体按照一定的规律排列，给枯燥的空间带来了生机。

空间吸声体由于有效的吸声面积比投影面积大得多，按投影面积计算其吸声系数可大于1。因此，只要吸声体投影面积为悬挂平面面积的40%左右，就能达到满铺吸声材料的效果，使造价降低。

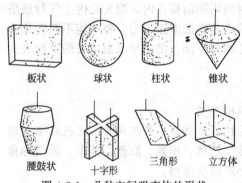

板状　　球状　　柱状　　锥状

腰鼓状　　十字形　　三角形　　立方体

图 4-2-1　几种空间吸声体的形状

(1) 使用空间吸声体时应注意的问题

① 空间吸声体的面积比值。即指空间吸声体投影面积与天花板面积之比。该比值对吸声效果影响最大，通常取房间屋顶面积的 40% 或室内总表面积的 20% 左右。

② 吊装高度与排列方式。对于大型厂房，离顶高度一般宜为房间净高的 $1/7\sim1/5$；对于小型厂房，一般挂在离顶 $0.5\sim0.8m$ 处。排列方式常用集中式、棋盘格式、长条式三种，其中以条形效果最好。

③ 空间吸声体块面积与悬挂间距。此点应视房间面积、跨度、屋架、屋高、空间等具体情况而定。单元尺寸大，单块面积可选 $5\sim11m^2$；单元尺寸小，可选 $2\sim4m^2$；悬挂间距对大、中型厂房可取 $0.8\sim1.6m$；小型厂房可取 $0.4\sim0.8m$。

(2) 空间吸声体的优点

空间吸声体在噪声控制工程中日益受到重视不仅是由于它有良好的装饰效果，更主要的是由于它有下述优点。

① 吸声效率高。容重相同的超细玻璃棉，但空间吸声体吸声系数高得多。在相同的投影面积条件下，板状空间吸声体的吸声效率比贴实吸声材料的普通方法提高 2 倍，圆柱和三棱柱形空间吸声体提高 3.14 倍，而球形体立方体形空间吸声体则可提高 4 倍。

② 安装方便。对于一个已建成的高噪声车间，要做普通满铺吸声吊顶，一般要先搭满堂脚手架，在墙上埋木砖，在原顶棚下预埋吊筋，再钉大龙骨、中龙骨、小龙骨，铺吸声材料及加罩面材料，工作量很大，且要影响正常生产。而对于空间吸声体则简单得多。可在原顶棚下适当位置埋膨胀螺栓，将空间吸声体吊挂；可在侧墙上安装钢架，将空间吸声体平铺其上；可在侧墙上安装花篮螺栓，利用拉紧的钢丝绳悬挂空间吸声体；还可直接将空间吸声体挂上。在侧路上挂空间吸声体可利用射钉枪，同样十分方便。挂空间吸声体速度快，且不妨碍生产或对生产影响较小，这对于不能停产的车间很有益。空间吸声体维修也方便，哪个吸声体有了问题，取下它即可。

③ 节省经费。吸声效率高，安装方便都意味着投资的节省，空间吸声体比满铺吸声吊顶要节省 $1/3$ 以上的费用。

4.2.2.5　吸声结构

根据对多孔吸声材料吸声特性的研究，多孔材料对中、高频声吸收较好，而对低频声吸收性能较差，若采用共振吸声结构则可以改善低频吸声性能。利用共振原理做成的吸声结构称作共振吸声结构。它基本可分为三种类型：薄板共振吸声结构、穿孔板共振吸声结构与微穿孔板吸声结构。

(1) 薄板共振吸声结构　将薄的塑料、金属或胶合板等材料的周边固定在框架上，并将框架牢牢地与刚性板壁相结合，这种由薄板与板后的封闭空气层构成的系统就称作薄板共振吸声结构。用于薄板共振吸声结构的材料有胶合板、硬质纤维板、石膏板、石棉水泥板、金属板等。

薄板共振吸声结构实际近似于一个弹簧和质量块振动系统。薄板相当于质量块，板后的空气层相当于弹簧。当声波入射到薄板上，使其受激振后，由于板后空气层的弹性、板本身具有的劲度与质量，薄板就产生振动，发生弯曲变形，因为板的内阻尼及板与龙骨间的摩擦，便将振动的能量转化为热能，从而消耗声能。当入射声波的频率与板系统的固有频率相同时，便发生共振。板的弯曲变形最大，振动最剧烈，声能也就消耗最多。

弹簧振子的固有频率由下式计算：

$$f_r = \frac{1}{2\pi}\sqrt{\frac{K}{M}} \tag{4-2-5}$$

式中，f_r 为固有频率，Hz；K 为弹簧刚度（劲度），kg/s^2；M 为振动物体的质量，kg。

也可用下式估算：

$$f_r = \frac{600}{\sqrt{md}} \tag{4-2-6}$$

式中，m 为薄板的面密度，面密度 m＝板厚×板密度，kg/m^2；d 为空气层厚度，cm。

实用中，薄板厚度通常取 3～6mm，空气层厚度一般取 3～10cm，共振频率多在 80～300Hz 之间，故通常用于低频吸声。但吸声频率范围窄，吸声系数不高，约在 0.2～0.5 之间。常用薄板共振吸声结构的吸声系数见表 4-2-1。

表 4-2-1　常用薄板共振吸声结构的吸声系数

材　料	构造/cm	各频率下吸声系数					
		125	250	500	1000	2000	4000
三夹板	空气层厚 5，框架间距 45×45	0.21	0.73	0.21	0.19	0.08	0.12
三夹板	空气层厚 10，框架间距 45×45	0.59	0.38	0.18	0.05	0.04	0.08
五夹板	空气层厚 5，框架间距 45×45	0.08	0.52	0.17	0.06	0.10	0.12
五夹板	空气层厚 10，框架间距 45×45	0.41	0.30	0.14	0.05	0.10	0.16
刨花压轧板	板厚 1.5，空气层厚 5，框架间距 45×45	0.35	0.27	0.20	0.15	0.25	0.39
木丝板	板厚 3，空气层厚 5，框架间距 45×45	0.05	0.30	0.81	0.63	0.70	0.91
木丝板	板厚 3，空气层厚 10，框架间距 45×45	0.09	0.36	0.62	0.53	0.71	0.89
草纸板	板厚 2，空气层厚 5，框架间距 45×45	0.15	0.49	0.41	0.38	0.51	0.64
草纸板	板厚 2，空气层厚 10，框架间距 45×45	0.50	0.48	0.34	0.32	0.49	0.60
胶合板	空气层厚 5	0.28	0.22	0.17	0.09	0.10	0.11
胶合板	空气层厚 10	0.34	0.19	0.10	0.09	0.12	0.11

若在薄板与龙骨的交接处放置增加结构阻尼的软材料，如海绵条、毛毡等，或在空腔中适当悬挂矿棉、玻璃棉毡等吸声材料，可使薄板共振结构的吸声性能得到明显改善，采用组合不同单元大小或不同腔深的薄板结构，或直接采用木丝板、草纸板等可吸收中、高频声的板材，可以提高吸声频带。

（2）穿孔板共振吸声结构　在薄板上穿以小孔，在其后与刚性壁之间留一定深度的空腔所组成的吸声结构为穿孔板共振吸声结构。按照薄板上穿孔的数目分为单孔共振吸声结构与多孔穿孔板共振吸声结构。

① 单孔共振吸声结构。单孔共振吸声结构又称作"亥姆霍兹"共振吸声器或单腔共振吸声器。它是一个封闭的空腔，在腔壁上开一个小孔与外部空气相通的结构图 4-2-2，可用陶土、煤渣等烧制或水泥、石膏浇注而成。

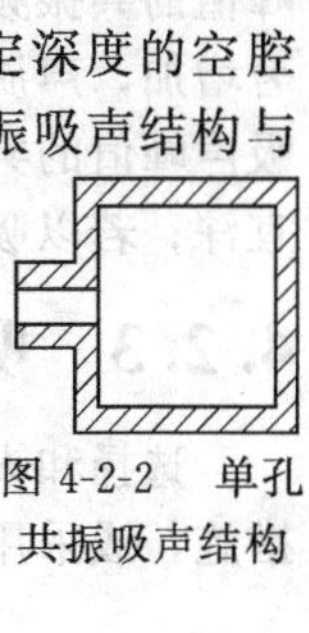

这种结构的腔体中空气具有弹性，相当于弹簧。开孔孔颈中的空气柱很

图 4-2-2　单孔共振吸声结构

短，可视为不可压缩的流体，比作振动系统的质量 M，声学上称为声质量；有空气的空腔比作弹簧 K，能抗拒外来声波的压力，称为声顺；当声波入射时，孔颈中的气柱体在声波的作用下便像活塞一样做往复运动，与颈壁发生摩擦使声能转变为热能而损耗，这相当于机械振动的摩擦阻尼，声学上称为声阻。声波传到共振器时，在声波的作用下激发颈中的空气柱往复运动，在共振器的固有频率与外界声波频率一致时发生共振，这时颈中空气柱的振幅最大并且振速达到最大值，因而阻尼最大，消耗声能也就最多，从而得到有效的声吸收。

"亥姆霍兹"共振器的使用条件必须是空腔小孔的尺寸比空腔尺寸小得多，并且外来声波波长大于空腔尺寸。这种吸声结构的特点是吸收低频噪声并且吸收频带较窄（即频率选择性强），因此多用在有明显音调的低频噪声场合。若在颈口处放置一些诸如玻璃棉之类的多孔材料，或加贴一薄层尼龙布等透声织物，可以增加颈口部分的摩擦阻力，增宽吸声频带。

其共振频率为：

$$f_r = \frac{c}{2\pi}\sqrt{\frac{S_0}{Vl_k}} \tag{4-2-7}$$

其中，

$$l_k = l_0 + 0.85d \tag{4-2-8}$$

当空腔内壁贴多孔材料时，

$$l_k = l_0 + 1.2d \tag{4-2-9}$$

式中，c 为声速，m/s，一般取 340m/s；S_0 为颈口面积，m^2；V 为空腔体积，m^3；d 为颈口直径，m；l_0 为颈的实际长度（即板厚），m；l_k 为孔颈有效长度，m。

② 穿孔板共振吸声结构　多孔穿孔板共振吸声结构通常简称为穿孔板共振吸声结构，实际是单孔共振器的并联组合，故其吸声机理同单孔共振结构，但吸声状况大为改善. 应用较广泛。当小孔均匀分布且孔径一致时，这种结构的共振频率 f_r 为：

$$f_r = \frac{c}{2\pi}\sqrt{\frac{P}{Dl_k}} \tag{4-2-10}$$

式中，c 为声速，m/s；P 为穿孔率；D 为空腔厚度，m；l_k 为孔颈有效长度，m。

工程上一般取板厚为 1~10mm，孔径为 2~15mm，穿孔率为 0.5%~15%，空气层厚度 50~250mm 为宜。尺寸超过以上范围，多有不良影响。例如穿孔率在 20% 以上时，几乎没有共振吸声作用，而仅仅成为护面板了。

这种结构吸声频率选择性也很强，吸声频带很窄。主要用于吸收低、中频噪声的峰值，吸声系数为 0.4~0.7。

(3) 微孔板共振吸声结构　为克服穿孔板共振吸声结构吸声频带较窄的缺点，我国著名声学专家马大猷教授于 1964 年提出金属微穿孔板吸声结构。

在厚度小于 1mm 的金属薄板上，钻出许多孔径小于 1mm 的小孔（穿孔率为 1%~4%），将这种孔小而密的薄板固定在刚性壁面上，并在板后留以适当深度的空腔，便组成了微穿孔板吸声结构。薄板常用铝板或钢板制成，因其板特别薄且孔特别小，为与一般穿孔共振吸声结构相区别，故称作微穿孔板吸声结构。微穿孔板结构实质上仍属于共振吸声结构，因此吸声机理也相同。利用空气柱在小孔中的来回摩擦消耗声能，用腔深来控制吸声峰值的共振频率，腔愈深，共振频率愈低。但因为其板薄孔细，与普通穿孔板比较，声阻显著增加，声质量显著减小，因此明显地提高了吸声系数，增宽了吸声频带宽度。微孔板结构吸声峰值的共振频率与多孔板共振结构类似，主要由腔深决定，若以吸收低频声为主，空腔宜深；若以吸收中、高频声为主，空腔浅，腔深一般可取 5~20cm。

4.2.3　吸声降噪的设计

选择和设计吸声结构，应尽量先对声源进行隔声、消声等处理，当噪声源不宜采用隔声措施，或采用隔声措施后仍达不到噪声标准时，可用吸声处理作为辅助手段。对于湿度较高的环境，或有清洁要求的吸声设计，可采用薄膜覆面的多孔材料或单、双层微穿孔板共振吸声结构，穿孔板的板厚及孔径均不大于 1mm，穿孔率可取 0.5%～3%，空腔深度可取 50～200mm。进行吸声处理时，应满足防火、防潮、防腐、防尘等工艺与安全卫生要求，还应兼顾通风、采光、照明及装修要求，也要注意埋设件的布置。

吸声降噪适用条件的分析如下。

① 如果室内顶棚四壁是坚硬的反射面、又没有一定数量的吸声性能强的物体，室内混响声突出，则吸声降噪效果明显。例如，当室内大量采用大理石、水磨石、玻璃和金属板材等装饰材料时，混响声很强，此时，若增加部分吸声装饰材料，则可大大改善室内的声环境，增加宁静气氛。

② 如果室内已有可观的吸声量，混响声不明显，则吸声降噪效果不大。

③ 当室内均布多个噪声源时，直达声处处起主要作用，此时吸声降噪效果差。

④ 当室内只有一个噪声源或噪声源较少时，离声源距离大于临界距离的远场范围，其吸声降噪效果比靠近声源的近场范围有显著提高。

⑤ 当要求降噪的位置离噪声源很近，直达声占主要地位，吸声降噪的效果也不大。此时如果噪声源附近设置屏障以降低直达声，则在噪声源附近的吸声处理也会有一定效果。

⑥ 由于吸声降噪的作用在于降低混响声而不能降低直达声，因此，吸声处理使混响声降至直达声相近的水平是较为合适的，超过这一限度，降噪效果不大，而且造成浪费。这是因为吸声降噪量与吸声材料用量是对数关系而不是正比关系，不是吸声材料用得越多，降噪效果越好。

⑦ 吸声降噪量一般为 3～8dB，在混响声十分显著场所可达 10dB，一般对未经处理房间使平均降噪量达到 5～7dB 较为切实可行。当要求更高的降噪量时，需用隔绝噪声的方法或其他综合措施。

4.2.4　吸声设计

4.2.4.1　吸声设计程序

① 详细了解待处理房间的噪声级和频谱。首先了解车间内各种机电设备的噪声源特性，选定噪声标准。

② 根据有关噪声标准，确定隔频程所需的降噪量。

③ 估算或进行实际测量要采取吸声处理车间的吸声系数（或吸声量），求出吸声处理需增加的吸声量或平均吸声系数。

④ 选取吸声材料的种类及吸声结构类型，确定吸声材料的厚度、容重、吸声系数，计算吸声材料的面积和确定安装方式等。

4.2.4.2　设计计算

(1) 房间平均吸声系数和计算　如果一个房间的墙面上布置几种不同的材料时，它们对应的吸声系数和面积分别为 α_1，α_2，α_3 和 S_1，S_2，S_3。房间的平均吸声系数为：

$$\bar{\alpha} = \frac{\sum_{i=1}^{n} S_i \alpha_i}{\sum_{i=1}^{n} S_i} \tag{4-2-11}$$

(2) 吸声量的计算　吸声量又称等效吸声面积，为吸声面积与吸声系数的乘积：

$$A = \alpha S \tag{4-2-12}$$

式中，A 为吸声量，m^2；α 为吸声系；S 为使用材料的面积，m^2。

如果一个房间的墙面上布置有几种不同的材料时，则房间的吸声量为：

$$A_i = \sum_{i=1}^{n} \alpha_i S_i \tag{4-2-13}$$

式中，A_i 为第 i 种材料组成壁面的吸声量，m^2；α_i 为第 i 种材料的吸声系数；S_i 为第 i 种材料的面积，m^2。

（3）室内声级的计算　房间内噪声的大小和分布取决于房间形状、墙壁、天花板、地面等室内器具的吸声特性，以及噪声源的位置和性质。室内声压级的计算公式：

$$L_p = L_w + 10\lg\left(\frac{Q}{4\pi r^2} + \frac{4}{R_r}\right) \tag{4-2-14}$$

式中，L_p 为室内声压级，dB；L_w 为声功率级；Q 为声源的指向性因素，声源位于室内中心，$Q=1$；声源位于室内地面或墙面中心，$Q=2$；声源位于室内某一边线中心，$Q=4$；声源位于室内某一角，$Q=8$；r 为声源至受声点的距离，m；R_r 为房间常数。定义式为：

$$R_r = \frac{S\bar{\alpha}}{1-\bar{\alpha}} \tag{4-2-15}$$

（4）混响时间计算　在总体积为 V（m^3）的扩散声场中，当声源停止发声后声能密度下降为原有数值的百万分之一所需的时间或房间内声压级下降 60dB 所需的时间，称为混响时间，用 T 表示。其定义为赛宾公式。

$$T = \frac{0.161V}{S\bar{\alpha}} \tag{4-2-16}$$

（5）吸声降噪量的计算　设处理前房间平均系数为 $\bar{\alpha}_1$，声压级为 L_{p1}；吸声处理后为 $\bar{\alpha}_2$，L_{p2}。吸声处理前后的声压级差 L_p 即为降噪量，可由下式计算。

$$\Delta L_p = L_{p1} - L_{p2} = 10\lg \frac{\dfrac{Q}{4\pi r^2} + \dfrac{4}{R_{r1}}}{\dfrac{Q}{4\pi r^2} + \dfrac{4}{R_{r2}}} \tag{4-2-17}$$

在噪声源附近，直达声占主要地位，即 $\dfrac{Q}{4\pi r^2} >> \dfrac{4}{R_r}$，略去 $\dfrac{4}{R_r}$ 项，得：

$$\Delta L_p = 10\lg 1 = 0 \tag{4-2-18}$$

在离噪声源足够远处，混响声占主要地为，即 $\dfrac{Q}{4\pi r^2} << \dfrac{4}{R_r}$，略去 $\dfrac{Q}{4\pi r^2}$ 项，得：

$$\Delta L_p = 10\lg \frac{R_{r2}}{R_{r1}} = 10\lg\left(\frac{\bar{\alpha}_2}{\bar{\alpha}_1} \times \frac{1-\bar{\alpha}_1}{1-\bar{\alpha}_2}\right) \tag{4-2-19}$$

因此，上式简化可得整个房间吸声处理前后噪声降低量为：

$$\Delta L_p = 10\lg\left(\frac{\bar{\alpha}_2}{\bar{\alpha}_1}\right) \tag{4-2-20}$$

由 $A = \alpha S$ 和赛宾公式，因此：

$$\Delta L_p = 10\lg\left(\frac{A_2}{A_1}\right) \tag{4-2-21}$$

$$\Delta L_p = 10\lg\left(\frac{T_1}{T_2}\right) \tag{4-2-22}$$

式中，A_1，A_2 为吸声处理前、后的室内总吸声量，m^2；T_1，T_2 为吸声处理前、后的室内混响时间，s。

4.3　消声技术

消声器是一种既允许气流顺利通过而又能有效地降低噪声的设备，或者消声器是一种具有吸声内衬或特殊结构形式、能有效降低噪声的气流管道。

在噪声控制技术中，消声器是应用最多、最广的降噪设备。消声器在工程实际中已被广泛应用于鼓风机、通风机、罗茨风机、抽流风机、空压机等各类空气动力设备的进排气口消声；空调机房、锅炉房、冷冻机房、发电机房等建筑设备机房的进出风口消声；通风与空调系统的送回风管道消声；冶金、石化、电力等工业部门的各类高压高温及高速排气放空消声及各类柴油发电机、飞机、轮船、汽车以及摩托车、助动车等各类发动机的排气消声等，为改善劳动条件、保护城市环境起到了重要的作用，因此，在噪声控制中得到了广泛的应用。

4.3.1 消声器的性能评价

消声器的性能主要从以下三个方面来评价。

（1）消声性能　消声器的消声性能，即消声器的消声量和频谱特性。消声器的消声量通常用传声损失和插入损失来表示。现场测试时，也可以用排气口（或进气口）处两端声级来表示。消声器的频谱特性一般以倍频 1/3 频带的消声量来表示。

（2）空气动力性能　消声器的空气动力性能是评价消声性能好坏的另一项重要指标，是指消声器对气流阻力的大小；也就是指安装消声器后输气是否通畅，对风量有无影响，风压有无变化。消声器的空气动力性能通常用阻力系数或阻力损失来表示。阻力系数是指消声器安装前后的全压差与全压之比，它能全面地反映消声器的空气动力学性能，一个确定的消声器的阻力系数是一个定值。消声器的阻力损失是指气流通过消声器时，在消声器出口端的流体静压比进口端降低的数值。在气流通道上安装消声器，必然会影响空气动力设备的空气动力性能。如果只考虑消声器的消声性能而忽略了空气的动力性能，则在某种情况下，消声器可能会使设备的效能大大降低，甚至无法正常使用。

（3）结构性能　消声器的结构性能是指它的外形尺寸、坚固程度、维护要求、使用寿命等，它也是评价消声器性能的一项指标。好的消声器除应有良好的声学性能和空气动力性能之外，还应该具有体积小、重量轻、结构简单、造型美观、加工方便、同时要坚固耐用、使用寿命长、维护简单、造价便宜等特点。结构性能对于具有同样的消声性能和空气动力性能的消声器的使用具有十分重要的现实意义。

4.3.2 消声器的分类

4.3.2.1 阻性消声器

（1）阻性消声器的种类

① 直管式阻性消声器。单通道直管式阻性消声器是最基本、最常用的消声器。它结构简单、气流直接通过，阻力损失小，适用流量小的管道及设备的进、排气口的消声。图 4-3-1 为直管式阻性消声器示意图。

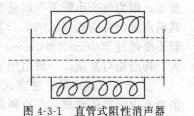

图 4-3-1 直管式阻性消声器

② 片式消声器。气流流量较大的管或设备的进、排气口上，需要通道截面积大的消声器。为防止高频失效，通常将直管式阻性消声器的通道分成若干个小通道，设计成片式消声器，如图 4-3-2。它的消声量计算如下：

$$\Delta L = L \frac{P}{S} \varphi(a_0) \approx \varphi(a_0) \frac{2hLn}{nhb} = \varphi(a_0) \frac{2L}{b} \tag{4-3-1}$$

式中，h 为气流通道高度，m；n 为气流通道的个数；L 为消声器的有效长度，m；$\varphi(a_0)$ 为消声系数，dB；b 为气流通道的宽度，m。

一般设计片式消声器，每个小通道的尺寸应该相同，使得每个通道的消声频率特性一样。这样，其中一个通道的消声频率特性（即消声量）就是整个消声器的消声频率特性。

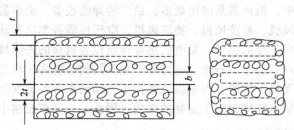

图 4-3-2　片式消声器

　　片式消声器的消声量与每个通道宽度 b 有关，通道宽度 b 越窄，消声量 ΔL 越大。当气流通道宽度一定时，通道的个数和其高度将影响消声器的空气动力性能。当气流流量增大时，可适当增加通道的个数。中间消声片的厚度为边缘消声片厚度的 2 倍。一般片式消声器，通道宽度为 100～200mm，片的厚度取 60～150mm。

　　③ 折板式消声器。折板式消声器由片式消声器演变而来，如图 4-3-3 所示。为了改善中、高频的消声性能，将直板做成折弯状，这样可以增加声波在消声器通道内的反射次数，即增加声波与吸声材料的接触机会，因此能提高吸声效果。折板式消声器的弯折一般做成以不透光为原则。它的改善程度取决于板折角 θ 的大小，θ 以不大于 20° 为宜，如果板折角 θ 过大，则流体阻力增大，破坏消声器的空气功力性能。

　　④ 声流式消声器。声流式消声器是由折板式消声器改进的，如图 4-3-4。它是把吸声片制成正弦波或流线型。当声波通过厚度连续变化的吸声片（层）时，改善低、中频消声性能。与折板式消声器相比较，它使气流通过流畅、阻力较小，消声量比相同尺寸的片式要高一些。该消声器的缺点是结构复杂，制造工艺难度大，造价较高。

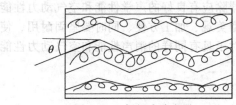

图 4-3-3　折板式消声器

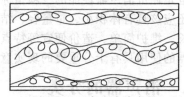

图 4-3-4　声流式消声器

　　⑤ 蜂窝式消声器。蜂窝式消声器是由许多平行的直管式消声器并联组成的，如图 4-3-5 所示。因为每个小管消声器是互相并联的，每个小管的消声量就代表整个消声器的消声量，其消声量仍可用式（4-3-1）计算。每个小管通道，对于圆管，直径不大于 200mm 为宜；方管不要超过 200mm×200mm。这种消声器对中、高频声波的消声效果好，但阻力损失比较大，构造相对复杂。一般适用于风量较大，低流速的场合。

　　⑥ 迷宫式消声器。迷宫式消声器也称室式消声器或箱式消声器，如图 4-3-6 所示。这种消声器由吸声砖砌成，在空调通风的管道中常见。其消声量可由下式估算：

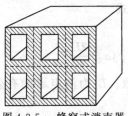

图 4-3-5　蜂窝式消声器

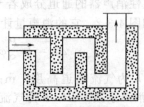

图 4-3-6　迷宫式消声器

$$\Delta L = 10 \lg \frac{aS}{Se(1-a)} \quad (\text{dB}) \tag{4-3-2}$$

式中，a 为内衬吸声材料的吸声系数；S 为内衬吸声材料的表面积，m^2；Se 为消声器进（出）门的截面积，m^2。

这种消声器使声波被多次来回反射，消声量较大；但是体积大，占空间大阻力损失大，气流速度不宜过大（应控制在 5m/s 以内），故只适于在流速很低的风道上使用。

⑦ 弯头消声器。生活中的输气管道常有弯头。如果在弯头上挂贴吸声衬里，即构成弯头消声器，会收到显著的消声效果。按图 4-3-7 定性说明弯头消声原理。图 4-3-7（a）为没有挂贴吸声衬里的弯头，管壁基本是近似刚性的，声波在管道中虽有多次反射，但最后仍可通过弯头传播出去。因此，无衬里弯头的消声作用是有限的。图 4-3-7（b）为衬贴吸声材料的弯头。在弯头前的平面 B 处，主要存在着轴向波，对于斜向波在由平面 A 至平面 B 的途中都会被衬里吸收掉。轴向波到达垂直管道时，由于弯头壁面的吸收和反射作用，使得轴向波的一部分被吸收，一部分被反射回声源，一部分转换为垂直方向继续向前传播。

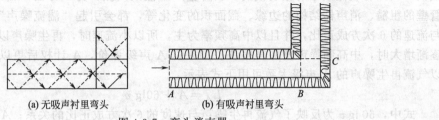

(a) 无吸声衬里弯头　　　　(b) 有吸声衬里弯头

图 4-3-7　弯头消声器

如果有两个以上的直角弯头串联，若各个弯头之间的间隔比管道截面尺寸大得多时，可以认为几个弯头的总消声量等于一个弯头的消声量乘以弯头的个数。

弯头消声器，在低频段的消声效果较差，在高频段消声效果好。

(2) 气流对阻性消声器的影响　气流对阻性消声器的影响主要表现在两方面：

① 气流的存在会引起声传播规律的变化；

② 气流在消声器内产生一种附加噪声即再生噪声。

这两方面的影响是同时产生的，但本质不同。下面对这两方面的影响分别进行说明。

① 气流对声传播规律的影响。声波在阻性管道内传播，如伴随气流与声波方向一致时，则使声波衰减系数变小；反之，声波衰减系数变大。影响衰减系数的最主要原因是马赫数 $M = v/c$，即气流速度 v 与声速 c 的比值。理论分析得出，有气流的消声系数的近似公式为

$$\varphi'(a_0) = \varphi(a_0) \frac{1}{(1 \pm M_a)^2} \tag{4-3-3}$$

式中，$\varphi'(a_0)$ 为有气流时的消声系数；M_a 为马赫数，即消声器内流速与声速之比，顺流传播时为正，逆流传播时为负。

可以看出，气流的影响不但与气流速度的大小有关，而且与气流的方向有关。当流速高时，M_a 值大，对消声性能的影响也就大。当气流方向与声传播方向一致（顺流）时（如安装在风机排气管道上的消声器），M_a 取正值，$\varphi'(a_0)$ 将变小；当气流方向与声传播方向相反（逆流）时（如风机进气管上的消声器）。M_a 取负值，$\varphi'(a_0)$ 变大。可见顺流与逆流相比，逆流于消声更有利。但是，从气流速度引起声传播中的折射现象来看，情况又恰好相反。由于气流速度在管道中是不均匀的，在层流流动时同一截面上管道中央流速最高；离开中心位置越远流速越低；在靠近管壁处流速近似为零。顺流时，如图 4-3-8 所示，导致在

管道中央声速高，靠管壁声速低，根据声折射原理，声波要弯向管壁，对于阻性消声器，管壁衬贴有吸声材料，所以能更有效地吸收声能量；逆流时，如图 4-3-9 所示，声波要向管道中心弯曲，这对阻性消声器的消声是不利的。

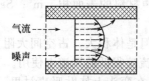　　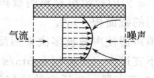

图 4-3-8　气流与声传播同向（顺流）　　　图 4-3-9　气流与声传播反向（逆流）

② 气流产生再生噪声的影响。综上所述，消声器安装在进排气管道各有利弊。由于工业上输气管道中的气流速度与声速相比都不会太高（例如当流速为 30～40m/s 时，$M_a=0.1$），所以在一般情况下，气流对声传播与衰减规律的影响可以忽略。

气流在管道中传播时会产生"再生噪声"，原因有二：一方面是消声器结构在气流冲击下产生振动而辐射噪声，其克服的方法主要是增加消声器的结构强度，特别要避免管道结构或消声元件有较低频率的振动模式，以防止产生低频共振；另一方面，当气流速度较大时，管壁的粗糙、消声器结构的边缘、截面积的变化等，都会引起"湍流噪声"。因为湍流噪声与流速的 6 次方成正比，并且以中高频率为主，所以小流速时，再生噪声以低频为主，流速逐渐增大时，中高频噪声增加得很快。如果以 A 声级评价，A 计权后更以中高频为主，所以气流再生噪声的 A 声级大致可用下式表示：

$$L_A = A + 60\lg v \tag{4-3-4}$$

式中，$60\lg v$ 为反映了气流再生噪声与速度的 6 次方成正比的关系；A 为常数，与管衬结构，特别是表面结构有关。

控制气流噪声的主要措施：一是按声源特性和消声器的消声量确定合适的气流速度；二是选择合适的消声器结构，改善气流状态，减少湍流发生。

（3）阻性消声器的设计　阻性消声器的设计步骤一般可按如下程序和要求进行。

① 确定消声量。应根据有关的环境保护和劳动保护标准，适当考虑设备的具体条件合理确定实际所需的消声量。对于各频带所需的消声量，可参照相应的曲线来确定。

② 选定消声器的结构形式。首先，要根据气流流量和消声器所控制的流速（平均流速），计算所需要的通流截面，并根据截面的尺寸大小来选定消声器的形式。如果在消声器中的流速保持与原输气管道中的流速一样，也可以简单地按输气管道截面尺寸确定。一般认为，当气流通道截面的当量直径小于 300mm，可选用单通道直管式；当直径在 300～500mm 时，可在通道中加设一片吸声片或吸声芯，当通道直径大于 500mm 时，则应考虑把消声器设计成片式、蜂窝式或其他形式。

③ 正确选用吸声材料。这是决定阻性消声器消声性能的重要因素。可用来做消声器的吸声材料种类很多，如超细玻璃棉、泡沫塑料、多孔吸声砖、工业毛毡等。在选用吸声材料时除应该首先考虑材料的声学性能外，同时还要考虑消声器的实际使用条件，在高温、潮湿、有腐蚀性气体等特殊环境中，应考虑吸声材料的耐热、防潮、抗腐蚀性能。

吸声材料种类确定以后，材料的厚度和密度也应注意选定。一般吸声材料厚度是由所要消声的频率范围决定的。如果只为了消除高频噪声，吸声材料可薄些；如果为了加强对低频声的消声效果，则应选择厚一些的，但超过某一限度，对消声效果的改善就不明显了。每种材料填充密度也要适宜。

④ 确定消声器的长度。在消声器形式、通流截面和吸声层等都确定的情况下，增加消声器长度能提高消声值。消声器的长度应根据噪声源的强度和降噪现场要求来决定。

增加长度可以提高消声量，但还应注意现场有限的空间所允许的安装尺寸，消声器的长度一般为 1～3m。

⑤ 选择吸声材料的护面结构。阻件消声器中的吸声材料是在气流中工作的，必须用护面结构固定起来。常用的护面结构有玻璃布、穿孔板或铁丝网等。如果选取护面不合理，吸声材料会被气流吹跑或使护面结构激起振动，导致消声性能下降。护面结构形式主要由消声器通道内的流速来决定。

⑥ 验算消声效果。根据"高频失效"和气流再生噪声的影响验算消声效果。

4.3.2.2　抗性消声器

抗性消声器主要是利用声抗的大小来消声，它不使用吸声材料，而是利用管道截面的突变或旁接共振腔使管道系统的阻抗失配，产生声波的反射、干涉现象从而降低由消声器向外辐射的声能，达到消声的目的。抗性消声器的选择性较强，适用于窄带噪声和低、中频噪声的控制，常见的抗性消声器有扩张室式、共振式和干涉式；此外，还有弯头、屏障、穿孔片等组合而成的消声器等，如图 4-3-10 所示。

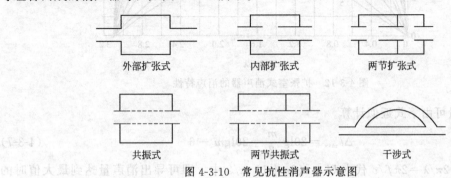

图 4-3-10　常见抗性消声器示意图

（1）扩张室式消声器

① 扩张室式消声器的消声量计算。利用声传播中的不连续结构产生声阻抗的改变引起声反射而达到消声的目的。典型的扩张室式消声器的结构见图 4-3-11。

扩张室式消声器的消声量计算见下式：

$$R = 10\lg\left[1 + \frac{1}{4}\left(m - \frac{1}{m}\right)^2 \sin^2 kl\right] \tag{4-3-5}$$

式中，$m = S_2/S_1$，扩张比；S_2 为扩张室的横截面，m^2；S_1 为气流通道的横截面，m^2；$k = 2\pi/\lambda$，λ 为管中声波的波长；l 为扩张室的长度。

从上式可以看出，管道截面收缩 m 倍或是扩张 m 倍，其消声作用相同，在实际应用中为了减少对气流的阻力，常采用扩张管。

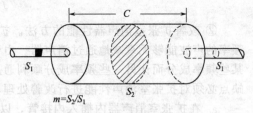

图 4-3-11　扩张室式消声器

扩张室消声器的消声量与 $\sin^2 kl$ 有关，所以消声量随频率做周期性的变化，消声特性如图 4-3-12。当 $\sin^2 kl = 1$ 时，有最大消声量；当 $\sin^2 kl = 0$ 时，消声量为零，即不起消声作用。

a. $kl = (2n+2)\pi/2$，即 $l = (2n+1)\pi/4$ 时 $(n = 1, 2, 3, \cdots)$，$\sin^2 kl = 1$，扩张室消声量达到最大值，消声量由下式计算。

$$R = 10\lg\left[1 + \frac{1}{4}\left(m - \frac{1}{m}\right)^2\right] \tag{4-3-6}$$

由上式可以看出，扩张室消声器的消声量大小取决于扩张比 m，通常 $m \geqslant 1$，当 $m > 5$

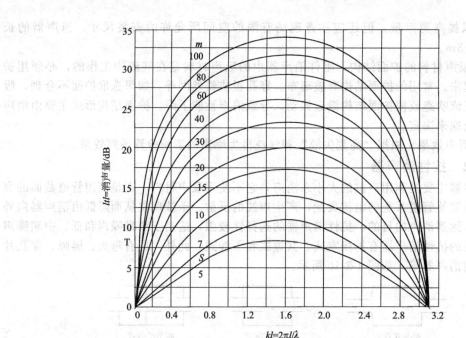

图 4-3-12　扩张室式消声器的消声特性

时，最大消声量可由下式近似计算。

$$\Delta l_{\max} = 20\lg \frac{m}{2} = 20\lg m - 6 \tag{4-3-7}$$

将波数 $k = 2\pi/\lambda = 2\pi f/c$ 代入 $kl = (2n+1)\pi/2$ 中，即可导出消声量达到最大值时的相应频率。

$$f_{\max} = (2n+1)\frac{c}{4l} \tag{4-3-8}$$

b. 当 $kl = n\pi$，即 $l = n\lambda/2$ 时 $(n=1, 2, 3, \cdots)$，$\sin^2 kl = 0$，消声量 $\Delta l = 0$，表明声波可以无衰减地通过消声器，这是单节扩张室消声器的主要缺点所在。此时，对应的频率称为消声器的通过频率。

$$f_{\max} = n\frac{c}{2l} \tag{4-3-9}$$

② 改善扩张室消声器性能的方法。扩张室消声器的消声特性是周期性变化的，即某些频率的声波能够无衰减地通过消声器。由于噪声的频率范围一般较宽，如果消声器只能消除某些频率成分而让另一些频率成分顺利通过，这显然是不利的。为了克服扩张室消声器这一缺点必须对扩张室消声性能进行改善处理，主要方法如下：

a. 在扩张室消声器内插入内接管，以改善它的消声性能；

b. 采用多节不同长度的扩张室串联的方法，可解决扩张室对某些频率不消声的问题。

在实际工程上，为了获得较高的消声效果，通常将这两个方法结合起来运用；即，将几节扩张室消声器串联起来，每节扩张室的长度各不相等，同时在每节扩张室内分别插入适当的内接管，这样便可在较宽的频率范围内获得较高的消声效果。

③ 扩张室式消声器的设计。扩张室消声器具有结构简单，消声量大等优点；缺点是局部阻力损失较大。它主要用于消除中、低频噪声；控制内燃机、柴油机、空压机等进、出口噪声。

设计扩张室消声器要注意下列几点：

a. 首先根据所需要的消声频率特性，确定最大的消声频率，合理确定各节扩张室的长度及插入管长度；

b. 根据所需的消声量，尽可能选取较小的扩张比 m，设计扩张室各部分尺寸；

c. 检验所设计的扩张室消声器，上、下截止频率内是否存在所需要的消声频率区域，如果不在上、下截止频率范围内，需进行修改。

(2) 共振腔消声器　共振腔消声器是由管道壁开孔与外侧密闭空腔相通而构成。

① 共振腔消声器的消声原理。共振腔消声器，从本质上看，也是一种抗性消声器。它是在气流通道的管壁上开有若干个小孔，与管外一个密闭的空腔组成，如图 4-3-13 所示，分为同轴型和旁支型。

共振腔消声器实质上是共振吸声结构的一种应用，其基本原理基于亥姆霍兹共振器。管壁小孔中的空气柱类似活塞，具有一定的声质

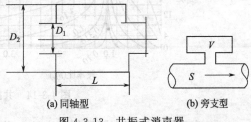

图 4-3-13　共振式消声器
(a) 同轴型　(b) 旁支型

量；密闭空腔类于空气弹簧，具有一定的声顺，二者组成一个共振系统。当声波传至颈口时，在声压作用下空气柱便产生振动，振动时的摩擦阻尼使一部分声能转换为热能耗散掉。同时，由于声阻抗的突然变化，一部分声能将反射回声源。当声波频率与共振腔固有频率相同时，便产生共振，空气柱振动速度达到最大值，此时消耗的声能最多，消声量也就最大。

当声波波长大于共振腔消声器的最大尺寸的 3 倍时，其共振吸收频率为：

$$f_r = \frac{c}{2\pi} \sqrt{\frac{G}{V}} \tag{4-3-10}$$

式中，c 为声速，m/s；V 为空腔体积，m³；G 为传导率，有长度的量纲。其值为：

$$G = \frac{S_0}{t + 0.8d} = \frac{\pi d^2}{4(t + 0.8d)} \tag{4-3-11}$$

式中，S_0 为孔颈截面积，m²；d 为小孔直径，m；t 为小孔颈长，m。

工程上应用的共振腔消声器多由多个孔组成。此时要注意各孔间要有足够的距离，当孔心距为小孔的 5 倍以上时，各孔间的声辐射可互不干涉，此时总的传导率等于各个孔的传导率之和，即 $G_{总} = nG$（n 为孔数）。

如果忽略共振腔声阻的影响，单腔共振消声器对频率为 f 的声波的消声量为：

$$l_R = 10 \lg \left[1 + \frac{K^2}{(f/f_r - f_r/f)^2} \right] \tag{4-3-12}$$

$$K = \frac{\sqrt{GV}}{2S} \tag{4-3-13}$$

式中，S 为气流通道的截面积，m²；V 为空腔体积，m³；G 为声波传导率。

由公式看出，这种消声器具有明确的选择性。即当外来声波频率与共振器的固有频率相一致时，共振器就产生共振。共振器组成的声振系统的作用最显著，使沿通道继续传播的声波衰减最厉害。因此，共振腔消声器在共振频率及其附近有最大的消声量。而当偏离共振频率时，消声量将迅速下降。这就是说，共振腔消声器只在一个狭窄的频率范围内才有较佳的消声性能。图 4-3-14 给出的是在不同情况下共振腔消声器的消声特性曲线。从曲线看出，共振腔消声器的选择性很强。当 $f = f_r$ 时，系统发生共振，TL 将变得很大，在偏离时，迅速下降。K 值越小，曲线越曲折。因此 K 值是共振腔消声器设计中的重要参量。

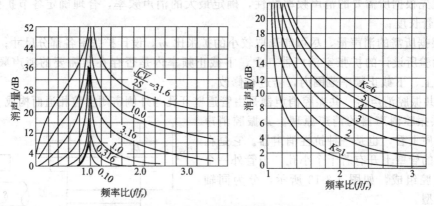

图 4-3-14　共振腔消声器的消声特性

② 改善共振腔消声器性能的方法。共振腔消声器的消声频率范围窄。采用以下三个方法来弥补这一缺陷。

a. 选定较大的 K 值。由图 4-3-14 可以看出，在偏离共振频率时，消声量的大小与 K 值有关，K 值大，消声量也大。因此，欲使消声器在较宽的频率范围内获得明显的消声效果，必须使 K 值设计得足够大。

b. 增加声阻。在共振腔中填充一些吸声材料，或在孔颈处衬贴薄而透声的材料，都可以增加声阻使有效消声的频率范围展宽。这样处理尽管会使共振频率处的消声量有所下降，但由于偏离共振频率后的消声量变得下降缓慢，从整体看还是有利的。

c. 多节共振腔串联。把具有不同共振频率的几节共振腔消声器串联，互相错开，可以有效地展宽消声频率范围。

③ 共振腔消声器的设计。在设计时应注意以下几点。

a. 共振腔的最大几何尺寸应小于共振频率相应波长的 1/3。以保证共振腔可以视为集总参数元件。在共振频率较高时，此条件不易满足。共振腔应视为分布参数元件，消声器内会出现选择性很高且消声量较大的"尖峰"。以上计算公式不再适用。

b. 穿孔位置应集中在共振腔中部，穿孔范围应小于共振频率相应波长的 1/12。穿孔过密各孔之间相互干扰，使传导率计算值不准。一般情况下，孔心距应大于孔径的 5 倍。当两个要求相互矛盾时，可将空腔分割成几个小的空腔来分布穿孔位置，总的消声量可近似视为各腔消声量的总和。

c. 共振腔消声器也存在高频失效问题。

4.3.2.3　宽频带型消声器

在消声性能上，阻性消声器和抗性消声器有着明显的差异。阻性消声器适用于消除中、低频噪声，而抗性消声器运用于消除中、低频噪声。在实际工作中，经常遇见宽频带噪声，即低、中、高频的噪声都很高。为了在较宽的范围获得较好的消声效果，通常采用阻抗复合式消声器和微穿孔板消声器两种。

（1）阻抗复合式消声器　阻抗复合式消声器是把阻性与抗性两种消声原理，通过适当结构复合起来而构成的。常用的阻抗复合式消声器有阻性-扩张室复合式消声器，阻性-共振腔复合式消声器以及阻-扩-共复合式消声器等。根据阻性与抗性两种不同的消声原理，结合噪声源的具体特点和现场的实际情况，通过不同的组合方式，就可以设计出不同结构形式的复合消声器来。在噪声控制工程中，对一些高强度的宽频带噪声，几乎都采用这种复合式消声器来消除。图 4-3-15 是常用的一些阻抗复合式消声器的示意图。

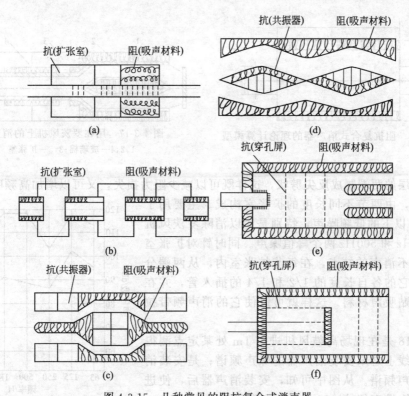

图 4-3-15　几种常见的阻抗复合式消声器

（a），（b）扩张室-阻性复合消声器；（c），（d）共振腔-阻性复合消声器；（e），（f）穿孔屏-阻性复合消声器

阻抗复合式消声器，可以认为是阻性与抗性在同一频带的消声值相叠加。但由于声波在传播过程中具有反射、绕射、折射、干涉等特性，所以，其消声值并不是简单的叠加关系。对于波长较长的声波来说，当消声器以阻与抗的形式复合在一起是有声的耦合作用，因此，互相有影响。下面以图 4-3-16 所示的阻抗复合式消声器为例，对这种复合式消声器的消声特性简单介绍：设 S_1 与 S_2 分别为粗管与细管的截面积，而它的消声量 ΔL（传声损失）为：

$$\Delta L = 10\log\left\{\left[\cos h\,\frac{\sigma l_e}{8.7} + \frac{1}{2}\left(m + \frac{1}{m}\right)\cdot\sin h\,\frac{\sigma l_e}{8.7}\right]^2 + \right.$$

$$\left. \cos^2 kl_e + \left[\sin h\,\frac{\sigma l_e}{8.7} + \frac{1}{2}\left(m + \frac{1}{m}\right)\cos h\,\frac{\sigma l_e}{8.7}\right]^2 + \sin^2 kl_e\right\} \tag{4-3-14}$$

式中，σ 为粗管中吸声材料单位长度引起的声衰减，dB/m，这里忽略了端点的反射；m 为扩张比，$m = S_2/S_1$ 这里忽略了吸声材料所占的面积而且吸声材料的厚度远小于通过它的声波之波长；k 为波数，$k = 2\pi f/c$（f 为频率，c 为声速）；l_e 为粗管长度，m；$\cosh X$，$\sinh X$ 为代表 X 的双曲余弦与双曲正弦函数 $\left(X = \frac{\sigma}{8.7}l_e\right)$。

在实际应用中，阻抗复合消声器的传递损失是通过实验或现场实测的。

下面介绍的是一个阻抗复合式消声器如图 4-3-17 所示。该消声器是由两段串联而成的。第一段阻性部分，主要用于消除中、高频噪声。在这段消声器通道周围，衬贴吸声材料。由于通道截面尺寸较大，故波长较短的高频噪声将窄束状通过消声器，不与或很少与吸声材料发生接触，因而使消声性能下降。为此，我们在消声器通道中间，设置了一片阻性吸声层并

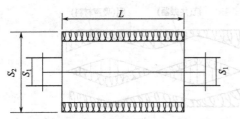

图 4-3-16　阻抗复合式消声器的理论计算模型

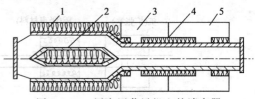

图 4-3-17　用在罗茨风机上的消声器
1,2,4—玻璃棉;3,5—扩张室

将这个吸声层的两端制成反尖劈状，这样既可以减少阻力损失，又可以增加高频吸收。第二段抗性部分，由两节不同长度的扩张室构成。主要用于消除 500Hz 以下的低频噪声，特别是用以消除罗茨风机特有的 125Hz 和 500Hz 两个峰值噪声。同时针对扩张室对某些频率不消声的缺点，在每节扩张室内，从两端分别插入等于它的各自长度的 1/2 和 1/4 的插入管，并在插入管上衬贴吸声材料。这样就可以使它的消声频带拉得宽一些。

图 4-3-18 是在现场离鼓风机进口 1m 处某定点测得的数据。曲线 I 是未安装消声器的噪声频谱；是安装消声器后的噪声频谱。从图中可知，安装消声器后，使进气口 1m 处的噪声级由 120dB（A）降低为 89dB（A），消声器的消声量为 31dB（A），总响度降低 86%。

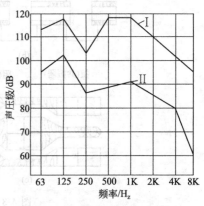

图 4-3-18　罗茨风机消声器效果
I—未装消声器；II—安装消声器

（2）微穿孔板消声器　微穿孔板消声器是我国近年来研制的一种消声器，是利用微穿孔板吸声结构制成的消声器。声通过选择微穿孔板上不同的穿孔率与板后不同腔深能够在较宽的频率范围内获得较好的消声效果。因此，微穿孔板消声器能起到阻抗复合式消声器的消声作用。

微孔板消声器是阻抗复合式消声器的一种特殊形式，微穿孔板吸声结构本身就是一个既有阻性又有抗性的吸声元件，把它们进行适当的组合的排列，就构成了微穿孔板消声器。图 4-3-19 是一种双微孔板消声器。

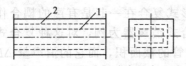

图 4-3-19　双微孔消声器中一种
1—第一层微穿孔板；2—第二层微穿孔板

4.3.2.4　排气喷流消声器

排气喷流噪声在工业生产中普遍存在，如工厂中各种空气动力设备的排气，高压锅炉排气放风以及喷气发动机试车，火箭发射等等都辐射出强烈的排气喷流噪声。这种噪声的特点是声级高、频带宽、传播远，严重危害人的身心健康，并污染环境。

排气喷流消声器是从声源上降低噪声的，在这一点上与阻性消声器不同。它是利用扩散降速、变频或改变喷注气流参数等机能达到消声效果的。

现按照消声的原理简要介绍不同种类的排气喷流消声器。

（1）小孔喷注消声器　小孔喷注消声器的消声原理是从发声机理上使它的干扰噪声减小。小孔喷注消声器用于消除小口径高速喷流噪声，喷注噪声的峰值频率与喷口直径成反比。如果喷口直径变小，喷口辐射的噪声能量将从低频移向高频，结果低频噪声被降低，高频噪声反而增高。如果孔径小到一定值，喷注噪声将移到人耳不敏感的频率范围去。根据这

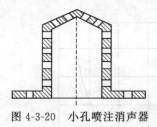

图 4-3-20　小孔喷注消声器

个原理，将一个大的喷口改用许多小喷口来代替，从发生机理上使它的干扰噪声减少。如图 4-3-20 所示。

　　从实用的角度考虑，孔径不宜选得过小，因为过小的孔径不仅难于加工，同时易于堵塞，影响排气量。一般选则直径 1~3mm 的孔径较合适。如果小孔直径大于 5mm，这种构造就逐渐成为大孔消声扩散器。小孔喷注消声器由于各孔排出喷注的互相干扰而降低噪声（一般在高频降低 10dB 左右）。

　　设计小孔消声器时，应注意各小孔之间的距离。如果小孔之间距较近，气流经过小孔后形成多个小喷注，再汇合形成较大的喷注，使消声效果降低。为此，小孔喷注消声器必须有足够的孔心距。

　　(2) 节流降压消声器　节流降压消声器是利用节流降压原理制成的。根据排气量的大小，设计通流面积，使高压气体通过节流孔板时，压力得到降低。如果多级节流孔板串联，就可以把原来高压气体直接排空的一次性压降，分散成若干小的压降。由于排气噪声功率与压力降的高次方成正比，所以这种把压力突变排空改为压力渐变排空，便可以取得较好的治声效果，这种消声器通常有 15~30dB（A）的消声量。图 4-3-21 是一种节流降压消声器。

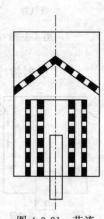

图 4-3-21　节流降压消声器

　　(3) 多孔扩散消声器　多孔扩散消声器是根据气流通过多孔装置扩散后，速度及驻点压力都会降低的原理设计制作的一种消声器。它利用粉末冶金、烧结塑料、多层金属网、多孔陶瓷等材料替代小孔喷注，其消声原理与小孔喷注消声器的消声原理基本相同。小孔喷注消声器的孔心距与孔径之比较大，从理论上说，它把每个喷射束流看成是独立的，可以忽略混合后的噪声；而多孔扩散消声器孔心距与孔径之比较小，使排放的气流被滤成无数小气流，不能忽略混合后产生的噪声，这是上述两种消声器的不同点。另外，多孔扩散消声器因由多孔材料制成，还有阻性材料起吸声作用，本身吸收一部分声能。图 4-3-22 给出几种多孔扩散消声器的示意图。

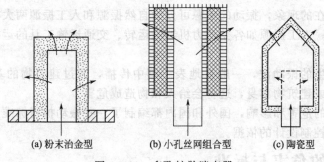

(a) 粉末治金型　　　(b) 小孔丝网组合型　　　(c) 陶瓷型

图 4-3-22　多孔扩散消声器

　　(4) 喷雾消声器　图 4-3-23 是喷雾消声器的结构示意图，对于锅炉等排放的高温气体噪声，利用向蒸汽喷气口均匀地喷淋水雾来达到目标。其消声原理：喷淋水雾后，介质密度 ρ 和声速 c 都发生了变化，即引起声阻抗的变化，而使声波发生反射；两相介质混合，产生摩擦，使能量损失，消除了一部分噪声。实验研究表明：喷水增加，声速降低；当混合物中水和蒸汽的比例接近时，速度也降至极值，反射系数随喷水体积的增大而增大。如图 4-3-24 所示，为常压下对过热蒸汽淋洒不同喷水量的消声曲线。

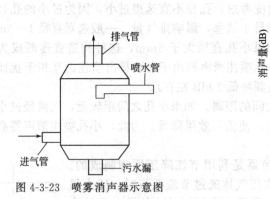

图 4-3-23　喷雾消声器示意图

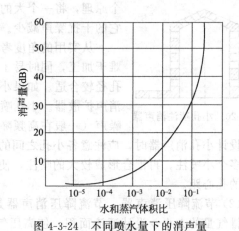

图 4-3-24　不同喷水量下的消声量

（5）引射掺冷消声器　对于燃气轮机排气、锅炉排气等高温气流的噪声源，可用引射掺入冷空气的方法来提高吸声结构的消声性能，达到降噪目的。这种消声器称为引射掺冷消声器，见图 4-3-25。该消声器周围设有微穿孔板吸声结构，底部接排气管，消声器外壳开有掺冷孔洞与大气相通。

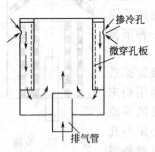

图 4-3-25　引射掺冷消声器

这种消声器的消声原理是：当热气流由排气管排出时，在其周围形成负压区，从而使外界冷空气，由上半部外壁的掺冷孔引入，途经微穿孔板吸声结构的内腔，从排气管口周围掺入到排放高温气流中去。该消声器的中间通道是热气流，而四周是冷气流，便形成温度梯度，导致了声速不同，造成声波在传播过程中向内壁弯曲。由于内壁设置吸声结构，因而恰好可把声能吸收。

4.4　振动控制技术

振动是普遍存在的现象，振动的来源可分为自然振源和人工振源两大类：自然振源如地震、海浪和风振等；人工振源如各类动力机器的运转、交通运输工具的运行、建筑施工打桩和人工爆破等。

人工振源所产生的振动波，一般在地表土壤中传播，通过建筑物的基础或地坪传至人体、精密仪器设备或建筑物本身，这将会给人和物造成危害。

为了控制振动的危害和影响，国外和国内都编制了一些振动执行标准，作为制订振动控制方案，进行振动控制设计的依据。

4.4.1　振动的危害与标准

除了大风、波浪和地震等自然振源外，运转设备、运输工具、施工机械和爆破等是大量存在的人为振源。这些振动不仅会干扰人们的正常生活，使人烦躁，强烈的振动还会影响精密测量，损坏建筑物和机器设备，危害人的身体，因此必须加以重视。

4.4.1.1　振动对人体的危害

振动对人体各系统均会产生影响。按其作用于人体的方式，可分为全身振动和局部振动。例如，坐车、乘船出现的晕车、晕船等现象属于全身振动；由于使用风镐、电锯等引起的手指麻木、疼痛等属于局部振动。全身振动是振动经过身体的支持部位，沿下肢或躯干传播引起的全身性振动；局部振动是振源直接将振动传至操作者的手和臂等部位。全身振动的作用频率范围主要在 $1\sim20\,\text{Hz}$，局部振动的作用频率范围在 $20\sim1000\,\text{Hz}$。在一定频率范围内，如 $100\,\text{Hz}$ 以下，既有局部振动作用又有全身振动作用。

人体接受振动后，振动波在人体组织内传播。由于各种组织的结构不同，传导的程度也不同，其大小顺序依次为骨、结缔组织、软骨、肌肉、腺组织和脑组织，$40\,\text{Hz}$ 以上的振动波易被组织吸收，不易远传；低频振动波在人体内传播较远。

(1) 全身振动的危害　强烈的全身振动可能导致内脏器官的损伤或位移、周围神经和血管功能的改变，造成各种类型的组织的、生化的变化；还可使人出现前庭功能障碍，导致内耳调节平衡功能失调，出现脸色苍白、恶心、呕吐、出冷汗、头疼头晕、呼吸浅表、心率和血压降低等症状。晕车、晕船即属全身振动性疾病。全身振动还可造成腰椎损伤等危害。

人体器官都有各自的固有频率。当振动频率与某器官的固有频率相近时，会引起共振，对该器官产生严重影响。人体器官的共振频率为 $3\sim14\,\text{Hz}$，因此这个频段的振动对全身的危害最强。

(2) 局部振动的危害　局部振动主要是以手接触振动工具的方式为主。长期持续使用振动工具能引起末梢血循环、末梢神经和骨关节肌肉运动系统的障碍，握力下降、肌肉疼痛、萎缩、骨质疏松或增生，严重时可患局部振动病。

振动病主要是由于局部肢体（主要是手）长期接触强烈振动而引起的。长期受低频、大振幅的振动影响，会使植物神经功能紊乱，引起皮肤与外周血管循环机能改变。久而久之，可出现一系列病理改变。早期可出现肢端感觉异常、振动感觉减退、手麻、手疼、手胀、手凉、手掌多汗；进而为手僵、手颤、手无力，手指遇冷即出现缺血发白，严重时血管痉挛明显，骨及关节病变。如果下肢接触振动，以上症状则出现在下肢。

4.4.1.2　振动对精密仪器设备的影响

振动对精密仪器的影响是多方面的。大致可以归纳为以下三项。

① 振动会影响精密仪器的正常运行，降低测量精度，甚至无法进行测量工作。强烈的振动还会缩短仪器的使用寿命，甚至即刻损坏仪器。

② 对于某些灵敏的控制系统，振动会引起系统的失误动作，从而造成重大的生产事故。

③ 对于精密加工，振动会降低加工密度，使加工质量无法保证。

4.4.2　振动的评价与标准

4.4.2.1　环境振动的评价量

(1) 振动的位移　振动的位移即振动质点离开平衡位置的距离，这在研究机械结构的强度、变形和旋转机件不平衡时较为实用，可觉察的位移只发生在低频。

(2) 振动的速度　振动的速度和噪声的大小直接有关，而且能提供表征机器运行工况的振动烈度指示值。

(3) 振动的加速度　前面已经介绍，当振动频率较低时，对人体影响起主要作用的是加速度的大小。从劳保和环保的角度出发，一般采用加速度作为振动影响的评价量，因为振动对人的影响实际上是振动能量转换的结果。

4.4.2.2　环境振动的标准

由各种机械设备、交通运输工具和施工机械所产生的环境振动，对人们的正常工作和休息都会产生较大的影响。我国有关部门制定了城市区域环境振动标准（GB 10070—1988）。城市区域环境振动标准值见表 4-4-1。

表 4-4-1 城市区域环境振动标准值

适用地带范围	昼间/dB	夜间/dB
特殊住宅区	65	65
居民、文教区	70	67
混合区、商业中心区	75	72
工业集中区	75	72
交通干线道路两侧	75	72
铁路干线两侧	80	80

① 标准值适用于连续发生的稳态振动、冲击振动和无规振动。对于每日发生几次的冲击振动，其最大值昼间不允许超过标准值的 10dB，夜间不超过 3dB。

② 特殊住宅区是指特别需要安宁的住宅区。

③ 居民、文教区是指纯居民区、文教区、机关区。

④ 混合区是指一般商业与居民混合区；工业、商业、少量交通与居民混合区。

⑤ 商业中心区是指商业集中的繁华地区。

⑥ 工业集中区是指在一个城市或区域内规划明确确定的工业区。

⑦ 交通干线道路两侧是指车流量每小时 100 辆以上的道路两侧。

⑧ 铁路干线两侧是指距每日车流量不少于 20 列的铁道外轨两侧 30m 外的住宅区。

4.4.3 振动测量

测量的量有位移、速度和加速度。其中，对加速度的测量最为普遍。

4.4.3.1 局部振动测量

局部振动卫生标准的监测应按国家标准 GB 10434—1989 的有关规定执行。

局部振动测试点应选在工具手柄或工件手握处附近。传感器应牢固地固定在测试点。测试仪器应符合国家标准，并定期由国家计量部门校准。

振动测量应按正交坐标系统的三个轴向进行，取最大轴向的 4 小时等能量频率计权振动加速度为被测工具或工件的振动量。测量时先测定 1/1 或 1/3 倍频程的振动频谱，然后按下式计算频率计权振动加速度 a_{hw}，单位为 m/s^2；如果振动测试仪器有计权网络部分，可以直接读数：

$$a_{hw} = \sqrt{\sum_{i=1}^{n}(k_i a_{hi})^2} \qquad (4-4-1)$$

式中，a_{hw} 为第 i 个 1/3 倍频程的均方根加速度；k_i 为第 i 个 1/3 倍频程的频率计权因子。

对于峰值因数很高的冲击振动，测试时要在传感器和被测工具之间加装机械式低通滤波器，以防过载影响测量结果。

需要注意，由于 GB 10434—1989 的颁布时间较早，因此其中的部分规定与相应 ISO 标准的新版本的规定不太一致。

4.4.3.2 城市区域环境振动测量

城市区域环境的振动测量应按国家标准 GB 10071—1988 的有关规定执行。

城市区域环境振动测量的测点应置于各类区域建筑物室外 0.5m 以内振动敏感处。必要时，测点置于建筑物室内地面中央。测量仪器的性能须符合有关规定，且每年至少送计量部门校准一次。仪器的时间计权常数为 1s。拾振器应平稳地安放在平坦、坚实的地面上，避免置于如地毯、草地、砂地或雪地等松软的地面上。拾振器的灵敏度主轴方向应与测量方向一致。测量时振源应处于正常工作状态，并避免其他环境因素的影响。测量量为铅垂向 Z 振级 VL_z。

对于观测时间内振级变化不大的稳态振动，每个测点测量一次，取 5s 内的平均示数作为评价量。对于具有突发性振级变化的冲击振动，取每次冲击过程中的最大示数为评价量。对于重复出现的冲击振动，以 10 次读数的算术平均值为评价量。对于未来任何时刻不能预先确定振级的无规振动，每个测点等间隔地读取瞬时示数，采样间隔不大于 5s，连续测量时间不少于 1000s，以测量数据的 VL_{z10} 值为评价量。对于铁路振动，读取每次列车通过过程中的最大示数，每个测点连续测量 20 次列车，以 20 次读值的算术平均值为评价量。

4.4.3.3　住宅建筑室内振动测量

住宅建筑室内振动测量应按国家标准 GB/T 50355—2005 的有关规定执行。

室内振动测量的测点置于住宅建筑室内地面中央或室内地面振动敏感处。测量仪器系统和 1/3 带通滤波器性能应符合国家相关标准的规定，并经国家认可的计量部门检定合格，在其有效期限内使用。测量量为频率 1～80Hz、1/3 倍频程的垂直于地面或楼层地面方向上的振动加速度级 L_0，单位为分贝（dB）。

测量拾振器应平稳地安放在平坦、坚实的地面上。拾振器的灵敏度主轴方向应与地面（或楼层地面）的铅垂方向一致。测量采用"快"响应动态特性，采样时间间隔不大于 1s，测量平均时间不少于 1000s。测量过程中，应保持住宅建筑物内部的振源处于正常工作状态，并避免外部各种振源和其他环境因素对振动测量的干扰。

4.4.4　振动控制技术和方法

振动传播和声传播一样，也由三要素组成，即振动源，传递介质和接受者。

环境中的振动源主要有：工厂振源（往复旋转机械、传动轴、电磁振动等），交通振源（汽车、机车、路轨、路面、飞机、气流等），建筑工地（打桩、搅拌、风镐、压路机等）以及大地脉动及地震等。传递介质主要有：地基地坪、建筑物、空气、水、道路、构件设备等。接受者除人群外，还有建筑物及仪器设备等。因此振动污染控制的基本方法也就分为三个方面，即振源控制、传递过程中振动控制及对接收者采取控制。

4.4.4.1　振源控制

（1）采用振动小的加工工艺　强力撞击在机械加工中经常见到，强力撞击会引起被加工零件、机械部件和基础振动。控制此类振动最有效的方法是改进加工工艺，即用不撞击方法代替撞击方法，如用焊接替代铆接、用压延替代冲压、用滚轧替代锤击等。

（2）减少振源的扰动　振动的主要来源是振动源本身的不平衡力引起的对设备的激励。因此改进振动设备的设计和提高制造加工装配精度，使其振动最小，是最有效的控制方法。

① 确保旋转机械振动平衡。鼓风机、高压水泵、蒸汽轮机、燃气轮机等旋转机械，大多属高速旋转类，每分钟在千转以上，其微小的质量偏心或安装间隙的不均匀常带来严重的危害。为此，应尽可能调好其静、动平衡，提高其制造质量，严格控制安装间隙，以减少其离心偏心惯性力的产生。

② 防止共振。振动机械激励力的振动频率，若与设备的固有频率一致，就会引起共振，使设备振动得更厉害，起了放大作用，其放大倍数可有几倍到几十倍。共振带来的破坏和危害是十分严重的。木工机械中的锯、刨加工，不仅有强烈的振动，而且常伴随壳体等共振，产生的抖动使人难以承受，操作者的手会感到麻木。高速行驶的载重卡车、铁路机车等，往往使较近的居民楼房等产生共振，在某种频率下，会发生楼面晃动、玻璃窗强烈抖动等。

因此，防止和减少共振响应是振动控制的一个重要方面。控制共振的主要方法有：改变设施的结构和总体尺寸或采用局部加强法等，以改变机械结构的固有频率；改变机器的转速或改换机型等以改变振动源的扰动频率；将振动源安装在非刚性的基础上以降低共振响应；对于一些薄壳机体或仪器仪表柜等结构，用粘贴弹性高阻尼结构材料增加其阻尼，以增加能量逸散，降低其振幅。

③ 合理设计设备基础。采用大型基础来减弱振动是最常用最原始的方法，根据工程振动学原则合理地设计机器的基础，可以减少基础（和机器）的振动和振动向周围的传递。根据经验，一般切削机床的基础是自身重量的 $1\sim2$ 倍，而特殊的振动机械如锻冲设备则达到设备自重的 $2\sim5$ 倍，更甚者达 10 倍以上。

4.4.4.2 振动传递过程中的控制

（1）加大振动源和受振对象之间的距离　振动在介质中传播，由于能量的扩散和介质对振动能量的吸收，一般是随着距离的增加振动逐渐减弱，所以加大振源与受振对象之间的距离是控制振动的有效措施之一。

（2）隔振沟　振动的影响，特别是对于环境来说，主要是通过振动传递来达到的，减少或隔离振动的传递，振动就得以控制。

在振动机械基础的四周开有一定宽度和深度的沟槽——防振沟，里面填充松软物质（如木屑等）或不填，用来隔离振动的传递，这也是以往常采用的隔振措施之一。

（3）采用隔振器材　在设备下安装隔振元件——隔振器，是目前工程上应用最为广泛的控制振动的有效措施。安装这种隔振元件后，能真正起到减少振动与冲击力的传递的作用，只要隔振元件选用得当，隔振效果可在 $85\%\sim90\%$ 以上，而且可以采用上面讲的大型基础。对一般中、小型设备，甚至可以不用地脚螺钉和基础，只要普通的地坪能承受设备的静负荷即可。

4.4.4.3 常见的隔振设备

（1）钢弹簧隔振器　钢弹簧隔振器广泛用于工业振动控制中，最常用的是螺旋弹簧和板条式弹簧两种，如图 4-4-1 所示。

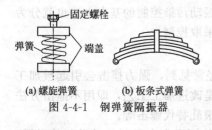

图 4-4-1　钢弹簧隔振器

螺旋弹簧减振器适用范围广，可用于各类风机、球磨机、破碎机、压力机等。只要设计选用正确，就能取得较好的防振效果。

螺旋弹簧减振器的优点是：有较低的固有频率（5Hz以下）和较大的静态压缩量（2cm以上），能承受较大的负荷而且弹性稳定、耐腐蚀、耐老化、经久耐用，在低频可以保持较好的隔振性能。它的缺点是：阻尼系数很小（$0.01\sim0.005$），在共振区有较高的传递率，而使设备产生摇摆；由于阻尼比低，在高频区隔振效果差，使用中往往要在弹簧和基础之间加橡胶，毛毡等内阻较大的垫，以及内插杆和弹簧盖等稳定装置。

板片式减振器是由钢板条叠合制成，利用钢板之间的摩擦，可获得适宜的阻尼比。这种减振器只在一个方向上有隔振作用，多用于火车、汽车的车体减振和只有垂直冲击的锻锤基础隔振。

（2）橡胶减振器　橡胶减振器也是工程上常用的一种隔振元件。根据受力情况，橡胶减振器可分为压缩型、剪切型、压缩-剪切复合型等，如图 4-4-2 所示。

橡胶减振器的最大优点是具有一定的阻尼，在共振频率附近有较好的减振效果，并适用于垂直、水平、旋转方向的隔振，劲度具有较宽的范围可供选择。

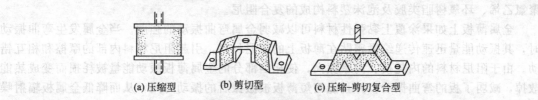

(a) 压缩型　　(b) 剪切型　　(c) 压缩-剪切复合型
图 4-4-2　几种橡胶减振器

与钢弹簧相比，其缺点是隔振性能易受温度影响，在低温下使用，性能不好。静态压缩量低且固有频率高于 5Hz，因此这种减振器对具有较低的干扰频率（固有频率低于 5Hz）而且重量特别大的设备不适用。这类产品，由于安装方便，效果明显，在工业和民用建筑的设备减振工程中得到了广泛的应用。

设计和选用橡胶隔振器的关键是准确估算其劲度和固有频率，以满足 $\frac{f}{f_0} \geqslant \sqrt{2}$ 和使承受载荷在其允许范围内。此外还应注意，静负荷时的最大压缩量不应超过原长度的 10%～15%，以保证一定使用寿命。

（3）空气弹簧　空气弹簧也称"气垫"，它的隔振效率高，固有频率低（1Hz 以下），而且具有黏性阻尼，因此也能隔绝高频振动。空气弹簧的组成原理如图 4-4-3 所示。当负荷振动时，空气在 A 与 B 间流动，可通过阀门调节压力。

这种减振器是在橡胶的空腔内压进一定的空气，使其具有一定的弹性，从而达到隔振的目的。空气弹簧多用于火车、汽车和一些消极隔振的场合。其缺点是需要有压缩气源及一套繁杂的辅助系统，造价高。

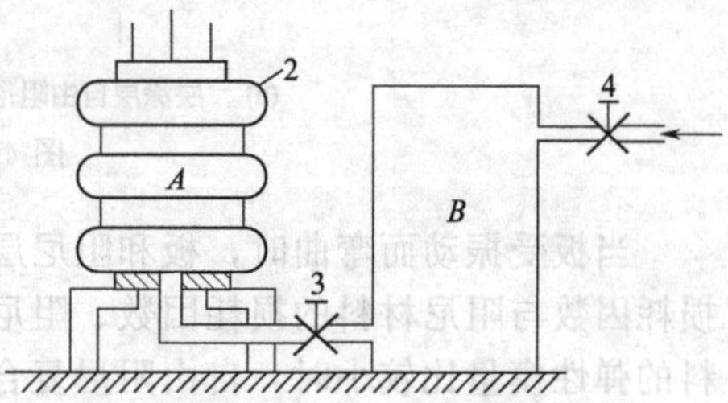

（4）软木　隔振用的软木使用天然软木经高温、高压、蒸汽烘干和压缩成的板状和块状物。其固有频率一般在 20～30Hz，承受的最佳载荷为（5～20）×10^4Pa，阻尼比 0.04～0.18，厚度 5～15cm。

图 4-4-3　空气弹簧的构造
1—负载；2—橡胶；3—节流阀；4—进压缩空气阀
A—空气室；B—储气室

软木质轻、耐腐蚀、保温性能好、加工方便，但由于厚度不能太厚、固有频率较高，不适宜低频隔振。

隔振器和隔振材料的选择原则如下。

① 隔振器和隔振材料的选择应首先考虑其静载荷和动态特性，使激振频率与隔振系统的固有频率比值 $f/f_0 > \sqrt{2}$ ，保证传递比 $T_f < 1$，工作在隔振区域内。

② 隔振器一般具有低于 5～7Hz 的共振频率。低频振动一般采用钢弹簧隔振器。对于高频振动，一般选用橡胶、软木、毛毡、酚醛树脂玻璃纤维板比较好。为了在较宽的频率范围内减弱振动，可采用钢弹簧减振器与弹性垫组合减振器。

③ 隔振材料的使用寿命差别很大，钢弹簧寿命最长，橡胶一般为 4～6 年，软木为 10～30 年。超过年限应予以更换。

4.4.4.4　对防振对象采取的振动控制措施

对防振对象采取的措施主要是指对精密仪器、设备采取的措施，一般方法如下。

（1）采用黏弹性高阻尼材料　对于一些具有薄壳机体的精密仪器，宜采用黏弹性高阻尼材料增加其阻尼，以增加能量耗散，降低其振幅。常见的黏弹性高阻尼材料有如下几类。

① 黏弹性阻尼材料。常用的黏弹性材料是高分子聚合物，如氯丁橡胶、有机硅橡胶、

聚氯乙烯、环氧树脂类胶及泡沫塑料构成的复合阻尼。

金属薄板上如果涂覆上黏弹性材料可以减弱金属弯曲振动的强度。当金属发生弯曲振动时，其振动能量迅速传递给紧密贴在薄板上的阻尼材料，引起阻尼材料内部的摩擦和相互错动。由于阻尼材料的内耗损、内摩擦大，使相当部分的金属薄板振动能量被耗损而变成热能散掉，减弱了板的弯曲振动，并且能缩短薄板被激振后的振动时间，从而降低金属板辐射噪声的能量，达到降噪目的。

② 阻尼金属。阻尼金属又称为减振合金，可作为结构材料直接代替机械中振动和发声强烈的部件，也可制成阻尼层粘贴在振动部件上，均可取得减振降噪效果。

③ 附加阻尼结构。在振动板件上附加阻尼结构的常用方法有自由阻尼层和约束阻尼层结构两种。

a. 自由阻尼层。自由阻尼层结构是将一定厚度的阻尼材料黏合或喷涂在金属板的一面或两面即构成自由阻尼层结构，如图4-4-4所示。

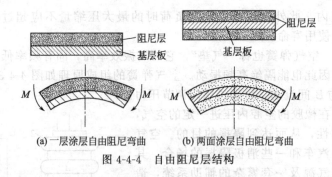

(a) 一层涂层自由阻尼弯曲　　　(b) 两面涂层自由阻尼弯曲

图 4-4-4　自由阻尼层结构

当板受振动而弯曲时，板和阻尼层都允许有压缩和延伸的变形。自由阻尼层复合材料的损耗因数与阻尼材料的损耗因数、阻尼材料和基板的弹性模量比、厚度比等有关。当阻尼材料的弹性模量比较小时，自由阻尼复合层的损耗因数可表示为：

$$\eta = 14\eta_2 \times \frac{E_2}{E_1}\left(\frac{d_2}{d_1}\right)^2 \tag{4-4-2}$$

式中，η 为阻尼复合层的损耗因数；η_2 为阻尼材料的损耗因数；E_1，E_2 分别为基板和阻尼材料的弹性模量；d_1，d_2 分别为基板和阻尼材料的厚度。

对于多数情况 E_2/E_1，的数量级为 $10^{-4} \sim 10^{-1}$，只有较高的厚度比才能达到较高的阻尼。通常取厚度比为 $2 \sim 3$ 时，复合自由阻尼层的损耗因数可以达到阻尼材料损耗因数的 0.4 倍。因此，为保证自由阻尼层有较好的阻尼特性，就要有较大的厚度，这也是自由阻尼层的缺点。

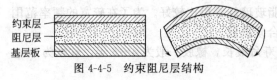

图 4-4-5　约束阻尼层结构

b. 约束阻尼层结构。约束阻尼层结构是在基板和阻尼材料上再附加一层弹性模量较高的起约束作用的金属板，如图4-4-5所示。当板受振动而弯曲变形时，阻尼层受到上、下两个板面的约束而不能有伸缩变形，各层之间因发生剪切作用（即允许有剪切变形）而消耗振动能量。当复合结构剪切参数近似等于1时，d_2 和 d_3 小于等于 d_1 时（d_3 为约束板厚度），约束阻尼层复合结构的损耗因数可表示为：

$$\eta_{\max} = 3 \times \frac{E_3\eta_3}{E_1\eta_1}\eta_2 \tag{4-4-3}$$

式中，E_3，η_3 分别为约束板的弹性模量和损耗因数。

在实际使用中，基板和约束层的弹性模量相近，复合板的阻尼大小和阻尼厚度无关。如果使用合理，可以使阻尼复合板的损耗因数接近甚至大于阻尼材料的损耗因数，取得较好效果。

（2）保证精密仪器、设备的工作台的刚度　精密仪器、设备的工作台应采用钢筋混凝土制的水磨石工作台，以保证工作台本身具有足够的刚度和质量，不宜采用刚度小、易晃动的木质工作台。

4.4.5　隔振设计

在振动控制技术中，隔振是目前振动控制工程上应用最为广泛和有效的措施，利用隔振器以降低因机器本身的扰力作用引起的机器支承结构或地基的振动，称为积极隔振；为减少精密仪器和设备或其他隔振体在外部振源的作用下的振动，称为消极隔振。

本节阐述的有关设计、计算等适合于下列情况：①积极隔振和消极隔振；②具有简谐扰力和冲击作用的机器；③具有单自由度和双自由度的隔振体系。

4.4.5.1　隔振设计资料

进行隔振设计时，通常应具备下列资料。

① 设备的型号、规格及轮廓尺寸图等。

② 设备的质心位置、质量和质量惯性矩。

③ 设备底座外廓图、附属设备、管道位置和坑、沟、孔洞的尺寸、灌浆层厚度、地脚螺径和预埋件的位置等。

④ 与设备和其基础连接的有关的管线图。

⑤ 当隔振器支承在楼板或支架上时，需有支承结构的图纸。若隔振器设置在基础上时，则需有地质资料、地基动力参数和相邻基础的有关资料。

⑥ 动力设备为周期性扰力时，需有工作频率及设备启动和停止时频率增减情况的资料；若为冲击扰力时，需有冲击扰力的作用时间和两次冲击的间隔时间，对消极隔振，要知道设备支承处的扰力频谱。

⑦ 对积极隔振，要知道动力设备正常运转时所产生的扰力（矩）的大小及其作用的位置。若无扰力和扰力矩资料，则必须具有机器运动部件的质量、几何尺寸、传动方式及机器转动部分的质量偏心距、活塞冲程等资料。

⑧ 动力设备、仪表等容许振动值，支承结构或地基的容许振动值，必要时还应具有附近建筑物和精密仪表或精密加工工艺容许振动资料。

⑨ 所选用或设计的隔振器的特性（如承载力、压缩极限、刚度和阻尼比等）以及使用的环境条件。

⑩ 隔振器所处位置的空间大小、最低和最高温度及酸、碱、油等侵蚀介质发生的可能性。

4.4.5.2　隔振方式与设计原则

（1）隔振台座的设置　隔振器可直接设置在机器的机座下，也可设置在与机座刚性连接的基础下面，通常称与机座刚性连接的基础为隔振台座或刚性台座。刚性台座从材料角度可分为两类：一类是由槽钢角码等焊接而成；另一类是由钢筋混凝土浇铸而成。在下列情况中，应设置刚性台座。

① 机器机座的刚度不足。

② 直接在机座下设置隔振器有困难。

③ 为了减少被隔振对象的振动，需要增加隔振体系的质量和质量惯性矩。

④ 被隔振对象是由几部分或几个单独的机器组成。

（2）隔振方式的选择　隔振方式通常分为支承式、悬挂式和悬挂支承式。

① 支承式（图 4-4-6），隔振器设置在被隔振设备机座或刚性台座下。

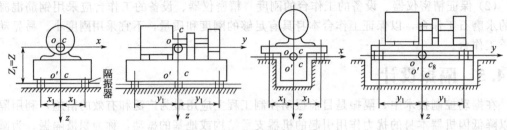

图 4-4-6　支承式隔振方式

② 悬挂式（图 4-4-7），被隔振设备安装在两端为铰的刚性吊杆悬挂的刚性台座上或直接将隔振设备的底座挂在刚性吊杆上。悬挂式可用于隔离水平方向振动。

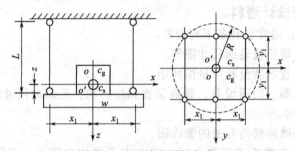

图 4-4-7　悬挂式隔振方式

（3）相关要求　在考虑隔振方式时，同时应考虑下列要求。

① 应便于隔振器的安装、观察、维修以及更换所需要的空间。

② 有利于生产和操作。

③ 应尽可能缩短隔振体系的重心与扰力作用线之间的距离。

④ 隔振器在平面上的布置，应力求使其刚度中心与隔振体系（包括隔振对象及刚性台座）的重心在同一垂直线上。对于积极隔振，当难于满足上述要求时，则刚度中心与重心的水平距离不应大于所在边长的 5%，此时垂直向振幅的计算可不考虑回转的影响。对消极隔振，应使隔振体系的重心与刚度中心重合。

⑤ 对于附带有各种管道系统的机组设备，除机组设备本身要采用隔振器外，管道和机组设备之间应加柔性接头；管道与天花板、墙体等建筑构件连接处均应安装弹性接件（如弹性吊架或弹性托架）；必要时，导电电线也应采用多股软线或其他措施。此部分考虑如图 4-4-8 所示。

⑥ 隔振体系的固有圆频率 ω_0 应低于干扰圆频率 ω，至少应满足 $\omega/\omega_0 > 1.41$。一般情况下 ω/ω_0 比值在 2.5～4.5 范围内选取。当振源为矩形或三角形脉冲时，脉冲作用时间 t_0 与隔振体系固有周期 T 之比，应分别符合 $t_0/T \leqslant 0.1$ 或 0.2。

⑦ 有下列情况之一时，隔振体系应具有足够的阻尼：

a. 在开机和停机的过程中，扰频经过共振区时，需避免出现过大的振动位移，一般阻尼比取 0.06～0.10；

b. 对冲击振动，阻尼比宜在 0.15～0.30 范围内选择，一般取 0.25 左右；

c. 消极隔振的台座因操作原因产生振动时，应有阻尼，以使其迅速平稳，一般阻尼比宜在 0.06～0.15 范围内选取。

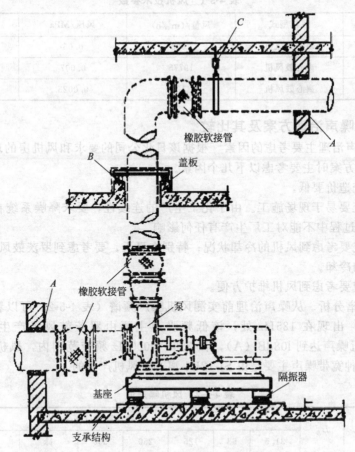

图 4-4-8　管道柔性连接
Ⓐ—管道穿墙柔性处理；Ⓑ—管道穿楼板或屋顶的弹性处理；Ⓒ—管道弹性吊挂

4.5　噪声污染控制工程典型案例设备设计

4.5.1　风机房降噪系统设计与实施

4.5.1.1　工程概况

某日化有限公司磺化车间风机房装有 3 台国外引进的鼓风机（技术参数见表 4-5-1）：风机房长 11.3m，宽 6.5m，高 6.4m，风机房北面墙上装有一扇大门，门宽 2.94rn，高 4.75m，风机房东面墙上装有 30m² 的两排铝合金推拉窗。由于 SJ-11K1，SJ-12K1 两台风机需要直接从室内进气，风机房北大门和部分铝合金窗不得不打开。风机驱动功率大、室内冷却效果差，特别是夏天时，风机房内温度很高，此时不得不增加一台轴流通风机，主要用于冷却型 SJ-11K1 风机。3 台（夏天为 4 台）风机 24h 连续工作，产生的噪声超过 110dB（A），工厂最近的办公区距离风机房不到 20m，风机房距居民区也非常近，风机产生的噪声严重地损害了职工的身体健康，污染了工厂和周围居民区的环境。

表 4-5-1　风机技术参数

工位	风机型式	风量/(m³/h)	风压/MPa	电机功率/kW
SJ-11K1	罗茨鼓风机	7000	0.05	200
SJ-12K1	离心鼓风机	19775	0.007	55
SJ-11K2	离心鼓风机	4100	0.0025	9

4.5.1.2　噪声治理方案及其比较

（1）风机噪声治理主要考虑的因素　根据该日化公司的要求和风机房的现场情况，在制订风机噪声治理方案时主要考虑以下几个因素。

① 降噪系统造价要低。

② 降噪系统要易于现场施工。由于化工生产的连续性，要求降噪系统在施工时，风机不能停机，施工过程中不能对工厂生产有任何影响。

③ 降噪系统要考虑到风机的冷却状况；特别在夏天，要考虑到罗茨鼓风机的冷却和 SJ-12K1 风机电机的冷却。

④ 降噪系统要考虑到风机维护方便。

（2）噪声频谱分析　从噪声治理前实测风机噪声频谱（表 4-5-2）可以看出，风机噪声峰值 110dB（A）出现在 125Hz 处，该低频噪声主要由罗茨鼓风机产生。在 500Hz 及 1000Hz 处，风机噪声达到 108dB（A），在 250～2000Hz 频带范围内，风机噪声值都超过 100dB（A），这种宽带噪声主要是由 SJ-12K1 离心鼓风机产生的。

表 4-5-2　风机噪声值

测试时间	L_A	噪声频谱/Hz							
		31.5	63	125	250	500	1k	2k	4k
噪声治理前/dB	110	87	95	110	103	108	100.5	96.5	82
噪声治理后/dB	59	72	70	60	60	53	51	43	27

（3）噪声治理设计方案对比　风机噪声治理通常可以采用消声、吸声、隔声等多种方法。

采用消声法时，最好是在风机房内安装吸声吊顶材料，增设吸声墙壁，这对于吸收风机的噪声（尤其是低频噪声）有较好的效果。风机房容积较大，采用该方案需使用大量的降噪吸声材料，造价较高，施工周期长，施工过程复杂。虽然该方案实施后，不仅可以减少风机噪声对环境的污染，还可以大幅度地降低风机房内的噪声。但考虑到风机房内平时无操作人员，没有采用这一方案，而是采用隔声罩将风机噪声隔离。这种方法不仅简单易行、消耗材料少，而且施工也较方便。但该方案也存在以下 3 个问题。

① 由于 SJ-11K1，SJ-12K1 两台风机需要直接从室内进气，进气噪声远远大于机壳噪声，隔声罩很难消除进气噪声，因此难以达到理想的隔声量。

② SJ-11K1，SJ-12K1 两台风机驱动功率大，采用隔声罩很难使风机保持良好的通风散热，也就难以达到良好的冷却效果。

③ 采用隔声罩后，难以监视风机的运行状况，在风机检修维护时需要拆除部分隔声罩，操作也很不方便。

（4）综合噪声治理措施（图 4-5-1）

① 机房大门噪声治理。风机房原有的大门为角钢框架、塑料门板结构，隔声性能特

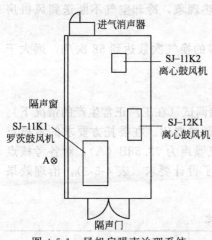

图 4-5-1　风机房噪声治理系统

别差。

根据实测风机噪声特性，设计特制隔声门。隔声门由钢板制成，为使隔声量达到 40dB（A）以上，门体厚度增大，门体空腔中采用了较大相对密度的岩棉填料，门与门框之间采用橡胶密封结构。门体厚度及门体空腔填料的选择均按照风机噪声频谱确定。

隔声门的门锁、铰链也经过精心设计。虽然隔声门很沉重，但开关十分灵活、方便，大门打开时，叉车出入通畅。

② 机房窗户噪声治理。风机房原有的铝合金窗面积大（30m²），窗扇与窗框的密封差，风机产生的噪声主要通过窗户辐射出。从理论上说，拆除窗户，砌成砖混结构的实体墙，对隔离风机噪声非常有效，但这样做就破坏了建筑物的美观，机房内也无法采集到自然光，采用隔声窗则可以消除这些弊端，从风机房外也可以清晰地看到风机的运行情况，因此选用了安装隔声窗降噪的技术方案。

市场上有现成隔声窗出售，但这些隔声窗结构复杂，价格昂贵，安装要求高，施工不方便。根据风机房窗户的布置情况，设计了如图 4-5-2 所示的两排双层隔声窗。

隔声窗的隔声性能与选用玻璃的厚度、玻璃的层数、各层之间空气层的厚度、窗扇与窗框的密封结构、隔声窗的安装与施工工艺等多种因素有关。从理论上说，玻璃越厚，玻璃窗层数越多，空气层越厚，隔声窗的隔声效果越好。但这同时带来隔声窗制造复杂、造价高、施工困难等一系列问题。在满足降噪要求和造价较低的前提下，为了能达到隔声量 40dB（A）以上，设计中选用了双层结构的隔声窗。根据风机噪声频谱特性，分别采用了不同厚度的玻璃，采用两层玻璃非平行安装方式，以消除共振对隔声效果的影响。层间的空气层厚度根据噪声频谱和需要的隔声量计算确定。玻璃与窗框，窗框与墙面等接触处采用特殊的毛毡等密封结构，层与层之间也设计成消声结构。

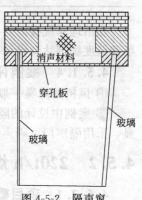

图 4-5-2　隔声窗

③ 风机进气噪声治理。设计时在风机房的南墙上开了一个门洞，以解决 SJ-11K1，SJ-12K1 两台风机的进气问题。为使风机噪声不从门洞处辐射出，在门洞前安装了一台进气消声器。

消声器设计风量 30000m³/h，为使消声器压力损失小，消声量大，特将其设计成阻抗复合式结构。消声器的空气进气流道设计成特殊形式，这样既可以消除由罗茨鼓风机产生的低频噪声，又可以消除由离心风机产生的中、高频噪声。为了方便操作工人出入风机房巡视设备运行，消声器的侧面装有一扇开关方便的小门。

④ 风机冷却系统的设计。在隔声门、隔声窗密闭的情况下，风机的冷却成为非常重要的问题，如果这个问题不能很好地解决，风机房内产生蓄热现象、风机将无法正常运行。

设计时作如下考虑：利用 SJ-11K1，SJ-12K1 两台风机需要从风机房吸入空气的特点，将进风位置设计在最需要冷却的 SJ-11K1 罗茨风机的上游，即在风机房南墙门洞处（图 4-5-1）。与室内环境温度相同的冷却空气以一定的设计风速（5.1m/s）和方向吹向 SJ-11K1，SJ-12K1，SJ-11K2 三台风机，冷却空气吸收热量变为热空气后，由 SJ-11K1，SJ-12K1 两台风机的进气口吸入，送入系统中。通过控制冷却空气的流动方向，使风机房内的温度场尽可能地达到设计要求，避免机房内产生局部蓄热现象，冷却空气不断送到风机房内，从而达到冷却风机的目的。

根据传热设计计算，冷却风量为 27000m³/h，风机房的换气次数达到 58 次/h，远大于冷却需要，可确保风机安全运行。

4.5.1.3 噪声治理结果

经过 5 天的施工，完成了风机房噪声治理系统的安装调试（在工厂正常生产的情况下）。与采用吸声法方案相比，噪声综合治理方案要节省约 60% 的费用。在委托方要求的考核点对噪声进行的全面测试，尽管测试时磺化车间放空管排气噪声为 73.5dB（A），对各考核点的噪声影响极大，但实测各考核点的噪声仍然全部达到了设计要求（表 4-5-3），治理效果很好。

表 4-5-3 实测风机噪声对比

测试地点	设计噪声要求/[dB（A）]	实测噪声/[dB（A）]
包装车间门口处	<60	58
水电汽车间门口处	<60	57.5
技术开发中心门口处	<60	58
工厂北大门门口处	<60	57
工厂围墙外	<60	<50

在治理系统投入运行后，多次对风机冷却情况进行测试，结果表明风机房内冷却风速度场和温度场都达到设计要求，无蓄热现象，风机冷却状况良好。

4.5.1.4 案例评析

① 风机的降噪一般要综合治理，根据实际情况分别采用不同的方法。

② 案例中设计的隔声门、隔声窗、进气消声器制造简单，价格低廉，降噪效果十分明显，采用隔声门、隔声窗、消声器是风机房噪声治理的一种好方法。

4.5.2 220t/h 煤粉炉球磨机的噪声治理

4.5.2.1 项目概况

广州石化动力事业部 3 台 220t/h 煤粉炉 6 台钢球磨煤机安装在室内锅炉零米层，位置狭窄，环境恶劣，同时还有送风机等其他噪声源。噪声治理前，在距离噪声源（磨煤机）1m 处监测了噪声值及倍频程噪声值。监测结果表明，磨煤机噪声最高 106.4dB（A），各频段噪声均超过 80dB，峰值在 1000Hz，最高达 102.4dB。

4.5.2.2 设计依据和治理方案

本工程要求设计达到《工业企业噪声卫生标准》第五条"工业企业的生产车间和作业场所的噪声标准为 85dB（A）"。根据《工业企业噪声控制设计规范》（GBJ 87—1985）所列噪声 A 声级限制值查出各倍频带的允许声压级，该厂磨煤机在 250～8000Hz 频率范围内声压级均超过限制值，其频谱呈宽频带特性。

针对磨煤机所处位置狭窄，声源指向性系数高，平均吸声系数低的特点，决定选用多层隔声结构隔声。每台炉 2 台钢球磨煤机为一组，安装隔声墙。磨煤机室有 8m 高，将隔声墙分上下两部分，为将来检修方便，上半部为可拆卸固定式，下半部为双向推拉式。磨煤机室封闭后会使内部混响声加大，因此在后墙，原侧墙和顶部安装吸声体，以降低隔声墙内的混响声。并安装通风散热系统，以降低室内温度，同时吸走磨煤机室内粉尘。

4.5.2.3 隔声吸声和通风散热计算

（1）需隔声量 根据《工业企业噪声控制设计规范》（GBJ 87—1985）所列噪声 A 声级限制值查出各倍频带的允许声压级，计算各倍频带的需要隔声量，按下式计算：

$$R = L_p - L_{pa} + 5 \qquad (4\text{-}5\text{-}1)$$

式中，R 为各倍频带的需要隔声量，dB；L_p 为受声点各倍频带的声压级，dB；L_{pa} 为受声点各倍频带的允许声压级，dB。

计算结果表明，隔声构件能满足需要隔声量的要求，$R \geqslant 25\text{dB}$（A）。

（2）需隔声量校核 根据双层隔声结构平均隔声量的经验计算公式：

$$R = 13.5\lg(m_1 + m_2 + \cdots) + 13 + \Delta R \qquad (4\text{-}5\text{-}2)$$

式中，R 为平均隔声量，dB；m_1，m_2 为单位面积各种材料的重量（设计为 65kg/m²）；13 为引入量；ΔR 为附加隔声量，dB，双层隔声结构中间填充吸声材料增加的隔声量，500Hz 时为 6dB。

$$R = 13.5\lg 65 + 13 + 6 = 43.5\text{dB}$$

因此，理论计算隔声量能满足需要隔声量的要求。由于隔声墙是活动双向推拉式，存在漏声损失问题，当漏声损失如孔洞等达到所占墙体面积的 1/100 时，其隔声量将达不到 20dB。公式为：

$$R = 10\lg 1/\tau = 10\lg 1/10 - 2 = 20\text{dB}$$

式中，τ 为透声系数。

故应严格控制孔洞，当减低为 1/1000 时，隔声量可达到 30dB。

（3）吸声降噪量 吸声处理只是降低混响声部分的噪声，不能降低直达声，对于混响较强的厂房降噪量预估值范围一般是 6～10dB，假设降噪量要满足 10dB。隔声墙内，原磨煤机室墙和天花为水泥抹面，平均吸声系数 α_1 只有 0.05。

根据吸声降噪量公式：

$$L = 10\lg \alpha_2/\alpha_1 \qquad (4\text{-}5\text{-}3)$$

在墙面安装吸声体，要求使平均吸声系数 α_2 达到 0.5，才能达到要求。

本方案中选用的吸声材料主要为岩棉，50mm 厚度，查找有关资料其平均吸声系数约为 0.65，符合吸声降噪量要求。

（4）通风散热计算

① 二台 380kW 磨煤机 JS118-8 型电机所需通风量：

$$V_1 = \frac{860NA}{\gamma C_p(t_2 - t_1)} \qquad (4\text{-}5\text{-}4)$$

式中，N 为电机功率，kW；A 为发热效率（0.1～0.5），取 0.3；γ 为空气密度，常温下 1.293kg/m³；C_p 为定压比热容，0.24；$t_2 - t_1$ 为内外温差（38～60）；

则 $V_1 = 28721\text{m}^3/\text{h}$。

② 二台 300KW 排粉机 JS-138-4 型电机所需通风量：

将电机功率代入上式，则 $V_2 = 22674\text{m}^3/\text{h}$。

③ 二台磨煤机，运行表面温度 60℃，面积 $S = 64\text{m}^2$。散热量按下式计算。

$$Q = SK\Delta t \qquad (4\text{-}5\text{-}5)$$

$K = 35.4\text{kJ}/(\text{m}^2 \cdot \text{h} \cdot \text{℃})$，室温 t 取 38℃。

$$Q_M = 64 \times 35.4 \times (60 - 38) \times 2 = 99686\text{kJ/h}$$

排粉机壳散热 $Q_p = 16680\text{kJ/h}$。

换算成通风量

$$V_3 = Q/\gamma c(t_p - t_j) \qquad (4\text{-}5\text{-}6)$$

式中，c 为空气比热，1.0；t_p 为排气温度，38℃；t_j 为进气温度，25℃。

代入式（4-5-6），$V_3 = (99686 + 16680)/[1.0 \times 1.293 \times (38 - 25)] = 6923 \text{m}^3/\text{h}$

总计通风量

$$V = V_1 + V_2 + V_3$$
$$= 58318 \text{m}^3/\text{h}$$

因此，设计磨煤机室通风机总通风量应不小于 58334m³/h。

4.5.2.4 磨煤机用声及吸声处理

（1）隔声墙、吸声板布置方式 以每二台磨煤机、二台排粉机为一间隔，设置隔声墙。正面为南隔声墙，侧隔声墙将两台炉磨煤机隔开，南隔声墙安装二扇标准 2m² 隔声门方便运行检查。每一隔声室内后墙壁均匀布置 36 块吸声板，1# 炉甲侧磨煤机旁墙壁均匀布置 16 块吸声板，顶部因有管线穿过楼板，实际布置 29 块吸声板。每块吸声板 1×2（m²），吸声板与原墙壁之间空气层为 50mm。隔声墙全部缝隙用密封橡皮条密封，漏风系数控制在 1/1000 之内。

（2）隔声墙、吸声板结构

① 隔声墙。隔声墙按多层组合屏障阻抗错配原则由多种不同吸声系数的吸声材料和大阻尼材料重叠而成，并考虑用一定时间后可拆下用水清洗。

② 吸声板。吸声板按复合结构的吸声原则，考虑了质量效应，吸声材料、吸声指数、空气层以及原有砖墙等有关因素。

设计中吸声板布置占总墙面积 40%，均匀固定在墙上并留有一定空隙，当其噪声波射到吸声板以外墙壁上时，噪声波反射到吸声板上，达到吸声效果。镀锌孔板的穿孔率 27%，孔径为 Φ5。

4.5.2.5 通风和除尘系统

（1）通风系统 隔声墙内有二台钢球磨煤机，四台电动机，二台离心式排粉机。根据计算所需通风量，选用 5.5kW Y132S-4 型轴流通风机，通风量 29644m³/（h·台），每个间隔安装二台，把室内高温风抽出，改善室内环境温度。根据现场情况，1# 炉磨煤机室进风口设置在南隔声墙 6m 处，接进风管在隔声墙内，由底部进风，因进风口接有弯头和进风管，不会造成噪声外漏，省去消声器。通风机安装在磨煤机室后墙 4.5m 以上，热风往东侧室外排放。2#、3# 炉磨煤机室进风口设置在磨煤机室后墙 4.5m 以上，磨煤机室后墙外是管线夹层，不存在噪声外漏干扰问题，不需装消声器。通风机安装在磨煤机室南隔声墙内 4.5m 处，接通风管通向室外总通风管。

（2）除尘系统 由于设备漏粉，隔声墙内煤粉浓度大，为改善室内环境，安装一套负压清扫系统进行吸尘。负压清扫系统选用单吸入、双叶轮、机外串联式离心鼓风机及 DSX 多级除尘器。6 台磨煤机分成三个间隔，南北各 6 条水泥柱共引 12 条吸尘管至磨煤机室吸尘。保证磨煤机隔声室内粉尘浓度达到 10mg/m³ 以下工业企业车间粉尘卫生标准。

4.5.2.6 磨煤机噪声治理前后噪声测试情况

隔声墙外设 6 个监测点，并对各测点治理前后的噪声及频谱特性进行监测。经治理后隔声室外 1m 处的噪声值 86.4～89.5dB（A），降噪量为 13.4～18.4dB（A），比控制目标值 [85dB（A）] 高出 1.4～4.5dB（A）。隔声墙内选 3 个监测点进行监测，A 声级平均降低 2.2dB，C 声级比治理前平均升高 0.9dB。C 声级升高可能是吸声材料对低频部分的吸声效果稍差，低频反射声较大。磨煤机室经隔声和吸声处理前后，在磨煤机室上面 8m 层二个控制室的噪声 A 声级变化不大，但 500Hz 以下低频噪声有所增加。

4.5.2.7 案例分析

经治理后隔声室外噪声值为 86.4～89.5dB（A），降噪量 13.4～18.4dB（A），磨煤机噪声治理基本达到降噪效果。噪声值比控制目标值 [85dB (A)] 高出 1.4～4.5dB (A)。
主要原因为：监测时其他设备因生产需要不能停机，即不能扣除其他设备的噪声影响；目前
推拉式隔声墙的密封不够理想，门缝的间隙较大，导致间隙漏声而减低隔声墙的实际隔声
量；吸声材料，隔声材料选择只注重倍频程中心频率 500Hz 以上的噪声吸声隔声处理，对
500Hz 以下低频带噪声处理效果不太理想。由于隔声室内天花布置了较多的管线，安装不下
所需数量的吸声体，也不便采用悬挂吸声体方式，故隔声室内 A 声级平均只降低 2.2dB；
另外，没有对穿过楼板的管线及设备采取阻尼、隔振措施，使由于设备的振动激发基座、楼
板、墙壁等固体振动的"固体声"没有得到治理，使控制室的低频噪声有所增加。

4.5.3 城市综合体冷却塔消声降噪

4.5.3.1 项目概述

某城市广场一期（建筑面积 29 万平方米，高 142m，地上 42 层，地下 3 层，是集住宅、
公寓、酒店、办公楼及商场的城市综合体，机电系统为方案招标）的空调系统冷却塔供 12
组，分别供办公楼、酒店及商场使用。其中办公楼部分共 4 组，考虑到冷却水泵扬程及节能
全部设置在裙楼屋顶（4 层屋面，标高 22.30m），供地下 3 层 4 台制冷机组使用，选择大连
斯频德 CTA-500KX3M 组合塔 4 台。现对此 4 台冷却塔消声减噪设计及施工工艺进行阐述，
以便后续类似城市综合体实施参考。

从表 4-5-4 可看出，冷却塔运行时产生的噪声主要是：风机双侧进风噪声，顶部排风噪
声，风机减速器和电机噪声，淋水噪声。由于在 2.5m 和 1.0m 处测噪声值为 66/72dB
(A)，呈中高频特性，根据经验及声波折射原理，推算排风出口平均噪声为 82dB (A)。冷
却塔位于南北塔楼之间，由于公寓楼为高层建筑，冷却塔出口朝上，在一定距楼内其噪声随
楼层升高，噪声呈增加的趋势，然后逐步下降，这是由于声源扩散衰减的原因。冷却塔南部
长，可为线性声源，因此衰减比较慢，为此对南北公寓楼影响大，需要重点处理。

表 4-5-4 冷却塔主要参数

序号	项目名称	技术参数	备注
1	低噪声横流式冷却塔	CTA-500KX3M	大连斯频德
2	风机总风量/(m³/h)	261000	
3	风机机外余压/Pa	197	
4	运行质量/kg	9660	
5	运行噪声/[dB (A)]	66/72（噪声值分子为 2.5m 测量值，分母为 1.0m 测量值）	

八倍频程/Hz	63	125	250	500	1k	2k	4k	8k
dB (A)（离进风口 25m 处）	38	50	57	59	62	59.5	56	44.5
dB (A)（离进风口 1.5m 处）	45.5	57.5	64.5	65.5	67	65	60.5	54

4.5.3.2 设计方案及计算

本项设计方案主要为以下三方面，排风消声装置，内外进风消声装置，消声屏障。具体
选项如下。

排风消声装置，选用弯头式 17600×4000×3200 (mm) 阻性片式消声器 1 个。内外进
风消声装置，内外侧各选用 4000×1000×3000 (mm) 阻性片式消声器 4 个。消声屏障，选
用消声隔音板封闭。

进风消声装置与冷却塔之间留一定空间（约 1.5m），形成通道，以便检修设备时人员行

走，并在通道一端开设隔声门，并且该通道形成一个空腔（扩张腔），具有一定的消声作用。消声屏设置为了补充消声装置进风量不足，底部留 0.7m 空闲不封闭，用吸声板（1m 宽声屏障）阻挡底部漏声。

（1）进风阻力损失计算 冷却塔在全开的情况下进风总量为 1044000m³/h，进风平均速度为 2.18m/s，具体参数如表 4-5-5 中所列。

表 4-5-5 冷却塔进风参数

冷却塔型号	单台风机风量/(m³/h)	台数	总风量/(m³/h)	进风面积/m²	风速/(m/s)
CTA-500KX3M	261000	4	1044000	123	2.36

消声通道的阻力损失是由摩擦阻力损失和局部阻力损失两部分组成，即摩擦阻力系数和局部阻力系数之和为总阻力系数。

阻力损失计算公式：

$$\Delta H = \left(\lambda_m \frac{L}{d_e} + \lambda_j \right) \frac{\rho v^2}{2g} \tag{4-5-7}$$

式中，ΔH 为总阻力损失，mmH_2O；$\rho v^2 / 2g$ 为速度头；λ_m 为摩擦阻力系数，取 0.05（穿孔板护面结构取值，根据《噪声与震动控制工程手册》）；λ_j 为局部阻力系数；L 为消声器长度，m，取 1m；d_e 为消声倒流通道等效直径，m，取 0.289。

经计算：$\Delta H = H_m + H_j = 0.62 + 3.54 = 4.2$（Pa）。

（2）排风阻力损失计算 同样可以计算排放消声装置的阻力损失，由于本设计的排放消声装置采用扩张腔与式片阻性消声器原理相同，阻力损失仍是由摩擦阻力损失和局部阻力损失两部分组成（见表 4-5-6）。

表 4-5-6 冷却塔排风参数

冷却塔型号	单台风机风量/(m³/h)	台数	总风量/(m³/h)	进风面积/m²	风速（m/s）	阻性段进风面积/m²	风速/(m/s)
CTA-500KX3M	261000	4	1044000	52.8	5.49	28.5	10.1

根据《噪声与震动控制工程手册》查得局部阻力系数 $\lambda_{j1} = 0.2$，进入阻性段 $\lambda_{j2} = 0.37$，代入公式计算：经计算 $\Delta H = H_m + H_j = 27.3 + 13.5 = 40.8$（Pa）。

备注：阻性段长按 0.8m 计算。

（3）消声屏的插入损失计算 根据声屏障插入损失的计算方法：声屏障的插入损失 IL 主要决定声屏障的绕射声衰减量 ΔL_d、透射声修正量 ΔL_t 和反射声修正量 ΔL_r，此外障碍物声衰减量 ΔL_S 和地面吸收声衰减量 ΔL_G 对声屏的插入损失也有一定的影响。具体公式如下：

$$IL = \Delta L_d - \Delta L_t - (\Delta L_S, \Delta L_G)_{max} \tag{4-5-8}$$

声波的传播途径如图 4-5-3 所示。

点声源绕射声衰减量 ΔL_d 计算公式如下：

$$\Delta L_d = \begin{cases} 20 \lg \left(\dfrac{\sqrt{2\pi N}}{\tanh \sqrt{2\pi N}} \right) + 5, & N > 0 \\[2mm] 20 \lg \left(\dfrac{\sqrt{2\pi N}}{\tan \sqrt{2\pi N}} \right) + 5, & -0.2 < N < 0 \\[2mm] 0, & N < -0.2 \\[1mm] 5, & N = 0 \end{cases} \tag{4-5-9}$$

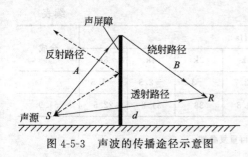

图 4-5-3　声波的传播途径示意图

式中，$N=2\delta/\lambda$ 为菲涅尔数；$\delta=A+B-d$ 为声程差，m；λ 为波长，m。

透射声修正量 ΔL_t 按照下式进行计算：

$$\Delta L_t = \Delta L_d + 10\lg\left(10^{-\Delta L_d/10} + 10^{-TL/10}\right)$$

$$(4\text{-}5\text{-}10)$$

反射声修正量取决于声屏障，受声点和声源的高度、受声点至声屏障的距离以及内侧声屏障吸声机构的降噪系数 NRC。由计算公式可知，当菲涅尔数 $N=0$ 时，即刚好有声音的临界状态，仍有 5dB 的插入损失。

（4）进风消声装置声学计算　在计算时假定声屏障具有足够的隔声，它仍不影响计算结果，计算结果如表 4-5-7。

表 4-5-7　进风消声装置声学计算结果表

计算项目	倍频程频率/Hz								合成
	63	125	250	500	1k	2k	4k	8k	
进风口 1.5 处 SPL	45.5	57.5	64.5	65.5	67	65	60.5	54	72dB（A）
距离衰减	−9	−9	−9	−9	−9	−9	−9	−9	
声源叠加	5	5	5	5	5	5	5	5	
插入损失	−3	−7	−11	−14.5	−19.5	−19	−12	−6	
治理后效果	38.5	46.5	49.5	47	43.5	42	44.5	44	54.5

注：1. 如果考虑扩张腔的插入损失，消声效果还会好些。

2. 距离衰减按 4m 计算。

3. 因该塔进风声级较大，因此该塔对应的消声装置，可设计降噪量大一些（如，缩小片间距、增加长度等）。

（5）底部空隙漏声计算　底部留有空隙（距地面 0.7m），做成消声通道形式，即在底部加一横挡板（等于进风消声装置通道长度，约 1m），贴附吸声材料。根据声屏障原理及几何发散声衰减理论，计算从底部空隙传出的噪声对环境的影响，声源点选择在距冷却塔 1.5m 高 1.5m 处，计算点（测量点）选在距出口 3m 高 1.5m 处，计算示意图如图 4-5-4 所示，计算结果如表 4-5-8 所示。

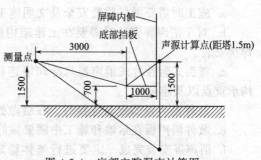

图 4-5-4　底部空隙漏声计算图

表 4-5-8　底部空隙漏声计算结果表

计算项目	倍频程频率/Hz								合成
	63	125	250	500	1k	2k	4k	8k	
进风口 1.5m 处 SPL	45.5	57.5	64.5	65.5	67	65	60.5	54	72dB（A）
距离衰减	−12	−12	−12	−12	−12	−12	−12	−12	
声源叠加	5	5	5	5	5	5	5	5	
地面反射	2.5	2.5	2.5	2.5	2.5	2.5	2.5	2.5	
屏障插入损失	−4.5	−7.5	−10.5	−13.5	−16.5	−19.5	−22.5	−25.5	

续表

计算项目	倍频程频率/Hz								合成
	63	125	250	500	1k	2k	4k	8k	
通道消声效果	−0.2	−0.7	1.6	−2.5	−2.7	−3	−2.3	−1.5	
治理后效果	36.3	44.8	47.9	45	43.3	38	31.2	22.5	51.9

注：1. 声源按临近 3 个叠加。

2. 因百叶进风口噪声计算时，已经考虑了该声源叠加，这里不应再重复叠加。

3. 因透声面积相对较小，故按点声源计算距离衰减。

综上所述，经过计算对于冷却塔的消声降噪完全满足Ⅰ类地区环境噪声标准。

4.5.3.3　消声装置安装施工工艺

由于消声装置安装施工工艺相对简单，作业面相对独立，即施工质量和施工安全较容易保证，为此不进行详细阐述。

① 排风消声装置，内外进风消声装置安装工艺流程，见图 4-5-5。

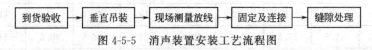

图 4-5-5　消声装置安装工艺流程图

② 消声屏安装工艺流程，见图 4-5-6。

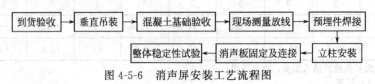

图 4-5-6　消声屏安装工艺流程图

③ 施工注意事项主要有如下几项。

a. 施工时需要做好质量安全及文明施工交底。

b. 对于消声屏安装时需要在土建结构施工时同步施工，同时需预埋好钢板，便于立柱焊接安装。

c. 弯头式阻性片式消声器与冷却塔连接时需要提前与生产厂家协调，在冷却塔设计结构承重点以及连接点。

d. 散件消声板固定与连接时，在缝隙处需用耐候胶密封处理。

e. 散件消声板在运输和施工中需要做好成品保护，防止微孔板破坏。

f. 消声屏安装完成一定要进行整体稳定性撞击试验，试验依据需根据当地最大风荷载对整体作用力进行计算，试验工具可采用滑轮加有效荷载进行。

g. 弯头式阻性片式消声器与冷却塔安装完成后需要在风口处设置铁丝防护网。

4.5.3.4　案例评析

由于土地资源所具有的稀缺性，现很多城市建筑发展趋于高度、综合性发展，以节约土地价值最大化，从而加剧了集住宅、办公、酒店及商场的城市综合体的快速发展；此外，各房地产开发商趋于集团化和国际化，其开发的城市综合体建筑面积大、功能多样、机电系统多而复杂，而管理模式往往采用方案招标。这就要求建筑施工企业对城市综合体机电系统自行深化设计。由于城市综合体各塔楼间距相对较近，同时塔楼高的特点，对于空调系统的冷却塔消声降噪都提出较高的要求。

对于城市综合体之冷却塔消声降噪的设计在各建筑施工企业技术人员及深化设计人员因专业原因涉及较少，为此很多技术人员不知道如何进行阻力计算和声学计算。通过对某城市广场一期项目冷却塔消声降噪深化设计计算和施工工艺的总结，希望能给各建筑施工企业技术人员及深化设计人员提供一些帮助和借鉴。

4.5.4　噪声控制设计实践

4.5.4.1　实践目的和任务

噪声控制设计实践教学环节是完成课程相关的理论知识学习后一个重要的实践阶段，其目的是让学生在掌握噪声控制的基本原理之上，进行现场参观，加深对理论知识的体会和了解，在对参观的工程给出基本参数后让学生展开具体的设计或模拟设计，更深层次地理解理论知识，学习、分析不同设计中的优点和不足，比较设计手册与实际设计中数值的取值，为以后的实际工作打下坚实的基础。

要求学生能根据任务书的要求，熟练地进行一个发电机房或鼓风机房（或其他典型噪声空间）的噪声控制设计，掌握设计环节的所需考虑的细节问题、设计参数的选取以及设计书说明书的编写，并较准确地绘制有关设计图样。

4.5.4.2　实践方式

现场参观，实例设计。

4.5.4.3　实践方法与步骤

（1）现场参观　参观某实际发电机房或鼓风机房。主要关注发电机房或鼓风机房的基本布置，观察并了解其降噪工程中的设计环节，考虑它是如何满足降噪的要求。

（2）选择材料　对参观的工程实例进行吸声材料、隔声材料的选择，根据设计任务书展开具体的设计计算。

（3）确定降噪方案　根据资料提出工程具体的降噪要求，同时要充分考虑通风需要，再综合考虑经济的因素，初步确定降噪方案。

（4）撰写设计说明书，绘制设计图　运用所学知识，借助设计手册对工程进行设计。

撰写设计说明书，绘制设计图。

第 5 章

固体废物处理设备设计

5.1 收集与运输设备

5.1.1 固体废物收集设备

5.1.1.1 概述

固体废物的收集是一项困难而复杂的工作，特别是城市垃圾的收集更加复杂。垃圾产生的地点分散在每个街道、每幢住宅和每个家庭。垃圾的产生不仅有固定源，也有移动源。除了城市垃圾外，还有大量的工业废物。工业固体废物一般由工厂自己负责收集处理。城市垃圾包括商业垃圾、建筑垃圾、生活垃圾、粪便、污水处理厂的污泥等，它们的收集工作一般是分别进行的。商业垃圾和建筑垃圾原则上由单位自行清除。我国大多城市对生活垃圾的收集采用传统的收集方法，一般由垃圾源送至垃圾桶（箱），再统一由环卫工人将垃圾桶（箱）内垃圾装入垃圾车，再运至中转站，最后由中转站运到最终处理场或填埋场进行处置，形成了一套固定模式的收集—中转—集中处置系统。菜场、饮食业及大型团体产生的生活垃圾则由各自单位自设容器收集并运至中转站或处理场。为了改善环境卫生，部分城市试行垃圾袋装化，然后投入垃圾箱再由垃圾车运走。医院垃圾则由医院自行焚烧处理，再送至处置场所。目前，少数城市还开始实行垃圾分装和上门收集。为此，设立专用的垃圾箱，内设有盛装不同垃圾的箱子。不同成分的垃圾装入容器后，分别运往垃圾处理厂。目前，比较先进的收集和运输垃圾的方式是管道输送，这是最有前途的垃圾输送方法。

5.1.1.2 固体废物收集设备

（1）垃圾收集方式分类 垃圾收集方式主要有混合收集、分类收集 定期收集、随时收集四种。

① 混合收集是指统一收集未经任何处理的原生废物的方式。优点是比较简单易行，收集费用低。但是在混合收集过程中，各种废物相互混杂、黏结，降低了废物中有用物质的纯度和再利用价值，同时增加了处理的难度，提高了处理费用。我国目前主要采用混合收集这种方式。

② 分类收集是根据废物的种类和组成分别进行收集的方式。分类收集优点很多，它是降低废物处理成本、简化处理工艺、实现综合治理的前提。分类收集的原则：工业废物与城市垃圾分开；危险废物与一般垃圾分开；可回收利用的物质与不可回收利用的物质分开；可燃性物质与不可燃性物质分开。

③ 定期收集是指按固定的时间周期对特定废物进行收集的方式。定期收集适用于危险废物和大型垃圾的收集。

④ 随时收集适用于产生量无规律的固体废物。如采用非连续生产工艺或季节性生产的

工厂产生的废物，通常采用随时收集的方式。

（2）垃圾简单收集设备　收集容器（Collection Container）是盛装各类固体废物的专用器具，分为城市垃圾收集容器和工业废物收集容器两类。

城市垃圾收集容器主要有垃圾袋、桶、箱，其规格、尺寸应与收集车辆相匹配；工业废物的收集容器种类较多，主要使用废物桶和集装箱；危险废物的收集容器往往与运输容器合用。各地使用的垃圾收集容器规格不一。对于家庭储存，除少数城市（如深圳、珠海等）规定使用一次性塑料袋外，通常由家庭自备旧桶、箩筐等容器，目前多使用购物废旧塑料袋；对于公共储存，常见的有固定式砖砌垃圾箱、活动式带轮的垃圾桶、车载式集装箱等；对于街道储存，除使用公共储存容器外，还配制大量供行人丢弃废纸、果皮、烟头等物的各种类型的废物箱；对于单位储存，则由产生者根据垃圾量及收集者的要求选择容器。

我国的城市垃圾容器设置方法有如下几种。

① 计算容器服务范围的垃圾日产量。公式为：

$$W = RCA_1A_2 \tag{5-1-1}$$

式中，W 为垃圾日产生量，t/d；R 为服务范围内居住人口数，人；C 为实测的单位垃圾产生量，t/（人·d）；A_1 为垃圾日产生量不均匀系数，取 $1.1 \sim 1.15$；A_2 为居住人口变动系数，取 $1.02 \sim 1.05$。

② 计算垃圾日产生体积。公式为：

$$V_{ave} = W/(A_3D_{ave})$$
$$V_{max} = KV_{ave} \tag{5-1-2}$$

式中，V_{ave} 为垃圾平均日产生体积，m³/d；A_3 为垃圾容重变动系数，取 $0.7 \sim 0.9$；D_{ave} 为垃圾平均容重，t/m³；K 为垃圾产生高峰时体积的变动系数，取 $1.5 \sim 1.8$；V_{max} 为垃圾高峰时日产生最大体积，m³/d。

③ 计算收集点所需设置的垃圾容器数量。公式为：

$$N_{ave} = A_4V_{ave}/(EF)$$
$$N_{max} = A_4V_{max}/(EF) \tag{5-1-3}$$

式中，N_{ave} 为平时所需设置的垃圾容器数量，个；E 为单个垃圾容器的容积，m³/个；F 为垃圾容器填充系数，取 $0.75 \sim 0.9$；A_4 为垃圾收集周期，d/次；N_{max} 为垃圾高峰时所需设置的垃圾容器数量。

当已知 N_{max} 时即可确定服务地段应设置垃圾储存容器的数量，然后再适当地配制在各服务地点。容器最好集中于收集点。

（3）垃圾自动收集设备　我国从 20 世纪 60 年代开始研制和装配扫路机械，开发了不少种类的清扫机械，按不同的分类标准可对它们进行如下的分类，见表 5-1-1。

表 5-1-1　清扫机械的种类及特点

分类	形　式	主　要　特　点
按动力分类	人力驱动清扫车	把清扫刷装在推车或三轮车上，费人力不费动力
	机械驱动清扫车	把清扫工具安装在定型的行走的机械上，如拖拉机、电动车、汽车等。其中汽车式清扫车速度快、效率高，使用最广泛
按清扫场所分类	街道清扫车	除装有滚筒刷外，还装配有盘刷，以便于清扫道牙，多为吸扫式
	人行道清扫车	体积小、质量小，接地压力小，以吸式为主
	公路清扫车	只装配一个长滚筒刷，结构简单，效率高
	机械清扫车	只装配一个长滚筒刷，结构简单，效率高，如用于室内则采用电动式

分类	形　式	主　要　特　点
按作业 功能分类	普通清扫车	只有清扫（包括喷水雾除尘、吸或扫垃圾等）功能
	多用清扫车	除清扫功能外，还可做运输之用
	地面洗刷机	有供洗涤液装置和污水收集系统，可洗涤油污地面或路面
	地面污垢清除机	配备一个特制的钢板刷，可清除地面 2~5mm 厚的油污污垢
按清扫方式 分类	纯吸式	以风力洗尘，作业路面必须平整
	纯扫式	以刷子清扫，能够扫除大块垃圾，但除尘效果差，有前扫式和后抛式两种
	吸扫式	兼柴油纯吸式和纯扫式优点，有吸风输送垃圾和吸风除尘两种

5.1.2　固体废物运输设备

5.1.2.1　概述

固体废物的运输（Transport of Solid Waste）包括车辆运输、船舶运输和管道运输。应用最广泛、历史最长的运输方式是车辆运输，管道运输是近年来发展起来的运输方式，在一些发达国家已部分实现实用化。

5.1.2.2　固体废物运输设备

（1）车辆运输　采用车辆运输时，要充分考虑车辆与垃圾容器的匹配、装卸的机械化、车身的密封、对废物的压缩方式、中转站类型、收集运输路线及道路交通情况等。

废物的收集车辆包括人力三轮车、小型机动车、自卸式收集车、侧装式压缩密封收集车、后装式压缩收集车。其中，小型车辆只能用于收集到转运站，大型车辆可以直接运输到垃圾处理处置场。

① 自卸式收集车。自卸式收集车（见图 5-1-1）是一种装备有液压举升机构，能将车厢倾斜一定角度，垃圾靠自重能自行卸下的专用自卸车，是我国目前运输垃圾的主要车型。这种自卸车结构简单，性能稳定，利用率高，但车厢的密封性差、大部分是敞开式的、不带盖，所以运输中垃圾飞扬散落，污水滴漏，污染了空气和道路。

图 5-1-1　自卸式收集车

② 侧装式压缩密封收集车。侧装式压缩密封收集车（见图 5-1-2）是垃圾车的一种，是

侧装垃圾车与压缩垃圾车的结构体。侧装压缩式垃圾车是通过拉杆提升垃圾桶自动倒入垃圾，并往车厢后方推动挤压垃圾，达到压缩垃圾的目的，压缩原理是采用机、电、液压联动控制系统、电脑控制及手动操作系统，通过填装器和推铲等装置实现垃圾倒入，压碎或压扁，并将垃圾挤入车厢并压实和推卸。其特点是：压缩比大、装载量高；最大破碎压力达12t，装载量相当于同吨级非压缩垃圾车的两倍半。

图 5-1-2　侧装式压缩密封收集车

　③ 后装式压缩收集车（见图 5-1-3）。后装压缩式垃圾车是在压缩垃圾车基础上加装后挂桶翻转机构或垃圾斗翻转机构。由密封式垃圾箱、液压系统、操作系统组成。整车为全密封型，自行压缩、自行倾倒、压缩过程中的污水全部进入污水箱，较为彻底地解决了垃圾运输过程中的二次污染的问题，具有压力大、密封性好、操作方便、安全等优点。

图 5-1-3　后装式压缩收集车

　（2）船舶运输　运输成本较低，一般采取集装箱的运输方式。应注意废物泄漏对河流的污染，上海采用该运输方式。

　（3）管道运输　管道输送技术是一种以气体（通常为空气）或液体（通常为水）作为载体通过封闭管道输送垃圾的运输方式。

　特点：a. 废物流与外界完全隔离，受外界的影响较小，管道一般埋在地下，不受地理、气象等外界条件限制；b. 运输管道专用，容易实现自动化；c. 连续运输，有利于大容量长距离的输送；d. 不排放粉尘、不产生噪声，对环境的影响较小，属于无污染的运输方式；e. 属于连续运输方式，效率高；f. 灵活性小，一旦建成，不易改变其路线和长度；g. 设备投资较大，运行费用相对较高，运行经验不足，可靠性仍有待进一步验证；h. 所需动力和对管道的磨损较大，长距离输送时容易发生堵塞。

① 空气输送。包括真空管道气压容器运输和压送运输方式。

真空管道气压容器运输是在管道两端设立抽气、压气站，一推一吸使容器运行。对容器和管壁的光滑度、吻合度要求较高，但动力消耗较小。特点：适用于从多个产生源向一点的集中输送，最适于城市垃圾的输送；系统呈负压，废气不会向外泄漏；受负压限制（-0.5kg/m^2），不适于长距离输送。欧（瑞典）美开发，日本在 20 世纪 90 年代有 20 多处。

真空输送包括大、中、小型管道三类。见表 5-1-2。

表 5-1-2　真空输送管道

项目	直径/mm	最远输送距离/m	最大收集区域面积/hm²	日最大垃圾处理量/(t/d)	用　　途
大口径	450～600	1500～2500	100～200	50～100	大规模地域
中口径	300～400	800～1500	40～100	10～50	中等规模地域
小口径	150～250	400～800	8～40	1～10	小规模地域或楼内

压送方式是高压气流推动容器在管内运行。动力消耗大，容器耐压技术要求高。多用于收集站到处理设施之间的输送，要求对废物进行破碎处理。当输送能力为 30～120t/d 时，管径选择 500～1000mm，输送最大距离可达 7km。

② 水力输送。分为水力管道输送和水力容器式管道输送。

水力管道输送是把需要运送的垃圾浸在水中，依靠管内水流浮流运行。终点设分离站，把垃圾从水中分离出来，并进行脱水、干燥处理。这种输送方式对管道磨损较大，水处理困难。

水力容器式管道输送原理同水力管道运输一样，不同的是预先用装料机把垃圾装在容器内，然后让容器在水流中运行。

5.2　预处理设备

5.2.1　固体废物的压实设备

5.2.1.1　压实原理

压实又称为压缩，即利用机械的方法减少固体废物的体积、增加其容重，以提高物料的聚集程度。

固体废物被压实的程度用压缩比表示。压缩比又称压实比，是指固体废物压实前后体积之比，可用下式表示：

$$R = \frac{V_i}{V_f} \tag{5-2-1}$$

式中，R 为压缩比；V_i 为废物压实前原始体积，m^3；V_f 为废物压实后最终体积，m^3。

废物的压实比取决于废物的种类和施加的压力，一般压实比为 3～5，同时采用破碎和压实两种技术可使压实比增加到 5～10。

5.2.1.2　压实设备

固体废物压实设备种类很多，根据其构造和工作原理大体可分为容器单元和压实单元两个部分。前者负责接收废物原料，后者在液压或气压的驱动下，用压头对废物进行压实。

根据使用场所不同，压实设备可分为固定式压实机和移动式压实机（压缩垃圾车、填埋场压实机）。前者多用于垃圾中转站、工厂内部；后者多用于垃圾收集车上。

根据压实物料的不同，可将压实设备分为金属压实器（打包机）、非金属压实器（打包机）、城市垃圾压实器等。

根据作用力的不同，可将固定式压实设备分为三向联合式压实器（图 5-2-1）、回转式压实器（图 5-2-2）和水平式压实器（图 5-2-3）。

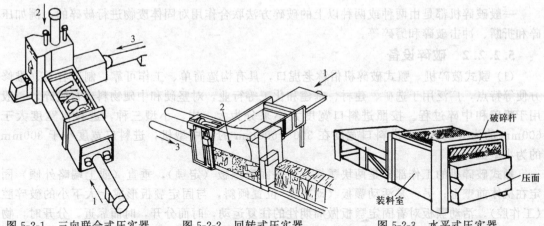

图 5-2-1　三向联合式压实器　　　　图 5-2-2　回转式压实器　　　　图 5-2-3　水平式压实器

适于压实处理的固体废物主要是可压缩性能大而复原性小的物质。对于那些已经很密实或硬度较高、足以使压实设备损毁的废物，如大块木材、金属、玻璃以及塑料等，则不宜进行压实处理。某些可能引起操作问题的废物，如焦油、污泥、易燃易爆品等，也不宜采用压实处理。

5.2.1.3　压实设备的选用

压实设备的选用应根据废物的特征、所要求的压缩比和压实器种类进行。同时还需考虑后续处理过程，如是否会出现水分等。表 5-2-1 所列情况可供选择时参考。

表 5-2-1　压实设备的选用

压实设备（方法）	废物种类										
	有机或无机物软渣	废塑料	橡胶塑料	纤维材料			粉尘	炉渣	渣	废金属	混合垃圾
				废纸	木片	废织物					
压制	△	△	△	△	△	△	△	△	△	#	△
压制和贮存	△	#	#	#	○	#	○	○	○	○	#
压制与涂覆		○	△	△	○	△	○	○	△	△	○
压制并捆绑	△	○	#	#	○	#	○	○	○	○	○
压制并挤压		#	△	△	△	△	○	○	△	△	△

5.2.2　固体废物的破碎设备

5.2.2.1　破碎的方法

破碎是指通过人力或机械等外力的作用，破坏物体内部的凝聚力和分子间作用力而使大块物体分裂为小块的操作过程。

破碎的方法可分为机械能破碎（如压碎、劈碎、折断、磨碎、冲击破碎等）和非机械能破碎（如低温破碎、热力破碎、减压破碎、超声波破碎等）。

选择破碎方法时，需视固体废物的机械强度特别是废物的硬度而定。对于脆硬性废物，如各种废石和废渣等多采用挤压、劈裂、弯曲、冲击和磨剥破碎；对于柔硬性废物，如废钢铁、废汽车、废器材和废塑料等，多采用冲击和剪切破碎；对于含有大量废纸的城市垃圾，近年来有些国家已经采用湿式和半湿式破碎；对于粗大固体废物，往往先剪切或压缩成型后，再送入破碎机处理。

一般破碎机都是由两种或两种以上的破碎方法联合作用对固体废物进行破碎的，例如压碎和折断、冲击破碎和磨碎等。

5.2.2.2　破碎设备

（1）颚式破碎机　颚式破碎机俗称老虎口，具有构造简单、工作可靠、制造容易、维修方便等特点，广泛用于选矿、建材、基建和化工等行业，对坚硬和中硬物料进行破碎，一般用于粗碎和中碎过程。按照进料口宽度大小来分为大、中、小型三种，进料口宽度大于600mm 的为大型机器，进料口宽度在 300～600mm 的为中型机，进料口宽度小于 300mm 的为小型机。

颚式破碎机的工作部分是两块颚板：一是固定颚板（定颚），垂直（或上端略外倾）固定在机体前壁上；另一是活动颚板（动颚），位置倾斜，与固定颚板形成上大下小的破碎腔（工作腔）。活动颚板对着固定颚板做周期性的往复运动，时而分开，时而靠近。分开时，物料进入破碎腔，成品从下部卸出；靠近时，使装在两块颚板之间的物料受到挤压，弯折和劈裂作用而破碎。

颚式破碎机按动颚的运动特性可分为简单摆动型、复杂摆动型和综合摆动型，前两种较为常用。

简单摆动颚式破碎机的构造见图 5-2-4，动颚悬挂在心轴上，可作左右摆动，偏心轴旋转时，连杆做上下往复运动。带动两块推力板也做往复运动，从而推动动颚做左右往复运动，实现破碎和卸料。此种破碎机采用曲柄双连杆机构，虽然动颚上受有很大的破碎反力，而其偏心轴和连杆却受力不大，所以工业上多制成大型机和中型机，用来破碎坚硬的物料。此外，这种破碎机工作时，动颚上每点的运动轨迹都是以心轴为中心的圆弧，圆弧半径等于该点至轴心的距离，上端圆弧小，下端圆弧大，破碎效率较低，其破碎比 i 一般为 3～6。由于运动轨迹简单，故称简单摆动颚式破碎机。简单摆动颚式破碎机结构紧凑简单，偏心轴等传动件受力较小；由于动颚垂直位移较小，加工时物料较少有过度破碎的现象，动颚颚板的磨损较小。

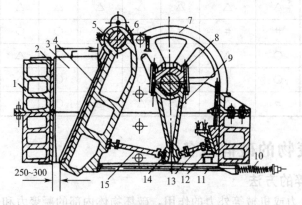

图 5-2-4　简单摆动颚式破碎机

1—机架；2—破碎齿板；3—侧面衬板；4—破碎齿板；5—可动颚板；6—心轴；7—飞轮；8—偏心轴；
9—连杆；10—弹簧；11—拉杆；12—楔块；13—后推力板；14—轴板支座；15—前推力板

复杂摆动颚式破碎机的构造见图 5-2-5，动颚上端直接悬挂在偏心轴上，作为曲柄连杆机构的连杆，由偏心轴的偏心直接驱动，动颚的下端铰连着推力板支撑到机架的后壁上。当偏心轴旋转时，动颚上各点的运动轨迹是由悬挂点的圆周线（半径等于偏心距），逐渐向下变成椭圆形，越向下部，椭圆形越偏，直到下部与推力板连接点轨迹为圆弧线。由于这种机械中动颚上各点的运动轨迹比较复杂，故称为复杂摆动式颚式破碎机。

复杂摆动颚式破碎机与简单摆动颚式破碎机相比较，其优点是：质量较轻，构件较少，结构更紧凑，破碎腔内充满程度较好，所装物料块受到均匀破碎，加以动颚下端强制性推出成品卸料，故生产率较高，比同规格的简单摆动颚式破碎机的生产率高出 20％～30％；物料块在动颚下部有较大的上下翻滚运动，容易呈立方体的形状卸出，减少了像简单摆动颚式破碎机产品中那样的片状成分，产品质量较好。

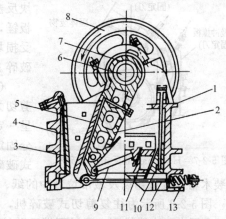

图 5-2-5　复杂摆动颚式破碎机
1—机架；2—可动颚板；3—固定颚板；
4,5—破碎齿板；6—偏心传动轴；7—轴孔；
8—飞轮；9—肘板；10—调节楔；11—楔块；
12—水平拉杆；13—弹簧

(2) 锤式破碎机　锤式破碎机适用于在水泥、化工、电力、冶金等工业部门破碎中等硬度的物料，如石灰石，炉渣，焦炭，煤等物料的中碎、细碎作业。

锤式破碎机锤式由破碎机箱体、转子、锤头、反击衬板、筛板等组成，其结构示意图见图 5-2-6。其主要工作部件为带有锤子（又称锤头）的转子。转子由主轴、圆盘、销轴和锤子组成。电动机带动转子在破碎腔内高速旋转。物料自上部给料口给入机内，受高速运动的锤子的打击、冲击、剪切、研磨作用而粉碎。在转子下部，设有筛板、粉碎物料中小于筛孔尺寸的粒级通过筛板排出，大于筛孔尺寸的粗粒级被阻留在筛板上继续受到锤子的打击和研磨，最后通过筛板排出机外。

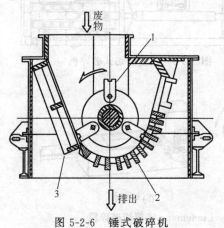

图 5-2-6　锤式破碎机
1—锤头；2—筛板；3—破碎板

按转轴方向不同，锤式破碎机有水平和垂直两种；按转子数目不同，锤式破碎机可分为单转子和双转子两类。单转子破碎机根据转子旋转方向不同，又可分为可逆式和不可逆式两种。目前普遍采用可逆单转子锤碎机。

另外，按破碎物料硬度的不同，锤式破碎机还可以分重型及轻型两种。环锤式碎煤机（轻型锤式破碎机）适用于莫氏硬度二级物料的破碎，使用碎煤环锤；环锤式碎石机（重型锤破机）适用于莫氏硬度五级以下的脆性物料的破碎。因为碎石环锤质量大于碎煤环锤的质量，从而可以提高环锤的冲击力，达到破碎矿石的目的。

(3) 冲击式破碎机　冲击式破碎机大多是旋转式的，利用冲击力进行破碎，结构与锤式破碎机类似，但其锤子数要少很多，一般为 2～4 个不等。冲击式破碎机具有破碎比大、适用性强、构造简单、外形尺寸小、操作方便、易于维护等特点，适于破碎中等硬度、软质、脆性、韧性及纤维状等多种固体废物。

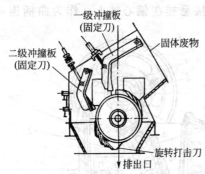

图 5-2-7　Hazemag 型反击式破碎机

图 5-2-7 为 Hazemag 型反击式破碎机，该机装有两块反击板，形成两个破碎腔，转子上安装有两个坚硬的板锤，机体内表面装有特殊钢制衬板，用以保护机体不受损坏。物料从上部给入，在冲击力和剪切作用下被破碎。

（4）剪切式破碎机　剪切式破碎是一种利用机械的剪切力破碎固体废物的方法。剪切式破碎作用发生在互呈一定角度能够逆向运动或闭合的刀刃之间。一般刀刃分固定刀和可动刀，可动刀又分往复刀和回转刀。剪切式破碎适于处理各种汽车轮胎、废旧金属、塑料废品、包装木箱、废纸箱以及城市垃圾中的纸、布等纤维织物，金属类废物等。

图 5-2-8 所示为往复剪切式破碎机，其往复刀和固定刀交错排列，通过下端活动铰轴连接，开口时呈 V 字形破碎腔，固体废物投入后，通过液压装置将往复刀推向固定刀，从而将废物剪碎。该机可剪切厚度在 200mm 以下的普通型钢，适于城市垃圾焚烧厂的废物破碎。

如图 5-2-9 所示为旋转剪切式破碎机，该机一般由 3～5 个回转刀和 1～2 个固定刀及投入装置构成。投入的物料落入回转刀和固定刀之间被剪断。该机结构简单的，但不宜破碎硬度大的物质，以免损坏刀刃。

图 5-2-10 所示为林德曼（Lindemann）式剪切破碎机，其可动刀为往复式，分预备压缩机和剪切机两部分。固体废物送入后先压缩，再剪切。剪切长度可由推杆控制。

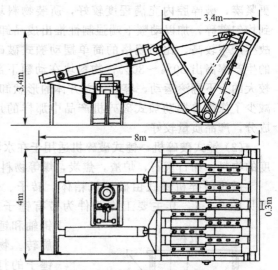

图 5-2-8　往复剪切式破碎机

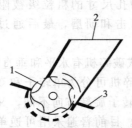

图 5-2-9　旋转剪切式破碎机
1—旋转刀；2—废物；3—固定刀

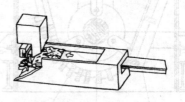

（a）预压机　　　　（b）剪切机

图 5-2-10　Lindemann 式剪切破碎机

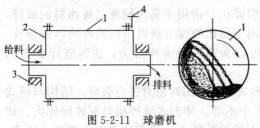

图 5-2-11　球磨机
1—筒体；2—端盖；3—轴承；4—大齿轮

（5）球磨机　图 5-2-11 是球磨机的构造示意图。它主要由圆柱形筒体、端盖、中空轴颈、轴承和传动大齿圈等部件组成。筒体装有直径为 25～150mm 的钢球，其装入量为整个筒体有效容积的 1/4～1/2。筒体两端的中空轴颈有两个作用：一是起轴颈的支承作用，使球磨机全部重量经中空轴颈传给轴承和机座；二是起给料和排料的漏斗作用。当电机联轴器和小齿轮带动大齿圈和筒体转动时，在磨擦力、离心力和筒壁衬板的共同作用下，钢球和物料被提升到一定高度，然后在其本身重力作用下，产生自由泻落和抛落，从而对筒体内底脚区的物料产生冲击和研磨作用，使物料粉碎。物料达到磨碎细度要求后，由风机抽出。球磨机广泛用于用煤矸石、钢渣生产水泥、砖瓦、化肥等过程以及垃圾堆肥的深加工过程。

（6）辊式破碎机　辊式破碎机又称对辊式破碎机，适用于在水泥，化工，电力，冶金，建材，耐火材料等工业部门破碎中等硬度的物料，如石灰石，炉渣，焦炭，煤等物料的中碎，细碎作业。

辊式破碎机主要由辊轮组成、辊轮支撑轴承、压紧和调节装置以及驱动装置等部分组成，主要靠剪切和挤压作用对物料进行破碎。常用的辊式破碎机有单辊破碎机和双辊破碎机。根据辊子的特点，可将辊式破碎机分为光辊破碎机和齿辊破碎机，如图 5-2-12 所示。

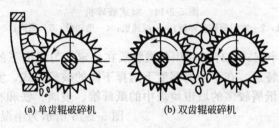

(a) 单齿辊破碎机　　　　(b) 双齿辊破碎机

图 5-2-12　辊式破碎机

5.2.2.3　特殊破碎方法

（1）低温破碎　对于在常温下难以破碎的固体废物，可利用其低温变脆的性能而有效地破碎，亦可利用不同物质脆化温度的差异进行选择性破碎，即所谓低温破碎。低温破碎技术适用于常温下难以破碎的复合材质的废物，如钢丝胶管、橡胶包覆电线电缆，废家用电器等橡胶和塑料制品等。

低温破碎的工艺流程如图 5-2-13 所示。先将固体废物投入预冷装置，再进入浸没冷却装置，这样橡胶、塑料等易冷脆物质迅速脆化，然后送入高速冲击破碎机破碎，使易脆物质脱落粉碎。破碎产品再进入各种分选设备进行分选。

采用低温破碎，同一种材质破碎的尺寸大体一致，形状好，便于分离。但因通常采用液氮作制冷剂，而制造液氮需耗用大量能源，因此，发展该技术必须考虑在经济效益上能否抵上能源方面的消耗费用。

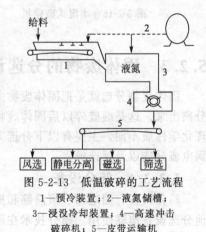

图 5-2-13　低温破碎的工艺流程
1—预冷装置；2—液氮储槽；
3—浸没冷却装置；4—高速冲击
破碎机；5—皮带运输机

（2）湿式破碎　湿式破碎技术最早是美国开发的，主要用于回收城市垃圾中的大量纸类。由于纸类在水力的作用下发生浆化，然后将浆化的纸类用于造纸，从而达到回收纸类的目的。图 5-2-14 为湿式破碎机结构示意图。垃圾用传送带投入破碎机，破碎机于圆形槽底上安装多孔筛，筛上设有 6 个刀片的旋转破碎辊，使投入的垃圾和水一起激烈旋转，废纸则破碎成浆状，透过筛孔由底部排出，难以破碎的筛上物（如金属等）从破碎机侧口排出，再用斗式提升机送至磁选器将铁与非铁物质分离。

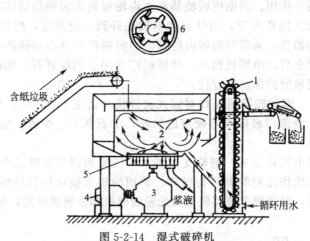

图 5-2-14　湿式破碎机
1—斗式脱水提升机；2—六刀旋转破碎辊；3—减速机；4—电动机；5—筛网；6—六刀旋转破碎辊

（3）半湿式破碎　半湿式破碎是利用各类物质在一定均匀湿度下的耐剪切、耐压缩、耐冲击性能等差异很大的特点，在不同的湿度下选择不同的破碎方式，实现对废物的选择性破碎和分选，适于回收含纸屑较多的城市垃圾中的纸纤维、玻璃、铁和有色金属。

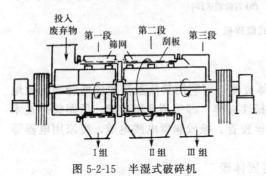

图 5-2-15　半湿式破碎机

图 5-2-15 所示为半湿式破碎机结构示意图。该机分三段，前两段装有不同筛孔的外旋转滚筒筛和筛内与之反向旋转的破碎板，第三段无筛板和破碎板。垃圾进入圆筒筛首端，并随筛壁上升而后在重力作用下抛落，同时被反向旋转的破碎板撞击；垃圾中的玻璃、陶瓷等脆性物质被破碎成小块，从第一段筛网排出，剩余垃圾进入第二段筒筛，此段喷射水分，中等强度的纸类被破碎从第二段筛孔排出；最后剩余的垃圾如金属、塑料、木材等从第三段排出。

5.2.3　固体废物的分选设备

固体废物分选就是把固体废物中可回收利用的或不利于后续处理、处置工艺要求的物粒分离出来。这是继破碎以后固体废物处理过程中重要的处理环节之一。根据废物的物理和物理化学性质不同，主要有以下分选方法：筛分、重力分选、磁力分选、静电分选、光分选、涡电流分选以及浮选等。

5.2.3.1　筛分设备

筛分设备有固定筛、滚筒筛和振动筛等。它们通常被组装于其他分选设备中，或者和其他分选设备串联使用。筛分技术在固体废物资源回收和利用方面应用很广泛。

（1）固定筛　固定筛筛面由许多平行排列的筛条组成，可水平或倾斜安装。固定筛分为格筛（装在粗破之前）和棒条筛（粗破和中破之前）。格筛一般安装在粗破机之前，以保证入料块度适宜。棒条筛用于粗碎和中碎之前，安装角度一般为 $30°\sim35°$。

固定筛由于构造简单、不耗用动力、设备费用低和维修方便，但容易堵塞，筛分效率低，在固体废物处理中广泛应用于粗筛作业。

（2）滚筒筛（转筒筛）　滚筒筛主要有电机、减速机、滚筒装置、机架、密封盖、进出料口组成。其主体为筛面带孔的筒体，若为圆柱形筒体，如图 5-2-16 所示，沿轴线倾斜 3°～5°安装；若为截头圆锥筒体，则沿轴线水平安装。电动机经减速机与滚筒装置通过联轴器连接在一起，驱动滚筒装置绕其轴线转动。当物料进入滚筒装置后，由于滚筒装置的倾斜与转动，使筛面上的物料翻转与滚动，使细物料经筛网排出，粗物料经滚筒末端排出。物料在筒内滞留时间 25～30s，转速 5～6r/min 为最佳。

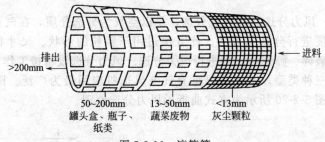

排出
>200mm ←

进料 →

50~200mm
罐头盒、瓶子、
纸类

13~50mm
蔬菜废物

<13mm
灰尘颗粒

图 5-2-16　滚筒筛

（3）振动筛　振动筛由于筛面强烈振动，消除了堵塞筛孔的现象，有利于湿物料的筛分，可用于粗、中细粒的筛分，还可以用于振动和脱泥筛分，广泛应用于筑路、建筑、化工、冶金和谷物加工等部门。振动筛主要有惯性振动筛和共振筛。

惯性振动筛是通过不平衡物体的旋转所产生的离心惯性力使筛箱产生振动的一种筛子。如图 5-2-17 所示。重块产生的水平分力被刚度大的板簧吸收，垂直分力强迫板簧作拉伸及压缩的强迫运动。筛面运动轨迹为椭圆或近圆。

图 5-2-18 所示为共振筛，它是利用弹簧的曲柄连杆机构驱动，使筛子在共振状态下进行筛分。离心轮转动，连杆作往复运动，通过其端的弹簧将作用力传给筛箱；与此同时，下机体受到相反的作用力，筛箱、弹簧及下机体组成一弹簧系统，其固有自振频率与传动装置的强迫振动频率相同或相近，发生共振而筛分。

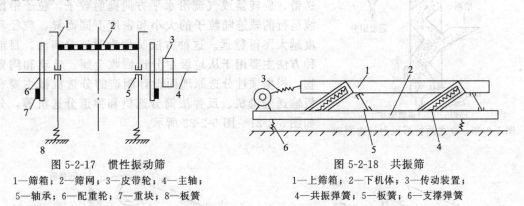

图 5-2-17　惯性振动筛
1—筛箱；2—筛网；3—皮带轮；4—主轴；
5—轴承；6—配重轮；7—重块；8—板簧

图 5-2-18　共振筛
1—上筛箱；2—下机体；3—传动装置；
4—共振弹簧；5—板簧；6—支撑弹簧

共振筛的工作过程是筛箱的动能和弹簧的势能相互转化的过程。所以，在每次振动中，只需要补充为克服阻尼的能量，就能维持筛子的连续振动。这种筛子虽然比较大，但是功率消耗却很小。

共振筛处理能力大，筛分效率高，但制造工艺复杂，机体较重。共振筛适用于废物的中细粒的筛分，还可以用于废物分选作业的脱水、脱重介质和脱泥筛分等。

5.2.3.2　重力分选

重力分选简称重选，是根据混合固体废物在介质中的密度差进行分选的一种方法。重力分选介质可以是空气、水，也可以是重液（密度大于水的液体）和重悬浮液（由高密度的固体微粒和水组成）等。固体废物的重力分选方法较多，按作用原理可分为风力分选、惯性分选、摇床分选、重介质分选和跳汰分选等。

各种重选过程具有的共同工艺条件是：①固体废物中颗粒间必须存在密度的差异；②分选过程都是在运动介质中进行的；③在重力、介质动力及机械力的综合作用下，使颗粒群松散并按密度分层；④分好层的物料在运动介质流的推动下互相迁移，彼此分离，并获得不同密度的最终产品。

（1）风力分选　风力分选又称气流分选，是以空气为分选介质，在气流作用下使固体废物颗粒按密度和粒度进行分选的方法。此方法适用于颗粒的形状、尺寸相近的固体废物分选。有时也可先经破碎、筛选后，再进行风力分选。风力分选设备按工作气流的主流向分为水平、垂直和倾斜三种类型，其中尤以垂直气流风选机应用最为广泛。图 5-2-19 所示为水平气流分选原理，图 5-2-20 所示为立式曲折形风力分选原理。

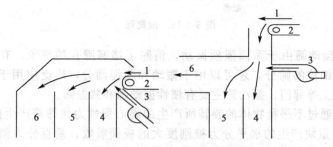

图 5-2-19　水平气流分选原理

1—给料；2—给料机；3—空气；4—重颗粒；5—中等颗粒；6—轻颗粒

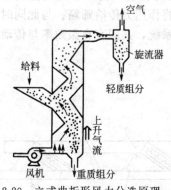

图 5-2-20　立式曲折形风力分选原理

（2）惯性分选　惯性分选是基于混合固体废物中各组分的密度和硬度差异而进行分离的一种方法。用高速传送带、旋转器或气流沿水平方向抛射粒子，粒子沿抛物线运行的轨迹随粒子的大小和密度不同而异，粒径和密度越大飞得越远。这种方法又称为弹道分离法。目前这种方法主要用于从垃圾中分选回收金属、玻璃和陶瓷等物。根据惯性分选原理而设计制造的分选机械主要有斜板输送分选机、反弹滚筒分选机和弹道分选机等，分别如图 5-2-21～图 5-2-23 所示。

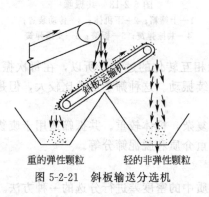

图 5-2-21　斜板输送分选机

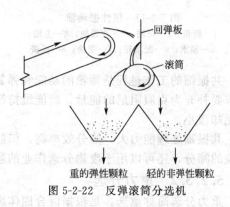

图 5-2-22　反弹滚筒分选机

（3）跳汰分选　　跳汰分选是使磨细的混合废物中的不同密度的粒子群，在垂直脉冲运动介质中按密度分层，不同密度的粒子群在高度上占据不同的位置，大密度的粒子群位于下层，小密度的粒子群位于上层，从而实现物料分离。跳汰介质可以是水或空气。目前用于固体废物跳汰分选的介质都是水。跳汰分选为一古老的选矿方式，对固体废物中混合金属细粒的分离，是一种有效的分离方法。图 5-2-24 所示为水力跳汰机示意图。

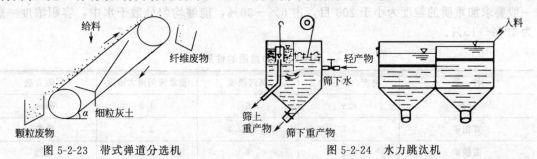

图 5-2-23　带式弹道分选机　　　　　　　　图 5-2-24　水力跳汰机

（4）摇床分选　　摇床分选是利用混合固体废物在随床面作往复不对称运动时，由于横向水流的流动和床面的摇动作用，不同密度的颗粒在床面上形成扇形分布，从而达到分选的目的。如图 5-2-25 所示，摇床床面近似长方形，微向轻质产物排出端倾斜，床面上钉有或刻有沟槽。摇床分选用于分选细粒和微粒物料。在固体废物处理中，目前主要用于从含硫铁矿较多的煤矸石中回收硫铁矿，分选精度很高。最常用的摇床分选设备是平面摇床。

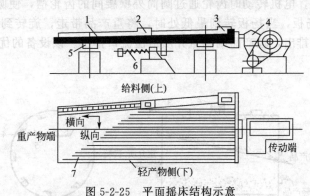

图 5-2-25　平面摇床结构示意

1—床面；2—给水槽；3—给料槽；4—床头；5—滑动支撑；6—弹簧；7—床条

（5）重介质分选　　重介质是指密度大于水的介质。重介质分选是将两种密度不同的固体混合物放在一种密度介于二者密度之间的重介质中，密度小于重介质密度的固体颗粒上浮，大于重介质密度的固体颗粒下沉，从而实现两种固体颗粒分离。从理论上讲，由于重介质分选主要是依靠密度的差异进行的，而受颗粒粒度和形状的影响很小，从而可对密度差很小的固体物质进行分选。不过，当入选物质粒度过小，且固体废物的密度与介质密度非常接近时，其沉降速度很慢，造成分选效率低，故一般需将入选渣料粒度控制在 2～3mm 范围内。图 5-2-26 所示为重介质分选工艺流程。

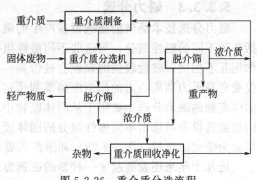

图 5-2-26　重介质分选流程

重介质有重液和悬浮液两类。重液是一些可溶性高密度盐的溶液（如氯化锌等）或高密度的有机液体（如四氯化碳、四溴乙烷等）；悬浮液是由水和悬浮于其中的高密度固体颗粒构成的固液两相分散体系，它是密度高于水的非均匀介质。高密度固体微粒起着加大介质密度的作用，故称为加重质。重介质应具有密度高，黏度低，化学稳定性好（不与处理的废物发生化学反应）、无毒、无腐蚀性，易回收再生等特性。表 5-2-2 所示为常用加重质的性质。一般要求加重质的粒度为小于 200 目，占 6%～90%，能够均匀分散于水中，容积浓度一般为 10%～15%。

表 5-2-2 加重质的性质

种　类	密度/(g/cm³)	莫式硬度	重悬液的最大密度	回收方法
硅铁	6.9	6	3.8	磁选
方铅矿	7.5	2.5～2.7	3.3	浮选
磁铁矿	5.0	6	2.5	磁选
黄铁矿	4.9～5.1	6	2.5	浮选
毒砂（FeAsS）	5.9～6.2	5.5～6	2.8	浮选

目前常用的重介质分选设备有鼓形重介质分选机（图 5-2-27）。鼓形重介质分选机，适用于分离粒度 40～60mm 的固废。该设备外形为一圆筒转鼓，由四个辊轮支撑，重介质和物料由一端一并给入，电机转动时齿轮通过圆筒外壁腰间的齿轮槽，使圆筒旋转（转速 2r/m），圆筒内壁焊有扬板，当扬板转到最低处时，将重产品带走，旋转到最高处时，将重产品倒在溜槽内，顺槽排出，轻产品则随重介质沿溢流口排出。该设备的优点是结构简单、易操作、能耗低等。

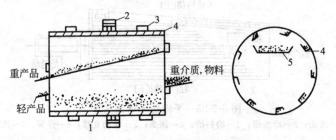

图 5-2-27 鼓形重介质分选机
1—圆筒形转鼓；2—大齿轮；3—辊轮；4—扬板；5—溜槽

5.2.3.3 磁力分选

磁力分选技术是借助磁选设备产生的磁场使铁磁物质组分分离的一种方法。固体废物包括各种不同的磁性组分，当这些不同磁性组分物质通过磁场时，由于磁性差异，受到的磁力作用互不相同，磁性较强的颗粒会被带到一个非磁性区而脱落下来，磁性弱或非磁性颗粒仅受自身重力和离心力的作用而掉落到预定的另一个非磁性区内，从而完成磁力分选过程。固体废物的磁力分选主要用于从固体废物中回收或富集黑色金属（铁类物质）。磁场强弱不同的磁选设备可选出不同磁性组分的固体废物。固体废物的磁选设备根据供料方式的不同，可分为带式磁选机（图 5-2-28）和滚筒式磁选机（图 5-2-29）两大类。

近几十年来还发展起来一种新的磁选方式，即磁流体分选技术，它相当于一种将重力分选和磁力分选结合应用的过程。

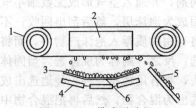

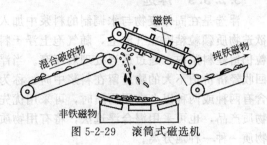

图 5-2-28　带式磁选机

图 5-2-29　滚筒式磁选机

1—传动皮带；2—悬挂式固定磁铁；3—传送带；
4—轴；5—金属物；6—来自破碎机的固体废物

5.2.3.4　静电分选

静电分选技术是利用各种物质的电导率、热电效应及带电作用的差异而进行物料分选的方法。可用于各种塑料、橡胶和纤维纸、合成皮革、胶卷、玻璃与金属等物料的分选。例如给两种不同性能的塑料混合物加以电压，使一种塑料带负电，另一种带正电，就可以使两者得以分离。

电选分离过程是在电选设备中完成的，其原理如图 5-2-30 所示。首先在电选设备中提供一电晕-静电复合电场。固体废物给入后随旋转的辊筒进入电晕电场。由于电场存在，废物中导体和非导体都获得负电荷，其中导体颗粒所带的大部分负电很快被接地辊筒放掉，因此当废物颗粒随辊筒旋转离开电晕场区而进入到静电场区时，导体颗粒继续放掉剩余的少量负电荷，进而从辊筒上得到正电荷而被辊筒排斥，在电力、离心力、重力的综合作用下，很快偏离辊筒而落下。而非导体因具有较多的负电荷而被辊筒吸引带到辊筒后方，被毛刷强制刷下；半导体颗粒的运动情形介于二者之间在中间区域落下。常用的电选设备有静电鼓式分选机（图 5-2-31 所示）和 YD-4 型高压电选机（如图 5-2-32 所示）。

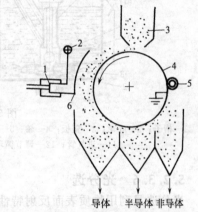

图 5-2-30　静电分选原理示意

1—高压绝缘子；2—偏向电极；3—给料口；
4—辊筒电极；5—毛刷；6—电晕电极

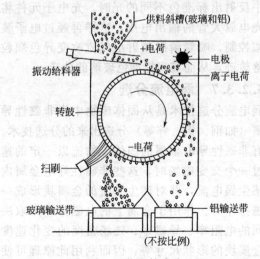

图 5-2-31　静电鼓式分选机

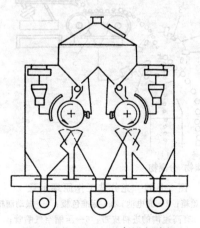

图 5-2-32　YD-4 型高压电选机

5.2.3.5　浮选

浮选是在固体废物与水调制的料浆中加入浮选药剂，并通入空气形成无数细小气泡，使欲选物质颗粒粘附在气泡上，随气泡上浮于料浆表面成为泡沫层，然后刮出回收；不浮的颗粒仍留驻料浆内，通过适当处理后废弃。当浮选法将有用物质浮入泡沫产物中，而将无用或回收经济价值不大的物质留在料浆中时，称为正浮选；反之，则称为反浮选。当固体废物中含有两种或两种以上有用物质时，可采用优先浮选法，将有用物质一种一种地选出成为单一物质产品，也可采用混合浮选法，将有用物质共同选出为混合物，然后再把混合物中的有用物质一种一种地分离。

在我国，浮选法已应用于从粉煤灰中回收炭，从煤矸石中回收硫铁矿，从焚烧炉灰渣中回收金属等各项工作中。应用最多设备的是机械搅拌式浮选机，如图 5-2-33 所示。

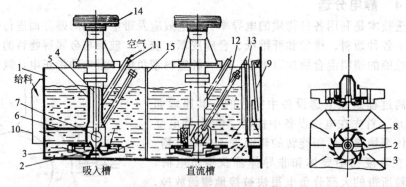

图 5-2-33　机械搅拌式浮选机

1—槽子；2—叶轮；3—盖板；4—轴；5—套管；6—进浆管；7—循环孔；8—稳流板；9—闸门；10—受浆箱；11—进气管；12—调节循环量的闸门；13—闸门；14—皮带轮；15—槽间隔板

5.2.3.6　光分选

光分选是利用物质表面反射特性的不同而分离物料的方法。该法常用于按颜色分选玻璃的工艺中。其工作原理如图 5-2-34 所示，运输机送来各色玻璃的混合物料，它们通过振动溜槽时，连续均匀地落入光学箱中，在标准色板上预先选定一种标准色，当颗粒在光学箱内下落的途中反射出标准色不同的光时，光电子元件将改变光电放大管的输出电压，这样再经过电子装置增幅控制，喷管瞬间喷射出气流改变异色颗粒的下落轨迹，从而实现标准色玻璃的分选。

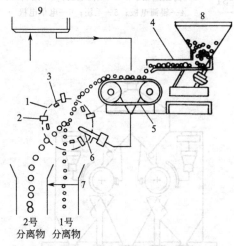

图 5-2-34　光分选工作原理示意

1—光验箱；2—光电池；3—标准色板；4—振动溜槽；5—有高速沟的进料皮带；6—压缩空气喷管；7—分离板；8—料斗；9—电子放大装置

5.2.3.7　涡电流分选

涡电流分选技术是从固体废物中将非磁性导电金属（如钢、铝、锌等）分选出来的分选技术。当含有非磁性导电金属的固体废物流以一定的速度通过一个交变磁场时，这些非磁性导电金属内部会感生涡流，并对产生涡流的金属块形成一个电磁排斥力。作用于金属上的电磁排斥力取决于金属的电阻率、导磁率、磁场密度的变化速度以及金属块的形状尺寸等，因而利用此原理可使一些有色金属从混合废物中分离出来。

5.3　处理处置设备设施

5.3.1　固体废物焚烧处理设备

5.3.1.1　固体废物焚烧处理概述

焚烧法是一种高温热处理技术。该法将被处理的可燃性固体废物作为固体燃料送入焚烧炉中，在高温条件下（一般为 900℃ 左右，炉心最高温度可达 1100℃），垃圾中的可燃成分与空气中的氧进行剧烈化学反应，放出热量，转化成高温烟气和性质稳定的固体残渣。

焚烧法具有突出优点，是一种可同时实现废物无害化、减量化、资源化的处理技术。①焚烧法最大的优点在于大大减少了需最终处置的废物量，具有减容作用，如废物焚烧后，体积可减少 85%～95%，质量减少 20%～80%。②去毒作用，高温焚烧。可彻底消除有害细菌和病毒，破坏毒性有机物。③能量回收作用，废物焚烧所产生的热能可被废热锅炉吸收转变为蒸气，用来供热或发电，充分实现垃圾处理的资源化。④焚烧排出的气体和残渣中的一些有害副产物的处理远比有害废弃物直接处置容易得多。⑤另外，焚烧法还具有处理周期短、占地面积小、选址灵活、可全天候操作等特点。

焚烧法的缺点主要表现在：费用昂贵，操作复杂，对废物的热值有一定要求，适宜处理有机成分多、热值高的废物，当处理可燃有机物组分很少的废物时，需补加大量的燃料；建设成本和运行成本相对较高，管理水平和设备维修要求较高；焚烧产生的废气若处理不当，很容易对环境造成二次污染；对从业人员技术水平要求高，存在技术风险问题。

5.3.1.2　固体废物焚烧处理基本工艺设备

生活垃圾焚烧厂的系统构成在不同的国家、研究机构有不同的划分方法，或者由于垃圾焚烧厂的规模不同而具有不同的系统构成。但现代化生活垃圾焚烧厂的基本内容大体相同，其一般的工艺流程框图可参见图 5-3-1。

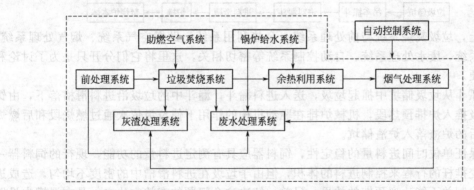

图 5-3-1　垃圾焚烧厂的一般流程框图

垃圾焚烧厂的工艺流程可描述为：前处理系统中的垃圾与助燃空气系统所提供的一次和二次助燃空气在垃圾焚烧炉中混合燃烧，燃烧所产生的热能被余热锅炉加以回收利用，经过降温后的烟气被送入烟气处理系统处理后，经烟囱排入大气；垃圾焚烧产生的炉渣经炉渣处理系统处理后送往填埋厂或作为其他用途，烟气处理系统所收集的飞灰做专门处理；各系统产生的废水送往废水处理系统，处理后的废水可排入河流等公共水域或加以再利用；现代化的垃圾焚烧厂的整个处理过程都可由自动控制系统加以控制。

目前垃圾焚烧厂采用的垃圾焚烧炉主要为回转窑、流化床、机械炉排三种。

（1）前处理系统　垃圾焚烧厂前处理系统也可称为垃圾接收与储存系统，其一般的工艺流程如下。

垃圾进厂 → 地衡 → 垃圾卸料平台 → 垃圾储坑

生活垃圾由垃圾运输车运入垃圾焚烧厂，经过地衡称重后进入垃圾卸料平台（也可称为倾卸平台），按控制系统指定的卸料门将垃圾倒入垃圾储坑。

称重系统中的关键设备是地衡，它由车辆的承载台、指示重量的称重装置、连接信号输送转换装置和称重结果打印装置等组成。承载台根据地衡最大称重决定其标准尺寸，垃圾焚烧厂地衡一般最大称重为 15～20t。近年来垃圾收集车呈大型化趋势，出现了称重大于 30t 的地衡。

一般的大型垃圾焚烧厂都拥有多个卸料门，卸料门在无投入垃圾的情况下处于关闭状态，以避免垃圾储坑中的臭气外溢。为了垃圾储坑中的堆高相对均匀，应在垃圾卸料平台入口处和卸料门前设置自动指示灯，以便控制卸料门的开启。在垃圾焚烧技术发达的国家，这些设施一般都采用自动化系统，实现了卸料平台无人操作，当垃圾车到达卸料门前时，传感器感知到有车辆到达，自动控制卸料门的开闭。

垃圾储坑的容积设计以能储存 3～5d 的垃圾焚烧量为宜。储存的目的是将原生垃圾在储坑中进行脱水；吊车抓斗在储坑中对垃圾进行搅拌，使垃圾组分均匀；在搅拌过程中也会脱出部分泥沙。这些措施都可改善燃烧状况，提高燃烧效率。在储坑里停留的时间太短，脱水不充分，垃圾不易燃烧；时间太长，垃圾不再脱水，可燃挥发分溢出太多，也会造成垃圾不易燃烧和能量的耗散。

（2）垃圾焚烧系统　垃圾焚烧系统是垃圾焚烧厂中最为关键的系统，垃圾焚烧炉提供了垃圾燃烧的场所和空间，它的结构和形式将直接影响到垃圾的燃烧状况和燃烧效果。

垃圾焚烧系统的一般工艺流程如下。

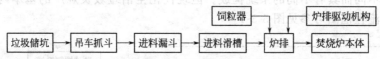

实际上，垃圾焚烧系统与前处理系统、余热利用系统、助燃空气系统、烟气处理系统、灰渣处理系统、废水处理系统、自动控制系统等密切相关，这里将它们分开只是为了讨论和分析的方便。

吊车抓斗从垃圾储坑中抓起垃圾，送入进料漏斗，漏斗中的垃圾沿进料滑槽落下，由饲料器将垃圾推入炉排预热段，机械炉排在驱动机构的作用下使垃圾依次通过燃烧段和后燃烬段，燃烧后的炉渣落入炉渣储坑。

为了保证单位时间进料量的稳定性，饲料器应具有测定进料量的功能，现行的饲料器一般采用改变推杆的行程来控制进料的体积，但由于垃圾在进料滑槽中的密度不均匀，造成进料的质量控制并不能达到预期的效果。目前，解决这个问题的有效方法之一是在滑槽中设置挡板，使挡板上的垃圾自由落下以提高垃圾密度的均匀性，同时还可以改进滑槽中垃圾的堵塞现象。

饲料器和炉排可采用机械或液压驱动方式，其中因液压驱动方式操作稳定、可靠性好等优点而应用较广。

（3）余热利用系统　从垃圾焚烧炉中排出的高温烟气必须经过冷却后方能排放，降低烟气温度可采用喷水冷却或设置余热锅炉的方式。

设置余热锅炉的余热利用系统，其回收能量的方式有多种：利用余热锅炉所产生的蒸汽驱动汽轮发电机发电，以产生高品位的电能，这种方式在现代化垃圾焚烧厂应用最广；提供给蒸汽需求单位及本厂所需的一定压力和温度的蒸汽；提供热水需求单位所需热水。

对于采用余热锅炉的垃圾焚烧厂，余热利用系统的工艺流程如下。

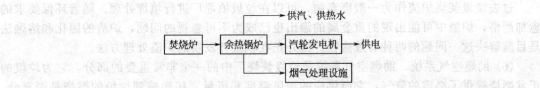

对于没有设置余热锅炉，采用喷水冷却方式的垃圾焚烧厂，其烟气冷却的工艺流程如下。

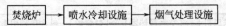

在有些垃圾焚烧厂，采用余热锅炉和喷水冷却相结合的方式，其工艺流程如下。

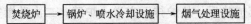

垃圾焚烧发电的热效率一般只有 20% 左右，如何提高垃圾焚烧厂热效率已引起了普遍的关注。近年来，部分垃圾焚烧厂采用热电联供热系统，将发电后的蒸汽或一部分抽汽向厂外进行区域性供热，以提高垃圾焚烧厂的热效率。但是，当进行大规模区域供热时，由于区域的热能需求随时间、季节的变化而变化很大，而垃圾焚烧炉的运行不能适应这样大的变化，因此，垃圾焚烧炉的供热一般只能提供用户一部分的热量需求。

(4) 烟气处理系统　烟气处理系统主要是去除烟气中的固体颗粒、硫氧化物、氮氧化物、氯化氢等有害物质，以达到烟气排放标准，减少环境污染。各国、各地区都有不同的烟气排放标准，相应垃圾焚烧厂也有不同的烟气处理系统。烟气处理系统一般有下列几种设备组合。

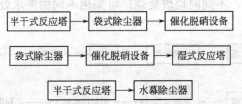

其中，前二种设备组合为目前各国垃圾焚烧厂通常采用的烟气处理系统；后一种设备组合可供烟气排放标准较低的地区，在建设小型垃圾焚烧厂时选用参考。

近年来，二噁英污染引起了世界各国人民的普遍关注，而垃圾焚烧厂又是产生二噁英的主要来源之一，由于目前对二噁英的形成机理还没有达成共识，因此通过仅控制焚烧参数来抑制二噁英的生成，其效果很难确定。目前所采用的去除二噁英的方法主要为采用活性炭喷射装置和袋式除尘器。

(5) 灰渣处理系统　灰渣处理系统一般有以下几种工艺流程。

从垃圾焚烧炉出渣口排出的炉渣具有相当高的温度，必须进行降温。湿式法就是将炉渣直接送入装有水的炉渣冷却装置中进行降温，然后再用炉渣输送机将其送入炉渣储坑中。

来自静电除尘器或袋式除尘器的灰渣称为飞灰，通常情况下，飞灰应与从垃圾焚烧炉出口排出的炉渣分别进行处理，这是由于飞灰中重金属的含量较炉渣中多。一般的做法是将飞灰作为危险品固化后送入填埋厂做最终的处置。

过去垃圾焚烧炉渣作为一般废弃物，可以在垃圾填埋厂进行填埋处理。随着环保要求的愈加严格，炉渣中可能出现的重金属的渗出也已成为不可忽视的问题，炉渣的固化和熔融法是目前解决这一问题的两种有效途径。国外正在积极开发新的炉渣处理方法。

（6）助燃空气系统　助燃空气系统是垃圾焚烧厂中的一个非常重要的部分，它为垃圾的正常燃烧提供了必需的氧气，它所供应的送风温度和风量直接影响到垃圾的燃烧是否充分、炉膛温度是否合理、烟气中的有害物质是否能够减少。

助燃空气系统的一般工艺流程如下。

送风机 → 空气预热器 → 焚烧炉 → 余热利用系统

送风机包括一次送风机和二次送风机，通常情况下，一次送风机从垃圾储坑上方抽取空气，通过空气预热器将其加热后，从炉排下方送入炉膛；二次助燃空气可从垃圾储坑上方或厂房内抽取空气并经预热后，送入垃圾焚烧炉。燃烧所产生的烟气及过量空气经过余热利用系统回收能量后进入烟气处理系统，最后通过烟囱排入大气。

（7）废水处理系统　垃圾焚烧厂中废水的主要来源有：垃圾渗沥水、洗车废水、垃圾卸料平台地面清洗水、灰渣处理设备废水、锅炉排污水、洗烟废水等。不同废水中有害成分的种类和含量各不相同，因此也应采取不同的处理方法，但这种做法过于复杂，也不现实。通常按照废水中所含有害物的种类将废水分为有机废水和无机废水，针对这两种废水采用不同的处理方法和处理流程。

在废水处理过程中，一部分废水经过处理后排入城市污水管网，还有一部分经过处理的废水则可加以利用。

废水的处理方法很多，不同的垃圾焚烧厂可采用不同的废水处理工艺，这里介绍一种常用的废水处理工艺。

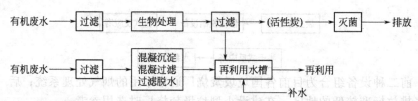

对于灰渣冷却水和洗烟用水等重金属含量较高的废水，其废水处理流程应具有去除重金属的环节。对于这类废水，常采用的废水处理工艺如下。

灰渣冷却水\
洗烟废水 →（水银挥散）→ 重金属处理 → 过滤 → 活性炭塔 → 排放

（8）自动控制系统　在实现垃圾焚烧厂的高度自动化以前，把垃圾焚烧炉看成是各个系统的组合，自动化的工作主要集中在实现这些单独系统的自动化管理，如垃圾焚烧状态的电视监视，各种设备通电状况的显示等。随后，为了推进各个系统设备自动化管理向更高水平发展，实现垃圾供料、垃圾焚烧一体化、自动化，引进了垃圾焚烧炉自动化燃烧控制系统。另外，一些相关设备的自动化也有了进展，例如，垃圾接收、灰渣的输送和自动称重设备、吊车自动运行设备等的自动化都实现了实用化。

现在，由于计算机的应用，垃圾焚烧炉的运行管理除了日常操作实现了自动化，一些非日常的操作也实现了自动化，例如，垃圾焚烧炉、汽轮机的启动与关闭等。垃圾焚烧系统自动化的范围，大致可分为以下三个方面：①设施运行管理必需的数据处理自动化；②垃圾运输车及灰渣输车的车辆管理自动化；③设备机器运行操作的自动化。

　　上述各种运行操作实现自动化以后，为了实现最佳的运行状态，目前仍必须依赖人的判断。国外正在开发各种各样的软件，能够与熟练操作员的判断非常接近，能够进行图像解析、模糊控制等。目前这些软件仅作为主软件的支持系统，可以相信，在不远的将来，综合运行状态的最优化控制是完全可能的。

　　如图 5-3-2 所示，即为城市生活垃圾焚烧厂的处理工艺流程。

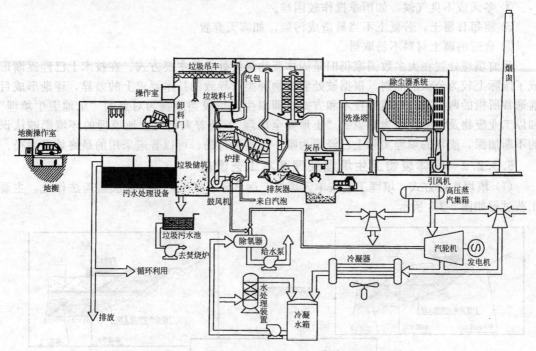

图 5-3-2　城市生活垃圾焚烧厂处理工艺流程图

5.3.2　固体废物卫生填埋处理设备

5.3.2.1　固体废物卫生填埋处理概述

　　在历史上，用于处置固体废物的方法有地质处置和海洋处置两大类。海洋处置包括深海投弃和海上焚烧。地质处置包括土地耕作、永久储存或贮留地储存、土地填埋、深井灌注和深地层处置等，其中应用最多的是土地填埋处置技术。海洋处置现已被国际公约禁止，但地质处置至今仍是世界各国最常采用的一种固体废物处置方法。

　　土地填埋有以下优点。

　　① 与其他处理方法比较，只需较少的设备与管理费，如推土机、压实机、填土机等，而焚烧与堆肥，则需庞大的设备费和维护费。

　　② 处理量较具有弹性，对于突然增加的废物量，只需增加少数作业人员与工具设备或延长操作时间即可。

　　③ 操作容易，维持费用较低，在装备上和土地不会有很大的损失。

　　④ 比露天弃置所需的土地少，因为垃圾在填埋时经压缩后体积只有原来的30%～50%，而覆盖土量与垃圾量的比是 1∶4，所以所需土地较少。

　　⑤ 能够处理各种不同类型的垃圾，减少收集时分类的需要性。

　　⑥ 比其他处置方法施工期短。

　　⑦ 填埋后的土地，有一定的经济价值，如作为运动或休憩场所。

土地填埋的缺点如下。

① 需要大量的土地供填埋废物用，这在高度工业化地区或人口密度大的城市，土地很难取得，尤其在经济运输距离之内更不易寻到合适的场址。

② 填埋场的渗滤液处理费用极高。

③ 填埋场若地处城市以外或郊区，则常受行政辖区因素限制，导致运输费用攀升。

④ 冬天或不良气候，如雨季操作较困难。

⑤ 需每日覆土，若覆土不当易造成污染，如露天弃置。

⑥ 合适的覆土材料不易取得。

目前填埋处置在大多数国家仍旧是固体废物最终处置的主要方式。在技术上已经逐渐形成了国际上较为公认的准则。根据被处置废物种类所导致的技术要求上的差异，逐渐形成目前通常所指的两大类土地填埋技术和方式：即以生活垃圾类废物为对象的"土地卫生填埋"和以工业废物及危险废物为对象的"土地安全填埋"。随着人们对土地填埋的环境影响认识的不断加深，废物的填埋实际上已经成为唯一现实可行的、可以普遍采用的最终处置途径。

5.3.2.2 固体废物卫生填埋处理基本工艺设备

（1）填埋作业方式　填埋工艺按单元填埋、逐日分层碾压，采用薄膜覆盖法作业，主要工艺过程如图 5-3-3 所示。

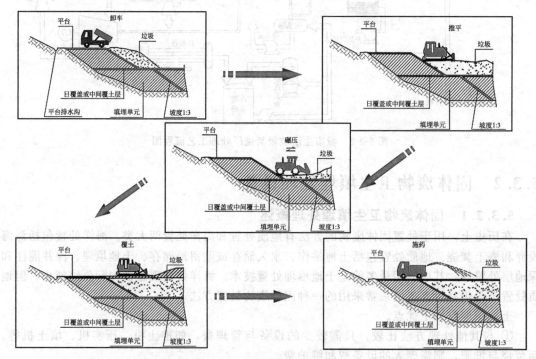

图 5-3-3　填埋作业工序示意图

（2）填埋作业工艺流程　填埋作业工艺流程图见图 5-3-4。

（3）渗滤液收集系统　填埋区渗滤液导排系统包括场底渗滤液碎石导流层、场底渗滤液收集盲沟、填埋体内水平导排盲沟以及填埋体内竖向石笼收集井，由此构成填埋体内的立体式渗滤液导渗收集系统。

① 碎石导流层。按《城市生活垃圾卫生填埋技术规范》要求，填埋场场底渗滤液收集需敷设厚度不小于 0.3m 的导流层。因此设计沿填埋区场底敷设厚度不小于 0.3m 的碎石或（卵石）层，碎石粒径为 16～32mm，按上细下粗的原则进行铺设，构成反滤层，以便于将

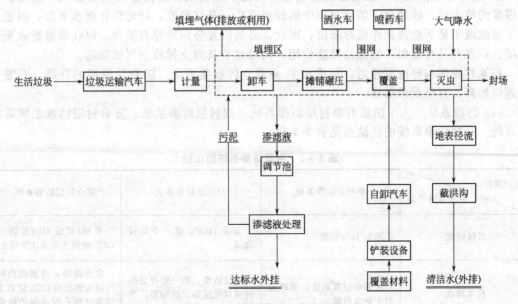

图 5-3-4　填埋作业工艺流程图

垃圾体内的渗滤液导入收集盲沟。

② 场底渗滤液收集盲沟。渗滤液收集盲沟设置在导流层内，是由 HDPE 多孔管组成的树枝状排水管网。在填埋作业时收集的垃圾渗滤液最终排入主垃圾坝下的调节池。

根据运行经验，由于垃圾渗滤液污水中的含固率很高，运行一段时间后渗滤液收集管容易产生一定的堵塞，需要做反冲洗清污处理以保证管道通畅，可以采用一套管道疏通及维护设备，如采用管道疏通及维护车，其具备高压冲洗、真空吸污等功能，备高压软管卷盘，软管长度 200m，8000L 水箱，高压泵 150bar、85L/min。

③ 填埋体内水平导排盲沟。为了更好地导排垃圾体内的渗滤液，竖向每填完 20m 标高后错开铺设一层水平导排盲沟。具体做法：先在所填垃圾体上开挖水平管沟，用碎石回填到一半高度后，放入 DN250HDPE 导排花管，再回填碎石并用一定的土料覆盖。各水平导排盲沟在水平和竖向上的间距随着填埋场设计、地形、覆盖层以及现场其他因素的不同而变，水平导排盲沟兼作填埋气体导排设施，如图 5-3-5 所示。

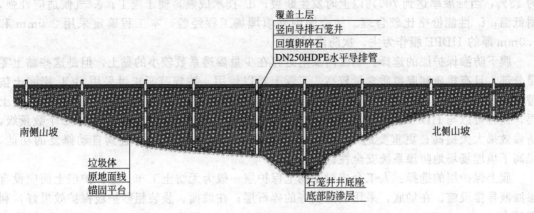

图 5-3-5　水平导排盲沟示意图

④ 竖向导排石笼井。在垃圾卫生填埋场，由于垃圾按要求被分层填埋碾压，且覆盖一定厚度的覆土层，这减少了填埋过程中的蚊虫滋生、臭气逸散，同时防止雨水下渗，但也导致了渗滤液不易下渗流到库底导流层；因此，必须设置竖向导排石笼井，以收集渗滤液至导流层。石笼井具有收集、输送渗滤液作用，同时也兼具向上排放沼气的功能。

石笼井底部与导流层连通，形成水平-垂直立体收集系统。随着垃圾层的升高，石笼井也逐级加高，直至最后封场。

（4）防渗系统　人工防渗有单衬层防渗系统、双衬层防渗系统、复合衬层防渗系统等防渗系统。三种防渗系统的优缺点见表 5-3-1。

表 5-3-1　不同防渗系统的比较

比较项目 / 防渗系统类别	单衬层防渗系统	双衬层防渗系统	复合衬层防渗系统
系统组成	单层 HDPE 膜	双层 HDPE 膜＋中间检测层	单层/双层 HDPE 膜＋GCL 膨润土垫或优质黏土
技术特点	依靠单层膜防渗，膜破损时无补救措施	双层防渗，第一层有破损时可以通过第二次防渗，当第二层破损时无补救措施	复合防渗，当膜破损时可以由该处的 GCL 膨润土堵塞破损孔洞及保护防渗层有效工作的目的
材料组成	较少，利用三维土工网、一层 HDPE 膜及土工布等	较多，利用三维土工网、两层 HDPE 膜及土工布、排水网等	较多，利用三维土工网、HDPE 膜及土工布、排水网、GCL 膨润土垫等
防渗安全性能	一般	较好	好
施工难度	较容易	较复杂	较复杂
工程投资	较小	较大	较大
使用情况	中小城市垃圾填埋场	国内外大型填埋场利用	国内外大型填埋场利用

① 防渗层结构选择。复合衬垫防渗，其结构包括防渗薄膜、防渗保护层及膜上保护层。

防渗薄膜的选择：目前使用最广泛的填埋场防渗材料是高密度聚乙烯（HDPE）材料，其厚度有 1.0mm、1.25mm、1.5mm、2.0mm、2.5mm 等几种。它具有如下特点：a. HDPE 膜具有很强的防渗性能，渗透系数达到 $10\sim12$cm/s；b. 化学稳定性好，具有较强的抗腐蚀性能，耐酸、碱及抗老化能力；c. 机械强度高，具有较强的弹性，其屈服延展率为 13％，当延展率达到 700％以上时发生断裂；d. 技术成熟，便于施工；e. 气候适应性强，耐低温；f. 性能价格比较合理。结合国内外填埋场工程经验，本工程确定采用 2.0mm 和 1.0mm 厚的 HDPE 膜作为主、次防渗材料。

膜下防渗保护层的选择：场区内及附近存在少量渗透系数较小的黏土，但是这些黏土零星分部，且有机质和腐殖质含量较高，工程上难以使用。按规范要求可采用 GCL 膨润土垫替代。GCL 除了具备保护层作用外，其防渗性能良好，相当于 60cm 厚 $7\sim10$cm/s 的黏土层，而且可以与 HDPE 紧密接触而形成复合防渗结构，渗透量比单层 HDPE 小 2 个数量级，防渗效果大大提高；更重要的是，万一主防渗膜破损漏水，GCL 将起到自动修复的功能，提高了填埋场场地防渗系统安全性。

膜上保护层的选择：人工合成衬层的上保护层一般为无纺土工布。上保护层上面应设有渗滤液导排设施。在场底，采用级配较好的碎石层；在坡面，袋装粗砂护坡保护效果好，利于排水。

某填埋场库区防渗层结构（图 5-3-6，从垃圾堆体至基础层）如表 5-3-2 所示。

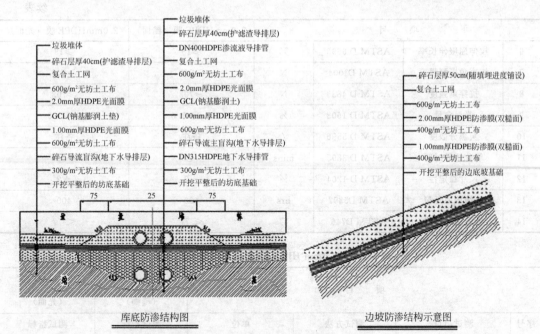

图 5-3-6　某填埋场库区防渗层结构图

表 5-3-2　防渗层结构情况表

库区底部防渗层结构	库区边坡防渗结构
① 垃圾层	① 垃圾层
② 碎石层厚 40cm（内设渗滤液收集管）	② 碎石层厚 50cm（随填埋进度铺设）
③ 复合土工网	③ 复合土工网
④ 600g/m² 无纺土工布	④ 600g/m² 无纺土工布
⑤ 2.0mm 厚 HDPE 光面膜	⑤ 2.0mm 厚 HDPE 双糙面膜
⑥ 钠基膨润土垫（GCL）	⑥ 400g/m² 无纺土工布
⑦ 1.0mm 厚 HDPE 光面膜	⑦ 1.0mm 厚 HDPE 双糙面膜
⑧ 300g/m² 无纺土工布	⑧ 400g/m² 无纺土工布
⑨ 碎石导流盲沟（内设地下水导排管）	⑨ 开挖、修整后的边坡

② 主要防渗材料技术要求。各主要防渗系统材料的物理力学性能指标详如表 5-3-3～表 5-3-7 所示。

表 5-3-3　2.0mm HDPE 膜物理力学性能指标表

项　　目				2.0mmHDPE 膜（糙面）	2.0mmHDPE 膜（光面）
序号	测试项目	测试方法	单位	测试指标	测试指标
1	厚度	ASTM D5994	mm	2.0	2.0
2	密度	ASTM D 1505	g/cm³	≥0.94	≥0.94
3	拉伸断裂强度	ASTM D 6693	N/mm	≥48	≥57
4	拉伸屈服强度	ASTM D 6693	N/mm	≥30	≥30
5	拉伸断裂伸长率	ASTM D 6693	%	≥600	≥700

	项　目			2.0mmHDPE 膜（糙面）	2.0mmHDPE 膜（光面）
6	拉伸屈服伸长率	ASTM D 6693	%	≥13	≥13
7	抗直角撕裂强度	ASTM D1004	N	≥249	≥249
8	抗穿刺强度	ASTM D 4833	N	≥703	≥703
9	炭黑含量	ASTM D 1603	%	2.0～3.0	2.0-3.0
10	炭黑分散度	ASTM D 5596	/	备注	备注
11	氧化诱导时间	ASTM D 3895	mins	≥100	≥100
12	尺寸稳定性	ASTM D 1204	%	±2	±2
13	环境应力开裂	ASTM D5397	hrs	400	400
14	低温脆化性能	ASTM D746	℃	<-77	<-77

表 5-3-4　1.0mm HDPE 膜物理力学性能指标表

	项　目			1.0mmHDPE（糙面）	1.0mmHDPE（光面）
序号	测试项目	测试方法	单位	测试指标	测试指标
1	密度（最小值）	ASTM D 792	g/cm^3	0.94	0.94
2	抗拉屈服强度	ASTM D 638	N/mm	≥29	≥15
3	抗拉断裂强度	ASTM D 638	N/mm	≥53	≥27
4	屈服延伸率	ASTM D 638	%	≥12	≥12
5	断裂延伸率	ASTM D 638	%	≥650	≥700
6	抗撕裂强度	ASTM D 1004	N	≥249	≥125
7	抗穿刺强度	ASTM D 4833	N	≥640	≥320
8	低温脆化温度	ASTM D 746	℃	-70	-70
9	渗透系数	GB/T17643—1998	g·cm/(cm^2·s·Pa)	$1.0E^{-13}$	$1.0E^{-13}$
10	标准氧化诱导时间	ASTM D 3895	min	≥100	≥100
11	熔融指数	ASTM D 1238	g/10min	≤1	≤1
12	炭黑含量	ASTM D 1603	%	2～3	2～3
13	炭黑分散度	ASTM D 5596		CAT1or^2	CAT1or^2

表 5-3-5　GCL 膨润土垫物理力学性能指标

序号	项　目	测试方法	单　位	技术指标
1	天然钠基膨润土质量	ASTM D 5993	g/m^2	≥4500
2	膨润土膨胀指标	ASTM D 5890	mL/g	≥12
3	膨润土含水量	DIN 18121	%	≤15
4	抗拉强度	ASTM D 4632	N	≥400
5	剥离强度	ASTM D 4632	N/10cm	≥65
6	厚度	DIN EN 964-1	mm	≥6

续表

序号	项　　目	测 试 方 法	单　　位	技 术 指 标
7	垂直渗透系数	ASTM D 5084	cm/s	$<1.0E^{-9}$
8	无纺布单位面积	DIN EN 965	g/m²	≥220
9	无纺布断裂强力（纵横向）	ASTM D 4595	kN/m	>12.5
10	机织土工布单位面积	DIN EN 965	g/m²	≥110
11	机织布断裂强力（纵横向）	ASTM D 4595	kN/m	>25

表 5-3-6　无纺土工布主要物理力学性能指标表

序号	项目		单位	120g/m³ 技术指标	300g/m³ 技术指标	400g/m³ 技术指标	600g/m³ 技术指标
1	厚度		mm	1.7	3.4	4.2	5
2	断裂强力	纵向	kN/m	7.6	22	30	40
		横向	kN/m	7	20	25	36
3	拉伸延伸率	纵向	%	40～80	40～80	40～80	40～80
		横向	%	40～80	40～80	40～80	40～80
4	撕破强力	纵向	N	200	490	700	1050
		横向	N	200	430	560	1030
5	垂直渗透系数		cm/s	0.001～1	0.001～1	0.001～1	0.001～1
6	有效孔径		mm	0.07～0.2	0.07～0.2	0.07～0.2	0.07～0.2
7	CBR 顶破强度		N	1200	3200	4700	7000

表 5-3-7　复合土工排水网技术要求一览表

特性	测试方法	单位	指标值
渗透性	ASTM D4716-00	m²/s	$5.0×10^{-4}$
剥离黏合（平均）	GRI GC-7	N/cm	1.75
土工网成分			
渗透性	ASTM D4716-00	m²/s	$1×10^{-3}$
厚度	ASTM D 5199	mm	≥5
密度	ASTM D 1505	g/cm³	≥0.94
抗拉强度	ASTM D 5035	kN/m	≥7.9
炭黑含量	ASTM D 1603	%	2.0
土工布成分			
单位质量	ASTM D 5261	g	≥270
AOS	ASTM D 4751	mm	0.18
流速	ASTM D 4491	L/（min·m²）	4.07
撕裂强度	ASTM D 4632	N	≥890
刺破强度	ASTM D 4833	N	≥534
抗 UV 强度（500h）	ASTM D 4355	%	≥70

（5）渗滤液处理系统

① 渗滤液产生量计算。垃圾渗滤液产生量可依据国内外垃圾填埋场渗滤液产生量的经验公式估算，其公式为：

$$Q = (C_1A_1 + C_2A_2) \cdot I/1000 + \phi_1 - \phi_2 \tag{5-3-1}$$

式中，Q 为渗滤液水量，m^3/d；ϕ_1 为垃圾自身产出水量；ϕ_2 为垃圾产气及排气消耗水量；A_1 为正在填埋地表水不易排除的面积，$A_1 = aA$；C_1 为对应于 A_1 的渗滤液渗透系数，一般 $0.3 \sim 0.8$；A_2 为已完成填埋且地表水可排除的面积，$A_2 = bA$；C_2 为对应于 A_2 的渗滤液渗透系数，一般取 $0.2 \sim 0.4$；I 为降雨量，mm/d。

② 渗滤液处理工艺。渗滤液是一种成分复杂的高浓度有机废水，为了保证出水水质达到最新的国家标准，即《生活垃圾填埋场污染控制标准》（GB 16889—2008），所选工艺一般由前处理系统、预处理系统、后处理系统、深度处理系统、消毒处理系统、沼气处理系统及污泥处理系统组成。如某填埋场渗滤液处理工艺流程图，见图 5-3-7。

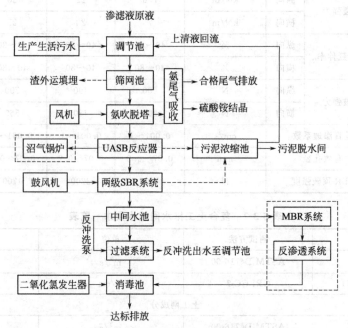

图 5-3-7　渗滤液处理工艺流程图

5.3.3　固体废物热解处理设备

5.3.3.1　固体废物热解处理概述

固体废物热解是利用有机物的热不稳定性，在无氧或缺氧条件下受热分解的过程。热解过程一般在 $400 \sim 800 ℃$ 的条件下进行，通过加热使固体物质挥发、液化或分解。

固体废物经过热解处理除可得到便于储存运输的燃料及化学产品外，在高温条件下所得到的炭渣还会与物料中某些无机物与金属成分构成硬而脆的惰性固态产物，使其后续的填埋处置作业可以更为安全和便利地进行。国外利用热解法处理固体废物已达到工业规模，虽然还存在一些问题，但实践表明这是一种有发展前景的固体废物处理方法。其工艺适宜包括城市垃圾、污泥、废塑料、废树脂、废橡胶等工业以及农林废物、人畜粪便等在内的具有一定能量的有机固体废物采用。

5.3.3.2　固体废物热解处理基本工艺设备

(1) 固体废物热解处理基本工艺设备　一个完整的热解工艺包括进料系统、反应器、回收净化系统、控制系统几个部分。其中，热解反应器是整个热解工艺的核心，热解过程在此发生。不同的反应器类型往往决定了整个热解反应的方式以及热解产物的成分。反应器有很多种，一般根据燃烧床条件和内部物流方向进行分类。根据燃烧床条件，可分为固定床、流化床、旋转炉、分段炉等；物流方向是指反应器内物料与气体的相对流向，可分为顺流、逆流、交流（错流）等。以下介绍几种常见的热解反应器。

① 立式热分解炉。立式热分解炉为固定燃烧床反应器，适合于处理废塑料、废轮胎。其工艺流程如图 5-3-8 所示。废物从炉顶投入，重油、焦油等经炉排下部送入进行燃烧，释放的热量供给废物干燥并进行热分解。炉排分两层，上层炉排上为已炭化物、未燃物和灰烬等，用螺旋推进器向左边推移落入下层炉排，在此，将未燃物完全燃烧。这种方法称为偏心炉排法。

分解气体和燃烧气送入焦油回收塔，喷雾水冷却除去焦油后，经气体洗涤塔洗涤后用作热解助燃气体；焦油则在油水分离器中回收。炉排上部的炭化物层温度为 500～600℃，热分解炉出口温度 300～400℃，废物加料口设置双重料斗，可连续投料而又避免炉内气体逸出。

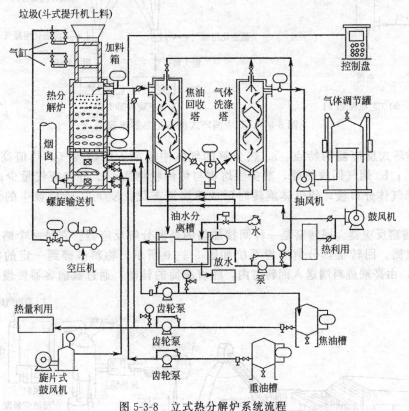

图 5-3-8　立式热分解炉系统流程

② 双塔循环式反应器。双塔循环式反应器的特点是将热分解过程与燃烧过程分开在两个反应器（炉）中进行，如图 5-3-9 所示。燃烧炉的作用是利用热解生成的固形炭（或燃料气）在炉内燃烧产生的热量加热热载体（一般为惰性粒子，如石英砂），吸热后的热载体被气体流态化，并经连接管道输送到热解炉内，与炉内物料接触进行热交换，供给物料热分解

所需要的能量，自身温度下降，返回到燃烧炉内再次加热，如此反复。受热的物料在热解炉内分解，生成的炭、油品（或部分气体）供燃烧炉燃料加热用，产生的燃料气则排出热解炉，经旋风分离器、焦油去除器和冷却洗涤塔处理后，作为燃料产品使用。在两个反应器中使用特殊的气体分散板，伴有旋回作用，物料中的无机物、残渣随旋回作用从反应器的下部与流态化的砂分离，并排出反应器。供给空气有流态化用蒸汽以及助燃气两种形式。

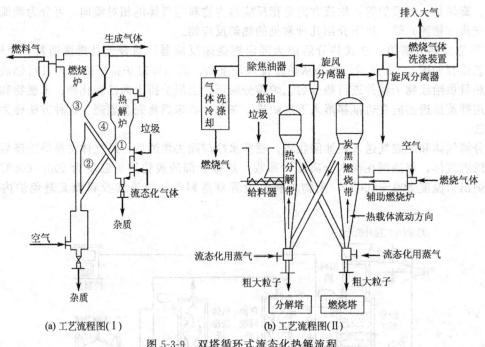

(a) 工艺流程图(Ⅰ)　　　　　　(b) 工艺流程图(Ⅱ)

图 5-3-9　双塔循环式流态化热解流程

双塔循环式反应器的特点：a. 热分解的气体中不混入燃烧废气，热值高达 17000～18900kJ/m³；b. 烟气回收热能，减少固熔物与焦油状物质；c. 外排废气量少；d. 热分解塔上有特殊气体分布板，使气体旋转时形成薄层流态化；e. 可去除垃圾中的无机杂质和残渣。

③ 回转窑反应器。回转窑是一种间接加热的高温分解反应器。它是一个略为倾斜、可以旋转的滚筒。回转窑热分解装置系统如图 5-3-10 所示。物料破碎到一定的粒径（最好5cm 以下），由高端进料端送入回转窑内，随着滚筒的转动，通过蒸馏容器慢慢向卸料端移

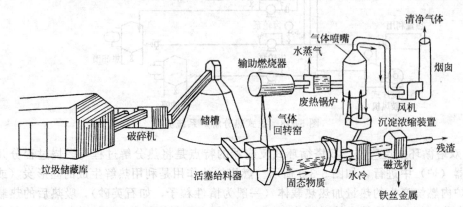

图 5-3-10　回转窑热分解装置系统

动，并在此过程中发生分解反应。分解产生的气体分两部分：一部分被引导到蒸馏容器外壁与燃烧室内壁之间的空间燃烧，用以加热物料；另一部分则被导出以作他用。该反应器的特点是设备结构简单，操作可靠，只需破碎预处理，对废物的适应性强，可回收铁和玻璃质。

（2）热解法应用示例　废塑料的热解处理如下。

塑料的品种除前面提到过的热塑性及热固性两大类外，由其受热分解后的产物又可分成解聚反应型塑料和随机分解型塑料，以及二者兼而有之的中间分解型塑料。

解聚反应型塑料受热分解时聚合物解离、分解成单体，主要是切断了单体分子之间的结合键。这类塑料有聚氧化甲烯、聚 α-甲基苯乙烯、聚甲基丙烯酸甲酯、四氟乙烯塑料等，它们几乎 100％地分解成单体。

随机分解型塑料受热分解时链的断裂是随机的，因此产生无一定数目的碳原子和氢原子结合的低分子化合物。这类塑料有聚乙烯、聚氯乙烯等。

大多数塑料的受热分解，二者兼而有之。各种分解产物的比例，随塑料的种类、分解的温度而不同，一般温度越高，气态的（低级的）碳氢化合物的比例越高。由于产物组分复杂，要分解出各种单个组分比较困难，一般只以气态、液态和固态三类组分回收利用，此外，还有利用塑料的不完全燃烧回收炭黑的热解类型。

塑料中含氯、氰基团的，热分解产品中一般含 HCl 和 HCN，而塑料制品中含硫较少，热分解得到的油品含硫分也相应较低，是一种优质的低硫燃料油。为此，日本开发了废塑料与高硫重油混合热解以制得低硫燃料油的工艺。

由于塑料热导率较低，为 0.294~1.26kJ/（m·h·℃）（相当于干木材），当加热到熔点温度（100~250℃）时，中心温度还很低，继续加热，外部温度可达 500℃以上并产生碳化，而内部温度才达到可熔化的程度。由于外部碳化妨碍内部的分解，故热效率低下。另外，塑料品种多，废塑料品种混杂，分选困难。因此需开发独特的废塑料热解流程。

图 5-3-11 所示为低温热分解流程，是日本川崎重工开发的一种方法。它是利用聚氯乙烯（PVC）脱 HCl 的温度比聚乙烯（PE）、聚丙烯（PP）和聚苯乙烯（PS）分解的温度低这一特点，将 PE，PP，PS 在接近 400℃时熔融，形成熔融液浴使 PVC 受热分解。该流程把 PVC，PE，PP，PS 加入到 380~400℃的 PE、PP、PS 的热浴媒体中，分解温度低的

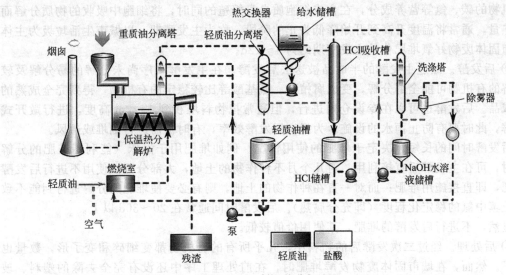

图 5-3-11　低温热分解流程

PVC首先脱除 HCl 汽化,以后 PE,PP,PS 熔融形成热浴媒体,再根据停留时间的长短 PE,PP,PS 逐渐分解。分解产物有 HCl 和 C1～C30 的碳氢化合物,此外还有 CO,N_2, H_2O 及残渣等。HCl,C1～C4 是气体,C5～C6 是液状,C7～C30 为油脂状的碳氢化物,经冷凝塔及水洗塔,回收油品及 HCl,气体经碱洗后作为燃料气燃烧供给热解需要的热量。该流程的优点是用对流传热代替导热系数小的热传导。由于分解温度低没有金属(PVC 的稳定剂)的飞散。

5.3.4 固体废物堆肥化处理

5.3.4.1 固体废物堆肥化处理概述

堆肥化是指在人工控制的条件下,依靠自然界广泛分布的细菌、放线菌、真菌等微生物,使可生物降解的有机固体废物向稳定的腐殖质转化的生物化学过程。这一定义强调,堆制过程需在人工控制下进行,不同于卫生填埋、废物的自然腐烂与腐化,堆制过程的实质是生物化学过程。堆肥化按需氧程度可分为好氧堆肥和厌氧堆肥。

5.3.4.2 固体废物堆肥化处理基本工艺设备

(1)固体废物堆肥化处理基本工艺 现代化堆肥生产,通常由前(预)处理、主发酵(亦可称一次发酵、一级发酵或初级发酵)、后发酵(亦可称二次发酵、二级发酵或次级发酵)、后处理、脱臭及储存等工序组成。

① 前处理。前处理工序主要包括破碎、分选、脱水、调整物料配比等。当以城市生活垃圾为主要原料时,由于其中往往含有粗大垃圾和不可堆肥化物质,这些物质会影响垃圾处理机械的正常运行,并降低发酵仓容积的有效使用,且使堆温难以达到无害化要求,从而影响堆肥产品的质量,因此,需要用破碎、分选等预处理方法去除粗大垃圾和降低不可堆肥化物质含量,并使堆肥物料粒度和含水率达到一定程度的均匀化。当以人畜粪便、污水污泥饼等为主要原料时,由于其含水率太高等原因,前处理的主要任务是调整水分和碳氮比,有时需添加菌种和酶制剂,以促进发酵过程正常进行。

② 主发酵。主发酵主要在发酵仓内进行,靠强制通风或翻堆搅拌来供给氧气,供给空气的方式随发酵仓种类而异。在发酵仓内,由于原料和土壤中存在的微生物作用而开始发酵,首先是易分解物质分解,产生二氧化碳和水,同时产生热量使堆温上升。这时微生物吸取有机物的碳、氮等营养成分,在合成细胞质自身繁殖的同时,将细胞中吸收的物质分解而产生热量。通常将温度升高到开始降低为止的阶段,称为主发酵期,以城市生活垃圾为主体的城市固体废物好氧堆肥化的主发酵期约为 4～12d。

③ 后发酵。经过主发酵的半成品被送去后发酵。在主发酵工序尚未分解的易分解及较难分解的有机物可能全部分解,变成腐植酸、氨基酸等比较稳定的有机物,得到完全成熟的堆肥成品。后发酵也可以在专设仓内进行,但通常把物料堆积到 1～2m 高度,进行敞开式后发酵,此时要有防止雨水的设施。为提高后发酵效率,有时仍需进行翻堆或通风。

后发酵时间的长短,决定于堆肥的使用情况。例如堆肥用于温床(能利用堆肥的分解热)时,可在主发酵后直接利用。对几个月不种作物的土地,大部分可以使用不进行后发酵的堆肥,即直接施用堆肥;而对一直在种作物的土地,则有必要使堆肥的分解进行到能不致夺取土壤中氮的稳定化程度(即充分腐热)。后发酵时间通常在 20～30d 以上。

显然,不进行后发酵的堆肥,其使用价值较低。

④ 后处理。经过二次发酵后的物料中,几乎所有的有机物都变细碎和变了形,数量也减少了。然而,在城市固体废物发酵堆肥时,在前处理工序中还没有完全去除的塑料、玻璃、陶瓷、金属、小石块等杂物依然存在,因此,还要经过一道分选工序以去除杂物,可以

用筛分设备、磁选机、风选机、惯性分离机、硬度差分离机等预处理设备分离去除上述杂质，并根据需要（如生产精制堆肥）进行再破碎。

净化后的散装堆肥产品，既可以直接销售给用户，施于农田、菜园、果园，或作土壤改良剂，也可以根据土壤的情况、用户的需要，在散装堆肥中加入 N，P，K 添加剂后生产复合肥，做成袋装产品，既便于运输，也便于储存，而且肥效更佳。有时还需要固化造粒以利储存。

后处理工序除分选、破碎设备外，还包括打包装袋、压实选粒等设备，在实际工艺过程中，根据实际需要来组合后处理设备。

⑤ 脱臭。在堆肥化工艺过程中，每个工序系统有臭气产生，主要有氨、硫化氢、甲基硫醇、胺类等，必须进行脱臭处理。去除臭气的方法主要有化学除臭剂除臭；水、酸、碱水溶液等吸收剂吸收法；臭氧氧化法；活性炭、沸石、熟堆肥等吸附剂吸附法等。其中，经济而实用的方法是堆肥氧化吸附除臭法。将源于堆肥产品的腐熟堆肥置入脱臭器，堆高约 0.8 ~1.2m，将臭气通入系统，使之与生物分解和吸附及时作用，氨、硫化氢的去除效率均可达到 98% 以上。也可用特种土壤（如鹿沼土、白垩土等）代替堆肥，此种设备称土壤脱臭过滤器。

⑥ 储存。堆肥的供应期多半是集中在秋天和春天（中间隔半年）。因此，一般的堆肥化工厂有必要设置至少能容纳 6 个月产量的储藏设备。堆肥成品可以在室外堆放，但此时必须有不透雨水的覆盖物。

储存方式可直接堆存在二次发酵仓内，或袋装后存放。加工、造粒、包装可在储藏前也可在储存后销售前进行。要求包装袋干燥而透气，如果密闭和受潮会影响堆肥产品的质量。

（2）堆肥方法与设备

堆肥方法有多种，其设备也有很大不同。一般可把好氧堆肥方法分为静态堆肥、间歇式动态堆肥以及连续式动态堆肥。

① 静态堆肥。静态好氧堆肥采用一次发酵工艺，该法将原料堆积成条垛或置于发酵装置内，不再添加新料和翻动，采用专门的通风系统进行强制供氧，直到堆肥腐熟后运出。该法发酵时间长，需要 20 ~30d。堆肥过程中，由于物料处于静止状态，为了使物料及微生物生长均匀，避免造成厌氧状态，需要对原料的尺寸和空隙大小进行一定的控制，一般情况下可添加膨松剂（如小木块）加以调节，在堆肥结束后再通过筛分将膨松剂分离出来再循环利用。另外，铺设透气垫层也有利于把空气均匀散布到物料中去。

② 间歇式动态堆肥。间歇式堆肥采用静态一次发酵的技术路线，其发酵周期缩短，堆肥体积小。它将原料分批发酵，一批原料堆积之后不再添加新料，直到堆肥腐熟后运出。发酵形式常采用间歇翻堆的强制通风垛或间歇进出料的发酵仓。间歇式发酵装置有长方形池式发酵仓（图 5-3-12）、倾斜床式发酵仓、立式圆筒形发酵仓等。

③ 连续式动态堆肥。连续堆肥采取连续进料和连续出料的方式，原料在一个专设的发酵装置内完成中温和高温发酵过程。此系统中的物料处于一种连续翻动的动态情况下，物料组分混合均匀，为传质和传热创造了良好的条件，加快了有机物的降解速率，同时易形成空隙，便于水分蒸发，因而使发酵周期缩短，可有效地杀灭病原微生物，并可防止异味的产生，是一种发酵时间更短的动态二次发酵工艺。常用的设备有立式发酵器和卧式发酵器。

立式发酵塔通常 5~8 层组成，如图 5-3-13 所示。物料从塔顶加入，通过各种形式的机械运动及物料的重力一层层地往塔底移动，在移动的同时完成供氧及一次发酵过程，一般需 5~8d。该装置的优点是搅拌充分；缺点是旋转轴扭矩大，设备费用和动力费用较高。

出滤饼的·脱氮机、风机、输送装置机。购进各设备时应注意名物及尺寸上的适
配。其中进气管（可以采用鼓风机）冷却与干燥。

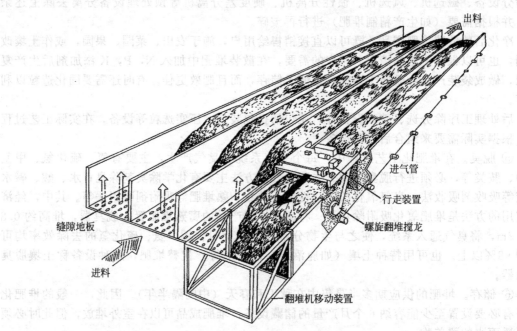

图 5-3-12　长方形池式发酵仓

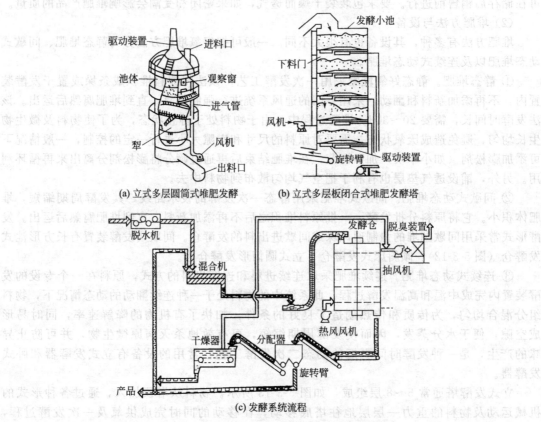

(a) 立式多层圆筒式堆肥发酵

(b) 立式多层板闭合式堆肥发酵塔

(c) 发酵系统流程

图 5-3-13　立式多层发酵塔及发酵系统流程

达诺（Dano）式回转窑发酵器是典型的卧式发酵器，如图 5-3-14 所示。原料由主体设备即倾斜的卧式回转滚筒的上端进入，随着滚筒的连续旋转，物料在窑内不断翻滚、搅拌和混合，在微生物作用下发酵，并逐渐向滚筒下端移动，直到最后腐熟排出。该装置的主要优点：结构简单，管理方便；对不同物料的适应性强，预处理要求低；发酵速度快，生产效率高；还可与其他发酵设备组合起来进行大规模自动化生产。不足之处是原料滞留时间短，发酵不充分，易产生压实现象，通风性能差，产品不易均质化等。

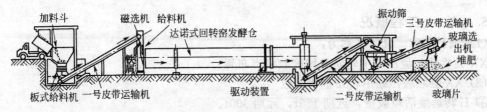

图 5-3-14　达诺式回转窑发酵器

（3）国内生活垃圾堆肥处理工艺系统实例　图 5-3-15 所示为国内一生活垃圾堆肥系统工艺流程图，该系统的垃圾处理能力为 100t/d。

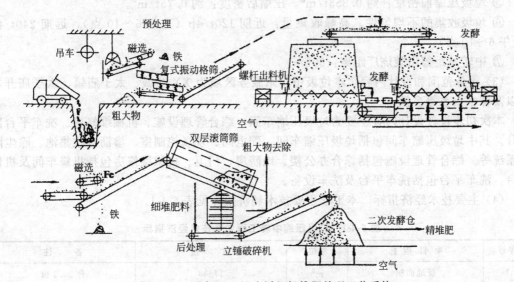

图 5-3-15　国内 100t/d 生活垃圾堆肥处理工艺系统

由居民区收集的生活垃圾先运至中转站，然后再转运到堆肥处理厂。运来的垃圾倒入受料坑内，由吊车把垃圾转送到板式给料机上，经磁选除铁后送至复式振动筛进行粗分选，将大于 100mm 的粗大物件及小于 5mm 的煤灰等分选出去。然后经输送带装入长方形、容积为 146m³ 的一次发酵池。在装料的同时，用污泥泵从储粪池内将粪水分若干次喷洒到垃圾中，按一次发酵含水率 40%～50% 的要求加入粪水，并使之与垃圾充分混合。待装池完毕后加盖密封，并开始强制通风，温度控制在 65℃ 左右。约经 10d 的时间，一次发酵完成。一次发酵堆肥物由池底经螺杆出料机排至皮带输送机上，再经二次磁选分离铁后送入高效复合筛分破碎机。经过筛分机的作用，大块无机物（石块、砖瓦、玻璃等）及高分子化合物（塑料等）被去除，粒径大于 12mm 而小于 40mm 的可堆肥物被送至破碎机，破碎后的物料与筛分出的细堆肥料一起被送到二次发酵仓，继续进行发酵。一次发酵仓的废气通过风机送入二次发酵仓底部，为二次发酵仓继续通风，同时还可起到脱除臭气的作用。此外，为防止一次发酵池中渗出污水污染地面水源，在一次发酵池底部设有排水系统，将渗沥水导入集水井后，经污水泵打回粪池回用。二次发酵一般需要 10d 左右的时间。

5.4　固体废物处理处置典型案例设备设计

5.4.1　收集与运输设备设计案例

5.4.1.1　工程概况

（1）项目名称　具体名称为：

XX 县生活垃圾压缩中转站及城区收集点布置。

（2）XX 县垃圾压缩中转站基本参数

① 日转运生活垃圾量：近期 150t，远期 300t。

② 所处理的垃圾种类：城市固体生活垃圾。

③ 垃圾转运方式：密闭式压缩及转运。

④ 中转站工作时间：二班制，每班 6 小时。

⑤ 垃圾压缩前密度：约 $0.353t/m^3$。压缩后密度：约 $0.75t/m^3$。

⑥ 垃圾收集的不均匀性。高峰收集量：近期 120t/4h（上午 6～10 点）、远期 240t/4h（上午 6～10 点）。

⑦ 中转站距德山焚烧厂距离：60km。

（3）服务范围和设计内容　本垃圾中转站服务区域为 XX 县城、太子庙镇、太子庙开发区以及株木山乡等乡镇。

本次初步设计设计内容主要为垃圾压缩车间、综合管理设施、机械维修房、洗车平台四部分。其中垃圾压缩车间包括垃圾压缩车间、配电间、现场控制室、渗沥液收集池、除尘除臭系统等。综合管理设施包括综合办公楼、地磅房、门卫。机械维修房包括机修车间及机修平台。洗车平台包括洗车平台及洗车设备。

（4）主要技术经济指标　本工程主要技术经济指标见表 5-4-1。

表 5-4-1　垃圾压缩中转工程主要技术经济指标

序号	项目指标	单位	数　　量	备　注
1	征地面积	m^2	17549	合 26.3 亩
2	垃圾中转规模	t/d	近期 150、远期 300	
3	总建筑面积	m^2	5195.0	
4	职工定员	人	17	
5	工程总投资	万元	3609.08	
6	近期单位生产成本	元/t	26.83	
7	远期单位生产成本	元/t	22.69	

5.4.1.2　工程建设规模

（1）服务区域人口预测　本垃圾中转站服务区域为 XX 县城、太子庙镇、太子庙开发区以及株木山乡等乡镇。XX 县城区建成面积为 $9.2km^2$，2008 年，人口 9.15 万人，平均日产城市生活垃圾约 90t，目前日产生活垃圾总量已达到 110t。

通过对 XX 县城近几年年人口数据的分析（数据来源于各年度《XX 县统计年鉴》），

2008 年城区人口为 9.15 万人，2009 年城区人口为 9.45 万人，2010 年城区人口为 9.91 万人。人口综合增长率约为 3.5％。根据《XX 县城总体规划修编》（2003～2020 年）中的近期人口规划，本次设计近期的人口增长率定为 3.5％（表 5-4-2）。根据《XX 县城总体规划修编》（2003～2020 年）中的远景人口规划，考虑到城乡一体化的逐年推进将逐步增加该垃圾中转战的服务面积和服务人口，本设计拟定远期人口增长率为 4.3％，再根据人均生活垃圾产量逐年预测垃圾产量。

表 5-4-2　服务区域人口预测

年份	平均人口增长率	人口总数/万人	年份	平均人口增长率	人口总数/万人
2010	3.5％	9.91	2023	4.3％	15.69
2011	3.5％	10.14	2024	4.3％	16.36
2012	3.5％	10.50	2025	4.3％	17.07
2013	3.5％	10.87	2026	4.3％	17.80
2014	3.5％	11.25	2027	4.3％	18.57
2015	3.5％	11.64	2028	4.3％	19.36
2016	3.5％	12.05	2029	4.3％	20.20
2017	3.5％	12.47	2030	4.3％	21.06
2018	3.5％	12.91	2031	4.3％	21.97
2019	3.5％	13.36	2032	4.3％	22.91
2020	3.5％	13.83	2033	4.3％	23.90
2021	4.3％	14.42	2034	4.3％	24.93
2022	4.3％	15.04	2035	4.3％	26.00

（2）垃圾量的预测

① 人均垃圾产量。根据中国环境科学研究院对我国 500 多个城市生活垃圾产量的统计分析，中小城市人均垃圾产量约在 0.8～1.4kg/（人·d），XX 县现人均垃圾日产量约 1.2kg/（人·d）。随着 XX 县社会经济加速发展，城镇环卫工作的不断提高以及各种垃圾减量化政策和措施的逐步实施，居民燃料结构的调整，燃气使用率的提高，XX 县县城人均生活垃圾产生量将会逐步减少。

综合考虑上述因素，近期 2012～2020 年，人均综合垃圾产量指标约以 0.2％年平均递增率增长；2021 年以后人均综合垃圾产量按 0.5％年平均递减率计。

② 垃圾量逐年预测。如表 5-4-3 所示，为该县城区人口及生活垃圾预测。

表 5-4-3　XX 县城区人口及生活垃圾量预测表

年份	服务人口/万人	人均垃圾量/[kg/(人·d)]	日产垃圾量/t	垃圾收集率/％	垃圾转运量/t
2012	10.50	1.21	127.01	85	107.9
2013	10.87	1.21	131.72	87	114.58
2014	11.25	1.21	136.60	89	121.57
2015	11.64	1.22	141.66	91	128.91
2016	12.05	1.22	146.92	93	136.64
2017	12.47	1.22	152.36	95	144.75
2018	12.91	1.22	158.01	97	152.01

年份	服务人口/万人	人均垃圾量/[kg/(人·d)]	日产垃圾量/t	垃圾收集率/%	垃圾转运量/t
2019	13.36	1.23	163.87	99	162.41
2020	13.83	1.23	169.94	100	169.94
2021	14.42	1.22	175.65	100	175.65
2022	15.04	1.22	182.47	100	182.47
2023	15.69	1.21	189.56	100	189.56
2024	16.36	1.20	196.92	100	196.92
2025	17.07	1.20	204.57	100	204.57
2026	17.80	1.19	212.51	100	212.51
2027	18.57	1.19	220.76	100	220.76
2028	19.36	1.18	229.33	100	229.33
2029	20.20	1.17	238.24	100	238.24
2030	21.06	1.17	247.49	100	247.49
2031	21.97	1.17	257.09	100	257.09
2032	22.91	1.16	267.08	100	267.08
2033	23.90	1.16	277.45	100	277.45
2034	24.93	1.16	288.22	100	288.22
2035	26.00	1.15	299.41	100	299.41

③ 工程规模的确定。通过表 5-4-3 分析，按统一规划、分期建设、远近期结合，以近期建设为主，适当超前的指导思想，最终确定 XX 县垃圾压缩中转站近期（2012～2020 年）日转运生活垃圾量 150t；远期（2021 年以后）日转运生活垃圾量 300t。

5.4.1.3 收运系统

（1）服务范围　本垃圾中转站服务区域为 XX 县城、太子庙镇、太子庙开发区以及株木山乡等乡镇。

（2）垃圾收运设施现状　垃圾收集设施包括果皮箱、垃圾桶、敞开式垃圾斗。敞开式垃圾斗具有垃圾的收集功能、无压缩功能。XX 县现有约 50 个敞开式垃圾斗，垃圾通过垃圾清运车将装满垃圾的垃圾斗运至现有处置场进行简易填埋处理。现有县城垃圾收运设施简陋，卫生状况、城市形象欠佳，有待于完善和更新改造。

（3）收运系统设计　根据《城市垃圾转运站设计规范》规定：供居民直接倾倒垃圾的小型收集，其收集服务半径不大于 200m，用人力收集车收集垃圾的小型垃圾收集站，服务半径不超过 0.5km，用小型机动车收集垃圾的小型收集站，服务半径不超过 2.0km。

结合 XX 县城市规划，同时考虑 XX 县城乡一体化建设的发展需要，考虑改造所有现有敞开式垃圾斗，采用地埋式或者地上式垃圾收集箱，新建垃圾收集站 8 座。

（4）垃圾收集站的形式　垃圾收集站采用单层密闭形式，站内设置地坑 2 座，地坑尺寸为：长×宽×深＝2.8×2.1×1.8；每个容积 8m³，装满垃圾后重 3～4t。

收集站与后装式垃圾车配合使用，将垃圾由收集站转运至垃圾压缩中转站。采用定时收运方式，垃圾不在站内储存，卫生条件好，运输密闭性好，造价低，位置易于选择。生活垃圾由居民或社区物业公司用人力车或机动车运到附近收集站，然后由环卫部门用自卸式垃圾车运至垃圾压缩中转站。

5.4.1.4　工程方案设计

(1) 压缩工艺的选择

压装式与预压式的比较如下。

① 压装式工艺如图 5-4-1 所示。

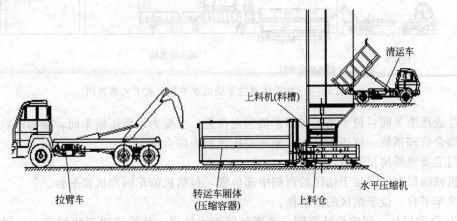

图 5-4-1　压装式工艺布置图

② 预压式工艺如图 5-4-2 所示。

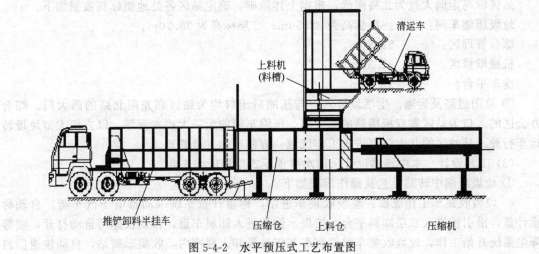

图 5-4-2　水平预压式工艺布置图

传统的水平预压式系统工作时需要转运车留在站内，等垃圾装满后，才能离开，转运车在站内停留时间较长，这样就需要更多的垃圾转运车来配合运输，将会增加投资。

为了使转运系统的运转更加灵活，本次设计为该项目增加箱体移位系统（图 5-4-3）：垃圾集装箱被装满后，箱体平移装置移动，将满的垃圾集装箱移出压缩机口，同时将空的垃圾集装箱移动到压缩机口，进行下一箱的压缩装箱工作。

通过以上几种不同压缩方式的对比，结合考虑技术的先进性、运距及车辆配置等因素，本中转站考虑采用水平预压的垃圾压缩工艺。

(2) 总图及运输设计

① 总平面布置。站区总占地面积 17549m²，折合 26.3 亩。站区四周设置围墙。围墙总长约 522m。压缩中转站分为垃圾压缩车间、综合管理区、机械维修车间、洗车平台。

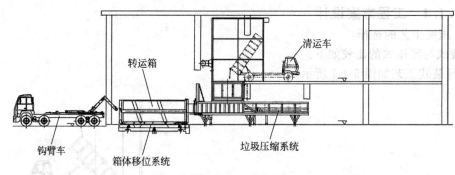

图 5-4-3　加箱体移位系统的水平预压式工艺布置图

垃圾压缩车间：位于站区北部东侧偏南位置，主要为垃圾压缩车间，渗沥液收集池。

综合管理系统：位于站区东北侧主要构筑物为综合楼。

门卫及地磅房位于站区西侧。

机械维修车间：位于站区的西侧中部位置，包括机修车间和机修平台。

洗车平台：位于站区的西南侧。

② 竖向设计。竖向设计原则：考虑站区雨水排出、站区周边现状标高、与周边地形相协调等因素，为节约投资，充分利用站区的现状标高，综合考虑站区景观、交通组织及方便管理进行布置。

站区标高走向大致为北高南低，根据上述原则，确定站区各处地面标高数据如下。

垃圾压缩车间：　　　一层标高为 32.50m；二层标高为 36.70m。

综合管理区：　　　　32.30m。

机械维修区：　　　　32.30m。

洗车平台：　　　　　32.60m。

③ 总图道路及运输。生活垃圾入口与压缩后出口均为站区靠龙阳北路的西大门。综合办公区的入口为站区靠双板桥路的北大门。压缩车间前为一大型水泥坪，以方便大型垃圾转运车行驶。从站区的北大门可进入工作区域，方便工作人员管理。

（3）工艺设计　本中转站设计采用水平预压式垃圾压缩工艺。

① 垃圾压缩中转站工艺及操作流程如下。

a. 垃圾收集车工作流程。垃圾收集车进站，称重计量系统（动态电子汽车衡）自动称重计量，沿引桥进入二层卸料平台，按提示倒车进入卸料车道，自动快速门自动打开，喷雾降尘系统开始工作，垃圾收集车继续倒车并将垃圾卸入料槽内，收集车离站，自动快速门自动关闭，喷雾降尘系统停止工作。

b. 垃圾转运车工作流程。具体情况如下。

卸箱：垃圾转运车倒车进入卸箱工位，将空垃圾集装箱放至箱体平移装置的车厢承台上，箱体平移装置将空垃圾集装箱横移至压缩机前方（同时将满垃圾集装箱移离压缩机前方），并将空垃圾集装箱向压缩机纵向移动与压缩机对接，压缩机锁紧装置将集装箱锁定。

装箱：垃圾转运车倒车进入装箱工位，将装满垃圾的垃圾集装箱装上转运车，经称重计量系统（动态电子汽车衡）自动称重计量后，运往垃圾焚烧场，将垃圾一次卸出。

c. 垃圾压缩装箱系统流程如下。料槽料位传感器显示有料时，料槽推料装置将垃圾推入垃圾压缩机压缩腔内，压缩机压缩头将垃圾向预压腔内推压（渗出的垃圾液经压缩腔下方的污水收集排放装置排入地下污水池），达到额定压力后压缩头后退一定距离（200mm 左右）；压缩机提门装置将垃圾集装箱装料门和压缩机闸门同时提起，压缩头将经预压脱水处理的垃圾块推入垃圾集装箱内（压缩头进入集装箱内 1200mm 左右），随后压缩头回复原位、提门装置将垃圾集装箱装料门和压缩机闸门同时落下，完成一个压缩循环；重复上述压缩循环 7～9 次（具体压缩循环次数由装载量控制装置控制），集装箱内垃圾即达到设定装载量，压缩头最后一次压缩循环时，对箱内垃圾保压 5s 左右收回至闸门后方，压缩机提门装置将垃圾集装箱装料门和预压腔闸门同时落下，压缩机锁紧装置将集装箱松开，完成一次压缩装箱循环。

　　d. 站内垃圾液的收集处理。料槽内垃圾自带水、喷淋水和垃圾渗沥液一部分随垃圾一起流入压缩腔内，另一部分沿壁板流入料槽尾部的污水集中排放装置经初步过滤后排入污水收集池；大部分污水进入污水收集池；剩余的污水随压缩垃圾块一起进入垃圾集装箱内，并由集装箱内的污水导流管排入污水箱，实现垃圾污水定向收集和排放。

　　e. 站内臭气等二次污染物的处理。在垃圾收集车卸料过程中，通风除尘系统启动，通过料槽顶部的吸风口吸走收集车卸料及临时储存时产生的灰尘和臭气，除尘除臭系统引风机将其抽进净化塔内，处理达标后排放。

　　箱机对接处、卸料大厅上空、压缩机附近敷设了排气管道和吸气窗，将这些易产生臭气的处所产生的臭气也一并送入净化塔内处理。

　　一层和二层大厅设有生物除臭系统，通过雾化喷头喷洒天然植物提取液，对转运车间内的空气异味进行有效处理。

　　f. 垃圾转运工艺示意流程图。垃圾转运工艺示意流程图如图 5-4-4 所示。

　　② 垃圾压缩系统。垃圾压缩系统包括预压脱水式垃圾压缩机（ZYS-Y50）、垃圾箱平移装置、料槽及推装置装置、液压系统、自动快速门。

　　a. 预压式垃圾压缩机（ZYS-Y50）的主要技术参数如表 5-4-4 所示。

表 5-4-4　压缩机主要技术参数

项　目	参　数
垃圾块密度/(t/m³)	0.75～0.8
压缩比	≥2.5∶1
压缩力/t	Max62.5
垃圾处理能力/(t/h)	≥40
液压系统额定压力/MPa	低压7，高压21
液压泵流量/(L/min)	低压102.3＋115.8；高压99.3
液压泵电机功率/kW	50
预压腔容积	3m³
受料腔容积	6m³

　　中转站处理能力估算过程如下。

　　按压缩机理论处理能力的 75% 计，考虑垃圾清运作业存在一定的高峰时段，中转站工作时间按 6h 计。两工位同时工作情况下的处理能力：2 工位×（40t/h×75%）×6h＝360t/d（大于设计能力）。近期只 1 工位工作情况下：150÷（40t/h×75%）＝5h（组织得当可缩短作业时间）。根据规范要求，并考虑到城市发展，本次设计采用 2 套设备（1 用 1 备），并预留远期增设 1 套设备的机位（远期 2 用 1 备）。

　　b. 料槽及推料装置（ZLC-30）。料槽及推料装置位于垃圾压缩机的上方，其主要功能接受并储存垃圾收集车卸下的垃圾、并根据垃圾压缩机的需要，适时将垃圾推送入压缩机的压缩腔内。该装置主要由料槽、推料装置、防尘罩等组成。

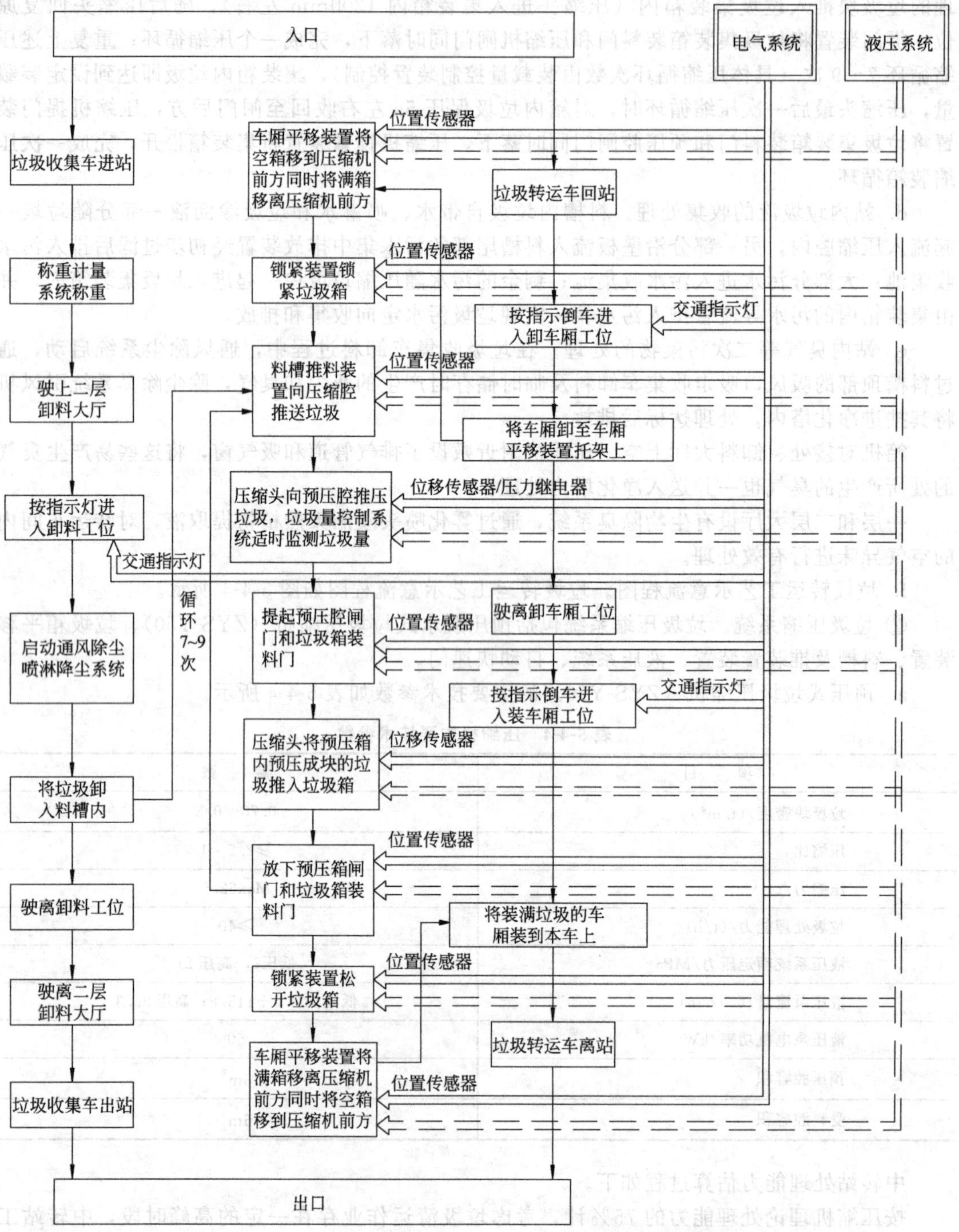

入口 ｜ 电气系统 ｜ 液压系统

垃圾收集车进站

车厢平移装置将空箱移到压缩机前方同时将满箱移离压缩机前方 ← 位置传感器

垃圾转运车回站

称重计量系统称重

锁紧装置锁紧垃圾箱 ← 位置传感器

按指示倒车进入卸车厢工位 ← 交通指示灯

驶上二层卸料大厅

料槽推料装置向压缩腔推送垃圾 ← 位置传感器

将车厢卸至车厢平移装置托架上

按指示灯进入卸料工位

压缩头向预压腔推压垃圾，垃圾量控制系统适时监测垃圾量 ← 位移传感器/压力继电器

交通指示灯

循环7~9次

提起预压腔闸门和垃圾箱装料门 ← 位置传感器

驶离卸车厢工位

启动通风除尘喷淋降尘系统

按指示倒车进入装车厢工位 ← 交通指示灯

压缩头将预压箱内预压成块的垃圾推入垃圾箱 ← 位移传感器

将垃圾卸入料槽内

放下预压箱闸门和垃圾箱装料门 ← 位置传感器

将装满垃圾的车厢装到本车上

驶离卸料工位

锁紧装置松开垃圾箱 ← 位置传感器

驶离二层卸料大厅

垃圾转运车离站

车厢平移装置将满箱移离压缩机前方同时将空箱移到压缩机前方 ← 位置传感器

垃圾收集车出站

出口

图 5-4-4　垃圾转运工艺示意流程图

　　料槽的主要技术参数：料槽能满足现有 $12m^3$ 后装压缩式垃圾车、5t 自卸式垃圾车等收集车的卸料。

　　每料槽卸料车位：2 个。

　　料槽有效容积：$30m^3$。

　　推料装置最大推力：200kN（20t）。

c. 箱体平移装置（ZPY-30）。箱体平移装置安装在垃圾压缩机口的前方，它由托架、纵移装置、横移油缸、导向装置等组成。当开始工作时，空的垃圾集装箱被放置在箱体平移装置的托架上，垃圾集装箱被装满后，箱体平移装置移动，将满的垃圾集装箱移出压缩机口，同时将空的垃圾集装箱移动到压缩机口，等待压缩机工作。

　　箱体平移装置主要技术参数：承台承载力为 30t。

　　平移速度：5~8m/min，可调。

　　d. 液压系统。液压系统由液压油源、阀锁件、液压油缸、管路、冷却装置等组成，用于为垃圾压缩系统的各个动作执行装置提供动力。

　　e. 自动快速门。自动快速门主要包括卷帘门、安全装置（安全气囊）、PLC 控制器、驱动装置、电控系统、地磁感应线圈等。安装于料上方防尘罩口部，与防尘罩共同形成料槽上方的封闭腔，使除尘除臭系统的工作更有效。

　　③ 垃圾转运系统。垃圾转运系统包括车厢可卸式垃圾转运车（QHJ5310ZXX）、配套垃圾集装箱（QHLBX-28）。垃圾箱主体采用 Q345A 钢板，屈服强度 $\delta_s \geqslant 345MPa$。主体钢板厚度为 5mm，较强耐磨性强，箱体中间有加强筋进行加强，结构良好，具有较强的抗变形能力。保证垃圾转运要求：垃圾集装箱有效容积为 28m³；垃圾额定装载量为 15t。

　　④ 配置计算。近期 150t/d 的总处理量，高峰期按 4h 处理 80% 计；即 4h 处理 120t 垃圾，高峰时段处理量为 30t/h。远期 300t/d 的总处理量，高峰期按 4h 80% 计，即 4h 处理 240t 垃圾，高峰时段处理量为 60t/h。单程 60km 的转运距离，总转运时间为 6h。

　　a. 车辆。转运车辆行驶速度按 45km/h 计，60km 的单程转运距离来回一次转运需时为：

$$60km \times 2 \text{ 趟} \div 45 \frac{km}{h} = 3h \text{（含倒料时间）}$$

　　垃圾集装箱的额定装载量为 15t/箱。近期 150 吨垃圾转运需要 150t÷15t/箱 = 10 箱，远期 300t 垃圾转运需要 300t÷15t/箱 = 20 箱。因此近期在 6h 的时间内转运当日垃圾所需车辆数量为：

$$10 \text{ 箱} \div \left(\frac{6h}{3h/\text{箱}} \right) = 5$$

　　故近期需要 5 辆转运车辆。

　　远期在 9h 的时间内转运当日垃圾所需车辆数量为：

$$20 \text{ 箱} \div \left(\frac{9h}{3h/\text{箱}} \right) = 6.6 \approx 7$$

　　远期需要增加 2 辆，即 7 辆转运车辆。

　　b. 垃圾集装箱。综合转运车与压缩设备的数量进行统筹计算，所需垃圾集装箱数量为：

　　近期 7 个（5 辆车，每车配 1 个；2 套压缩设备，每套配 1 个）；

　　远期 10 个（7 辆车，每车配 1 个；3 套压缩设备，每套配 1 个）。

　　⑤ 污染控制系统设备。污染控制系统设备包括有组织排放除尘除臭系统（抽风除尘除臭系统）、无组织排放除尘除臭系统（生物除臭系统）。

　　⑥ 称重计量系统。选用梅特勒托利多的 ZCS-50t 动态数字式电子汽车衡。该系统是针对垃圾中转站特殊的使用要求，研制的垃圾处理专用汽车衡，主要由称重仪、车辆检测器、车辆控制器、IC 卡读卡器、监控摄像机、称重显示控制器、语音播报器、称重打印机、摄像机控制器、控制管理计算机、车辆识别 IC 卡等组成，安装于垃圾收集车进站坡道口，收集车通过时可即时称出其重量。如图 5-4-5 所示。

　　⑦ 污水处理排放系统。采用雨污分流制。站内雨水经专设收集管道直接排到站区外；

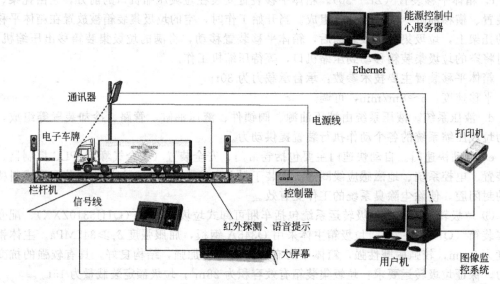

图 5-4-5 称重计量系统

近期站内生产、生活废水、垃圾渗沥液经专设收集管流入污水收集池，再用装载容量 8m³ 吸污车运输到城市污水处理厂处理；远期待市政污水管网配套建设完成后，污水通过预埋管道排入市政管网（目前本中转站日垃圾处理量 150t 时，污水最大日产生量约 12t）。

⑧ 辅助设备。本设计方案所属辅助设备主要有备用柴油发电机组、高压清洗机、吸污车、通勤班车等。

（4）建筑设计 中转站位于 XX 县龙阳镇双板桥村，占地面积 17549m²，折合 26.3 亩。

① 压缩垃圾工作车间。该建筑为两层，建筑高度为 11.15m，占地面积 1434.08m²，建筑面积 2587.08m²，耐火等级为二级，其内部功能根据甲方需求、工艺需要以及生产厂家的要求协调设置。

② 综合楼。该建筑为四层，建筑高度 14.7m，占地面积 631.00m²，建筑面积为 2372.56m²，耐火等级为二级，根据甲方需要，综合楼设有餐厅、食堂、会议室、办公室以及宿舍。

③ 维修车间。该建筑为一层，建筑高度 4.5m，占地面积 186.57m²，建筑面积为 186.57m²，耐火等级为二级。维修车间与配电间、发电机房一并设置。

④ 地磅房和传达室。该建筑位于基地入口处，建筑层数为一层，建筑高度 3.3m，占地面积 48.81m²，建筑面积 48.81m²，耐火等级为二级。

⑤ 建筑物一览表。详见表 5-4-5。

表 5-4-5 建筑物一览表

名称	占地面积/m²	建筑面积/m²	建筑高度/m	耐火等级	层数	结构形式
压缩垃圾工作车间	1434.08	2587.08	11.15	二级	二	框架
综合楼	631.00	2372.56	14.7	二级	一	框架
维修车间	186.57	186.57	4.5	二级	一	框架

（5）给排水工程 本工程为 XX 县生活垃圾压缩中转站，本次设计包括给水系统、排水

系统和消防系统。本工程位于 XX 县龙阳镇双板桥村龙阳北路和双板桥路交汇处。由 XX 县市政给水管网供水。采用直径 100mm 内筋嵌入式衬塑钢管，室外接入点水压 0.3MPa。

本设计最高日用水量为 $55m^3/d$。全站给水为两个系统，即生产、生活和消防给水系统。生活饮用水采用桶装水，生产及其他生活用水、消防给水均由市政给水管网提供。

站区排水系统主要排除综合楼生活污水、中转车间排水、洗车平台排水及站区雨水。

（6）电气设计（略）

（7）自控系统及仪表（略）

（8）水平预压式生活垃圾中转站成套设备明细表（表 5-4-6）

表 5-4-6　水平预压式生活垃圾中转站成套设备明细表

序号	产品名称	品牌型号	数量	技术规格及技术参数
1				垃圾压缩系统
1.1	垃圾压缩机	沃达特 ZYS-Y50	2	单台四小时处理能力：170t 压头最大压力：625 kN（62.5t） 具有预压脱水功能 预压腔容积：$3m^3$　受料腔容积：$6m^3$ 主要材料采用 Q345A 型材及钢板，与垃圾可能接触部位紧固件采用不锈钢材质
1.2	集装箱平移装置	沃达特 ZXY-30	2	形式：三工位两箱式 承台承载力：30t 液压驱动，自动检测移动 平移速度：5～8m/min，可调 主要材料采用 Q345A 型材及钢板，与垃圾可能接触部位紧固件采用不锈钢材质
1.3	料槽及推料装置	沃达特 ZLC-30	2	料槽能满足现有 $12m^3$ 后装压缩式垃圾车、5t 自卸式垃圾车等收集车的卸料 每料槽卸料车位：2 个 料槽有效容积：$30m^3$ 推料装置最大推力：200kN（20t） 主要材料采用 Q345A 型材及钢板，与垃圾接触部位紧固件采用不锈钢材质
1.4	液压系统	沃达特 ZHY-50	2	为垃圾压缩机、料槽推料装置、集装箱平移装置提供动力 配电总功率：50kW 额定工作压力：20MPa 油泵：意大利 ATOS 换向阀：德国 Rexroth 滤油器：德国 HYDAC 密封件：美国宝色-霞板 冷却器：独立空调式油液冷却控温装置
1.5	自动快速门	WSM-4050	4	每卸料位 1 套（每个卸料槽 2 套），带有地磁感应和 PLC 控制，能够自动判断收集车运行状态，实现自动开关，并能和站内设备实现联动 宽度：3000mm。高度：5500mm 开门时间≤10s
2	电气控制及监视系统	沃达特 ZDK-50	1	自动化程度高、数字式自动化控制，先进的控制模式，与未来的经济技术发展相适应 全面而直观化的监控。系统包括：压缩控制系统、计算机网络控制系统、称重控制系统、料位控制系统、抽风除臭控制系统、交通指挥系统、语音调度系统、安全报警系统、视频监视系统、电气模拟显示系统
3				污染控制设备

序号	产品名称	品牌型号	数量	技术规格及技术参数
3.1	有组织排放 降尘除臭系统	RS-TF-20	1	净化塔处理方式 抽风量：20000m³/h 每套设备均能够和站内设备进行联动，也能独立工作 风机调速方式：变频无级调速 降尘除臭系统能有效、迅速地去除臭气
3.2	无组织排放 除臭系统 （植物液除臭系统）		1	全部管路耐高压、耐气候变化、能耐酸碱；控制系统由时间控制，能远程操作，可定时，可循环控制；超精细雾化喷嘴喷洒的雾状微粒与空气中的臭气分子完全作用，达到去臭的目的，除臭剂对人体及环境无害
4	垃圾转运设备及车辆			
4.1	垃圾转运车	沃达特 QHJ5310ZXX	近期 5 远期 7	底盘型号：ZZ3317M3867C1/濠泺牌 生产厂家：中国重汽济南卡车公司 发动机型号：WD615.92E 功率：196kW 拉臂机构型号：法国吉马 T22-L6310 拉臂机构钩起能力：22t 拉臂机构生产厂家：法国吉马 整车总质量：31000kg 额定载质量：16570kg 外廓尺寸：9720mm×2500mm×3150mm 最高车速：75km/h
4.2	垃圾集装箱	沃达特 QHLBX-28	近期 7 远期 10	额定装载量：16t 有效容积：28m³ 集装箱与垃圾转运车相匹配
5	称重计量系统	AVS-50	1	能将详细数据传送到控制系统，带电子扫描录入功能、视频录像及图像抓拍功能、声光提示功能、详细的查询功能和报表打印功能 承重能力：50t（单轴） 称台尺寸：3200mm×800mm 显示分度值：10kg 称量准确度：静态，国标Ⅲ级； 动态，0.5级 动态车速：≤5km/h
6	辅助设备及车辆			
6.1	手推式清洗机	PX-30A	2	高压移动式，手动控制，用于场地冲洗，车辆的清洗。为节能降耗产品 最高压力：3.5 MPa 工作压力：3 MPa 流量：30 L/min
6.2	备用柴油 发电机组	200GF	1	输出功率：200kW/250kVA 额定电流：360A 柴油机型号：6LTAA8.9-G2（康明斯） 发电机型号：TFW2-250-4 外形尺寸：3100mm×1020mm×1800mm 机组质量 3000kg
6.3	吸污车	CLY5168GXY	1	底盘：EQ1168kJ 罐体有效容积：8m³ 满载总质量：16000kg 额定载质量：8135kg 垂直吸程：5m 水平吸程：19m

续表

序号	产品名称	品牌型号	数量	技术规格及技术参数
6.4	通勤车	KLQ6540QE4-1	1	额定载客：13+1人 发动机：国三标准柴油发动机 额定功率：102kW 最高车速：105km/h 预装冷暖空调

交通指挥系统主要配置表

名　称	数量	型号规格
红绿灯	5套	
灯座	5套	
灯杆	2套	
LED显示屏	2	PO-01
控制电脑	1	
显示屏支架	1	
电线		

数字闭路监视系统见表5-4-7所示。

表5-4-7　数字闭路监视系统（1套）

名　称	数量	型号规格
红外中速球形摄像机	8	S78-IDB30X（杰视）
视频监视器	1台	液晶29寸
硬盘刻录机	1	硬盘容量3G
监控工控机	1	CPU奔腾双核3.0，内存2GB，硬盘500GB，100M网卡，22"世界知名品牌液晶显示器
电源	9	12V，1A
可编程数据发送卡	1	
数据接收器	1	

5.4.2　垃圾填埋场设计案例

5.4.2.1　工程背景

项目名称：XX县城镇生活垃圾无害化处理场工程。

5.4.2.2　工程特性汇总

（1）工程设计的主要内容　生活垃圾卫生填埋场工程主要由主体工程与设备、配套工程和生产管理与生活服务设施三大部分组成。

① 主体工程与设备。主体工程主要为填埋库区工程，主要有场地整平工程、垃圾坝、分区坝、调节池、渗滤液导排系统、填埋气体收集利用系统、防渗工程、库区排水与场外截洪工程、污水处理工程、封厂规划等。

主要工程设备主要为填埋作业设备，包括各种填埋摊铺和碾压设备，如垃圾压实机、推土机等。

② 配套工程主要包括进场道路、称量设施、机械维修、供配电、给排水和消防、监测

化验、加油、冲洗和洒水等设施。

③ 生产管理与生活服务设施主要包括办公楼、单身宿舍、食堂和浴室等。

（2）工程服务范围及设计规模 本垃圾卫生填埋场的服务范围主要是消纳 XX 县城区所产生的生活垃圾，同时，必须对配套工程进行建设。根据服务区域内的垃圾产量及环卫服务率及 XX 县目前的环卫处理设施实际规划情况，确定本垃圾卫生填埋场及其辅助工程的处理规模如下：

XX 县城镇生活垃圾无害化处理场位于 XX 县辰阳镇汪家桥村后山黑岩冲山谷，填埋场呈丫字山谷总面积为 50 亩，平均高差为 50m 左右。经测算，山谷垃圾填埋容积为 65 万立方米，使用年限 10 年。垃圾无害化处理场按日处理垃圾 100t，年处理垃圾量为 3.65 万吨能力设计。

（3）资金筹措及来源

本报告推荐垃圾处理方案为卫生填埋工艺，本项目总投资为 4080 万元。资金来源：申请中央预算内资金 1000 万元，银行贷款 2375 万元，建设方自筹（含以奖代补资金）705 万元。项目建设期 2 年。

5.4.2.3 总图与运输工程设计

5.4.2.3.1 总图布置

① 场址概况。垃圾场拟建地位于县火电厂后山黑岩冲的山谷、填埋场总面积约 50 亩，山谷呈丫字形、山谷开阔、山谷西北低、东南高；山谷下游最窄处不到 60m 宽，便于挡渣坝的修建，两侧山顶及入场道路与谷底标高差值约 80m 可以大容量填埋垃圾。

本场址距离县城直线距离约为 3.5km，距辰麻公路仅 1.6km，交通比较便利。

② 平面组成。本垃圾处理厂工程主要由管理区、填埋区和渗滤液预处理区三部分组成，各部分功能区通过进场道路连接成一体。实行功能分区，各分区有机联系；管理区景观和建筑有机融合在一起。

整个厂区主要包括卫生填埋场区、渗滤液预处理区和管理区三大部分，处理厂的总平布置按照现行各种规范要求，根据场址的实际地形地貌、水文地质、所处风向、朝向以及卫生填埋工艺的需要，综合考虑而设计。

整个厂区总占地面积为 50 亩，其中填埋场库区占地约为 38 亩。详见初步设计图集总平面图。

管理区以综合楼为主体，配以景观绿化；为了美化环境，在综合楼前因地制宜布置了景观绿化。机修间设在综合楼，以利机具维修时运输便捷。

地磅称放在进场道路进入库区的谷口入口处，以便于填埋场的垃圾运输车辆能方便地计量。

整个厂区道路交通组织如下：垃圾车辆从厂区南边的新建进场道路进入厂区，在入口处经过磅称计量进入填埋场，终点为位于东北方向的垃圾倾卸平台。

5.4.2.3.2

所有的垃圾运输方式全都采取汽车运输。垃圾运输向全封闭垃圾专用车过渡，其他原材料运输根据需要选择相应的运输方式。场内垃圾运输道路结合填埋作业工序，向库内各区段修建临时的泥结碎石路面。

a. 设计依据

a1 根据建设单位提供及填埋场现状地形图。

a2 根据《公路工程技术标准》JTGA01—2002。

a3 根据《公路路基设计规范》JTGD30—2004。

a4 根据《公路水泥混凝土路面设计规范》JTJD40—2002。

b. 主要技术指标

b1 公路等级：山岭重丘四级。

b2 设计车速：$v=20km/h$。

b3 设计年限：混凝土路石 30 年。

b4 车辆荷载：汽-20，挂-100。

c. 道路最大纵坡小于 7%，各设计高程以现状地形为参照，尽量采用挖方路基，以保证路基的稳定性。道路横坡为 1.5%，路石结构采用当地习惯的施工方法，路石结构为 25cm 厚混凝土路石＋20cm 厚级配砾石。

d. 场内临时道路工程

为了使车辆进入填埋作业区需设置临时道路，满足作业要求临时路面宽 4m，两侧各 $2\times0.5m$，宽路肩道路为 10cm 厚砂砾石＋15cm 厚块石简易路面，道路长度为 1500m。

5.4.2.4　填埋库区工程方案设计

(1) 分区设计　本工程中，垃圾填埋场库底面积大约为 5051 平方米，因此只设一个填埋区。

(2) 容积与使用年限

① 服务区垃圾量预测。对县城人口、燃气普及率，近五年的日产垃圾量进行核实，得到比较精确的数据，具体数据如下。

a. 近五年县城人口：2004 年 6.8 万人；2005 年 6.9 万人；2006 年 7.2 万元人；2007 年 7.35 万人；2008 年 7.6 万人。

b. 县城燃气普及率：95%。

c. 近五年垃圾年总量：2004 年 2.73 万吨；2005 年 2.84 万吨；2006 年 2.92 万吨；2007 年 2.66 万吨；2008 年 2.59 万吨。到 2011 年 XX 县人均填埋垃圾日产量取为 1.1kg/(人·d)，此数值 2012 年以后趋向稳定。XX 县 2008 年常住及流动人口 7.6 万人，2010～2020 年 XX 县城人口增长为 4%，2011 年常住及流动人口 8.4 万人，2020 年以后 XX 县人口增长率趋向稳定为 3.5% 左右。由以上可以确定，2009～2020 年 XX 县生活垃圾增长率为 4.0%，2020 年以后生活垃圾增长率为 2%。综上所述，垃圾年增长率平均取值为 3%，垃圾无害化处理率按 100% 计，根据公式 $Q=n\times q\times k/1000$，预测逐年垃圾产生量见表 5-4-8。

城镇生活垃圾的产生量主要取决于所服务区域的人口数量、生活垃圾的人均产量和要求达到的垃圾无害化处理率，依据下式计算。

$$Q=n\times q\times K/1000$$

式中，Q 为填埋场处理规模，t/d；n 为服务区域的人口数；q 为人均日产垃圾量，kg/(d·人)；K 为垃圾无害化处理率，%。

预计 2011 年 XX 县生活垃圾日产量为 1.1kg/(人·d)，年产量为 3.37 万吨 [1.1kg/(人·d)×365d×8.4 万人÷1000kg/t]，考虑医源性垃圾等其他垃圾，2011 年 XX 县垃圾年产量为 3.65 万吨，按垃圾压实密度 0.85t/m³ 测算，XX 县 2011 年后典型年垃圾产量如表 5-4-8 所示。

表 5-4-8　XX 县典型年垃圾产量一览表

年份	2011	2012	2013	2014	2015	2016	2017	2018	2019	2020	2021
垃圾量/万吨	3.65	3.76	3.87	3.99	4.11	4.23	4.36	4.49	4.62	4.76	5.00

② 所需填埋场库容量计算。人口 $P=8.4$ 万人，人均日产垃圾量 $E=1.1kg/d$，如果采用卫生填埋方式进行处置，覆盖土所占体积为垃圾的 10%，填埋后垃圾压实密度 $D=$

850kg/m^3，平均填埋高度 $H=30\text{m}$，填埋场设计使用年限 10 年，若不考虑垃圾降解沉降的因素，其一年所需的填埋容积为 (V)。垃圾卫生填埋场年填埋容积可按下式计算：

年填埋容积＝年垃圾填埋量÷压实密度＋覆盖土的体积－废物降解和负重高度的作用

即：$V=(P \times E \times 365 \div D) \times (1+10\%)$

$V=36500 \div 0.85 \times (1+10\%)=47235.3\text{m}^3$

③ XX 县垃圾场的建设规模及使用年限。填埋场呈丫字山谷总面积为 50 亩，平均高差为 50m 左右，经测算，山谷垃圾填埋容积为：

$$V=\frac{1}{3}H(S_1+S_2+\sqrt{S_1 S_2})$$

$V=\frac{1}{3} \times 30(5051+22019+\sqrt{5051 \times 22019})+\frac{1}{3} \times 25(4730+22019+\sqrt{4730 \times 22019})$

$=68.42$ 万立方米

保守值取山谷垃圾填埋容积为 65 万立方米。根据表 5-4-9 可知城镇生活垃圾无害化处理场的使用年限为 10 年，垃圾填埋容积为 54.12 万立方米，加上原旧垃圾 7 万立方米，总填埋垃圾容积为 61.12 万立方米。新建山谷垃圾填埋容积为 65 万立方米，则城镇生活垃圾无害化处理场的使用年限为 10 年。

表 5-4-9　XX 县城典型年垃圾产量及累积总量

年份	日产垃圾量/t	年产垃圾量/万吨	填埋体积/万立方米	填埋累计/万立方米
2011	100.0	3.65	4.72	4.72
2012	103.3	3.76	4.86	9.58
2013	106.1	3.87	5.01	14.59
2014	109.3	3.99	5.16	19.75
2015	112.6	4.11	5.31	25.06
2016	115.9	4.23	5.47	30.53
2017	119.4	4.36	5.64	36.17
2018	123.0	4.49	5.81	41.98
2019	126.7	4.62	5.98	47.96
2020	130.5	4.76	6.16	54.12

5.4.2.5　场地平整与土方平衡

(1) 场地平整设计　场地平整根据场区防渗要求，进行竖向平整和横向平整。

竖向平整是考虑到场区防渗处理需要设置锚固沟，以利于膜的锚固。横向平整是为了便于地下水的收集导排、渗滤液的收集导排以及填埋区内部雨水收集导排，根据本填埋场的实际地形，对场底部进行平整，以满足填埋工艺的需要。另外，以导渗为控制线，向盲沟两侧进行平整，平整坡度不小于 2%。

整个场地平整设计是以场地分区为基础，结合防渗工程要求进行的。场地平整主要包括三个部分：场地清理、场地开挖和场地土方回填。场地平整最后形成土建构建面，以有利于防渗系统的铺设。

场地清理：主要是清除表皮土，清除树木、杂草、腐殖土和淤泥等有害杂质。

场地开挖：要求挖方基底不得有树木、杂草、腐殖土和淤泥等有害杂质；填方基底无积水，有地下水的地方应得到有效处理；填土土质和含水量必须符合设计要求；填方应按规定分层回填夯实，压实度要达到 90％以上。

土建构建面：构建面平整、坚实、无裂缝和无松土；基地表面无积水、垂直深度 25cm 内无石块、树根及其他任何有害的杂物；坡面稳定，过渡平缓。

（2）土方平衡设计　整个填埋库区土方平衡（主要工程量）设计如下。

① 挖方。具体数据如下。

填埋库区挖方：17310.30m³；

填埋场锚固沟挖方：2652.84m³；

填埋场调节池挖方：8532.13m³；

垃圾坝挖方：26531m³；

垃圾坝清基：28297.92m³；

合　计：83324.19m³。

② 填方。具体数据如下。

填埋库区填方：12565.80m³。

垃圾坝筑坝方量：78922m³。

合　计：91487.8m³。

（3）土方平衡　整个场地整平后，场地开挖土方量总计 83324.19m³，填方用方量 91487.8m³。所以场区总挖方量小于总填方量，基本能保持平衡，填方所需更多的土方从周边的山地就地取土，主要用于修筑垃圾坝。

本工程设计使用库容 65 万立方米，卫生填埋覆盖土按 10％计算，则需要 6.5 万立方米的覆盖土，此部分使用土方设计考虑从填埋场附近征用取土场解决不足的填方量。

本工程暂在进场道路左侧设计取土场，取土场具体位置可由业主根据场区周围情况、土层厚度以及租用的难易程度等另行确定。取土场用地可以选择租用。

另外，填埋作业过程中可以采用 1.5mm 高密度聚乙烯膜覆盖替代卫生填埋覆盖土，减少覆盖土量。

5.4.2.6　防渗工程

（1）场地平基方案　填埋库区植被较好，由于人为进行山体开挖、修建临时公路等人类工程活动，场地内局部易出现边坡崩塌及冲沟，垃圾堆积后易产生地基的不均匀沉降，因此铺设复合防渗层前必须对山坡场地开挖、平基。为了锚固防渗层，边坡应该在 10m 左右设置锚固平台，平基后的基础层必须坚实平整，垂直深度 10cm 内不得有树根、瓦砾、石子、混凝土颗粒、钢筋头、玻璃渣等有可能损伤人工防渗层材料的杂物。

根据场地的实际地形，场地东南高、西北低，填埋场底部自东南向西北且保证坡降度为 7.2％，清理杂草及表层杂土；填埋区边坡由于起伏较大，清理时尽量保持原有地形形状，边坡的清理坡度在 1:0.75～1:1.5 之间，清理后场区应平整，以利于土工膜铺设。

场地平基由场底平基、土质边坡的开挖、平基、岩质边坡平基等组成。

（2）防渗方案比选与确定

① 防渗标准。我国《生活垃圾卫生填埋技术规范》（CJJ 17—2004）规定，"填埋场必须进行防渗处理，防止对地下水和地表水的污染，同时还应防止地下水进入填埋区"。规范规定了天然衬里系统（即自然防渗）的填埋场必须具有以下条件。

a. 土衬里的渗透率不大于 $1×10^{-7}$ cm/s；

b. 场底及四壁黏土衬里厚度大于 2m。

不具备自然防渗条件的填埋场和因填埋物可能引起地下水污染的填埋场必须进行人工防渗，即填埋场底及四壁铺设防渗材料进行防渗处理。

根据湖南省 XX 县城镇生活垃圾无害化处理场可行性研究报告，确定工程场区的工程地质条件满足不了《生活垃圾卫生填埋技术规范》（CJJ 17—2004）对天然防渗层的要求，工程必须采取人工防渗措施。

② 防渗工艺的比选与确定。封闭型填埋一般采用垂直防渗（帷幕灌浆）或水平防渗（符合要求的自然黏土层和人工合成材料隔离层）。通过比选，填埋场防渗处理考虑采用水平防渗方式。

③ 防渗材料的比选与确定。目前防渗材料主要有两种方式，即天然防渗材料和人工防渗材料。通过比选，本次设计推荐采用高密度聚乙烯（HDPE）土工膜为填埋库区主要防渗层。人工防渗有单层防渗系统、双层防渗系统等防渗系统。通过比选，本工程确定采用单层防渗系统。

填埋场库区防渗层结构（从垃圾堆体至基础层）情况如表 5-4-10 所示。

表 5-4-10　防渗层结构情况表

库区底部防渗层结构	库区边坡防渗结构
① 垃圾层	① 垃圾层
② 碎石层厚 40cm（内设渗滤液收集管）	② 碎石层厚 50cm（随填埋进度铺设）
③ 600g/m² 无纺土工布	③ 复合土工排水网
④ 2.0mm 厚 HDPE 光面膜	④ 600g/m² 无纺土工布
⑤ 4800g/m² GCL	⑤ 2.0mm 厚 HDPE 双糙面膜
⑥ 压实土壤防渗层	⑥ 400g/m² 无纺土工布
⑦ 基础层	⑦ 开挖、修整后的边坡
⑧ 碎石导流盲沟（内设地下水导排管）	

（3）渗滤液收集设施　填埋区渗滤液导排系统包括场底渗滤液碎石导流层、场底渗滤液收集盲沟、填埋体内水平导排盲沟以及填埋体内竖向石笼收集井，由此构成填埋体内的立体式渗滤液导渗收集系统。

5.4.2.7　地下水导排系统工程

为防止渗出和可能出露的地下水对防渗膜的顶托而使膜受破坏，须将场区地下水及时有序地导出填埋库区，以使地下水水位与膜保持一定的距离。设计在水平防渗膜底下设置地下水导排系统，以保证防渗结构层的安全。

在填埋场下游东北方垃圾坝建成后，场内地下水将会对防渗土工膜造成威胁，为了保证场区防渗土工膜在垃圾填埋进行期间不受到地下水反向挤压而造成土工膜的损坏，在填埋场底部下面设置一条地下水导排主盲沟直通至场外排水沟，在盲沟内埋设 ϕ315 花管，花管列采用 Φ10～Φ40 级配粒径碎石覆盖，在碎石与场底回填黏土之间增设 300g/m² 无纺布作为隔离层，在 HDPE 管道下侧采用 100mm 厚粗砂垫层作为管道基础层，沿主盲沟每 45m 用支盲沟（放入 DN250 HDPE 导排花管）与主盲沟连接。

地下水排出点在主垃圾坝的下游，流入冲沟中部一条小溪流，最终流入沅江中。

5.4.2.8　垃圾坝工程及挡土墙工程

XX 县境内地貌岩性为板溪群地层的变质岩，其岩性为板岩、砂砾岩等。为有效隔离生活垃圾填埋体与外界的接触以及防止堆体滑塌，保证废弃物堆体的稳定性。根据县的地质情况，垃圾坝建于城镇生活垃圾无害化处理场下游东北峡谷处，长约 110m，高约 30m，工程量约为 78922m³；周边较低山坡处设挡土墙，工程量约为 2000m³。

目前国内同类工程广泛采用和施工技术比较成熟的坝型主要有碾压式土石坝、碾压式堆石坝，针对本填埋场的特性，对碾压土石坝、碾压式堆石坝两种垃圾坝型进行比较，设计选用碾压式土石坝。

5.4.2.9　洪水、雨水导排系统

场区雨水导排工程的作用是在填埋场使用过程中和终场后，将降落在填埋场汇水面积范围以内的大气降水及时排出场外，尽量减少渗滤液的处理量，同时也尽量避免雨水被垃圾污染。填埋库区的雨水形成有两个部分：一个是分水岭以内形成的汇水面积；另一个是填埋堆体形成的汇水面积。

XX 县生活垃圾无害化处理场总容量为 65 万立方米，根据《城市生活垃圾卫生填埋处理工程项目建设标准》，属Ⅳ类填埋场，按日填埋平均处理规模 100t/d，属Ⅳ级，根据Ⅳ级Ⅳ类考虑。本填埋场防洪标准为：按 20 年一遇洪水设计，50 年一遇洪水校核。该场区三面环山，雨水流量大，场内设置多条截洪沟，拦截山坡上的雨水，导入场内排水总渠，再排出场外。截洪为主要设置在以下几个部位：①场内路两边；②填埋区四周，尽可能减少污水量的产生。所有截洪沟排水量按 20 年一遇 24 小时降水量设计，在环库区路和填埋库区周围，均设计截洪沟。截面为梯形，采用混凝土预制块衬砌护面。

5.4.2.10　清污分流系统设计

垃圾卫生填埋场清污分流的工程措施主要有两类：一类是在工程建设初期（垃圾未进场之前）即设置人工的临时性或永久性雨水截排系统；另一类是在垃圾填埋作业过程中最大限度地减少作业面积，尽早实施局部封场。临时或永久性截排系统的设置要重点考虑填埋场场址与周围功能区的关系，确定合理的安全系数，适当设置场内雨水截流系统，最大限度地实现清污分流；而填埋作业的规划则要结合场区的地形特点，合理规划填埋分区和确定填埋作业形式。XX 县生活垃圾无害化处理场主要设置场外截洪沟、场内截洪沟两种形式的雨水截流系统。

5.4.2.11　渗滤液处理工程方案设计

（1）废水水量、水质

① 废水水量。XX 县城镇生活垃圾无害化处理场垃圾渗滤液产生量可依据国内外垃圾填埋场渗滤液产生量的经验公式估算。其公式为：

$$Q = (C_1A_1 + C_2A_2) \cdot I/1000 + \Phi_1 - \Phi_2$$

式中，Q 为渗滤液水量，m³/d；Φ_1 为垃圾自身产出水量；Φ_2 为垃圾产气及排气消耗水量；A_1 为正在填埋地表水不易排除的面积，$A_1 = aA$；C_1 为对应于 A_1 的渗滤液渗透系数，一般 0.3～0.8；A_2 为已完成填埋且地表水可排除的面积，$A_2 = bA$；C_2 为对应于 A_2 的渗滤液渗透系数，一般取 0.2～0.4；I 为降雨量，mm/d。

在填埋两年后 Φ_1 与 Φ_2 差别不大，为了简化计算，这两项可同时忽略不计。本填埋场渗滤液的产生量根据《湖南省 XX 县城镇生活垃圾无害化处理场可行性研究报告》（2009 年 2 月）中的计算显示，填埋场渗滤液处理规模为 55m³/d，为防止其他特殊情况的影响，本渗滤液处理站规模按 100m³/d 设计，每天污水站按工作 24h 算则每小时污水量为 4.2m³。城镇生活垃圾无害化处理场山谷底有一条小水沟通向沅水河——全长 1.5km，垃圾污水通过处理且达标后，可通过此水沟内的混凝土排污管排至沅水河下游。

② 废水水质。参考国内外有关文献资料、渗滤液测值，结合项目垃圾成分的特点，确定渗滤液处理站的进水水质（表 5-4-11）。

表 5-4-11 进水水质 单位: mg/L

填埋时间	项目	进水水质	平均值	设定设计值
初期	BOD$_5$	1000~7000	2000	2500
	COD	2000~9000	4500	5000
	NH$_3$-N	100~800	450	500
	SS	60~700	500	350
	pH 值	6.5~7.5	7.5	7.5
填埋 5 年后	BOD$_5$	600~2000	1000	1500
	COD	1500~6500	3500	4000
	NH$_3$-N	300~1500	800	800
	SS	200~300	250	250
	pH 值	7.0~8.0	7.8	7.8

③ 处理后的出水水质。出水将严格执行国家《污水综合排放标准》中的一级排放标准；同时符合《生活垃圾填埋场污染控制标准》(GB 16889—2008) 排放限值 (表 5-4-12)。

表 5-4-12 生活垃圾填埋场水污染物排放质量浓度限值

序号	控制污染物	排放浓度限值
1	色度（稀释倍数）	40
2	化学需氧量（COD$_{Cr}$）(mg/L)	100
3	生化需氧量（BOD$_5$）(mg/L)	30
4	悬浮物 (mg/L)	30
5	总氮 (mg/L)	40
6	氨氮 (mg/L)	25
7	总磷 (mg/L)	3
8	粪大肠菌群数（个/L）	10000
9	总汞 (mg/L)	0.001
10	总镉 (mg/L)	0.01
11	总铬 (mg/L)	0.1
12	六价铬 (mg/L)	0.05
13	总砷 (mg/L)	0.1
14	总铅 (mg/L)	0.1

(2) 工艺技术方案

① 渗滤液处理工艺选择。该污水主要为生活垃圾填埋过程中产生的渗滤液，它是一种成分复杂的高浓度有机废水，渗滤液的污染物浓度高、变化范围大等特性是本工程的一大特点。为了保证出水水质达到最新的国家标准，即《生活垃圾填埋场污染控制标准》(GB 16889—2008)，本方案所选工艺由前处理系统、预处理系统、后处理系统、深度处理系统、消毒处理系统、沼气处理系统及污泥处理系统组成。

a. 前处理系统：前处理系统由筛网及调节池组成。

b. 预处理系统：预处理系统主要用来去除渗滤液中的 NH$_3$-N。本处理工艺中，采用化学法结合生物法的处理方式。

c. 后处理系统：水中的有机污染物主要在这一处理单元中被去除，考虑到用地面积受限，本方案采用工艺流程简捷，处理效率高的传统成熟的"ABR＋接触氧化"工艺组合。ABR 和接触氧化反应池占地面积小。

d. 深度处理系统：按照工艺要求，处理后的出水应达到最新的排放标准，因此本方案在后处理出水再加深度处理。深度处理采用 FENTON＋BAF 处理工艺。

e. 消毒处理系统：为了保证出水的安全性，出水须经过消毒处理，本方案采用二氧化氯发生器，现场制二氧化氯进行中水消毒。

f. 沼气处理系统：本污水处理站的沼气主要来源于 ABR 反应器，沼气的主要成分为甲烷和二氧化碳，甲烷的含量一般在 $55\% \sim 75\%$，二氧化碳含量一般为 $25\% \sim 40\%$，具体取决于污水中有机物的成分及厌氧池的工作状况。沼气处理工程分两期实现，从污染物"零排放"和资源利用的角度来考虑，拟根据厌氧系统产生沼气的量分步进行处置和利用。渗滤液处理系统运行的初始阶段产生的沼气量较小，利用价值不大，一期工程可设置一套沼气燃烧装置，直接进行高空点燃排放。当厌氧系统在常温情况下沼气产生量稳定达到一定量时，二期工程则应考虑配置一组蒸汽锅炉，为厌氧系统升温或其他用热水。以确保能源得到有效利用和有害气体"零排放"。

g. 污泥处理系统：本工程中 Fenton 氧化沉淀、ABR 和接触氧化中的剩余污泥经过污泥浓缩池初步降低含水率后，送入污泥脱水间，经板框压滤机脱水后运至填埋场处置。

② 渗滤液处理工艺流程图。该工艺流程图如图 5-4-6 所示。

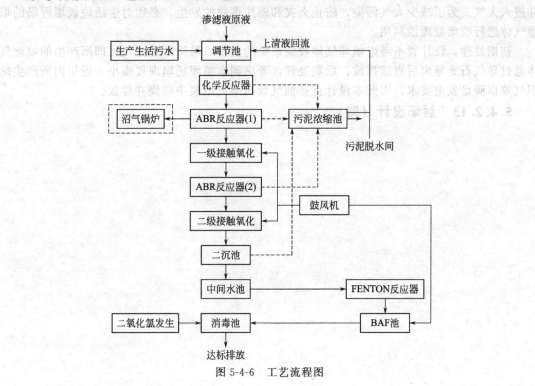

图 5-4-6　工艺流程图

5.4.2.12　填埋气体的处理

填埋气体的产生过程及产气量预测的详细情况如下。

(1) 填埋气体产生量的确定　由于 XX 县无生活垃圾的气体产气量和产气速率常数的试

验数据，垃圾理论最大产气量只能根据生活垃圾物理成分进行估算，产气速率常数参考其他城市的试验数据。根据 XX 县的垃圾成分分析未来垃圾中有机物含量将达到约 35％左右，通常垃圾中有机物含水率在 80％左右。假设有机物中有机碳含量为 50％，90％的有机碳转化为甲烷，则可计算出单位重量的垃圾最大理论产气量为：$35\% \times 20\% \times 50\% \times 90\% \times 22.4/12 = 0.0588$（即 58.8 标准立方米/吨）。

在上述气体产量预测计算过程中，得到的产气量是无法完全收集的，收集率的影响因素包括填埋场形式、作业方式与场区覆盖层设计。根据经验数据，填埋场气体收集率通常在 20％～40％之间，设计取平均值 30％。该填埋场设计垃圾处理量为 $3.65 \times 10^4 \text{t/a}$，则每年收集气体量约 $3.65 \times 10^4 \times 58.8 \times 30\% = 6.4 \times 10^5 \text{m}^3/\text{a}$。

（2）填埋气体的导排 填埋气体导排的方式一般有两种，主动导排和被动导排。本设计的 XX 县垃圾填埋场年填埋量为 3.65 万吨，填埋气体在两年后就会进入产气高峰。以往填埋场铺设的气体导排井主要用于自然导排，导排效果比较差，气体的无规则迁移还比较严重，自然排放的气体对场内及周边环境将会造成较大的影响。因此，新建填埋场建设气体机械主动导排、处理系统是非常必要的。气体导排系统由以下三部分组成。

① 沼气收集井。根据本填埋场的具体情况，设计采用竖向导气石笼集排方式。

② 输气管网。导气石笼井出口利用收集管网连接，通过抽风机主动导排，实现对库区填埋气的导排。

③ 冷凝液收集和排放。

（3）填埋气体的处理 填埋气体在场内气压达到 250Pa 时，气体就会通过导气石笼排出并进入大气。为了减少大气污染，防止火灾和爆炸事故的发生，必须对生活垃圾填埋场的填埋气体进行收集处理或利用。

初期处理，设计暂不考虑填埋气体收集系统的建设，采用开式排气，即所产生的填埋气体通过导气石笼导出后直接排放。后期处理，考虑到本填埋场填埋规模小，近年内所产生的沼气难以满足发电要求，因此本设计直接抽气到高架火炬集中燃烧并排放。

5.4.2.13 封场设计（略）

参考文献

[1] 周敬宣. 环保设备及课程设计. 北京：化学工业出版社，2007.

[2] 王继斌，宋来洲，孙颖. 环保设备选择、运行与维护. 北京：化学工业出版社，2007.

[3] 陈家庆. 环保设备原理与设计. 北京：中国石化出版社，2005.

[4] 魏振枢，杨永杰. 环境保护概论. 北京：化学工业出版社，2007.

[5] 金兆丰. 环境工程设备. 北京：化学工业出版社，2007.

[6] 姜有凤主编. 工业除尘设备——设计、制作、安装与管理. 北京：冶金工业出版社，2006.

[7] 张殿印，张学义编著. 除尘技术手册. 北京：冶金工业出版社，2001.

[8] 唐敬麟，张禄虎主编. 除尘装置系统及设备设计选用手册. 北京：化学工业出版社，2004.

[9] 张殿印，王纯主编. 除尘器手册. 北京：化学工业出版社，2005.

[10] 张殿印，王纯主编. 除尘工程设计手册. 北京：冶金工业出版社，2004.

[11] 金国淼等编. 除尘设备. 北京：化学工业出版社，2002.

[12] 周兴求主编. 环保设备设计手册——大气污染控制设备. 北京：化学工业出版社，2004.

[13] 郑铭主编. 环保设备——原理、设计、应用. 北京：化学工业出版社，2001.

[14] 嵇敬文编. 除尘器. 北京：中国建筑工业出版社，1981.

[15] 徐志毅主编. 环境保护技术与设备. 上海：上海交通大学出版社，1999.

[16] 田园主编. 除尘设备设计安装运行维护与标准规范操作指南. 长春：吉林音像出版社，2003.

[17] 张驰，李志民. 噪声污染控制技术. 北京：化学工业出版社，2007.

[18] 马大猷. 噪声与振动控制工程手册. 北京：北京出版社，2002.

[19] 刘颖辉，景长勇. 噪声与振动污染控制技术. 北京：科学出版社，2011.

[20] 国家环境保护局. 工业噪声治理技术. 北京：中国环境科学出版社，1993.

[21] 郭正，卢莎. 环境法规. 北京：化学工业出版社，2004.

[22] 沈华. 固体废物资源化利用与处理处置. 北京：科学出版社，2011.

[23] 王爱民. 环保设备及应用. 北京：化学工业出版社，2007.

[24] 龚佰勋. 环保设备设计手册——固体废物处理设备. 北京：化学工业出版社，2004.

[25] 郑铭. 环保设备——原理、设计、应用. 北京：化学工业出版社，2007.

[26] 魏先勋. 环境工程设计手册. 长沙：湖南科学技术出版社，2002.

[27] 郭军. 固体废物处理与处置. 北京：中国劳动社会保障出版社，2010.